无公害农产品
安全生产手册丛书

[养殖类]

无公害蛋鸡安全生产手册

农业部市场与经济信息司　组编
高玉鹏　胡建宏　主编

中国农业出版社

《无公害农产品安全生产手册》丛书
编 写 委 员 会

主　编　高玉鹏　胡建宏

副主编　黄建文　闵育娜　陈晓强

编著者（以姓氏笔画为序）

杜忍让　闵育娜　张　琪

陈晓强　胡建宏　高玉鹏

黄建文　梁金平

前言

蛋鸡饲料转化率高，繁殖效率高，生产周期短，产品营养平衡，是目前最廉价的优质高蛋白动物食品。我国现代蛋鸡产业经过20多年的健康发展，其产、供、销、加工体系已基本建立，禽蛋产量居世界各国之首，人均禽蛋占有量已达到发达国家的平均水平，这是我国农业生产的一个伟大创举。但是，我们还应当清楚地认识到，目前我国蛋鸡养殖业还面临着诸多迫切需要解决的问题，其中最主要的是安全生产与可持续发展问题。由于世界性畜禽重大疫病的频繁发生，环境污染与饲料安全、畜产品药物残留等问题的严重性，对我国家禽健康安全生产构成一定的威胁，因而如何依靠科学技术，以高效、健康、无公害安全为目标进行家禽生产，是广大畜禽养殖者值得关注的重要议题。基于这一点，编写本书。

无公害蛋鸡安全生产是一个较完整的技术体系，贯穿蛋鸡养殖的产前、产中、产后每一个技术环节。故本书从介绍蛋鸡的基础知识入手，集成了近年来国内外同类研究的最新实用性成果，分别从饲料营养与安全控制、高效安全饲养技术、饲养环境及净化、蛋品质量安全控制及鸡场废弃物无害化处理与循环利用、安全经营管理、健康安全控制等方面以“无公害安全”为主题系统地进行阐述。其主要特点是：第一，注重新知识介绍的简明格式化。本书是以手册的形式作为蛋鸡养殖者在生产操作过程的技术参考工具书，有像查字典一样只要找准某一技术环节的问题，即可有一目了然的解决方案，且这种方案的叙述简明扼要、条理清楚、易于掌握。第二，注重实用性。本书紧紧围绕“无公害安全生产”这一主题，针对生产中必须掌握和较难掌握的技术有侧重地加以阐述，对一些操作性较强的方法力求具体实用。第三，重点解决如何做的问题。本书的许多新知识均有较复杂的理论基础和较深入系统的试验研究机理，我们只择其研究结果，阐述其在生产中如何操作。第四，注重系统性和全面性。围绕安全生产的各个技术环节，突出每一个环节的安全生产技术控制点，以最易发生或较难掌握的无公害安全生产技术为重点，并兼顾与其他技术的衔接。可以说，掌握了本书的基本内容，即可对蛋鸡安全生产的实用技术有一个较系统、全面的了解。第五，在应用新知识方面，力求有较大突破。安全生产是近年来才引起人们关注的一个共性问题，围绕此议题，畜牧科技工作者做了涉及技术层面较深入的系统性研究，成果丰硕。本书的每一章节均有程度不等的引用，特别是动物营养和健康安全控制章节尤为如此，以其对现代规模化蛋鸡生产有较强的实用性指导价值。

本书所述难免有不妥或错误之处，敬请广大读者批评指正。

编著者

2007年10月

目录

第一章

无公害蛋鸡安全生产基础知识

一、鸡的生物特性

（一）鸡的生理

1. 鸡的生理常数

（1）鸡体温　40.5～42.5℃（肛温），见表1-1。

表1-1　在最适气温条件下不同日龄鸡的体温（℃）

鸡日龄	白来航	白洛克	鸡日龄	白来航	白洛克
1	40.2±0.21	40.1±0.19	90	41.5±0.13	41.2±0.17
10	40.3±0.40	40.4±0.22	150	41.6±0.07	41.5±0.06
20	40.9±0.19	41.0±0.07	175	41.4±0.15	41.4±0.09
30	41.0±0.18	41.1±0.23	346	41.5±0.08	41.4±0.08
60	41.7±0.09	41.9±0.04	515	41.5±0.09	41.6±0.07

（2）呼吸频率　15～30次/分钟。

（3）脉搏频率　150～200次/分钟。

（4）平均心率　300次/分钟。

（5）血液比重　全血：1.044～1.054；血浆：1.017～1.099。

（6）血液红细胞数　公鸡：$3.26\times10^{6}\sim3.91\times10^{6}$ 个/毫米^{3}。

母鸡：$2.72\times10^{6}\sim3.02\times10^{6}$ 个/毫米^{3}。

（7）血液中血红蛋白　11.76克/100毫升。

（8）血液白细胞数　包括淋巴细胞、异嗜性粒细胞、嗜酸性粒细胞、嗜碱性粒细胞、单核细胞。各类细胞占比例见表1-2。

表1-2　禽类血液白细胞的总数和分类比例

禽类		数量（个/毫米^3）	分类（%）				
			淋巴细胞	异嗜性粒细胞	嗜酸性粒细胞	嗜碱性粒细胞	单核细胞
鸡	公	16 600	64.0	25.8	1.4	2.4	6.4
	母	29 400	76.1	13.3	2.5	2.4	5.7
北京鸭	公	24 000	31.0	52.0	9.9	3.1	3.7
	母	26 000	47.0	32.0	10.2	3.3	6.9
鹅		18 200	36.2	50.0	4.0	2.2	8.0
鸽		13 000	65.6	23.0	2.2	2.6	6.6

（9）其他常数　见表1-3至表1-13。

表1-3　鸡的体液分布

年龄（周）	重量（克）	占体重百分比（%）				
		体内总水量	细胞内液	细胞外液		
				间质液	血浆	细胞外液总量
1	55.1	72.4	11.4	52.3	8.7	61.0
2	108.4	71.6	21.0	42.3	7.3	50.6
3	175.3	70.5	24.6	39.1	6.8	45.9
4	241.8	68.4	24.1	38.3	6.0	44.3
6	372.3	—	—	36.8	5.9	42.7
8	527.3	68.7	26.6	36.1	6.1	42.2
16	1 137.3	64.8	34.8	24.8	5.2	30.0

表1-4　鸡的体内水量（占体重）

项目	年龄（周）					
	26	30	36	42	55	61
体重（克）	1 773	1 996	1 919	2 032	2 054	2 035
体内水量（%）	66.0	61.2	56.7	53.3	52.9	53.4

表 1-5　鸡血液一般项目检查参考值

项　　目	正 常 值
红细胞	$1.25\times10^{12}\sim4.50\times10^{12}$/升
血红蛋白	70～186 克/升
MCV（红细胞平均体积）	100～139 微米^3
MCH（红细胞平均血红蛋白量）	25.0～48.0 微微克
MCHC（红细胞平均血红蛋白浓度）	0.20～0.34
红细胞压积	0.23～0.55
红细胞沉降率	0.50～6.50 毫米/小时
血小板	$13.0\times10^{9}\sim70.0\times10^{9}$/升
白细胞	$9.00\times10^{9}\sim32.0\times10^{9}$/升
嗜中性粒细胞	$2.00\times10^{9}\sim10.0\times10^{9}$/升
百分比	0.151～0.50
嗜酸性粒细胞	$1.35\times10^{9}\sim5.25\times10^{9}$/升
百分比	0.04～0.16
嗜碱性粒细胞	$0.45\times10^{9}\sim2.60\times10^{9}$/升
百分比	0.014～0.08
淋巴细胞	$4.80\times10^{9}\sim19.3\times10^{9}$/升
百分比	0.29～0.84
单核细胞	$0.03\times10^{9}\sim1.20\times10^{9}$/升
百分比	0.000 5～0.07

表 1-6　鸡血清蛋白检查参考值

项　　目	性　别	正常值（克/升）
总蛋白	(♂)	61.0±3.2
	(♀)	59.1±3.0
白蛋白	(♂)	28.1±2.1
	(♀)	26.8±2.4
α_1-球蛋白	(♂)	7.4±1.1
	(♀)	7.0±1.2
α_2-球蛋白	(♂)	6.8±1.5
	(♀)	8.0±1.6
β-球蛋白	(♂)	11.9±2.4
	(♀)	10.3±2.6
γ-球蛋白	(♂)	6.6±0.7
	(♀)	7.0±0.7

表 1-7 鸡血清酶检查参考值

项　　目	性　别	正 常 值
淀粉酶	(♂)	240±35.0 索莫吉单位/分升
	(♀)	265±40.0 索莫吉单位/分升
碱性磷酸酶	(♂)	36.4±3.78 国际单位/分升
	(♀)	32.5±3.30 国际单位/分升
酸性磷酸酶	(♂)	31.2±3.50 国际单位/分升
	(♀)	33.4±4.10 国际单位/分升
谷—丙转氨酶	(♂)	25.0±5.48 国际单位/分升
	(♀)	21.9±6.02 国际单位/分升
谷—草转氨酶	(♂)	142±24.5 国际单位/分升
	(♀)	154±27.0 国际单位/分升
肌酸磷酸激酶	(♂)	4.90±1.10 国际单位/分升
	(♀)	5.60±1.20 国际单位/分升
乳酸脱氢酶	(♂)	208±51.1 国际单位/分升
	(♀)	190±45.6 国际单位/分升

表 1-8 鸡胃液分泌量及成分参考值

测定项目	单　位	基础分泌量	用组织胺的分泌量
胃液量	毫升/小时	15.4	38.8
	毫升/小时/千克	8.8	22.2
胃蛋白酶分泌量	功能单位/小时	4 256	8 148
	功能单位/小时/千克	2 430	4 656
胃蛋白酶浓度	功能单位/毫升	247	210
酸分泌量	毫克当量/小时	1.37	5.6
	毫克当量/小时/千克	0.78	3.2
酸的浓度	毫克当量/升	93	145

注：基础分泌和给予组织胺以后（400 微克/千克皮下注射）的分泌量。鸡处于饥饿状态。

表 1-9　鸡消化酶的最适环境条件要求

酶		等电点	最适 pH	稳定 pH 范围	耐热性能
α-淀粉酶	液化型	5.5	5.4～6.0	4.8～10.6	65～80℃
	糖化型	1	4.8～5.2	4.0～9.5	55～70℃
	耐酸型	—	4.0	1.8～6.5	55～70℃
	胰中的	—	6.9	4.8～11	—
	唾液	—	6.9	4.8～11	—
	麦芽中	5.7	5.3	4.8～80	—
β-淀粉酶	大豆中	5.1	5.3	5～8	—
	大麦中	6.0	5.2	4.5～9.2	—
	小麦中	6.0	5.0～6.0	4.5～8.0	—
	甘薯中	4.77	5.5～6.0	—	—
蛋白酶	胃蛋白酶	<1.0	1.6～1.8	5～5.5	—
	凝乳酶	4.5	3.2～4.8	—	55℃，10 分钟
	胰蛋白酶	10.5	8	2.3	—
	木瓜蛋白酶	8.75	5～7.5	3～11	
	菠萝蛋白酶	9.55	6.5～7.5	2～8	—
其他	胰酶	—	7～8	—	—
	纤维素酶	—	3.5～5.3	5.7～7.3	—
	果胶酶	—	4.0～4.5	4.0～4.5	45℃以上迅速失效

表 1-10　鸡消化道内容物 pH

消化道	鸡	火　鸡
嗉囊	4.51	6.0
腺胃	3.60～4.80	4.7
肌胃	3.54～3.74	2.2
十二指肠	5.7～6.0	5.8～6.5
空肠	5.8～5.9	6.7～6.9
回肠	6.3～6.4	6.8
直肠或结肠	6.3	6.5
盲肠	5.7	5.9
胆汁	7.2～7.7	—
口腔	6.4～6.7	6.0
嗉囊	6.4～6.7	
小肠	6.7	
大肠	7.1	

表 1-11　食物在鸡体内氧化产生能量参考值

代谢物质（克）	代谢能（千焦/克）	氧热价（千焦/升氧）	呼吸商
糖	17.57	21.12	1.00
脂肪	39.76	19.61	0.707
蛋白质	17.57	19.88	0.735

表 1-12　鸡体中水的总重量

家禽种类和日龄	平均活重（千克）	体内总水量（克）
雏鸡：10 日龄	0.2	140
30 日龄	0.4	275
31～70 日龄	0.9	585
母鸡	2.5	1.5～1.6

表 1-13　不同日龄肉用雏鸡机体水的平衡

指标 \ 日龄	4～5	8～11	19～21	29～31	39～41	49～51	61～63
采食量（克）	8.5±2	17.5±5	37.8±4	67.5±2	79.2±0	62.4±2	97.0±5
饲料含水量	0.8	1.75	3.78	6.75	7.92	6.24	9.7
从饮水器取水量	17.3±3	33.4±4	61.4±7	146.7±5	131.2±3	142.2±1	166.4±6
总水量	18.1	35.1	65.2	153.4	138.9	148.4	176.1
水和饲料量之比	2∶1	2∶1	1.8∶1	1.8∶1	3.3∶1	2.3∶1	1.8∶1
粪便排放量（克）	9.3±0	21.4±1	46.9±2	112.2±1	100.5±9	107.4±3	130.5±2
粪便含水量	7.19	16.8	35.9	86.3	75.8	80.7	99
呼出水分	3.34	6.34	8.0	13.4	17.3	22.6	26.5
组织中水分（克）	0.16	1.33	0.5	3.3	18.7	24	22.1
水总量（克）	10.7	24.5	44.4	103.3	111.2	127.3	147.6
差数（克）	7.4	10.6	20.8	50.1	27.7	21.1	28.5
粪便和饲料重量之比	1.1∶1	1.2∶1	1.22∶1	1.7∶1	1.2∶1	1.7∶1	1.3∶1

注：鸡每昼夜排粪量 240 克/只（新鲜粪便的含水量为 78%）。

2. 鸡的外貌与解剖生理

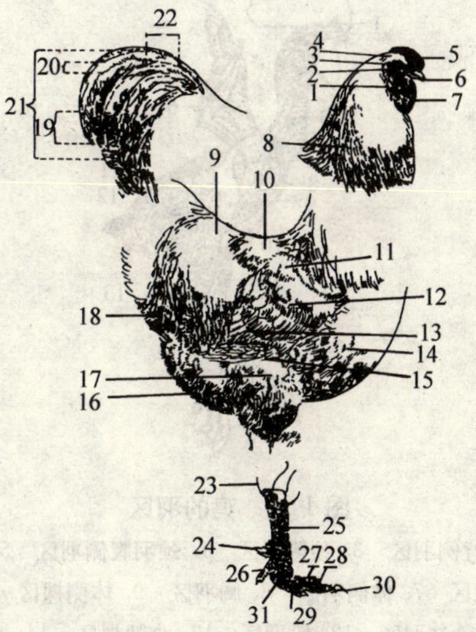

图 1－1　鸡的外貌

1. 耳叶　2. 耳　3. 眼　4. 头　5. 冠　6. 喙　7. 肉垂（肉髯）　8. 颈羽（梳羽）　9. 鞍（腰）　10. 背　11. 肩　12. 翼　13. 副翼羽　14. 胸　15. 主翼羽　16. 腹　17. 小腿　18. 鞍羽（蓑羽）　19. 小镰羽　20. 大镰羽　21. 主尾羽　22. 覆尾羽　23. 踝关节　24. 距　25. 跖　26. 第一趾（后趾）　27. 第二趾（内趾）　28. 第三趾（中趾）　29. 第四趾（外趾）　30. 爪　31. 脚

图 1－2　鸡常见的冠型

1. 玫瑰冠　2. 豆冠　3. 羽毛冠　4. 单冠　5. 草莓冠

3. 鸡羽特征

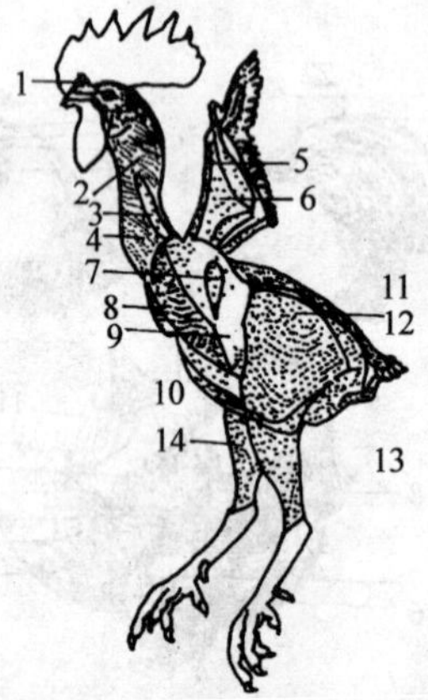

图 1-3　鸡的羽区

1. 冠羽区　2. 颈背侧羽区　3. 颈侧裸区　4. 颈羽腹侧羽区　5. 前翅膜下缘羽区　6. 前翅膜下裸区　7. 体侧羽区　8. 胸羽区　9. 体侧裸区　10. 胸骨羽区　11. 背—骨盆羽区　12. 股羽区　13. 小腿裸区　14. 小腿羽区

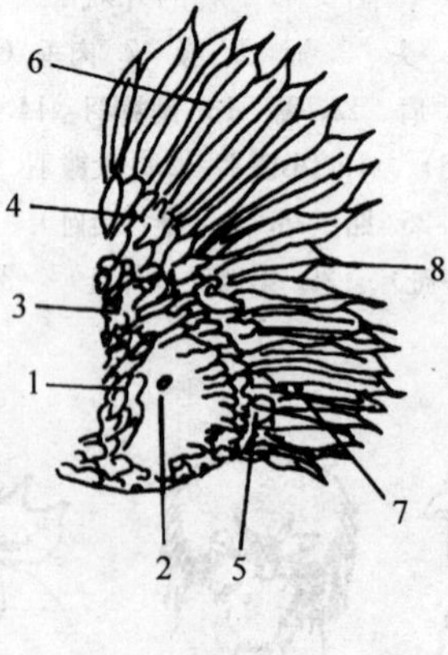

图 1-4　鸡翼羽部位名称

1. 翼前　2. 翼肩　3. 覆翼羽　4. 覆主翼　5. 覆副翼羽　6. 主翼羽　7. 副翼羽　8. 轴羽

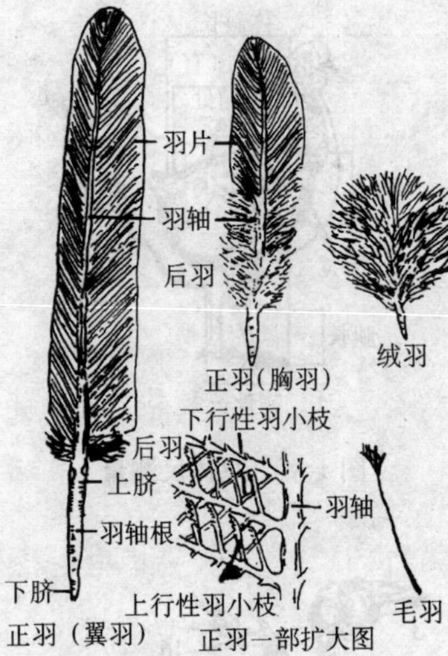

图 1-5　鸡羽的种类与构造

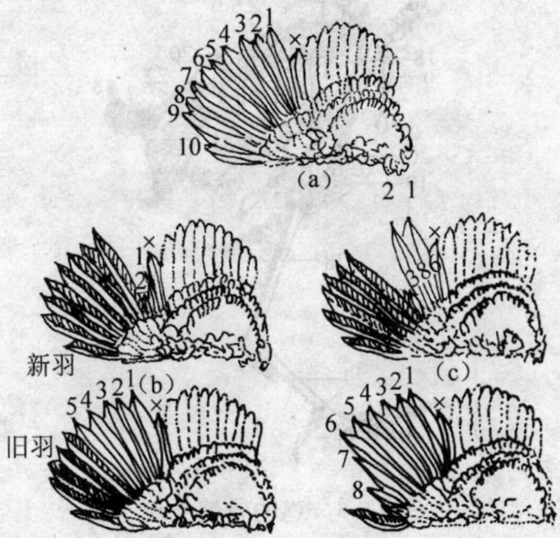

图 1-6　鸡的羽毛更换图

a. 未脱换的主翼羽　b. 开始脱换第 1、2 根主翼羽　c. 第 1、2 根主翼羽长齐，表明已换羽 8 周　d. 五根主翼羽长齐，表明已换羽 14 周但已停止换羽　e. 主翼羽的脱换接近完成，表明已换羽 169 周

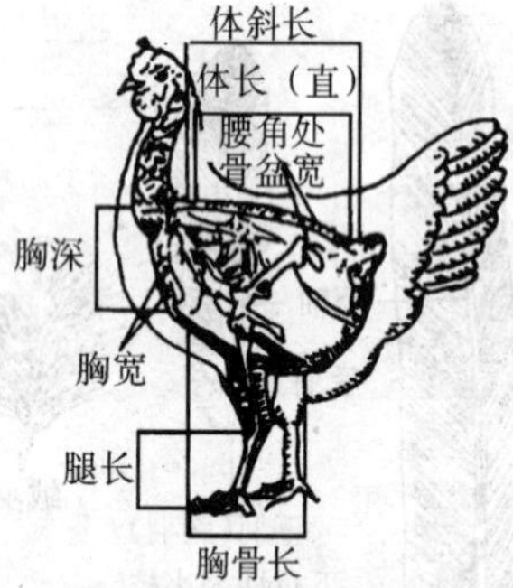

图 1-7　鸡体尺测量

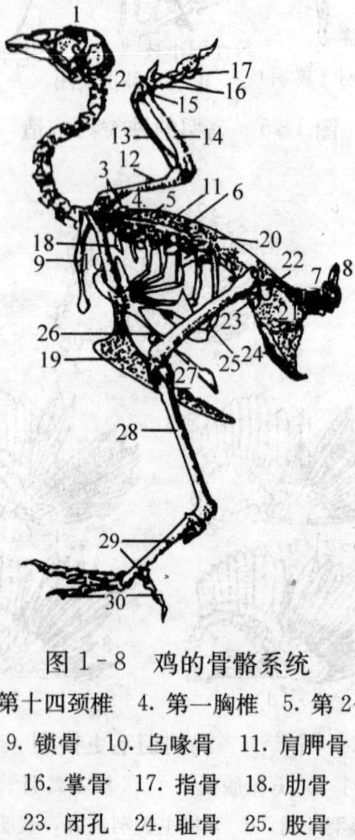

图 1-8　鸡的骨骼系统

1. 头骨　2. 寰椎　3. 第十四颈椎　4. 第一胸椎　5. 第 2～5 胸椎　6. 第六胸椎　7. 尾椎　8. 尾综骨　9. 锁骨　10. 乌喙骨　11. 肩胛骨　12. 臂骨　13. 桡骨　14. 尺骨　15. 腕骨　16. 掌骨　17. 指骨　18. 肋骨　19. 胸骨　20. 髂骨　21. 坐骨　22. 坐骨孔　23. 闭孔　24. 耻骨　25. 股骨　26. 膝盖骨　27. 腓骨　28. 胫骨　29. 跖骨　30. 趾骨

4. 鸡的消化系统　包括口腔、食道和嗉囊、胃、肝和胆囊、肠、泄殖腔等，见图1-9、图1-10。

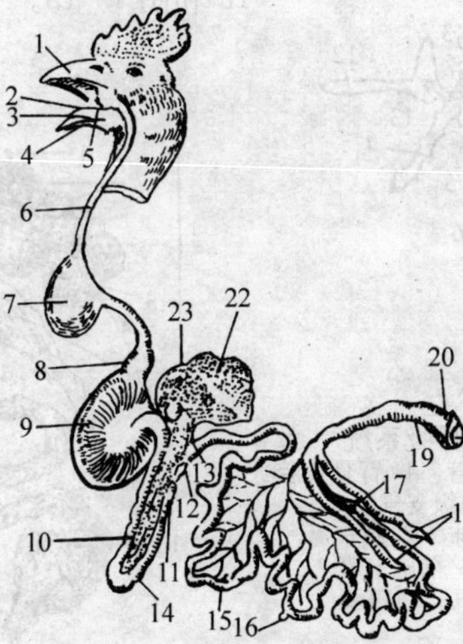

图1-9　鸡的消化系统

1. 上喙　2. 口腔　3. 舌　4. 下喙　5. 咽　6. 食管　7. 嗉囊　8. 腺胃　9. 肌胃　10. 胰腺　11. 胰管　12. 肝肠管　13. 总胆管　14. 十二指肠　5. 空肠　16. 卵黄柄（美克耳氏憩室）　17. 回肠　18. 盲肠　19. 直肠　20. 泄殖腔　21. 肛门　22. 胆囊　23. 肝脏

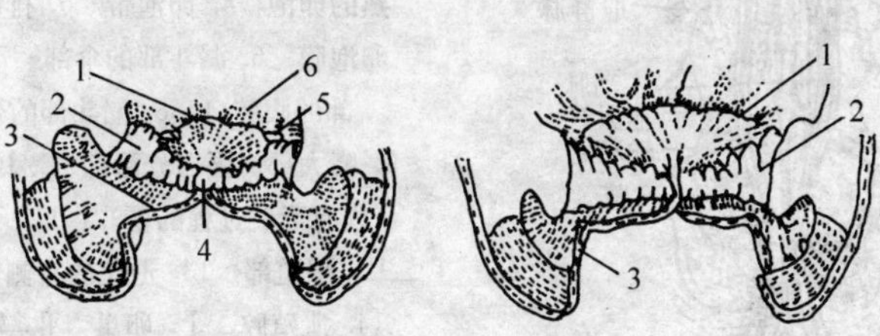

图1-10　鸡的泄殖腔（左雄雏，右雌雏）

1. 第一皱襞　2. 第二皱襞　3. 第三皱襞　4. 生殖突起　5. 输精管的突起　6. 直肠的末端

5. 鸡的呼吸系统　由鼻腔、喉、气管、肺和遍布全身的9个

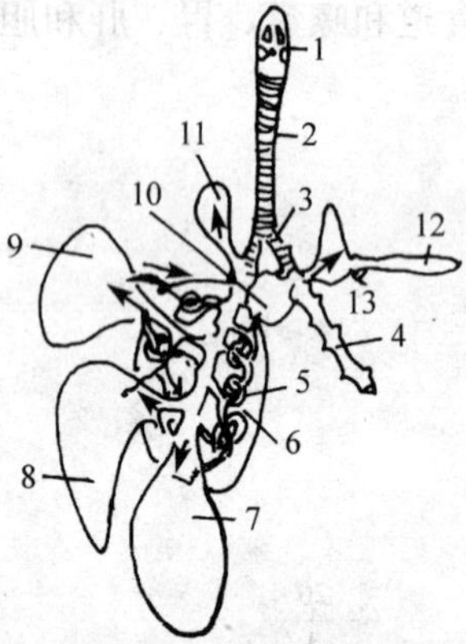

图 1-11　鸡的呼吸系统

1. 喉　2. 气管　3. 鸣管　4. 臂骨骨腔　5. 肋膜孔　6. 初级支气管　7. 次级支气管　8. 肺　9. 腹气囊　10. 后胸气囊　11. 前胸气囊　12. 锁骨间气囊　13. 颈气囊

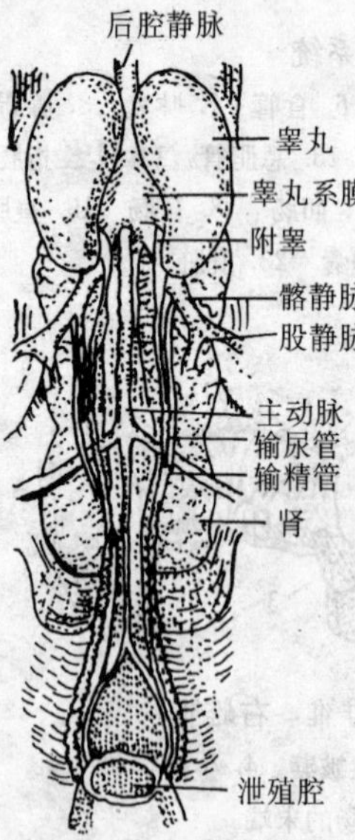

图 1-12　公鸡的生殖系统

气囊组成（图 1-11）。

6. 鸡的生殖系统　见图 1-12 和图 1-13。

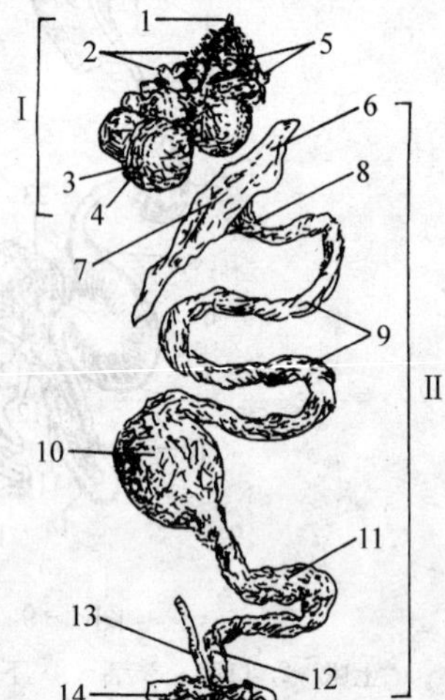

图 1-13　母鸡的生殖系统

1. 卵巢基　2. 发育中的卵泡　3. 成熟的卵泡　4. 卵泡带　5. 排卵后的卵泡膜　6. 漏斗部的伞部　7. 漏斗部的腹腔口　8. 漏斗部的颈部　9. 膨大部（蛋白分泌部）　10. 峡部（内有形成过程的蛋）　11. 子宫部　12. 阴道部　13. 退化的右侧输卵管　14. 泄殖腔　Ⅰ. 卵巢　Ⅱ. 输卵管

（二）鸡蛋特性

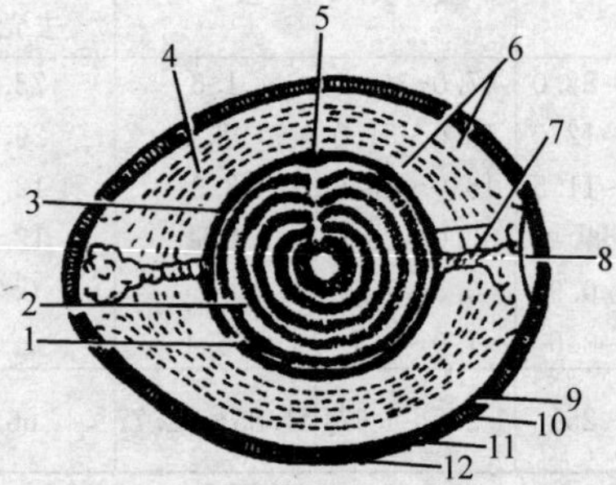

图 1-14　鸡蛋的构造

1. 黄蛋黄　2. 白蛋黄　3. 蛋黄膜　4. 浓蛋白　5. 胚珠　6. 内、外层稀蛋白　7. 内浓蛋白及系带　8. 气室　9. 内蛋壳膜　10. 外蛋壳膜　11. 蛋壳　12. 壳上胶护膜

表 1-14　鸡蛋的物理组成

类　型	蛋重（克）	蛋白（%）	蛋黄（%）	蛋壳（%）
大	64.0	59.6	28.5	10.7
中	57.6	58.6	29.7	10.6
小	53.3	57.6	30.8	10.5
大	57～64	60.49	28.13	11.37
中	50～57	61.73	27.24	11.03
小	50 以下	61.92	27.39	10.69
白来航鸡	60.0	57.8	33.0	9.2
海赛克斯	56.3	57.0	34.0	9.0
白洛克	58.7	59.6	32.4	8.0
白科尼什	60.9	50.0	38.0	12.0

表 1-15　鸡蛋的化学组成

禽　种	蛋重（克）	化学成分（%）					100 克蛋产热量（千焦）
		水	粗蛋白	脂肪	无氮浸出物	灰分	
鸡	35～75	72.5	13.3	11.6	1.5	1.1	661
火鸡	80～100	72.6	13.2	11.7	1.7	0.8	690
珠鸡	35～50	72.8	13.5	12.0	0.8	0.9	711

表 1-16　鸡蛋的营养成分

指　标	蛋　白	蛋　黄	蛋　壳	全蛋平均	
				去壳蛋	有壳蛋
水	85.0～88.0	47.0～49.0	1.6	73.7	65.6
干物质	15.0～12.0	53.0～51.0	98.4	26.3	34.4
蛋白质	10.3～11.5	16.0～16.6	3.3	12.6	12.1
脂类	微量	30.0～33.0	微量	12.0	10.5
碳水化合物	0.6～0.9	0.5～1.0	—	0.7	0.9
矿物质	0.5～0.6	1.0～1.1	95.1	1.0	10.9
产热量（千焦/100 克）	167～251	1 255～1 674	41.85～62.77	661	590

表 1-17　新鲜鸡蛋的氨基酸组成

氨基酸	综合资料毫克/100 克			联合国粮农组织资料	
	全　蛋	蛋　白	蛋　黄	毫克/100 克蛋白中	占蛋白质（%）
色氨酸	211	164	235	184	1.48
苏氨酸	637	477	828	634	5.11
异亮氨酸	850	698	996	778	6.27
亮氨酸	1 126	950	1 372	1 091	8.80
赖氨酸	819	648	1 074	863	6.96
蛋氨酸	401	420	417	416	3.35
胱氨酸	299	263	274	301	2.43
苯丙氨酸	739	689	717	709	5.72
缬氨酸	950	842	1 121	847	6.83
精氨酸	840	632	1 132	754	6.08
组氨酸	307	233	368	301	2.43
酪氨酸	551	449	756	515	4.15

表 1-18　鸡蛋可食部分的矿物质组成

矿物质	蛋　白		蛋　黄		矿物质	蛋　白		蛋　黄	
	毫克	%	毫克	%		毫克	%	毫克	%
磷	6	0.018	110	0.588	钾	55	0.167	21	0.112
钙	4	0.012	27	0.144	硫	64	0.195	3	0.016
镁	3	0.009	24	0.128	铁	0.3	0.001	2	0.011
氯	51	0.155	23	0.123	钠	53	0.161	—	—

表 1-19　鸡蛋的微量元素含量

元素名称	含量（毫克%）	元素名称	含量（毫克%）
氟	0.13	溴	5.2
硼	0.000 8	锰	30.0
硅酸	0.62	亚铅	4.9
砷	0.016	铜	0.8
碘	0.024	铅	0.2～1.0

表 1-20　鸡蛋中的维生素含量

维生素名称	含　量	维生素名称	含　量
维生素 A（国际单位）	2 000～3 000	维生素 B_1（微克）	0.3～0.6
维生素 B_2（微克）	500～600	维生素 B_6（微克）	3 000
维生素 C（毫克）	0～0.2	维生素 D（微克）	10～20
维生素 E（毫克）	3	泛酸（微克）	100～200

表 1-21　功能药蛋的种类

名　称	添加物种类	功　能	备　注
莱芙力保健蛋	复合氨基酸、微量元素	促进代谢、保健。	山东生产。
赛福奥生命蛋	中草药	保护心肌和防治血友病。	河北生产。
高维生素 E 蛋	维生素 E	降低血液中胆固醇，强化血管，促进血流旺盛，抗应激。	
高锗蛋	羧乙基倍半氧化物的赖氨酸盐和精氨酸盐，大蒜	抗癌。	
土常山口姜黄蛋	土常山、姜黄、郁金	低热能高蛋白的保健品。	最早由日本神奈川一养鸡户生产。
鱼油蛋	5%左右的鱼油	防治冠心病。	原产于美国。
雌　蛋	雌性激素	治疗妇女月经少，更年期综合征，退乳，前列腺癌等。	由巴林的布爱克利岛养禽主研制。
辣椒蛋	1%辣椒粉和少量苜蓿粉、植物油	对夜盲症和血友病有疗效。	匈牙利养禽组研制。
高碘蛋	含碘化合物、海藻等	防治冠心病、糖尿病等。	1976 年日本研制，1984 年我国开始生产和应用。

（续）

名　称	添加物种类	功　能	备　注
硒　蛋	无机硒盐	防治老年性心血管病及克山病。	
高锌蛋	蛋氨酸锌、无机锌盐	防治缺锌症。	山东生产。
低胆固醇蛋	全脂亚麻籽、红花籽油、亚油酸结合碘、植物固醇	保健。	最早由美国研制。
高CLA（共轭亚油酸）蛋	紫苏籽、杜仲叶、山楂、茶叶、葵花油	防止心血管病、降血脂等。	
高铬蛋	铬酵母、四基吡啶酸铬、南瓜粉	治疗糖尿病、冠心病、高血压。	

表 1-22　鸡蛋的品质分级

项目	等　级			
	AA级	A级	B级	C级
蛋壳	清洁 完整 正常	清洁 完整 正常	很少一点玷污 完整 稍不正常	中等玷污 完整 不正常
气室	深度0.32厘米或以下正规	深度0.48厘米或以下正规	深度0.95厘米或以下活动或泡状	深度在0.95厘米或以上活动或水泡状
蛋白	透明 浓厚 （72哈夫单位或以上）	透明 较浓厚 （60～72哈夫单位）	透明 稍稀薄 （31～60哈夫单位）	稀水样 出现小血块或血斑 （低于31哈夫单位）
蛋黄	轮廓稍明确 无缺点	轮廓十分明确 无缺点	轮廓明确 稍扩大和扁平 可有明显的但不严重的缺点	轮廓清楚明显扩大和扁平 可有胚胎发育但不能有血 可有其他严重缺点

注：脏蛋和破蛋分为三种等外级。污级：脏而不破；裂纹级：有裂缝或龟裂，但无破洞；破洞级：破到内容物外流。这些蛋或C级蛋均不能零售。

表 1-23 新鲜鸡蛋贮存中的重量变化

蛋号	重量（克）	贮存第十天的重量（克）	减轻（%）	每日平均减重（克）
01	38.72	37.42	3.36	0.130
02	42.78	40.52	5.24	0.225
03	38.07	36.89	3.09	0.118
04	38.20	37.05	3.01	0.115
05	38.85	37.75	2.82	0.110
06	34.52	33.60	2.63	0.092
07	39.70	38.05	4.15	0.165
08	40.67	39.68	2.35	0.099
09	32.70	31.77	2.85	0.093
10	39.43	37.74	4.29	0.169
11	39.96	38.37	3.92	0.159
12	39.26	37.93	3.39	0.133
13	36.59	35.44	3.17	0.115
14	38.53	37.38	2.98	0.115

注：相对湿度为68%～72%。

表 1-24 鸡蛋的新鲜程度与微生物污染的关系

鸡蛋类别	检验枚数	每克蛋液内平均染菌数	每克蛋液内染大肠杆菌数	备注
新鲜头等蛋	15	—	—	
新鲜头等蛋	6	—	—	室内存放一个月，内有一蛋染菌。
陈旧蛋	5	4	—	
新鲜头等蛋	7	—	—	
孵化蛋	2	—	—	孵化2～3天，仅见胚胎略增大。
孵化蛋	4	4	—	孵化2～4天，见胚胎增大，并见血管。
腐败蛋	1	无法计数	10 000以上	内容腐败而具臭气。
破壳蛋	4	1 104	10	壳破而内容完整。
黏壳蛋	2	481	100	黏壳程度较重。
黏壳蛋	3	48	10	黏壳程度较轻。
霉　蛋	3	58	100	

表 1-25　腐败变质蛋中微生物污染的检出率

蛋　别	混腐蛋		黑腐蛋		霉腐蛋	
	枚数	%	枚数	%	枚数	%
变形杆菌	8	72.8	8	66.6	—	—
大肠杆菌	11	100	9	75.0	7	46.6
副大肠杆菌	7	63.6	9	75.0	4	26.6
产气杆菌	10	90.9	7	58.3	2	13.3
气碱杆菌	6	54.5	7	58.3	—	—
荧光杆菌	2	18.1	3	25.0	—	—
灵　菌	1	9.09	1	8.6	1	6.6
绿脓杆菌	2	18.1	1	8.6	—	—
枯草杆菌	5	45.4	7	58.3	—	—
葡萄状球菌	4	36.4	4	33.3	—	—
链球菌	1	9.09	3	25.0	—	—
青霉菌	2	18.1	—	—	15	100.0
蜡样芽孢霉菌	—	—	—	—	10	66.6
白霉菌	1	9.09	1	8.6	8	53.3
褐霉菌	—	—	1	8.6	6	4.0
总检蛋数		11		12		15

表 1-26　新鲜鸡蛋贮存中气室的变化

蛋号	原气室（厘米）	第五天的气室（厘米）	第十五天的气室（厘米）	第五天比原气室增加的倍数	第十五天比原气室增加的倍数	第十五天比第五天增加的倍数
01	0.1	0.35	0.69	1.5	6.9	1.9
02	0.25	0.53	0.90	2.5	3.2	1.5
03	0.20	0.56	0.60	2.5	3.0	1.07
04	0.15	0.47	0.50	3.1	3.3	1.06
05	0.18	0.40	0.54	2.2	3.0	1.3
06	0.20	0.45	0.60	2.45	3.0	1.3
07	0.15	0.30	0.69	2.0	4.6	2.3
08	0.20	0.45	0.61	2.25	3.05	1.3
09	0.23	0.60	0.64	2.6	2.8	1.03
10	0.13	0.58	0.60	4.5	4.8	1.03
11	0.18	0.45	0.56	2.5	3.1	1.2
12	0.20	0.50	0.55	2.5	4.25	1.7
13	0.15	0.42	0.66	2.8	4.44	1.55
14	0.15	0.42	0.65	2.8	4.33	1.54
平均	0.17	0.46	0.64	2.71	3.77	1.39

表 1-27　鸡蛋贮存水分的变化

蛋　　别	蛋黄水分（%）	蛋白水分（%）	黄白水分的比差
刚产的鸡蛋	47.58	73.57	0.647
市售鲜鸡蛋	50.69	72.87	0.616
稍陈旧鸡蛋	51.44	71.74	0.717
十一个月冷藏的鸡蛋	53.74	71.45	0.751
黏壳鸡蛋	52.23	69.96	0.747

（三）鸡粪特性

表 1-28　干鸡粪的化学成分（%）

资料来源	成　　分				
	粗蛋白质	粗纤维	粗脂肪	灰　分	水　分
日　本	25～34	10～14	2～4	23～26	5～10
IeHHCOB	32	10	1.7	18	—
许志俭	33.5	10	—	26	12.65

表 1-29　干鸡粪的氨基酸组成

氨基酸	Fiegai 和 Zindel 资料		ESSIG 资料	Biair 资料
	粗蛋白质（克%）	纯蛋白（克%）	风干物中（%）	风干物中（%）
丙氨酸	4.38	9.73	0.66	—
精氨酸	1.93	4.27	0.37	0.41
天门冬氨酸	4.38	9.73	1.03	—
胱氨酸	4.51	10.00	—	—
谷氨酸	6.35	14.09	1.33	—
甘氨酸	3.40	7.54	0.90	0.51
组氨酸	0.82	1.82	0.18	0.19
异亮氨酸	2.05	4.54	0.41	0.37
亮氨酸	3.32	7.36	0.71	0.60
赖氨酸	2.01	4.45	0.49	0.39
蛋氨酸	0.37	0.82	0.10	0.33（十胱氨酸）
苯丙氨酸	1.84	4.09	0.39	0.63（十酪氨酸）
脯氨酸	2.21	4.91	0.51	—
丝氨酸	2.13	4.73	0.53	—
苏氨酸	2.05	4.54	0.48	0.40

（续）

氨基酸	Fiegai 和 Zindel 资料		ESSIG 资料	Biair 资料
	粗蛋白质（克%）	纯蛋白（克%）	风干物中（%）	风干物中（%）
酪氨酸	1.07	2.36	0.30	—
缬氨酸	2.58	5.73	0.53	0.52
色氨酸	—	—	—	0.53
合　计			8.92	4.88

表 1-30　畜禽粪便的粗蛋白和氨基酸消化率

项　目	牛　粪	猪　粪	肉用仔鸡粪
粗蛋白（%）	13.2	20	30～40
消化率（%）	15.8	30	60

二、鸡的人工授精技术

（一）采精前的准备

在采精以前，对公鸡要进行选择和训练，具体见表 1-31。

表 1-31　公鸡采精前的准备

准备工作	方 法 与 要 求	
	时　间	要　求
公鸡选择	配种前 2～3 周	健康、体重达标、发育良好、腹部柔软，按摩时有肛门外翻、交配器勃起等性反射。
隔离与训练	配种前 2～3 周	每天 1 次或隔天 1 次，一旦训练成功，坚持隔天采精。
预防污染精液	①训练之前，将泄殖腔外周 1 厘米左右的羽毛剪除。 ②采精当天，公鸡于采精前 3～4 小时绝食。 ③所有人工授精用具，应清洗、消毒、烘干。	

（二）按摩采精

按摩采精分腹部按摩、背部按摩和腹背结合按摩三种。

腹背按摩通常由两人操作，一个保定公鸡，一人按摩与收集精液，其操作技术见表 1-32。

表 1-32　公鸡的按摩采精技术

采精步骤	方法技术	注意事项
保定公鸡	①保定员用双手各握一只鸡腿，自然分开，拇指扣其翅，使公鸡头部向后，类似自然交配姿势 ②用特制的采精台保定，台面垫泡沫塑料后再覆盖胶布。保定员将公鸡置于台上，用右手握住双腿，左手握住两翅基部 ③保定员将公鸡从笼内拖出，固定两腿并将公鸡胸部贴于笼门外	①不粗暴对待公鸡，环境要安静 ②不污染精液 ③采精按摩时间不宜过久，捏挤动作不应用力过大 ④所采集精液应立刻置于 25～30℃的保温瓶内，并于采精后 30 分钟内使用完毕 ⑤连续采精应注意公鸡的营养状况及体重变化
按摩与收集精液	操作者右手中指与无名指间夹住采精杯，杯口朝外。左手掌向下，贴于公鸡背部，从翼根轻轻推至尾羽区，按摩数次。引起公鸡性反射后，左手迅速将尾羽拨向背部，并使拇指与食指分开，跨捏于泄殖腔上缘两侧。与此同时，右手呈虎口状紧贴于泄殖腔下缘腹部两侧，轻轻抖动触摸。当公鸡露出交配器时，左手拇指与食指作适当压挤，精液即流出，右手便可将采精杯承接精液（图 1-15）	
采精次数	一般采用隔日采精制。若配种任务大，可在 1 周之内连续采精 3～5 天，休息 2 天	

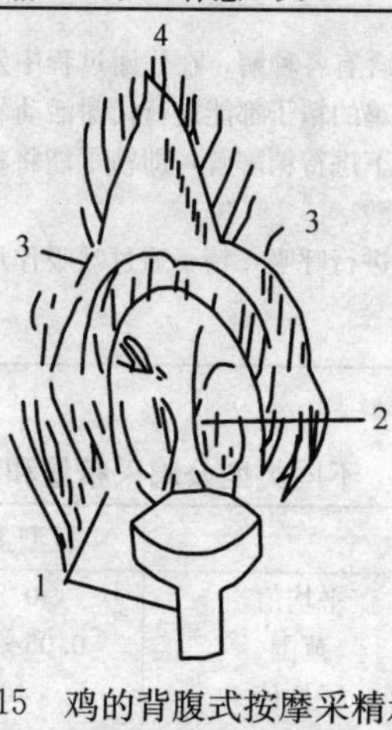

图 1-15　鸡的背腹式按摩采精示意图

1. 集精杯　2. 泄殖腔　3. 挤压部位　4. 尾巴

（三）精液品质评定

公鸡精液的生理特性见表1-33。不同类型公鸡采精量和精子密度见表1-34。精液的品质评定包括精液的射精量、颜色、密度、活力和酸碱度等（表1-35）。

表1-33 公鸡精液的生理特性

项　目	特　　性
精液性状	精液由精子和精清组成，乳白色不透明液体，略带有腥味。鸡的精液量少，但黏度高。新鲜精液呈弱碱性，pH为7.1～7.6。鸡的精子密度和采精量见表1-34
精液成分	①精子含有复杂的酯类和糖蛋白 ②精清由50～60种不同的化学成分所组成，实质是盐类和若干氨基酸的水溶液。精清几乎完全没有果糖、柠檬酸、肌醇、磷酸化胆碱和甘油磷酸胆碱，氯化物含量低，而谷氨酸和钾含量高 ③公鸡精液中碱性磷酸酶的活性很高，每100毫升精液中碱性磷酸酶活性为465～964波丹斯基单位，其活性高低与受精率有关，以每100毫升精液中碱性磷酸酶为中等水平时，受精率最高
精子代谢	鸡的精子中含有各种酶，在代谢过程中发挥重要作用。在无氧还是有氧条件下，鸡的精子都能进行代谢活动 ①无氧条件下进行糖酵解，即精子能将精清或稀释液中的果糖、葡萄糖分解为乳酸 ②有氧条件进行呼吸，精子通过呼吸作用进一步将乳酸分解为二氧化碳和水

表1-34 不同类型公鸡采精量和精子密度

项　目		轻型蛋鸡	中型蛋鸡
采精量（毫升）	平均值	0.3	0.5
	范围	0.05～0.8	0.2～1.1
精子密度（亿/毫升）	平均值	40	30
	范围	17～60	15～60

表 1－35　精液品质评定的技术指标

项　目	指　　　标
射精量	平均射精量 0.34 毫升，变化范围为 0.05～1 毫升。大部分公鸡射精量在 0.2～0.5 毫升之间
颜色	健康公鸡的精液颜色为乳白色，质地如奶油状。如果颜色不一致，混有血、粪、尿等，或者透明，都是不正常的精液
密度	公鸡精液平均密度为 30.4 亿个/毫升，变化范围为 5 亿～100 亿个/毫升。一般习惯于把精液浓度分为密、中、稀三种（图 1－16）。各个密度级别精子的密度见表 1－36
活力	精子活力一般以 10 分制评定。精子平均活力为 8 分，范围从 3 分到 10 分，最普遍的为 6～8 分
酸碱度	精液中氢离子浓度平均 180 摩尔/升（pH6.75），其范围为 39.81～631 摩尔/升（pH6.2～7.4）

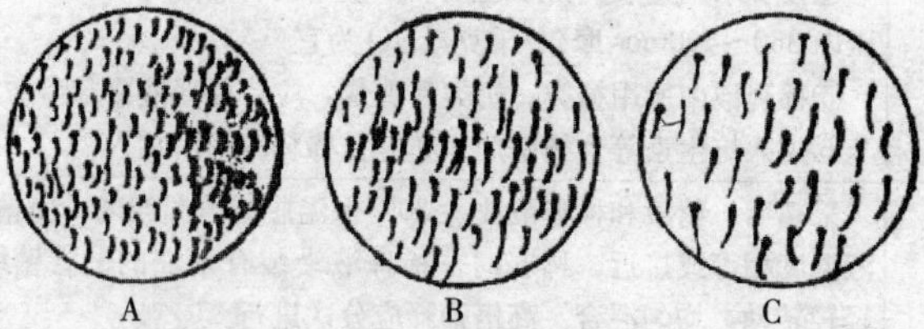

图 1－16　家禽精液的精子密度估测示意图

A. 密：表示整个视野完全被精子占满，精子间几乎无空隙

B. 中：表示视野中精子间有比较明显的距离

C. 稀：表示视野中精子间有较大的空隙

表 1－36　各种家禽估测法评定密度的精子数

禽　类	鸡	火鸡	鹅	鸭
密（亿个/毫升）	>40	>80	>6～10	>35
中（亿个/毫升）	20～40	60～80	4～6	25～35
稀（亿个/毫升）	<20	<50	<4	<25

（四）精液稀释与保存

1. 精液的稀释　精液稀释的方法见表 1－37，稀释液配方见

表1－38。

表1－37　精液稀释液的配制与稀释方法

项　目	要　求
精液稀释的目的	①稀释后可增加输精母鸡数，提高公鸡的利用率 ②稀释可使精子均匀分布，保证每个输精剂量有足够精子数 ③便于输精操作 ④稀释液主要是给精子提供能量和缓冲剂，防止pH变化，延长精子寿命，有利于保存
稀释液配制	①化学药品为化学纯或分析纯，新鲜的pH呈中性的蒸馏水或去离子水 ②一切用具均应彻底洗涤干净、消毒、烘干 ③准确称量各种药物，充分溶解后，过滤、密封消毒（隔水煮沸或蒸汽消毒30分钟），加热须缓慢，防止容器破裂及水分丢失 ④按要求调整pH和渗透压，扩量用的稀释液pH 6.8～7.4。渗透压以360～400mos摩尔/千克/H_2O为宜 ⑤稀释液中所用糖类、奶类和鸡蛋，应待稀释液冷却后加入 ⑥加入抗生素等生物制剂，亦应在稀释冷却后加入
精液稀释方法	采精后，精液和稀释液放入30℃保温瓶或恒温箱内，使精液和稀释液温度相等或接近。稀释时，稀释液沿装有精液的试管壁缓慢加入，轻轻转动，均匀混合。高倍稀释应分次进行
精液稀释比例	根据精液品质和稀释液的质量确定稀释比例 ①室温（18～22℃）保存不超过1小时，稀释比例以1∶1～2为宜 ②0～5℃保存3小时、8小时或24～48小时，稀释比例为1∶3～4 ③冷冻精液的稀释比例常在1∶4～5

表1－38　著名的家禽精液稀释液成分（克）

稀释液成分	保存时间							
	<45分钟		<5小时		<24小时			
	A	B	C	F	D	E	G	H
谷氨酸钠	0.96	2.01	0.867	0.234		1.1	1.32	1.40
柠檬酸钠		0.77		0.231				
碳酸氢钠					0.15			
醋酸钠	0.255		0.43		1.0	0.146		
磷酸氢二钠						0.136		0.98

（续）

稀释液成分	保存时间							
	<45 分钟		<5 小时		<24 小时			
	A	B	C	F	D	E	G	H
磷酸二氢钠								0.21
磷酸氢二钾			1.27		0.15			
磷酸二氢钾			0.065					
柠檬酸钾	0.064					0.128	0.128	0.14
氯化钙				0.01				
氯化镁			0.34	0.013				
醋酸镁	0.04					0.08	0.08	
氢氧化钠						5.6	9.0	
柠檬酸		0.13	0.064	0.039				
葡萄糖	0.3	2.01		0.50	1.0	0.36	0.60	2.4
蔗糖					4.6			
果糖			0.50					
鸡蛋清（毫升）		15.0						
肌醇				0.22				
脱脂乳（毫升）		20.0						
10%醋酸（毫升）					0.25			
棉籽糖								2.4
MES							2.44	
Tris				3.725				
BES						3.05		
TES			0.195					
蒸馏水（毫升）	100	66	100	100	100	100	100	100
pH					7.0～7.2		6.8	6.9

注：Tris—三羟甲基氨基甲基烷冲剂；BES—N-双（2-羟乙基）-2-氨基乙烷磺酸；MES—2-（N-吗啉）乙烷磺酸；TES—N-三甲基-2-2 氨基乙烷磺酸。

2. 精液的保存　鸡的精液保存方法有常温保存、低温保存和冷冻保存三种（表 1-39）。

表 1-39 鸡精液的保存方法

保存方法	技 术 要 求
常温保存	在 18～20℃范围内，保存时间不超过 1 小时。可利用简单无缓冲的稀释液如 A 液稀释，常用的是生理盐水（0.9%氯化钠）。稀释比例为 1∶1
低温保存	①保存温度为 0～5℃，使精子处于休眠状态 ②操作程序：精液稀释后先置于 30℃水中，再放入 2～5℃的冰箱内，使其缓慢降温。如无冰箱，将装有精液的试管包以 1 厘米厚的棉花，然后放入塑料袋或烧杯内。尔后直接放入装有冰块的广口保温瓶中 ③保存时间与稀释比例。精液若在 0～5℃保存 5～24 小时，使用缓冲溶液稀释，稀释比例 1∶1～2，甚至 1∶4～6。稀释液 pH 6.8～7.1
冷冻保存	①采精：采精时，精液必须没有受到污染 ②稀释：稀释后降温平衡，也可降温、平衡一次进行 ③降温：通常在 5℃条件，置放若干时间 ④加防冻剂：甘油一般用 4%～6%，乙烯二醇用 6%～12% ⑤平衡：即加防冻剂对精液的作用时间，一般在 5℃条件下 15 分钟至 2 小时 ⑥冷冻方法：采用滴冻法时，在盛有液氮的容器上面置一铜纱网（18～20 目），距液氮面约 3 厘米。制作冻精颗粒的滴冻温度为 －118～－56℃，将平衡后的精液按一定的量（0.08～0.1 毫升）滴于铜纱网上，经 3～5 分钟熏蒸后，收集冻精颗粒，装入纱布袋或贮粒器内，浸入液氮保存；采用细管法时，先将平衡后的精液分装，然后将细管置于铜纱网或氟板上。降温速度 5～20℃每分钟下降 1℃；－125～－20℃每分钟下降 50℃；－196～－125℃每分钟下降 160℃。最后，将细管精液浸入液氮中保存 ⑦解冻：在 0～5℃左右或 30～40℃的水浴中解冻

（五）输精技术

鸡的输精技术包括输精时间、输精方法、输精量和深度等（表1-40）。

表 1-40　鸡的输精技术要素表

输精要素	输精技术与要求	注意事项
输精时间与间隔	①输精应在子宫内无蛋时进行。鸡一般在下午 3 点以后输精，直到晚上 7～8 点为止 ②每一次输精后间隔一天即可收集种蛋，两次输精的间隔时间以 5～7 天为宜	①精液采出后应尽快输精，存放时间不得超过 0.5 小时。精液应无污染，并保证每次输入足够的有效精子数 ②保定母鸡时动作要轻缓，插入输精管时不能用力太大，以免损伤输卵管 ③在输入精液的同时要放松对母鸡腹部的压力，防止精液回流。在抽出输精管之前，注意避免输入的精液被吸回管内 ④每输精一只母鸡要换一把输精器，或者输完一只后用酒精消毒，再用稀释液冲洗后再次使用，以防精液污染和疾病传播 ⑤输精时，不能将空气与精液一块输入输卵管内
输精深度	将阴道翻出，以看到阴道口与排粪口时为度，输精器插入 1～2 厘米即可输精	
输精剂量	每次输入的有效精子数为 0.5 亿～0.7 亿个，最好 1 亿个，大约相当于 0.025 毫升的精液量；如果用 1∶1 的稀释精液输精，则输精量为 0.05 毫升。第一次输精时剂量加倍	
输精技术	①输精时，由助手抓住母鸡双翅基部提起，使母鸡头部朝向前下方，泄殖腔朝上，右手在母鸡腹部柔软部位向头背部方向稍施压力，从泄殖腔即可翻开输卵管开口，然后转向输精人员，后者将输精管插入输卵管即可输精 ②笼养母鸡不需拉出笼外，输精时，助手右手伸入笼内以食指放入母鸡两腿之间，握住鸡的两腿基部，将尾部双腿拉出笼门（其他部分仍在笼内），使鸡的胸部紧贴于笼门下缘，左手拇指和食指放在鸡泄殖腔上、下方，按压泄殖腔，同时右手在鸡腹部稍施压力即可使输卵管口翻出，输精者即可输精	

（六）人工授精常用器具

人工授精常用器具见表 1-41。

表 1-41　人工授精常用器具

名　称	规　格	用　途
集精杯（图 1-17）	5.8～6.5 毫升 实心小漏斗，刻度集精杯	收集精液
刻度吸管（图 1-18）	0.05～0.5 毫升	输精
保温瓶或杯	小、中型	精液保温

（续）

名　称	规　格	用　　途
刻度试管	5～10 毫升	贮存精液
消毒盒	大号	消毒采精、输精用具
注射器	20 毫升	吸取蒸馏水及稀释液
注射针头	12#	备用。
温度计	100℃	测水温用
生理盐水	—	稀释精液
蒸馏水	—	稀释及冲洗器械
显微镜	400～1 250 倍	检查精液品质
载玻片、血球计数板	—	检查精液品质
pH 试纸		测 pH，检查精液品质
干燥箱	小、中型	烘干用具
冰箱	小型低温	短期贮存精液用
分析天平	感量 0.001 克	称量试剂药品
电炉	400×1 000 瓦	精液保温供温水用，煮沸消毒用
烧杯、毛巾、脸盆、试管刷、消毒液等	—	卫生消毒用
试管架、瓷盘	—	放置器具

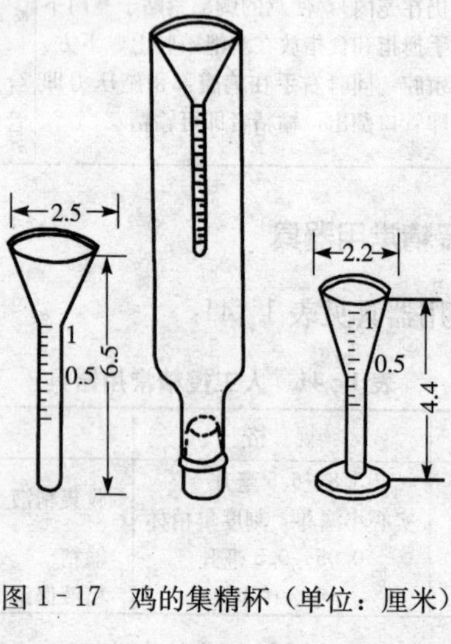

图 1-17　鸡的集精杯（单位：厘米）

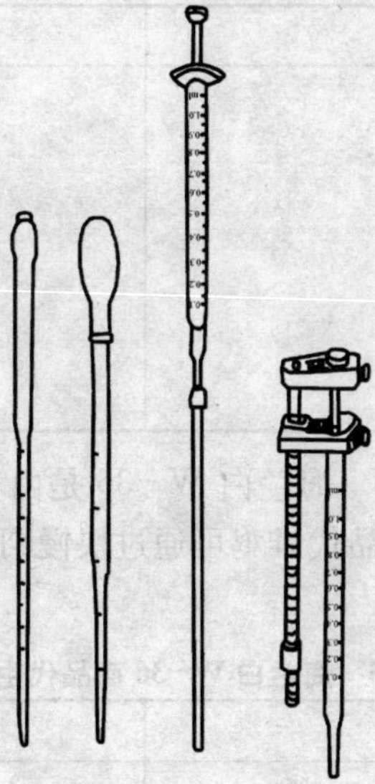

图 1-18　鸡的输精器

A、B. 有刻度的玻璃滴管

C. 前端连接无毒素塑料管的 1 毫升玻璃注射器　D. 可调注器

三、蛋鸡新品种

（一）白壳蛋鸡

1. 北京白鸡　北京白鸡是由北京市种禽公司培育而成，简称京白鸡。该鸡体形小，生产性能高，适应性强。既适于工厂化笼养，又宜于专业户饲养，表现出良好的生产性能和经济效益。目前，推出的最优配套系是京白 904，具有较高的生产性能。其商品代生产性能见表 1-42。

表 1-42　北京白鸡商品代生产性能表

项　　目	生产性能
0～20 周龄成活率（%）	94
21～72 周龄成活率（%）	92
72 周龄产蛋数（枚）	280～291
72 周龄产蛋重量（千克）	16.75～17.29
平均蛋重（克）	58.0
20 周龄体重（克）	1 420～1 490

2. 海兰白 W-36　海兰白 W-36 是由美国海兰国际蛋鸡育种公司培育而成。商品代雏鸡可通过快慢羽自别雌雄。其商品代生产性能见表 1-43。

表 1-43　海兰白 W-36 商品代生产性能

项　　目	生产性能
生长期（1～18 周龄）成活率（%）	97
18 周共消耗饲料（千克）	5.67
20 周龄体重（千克）	1.28
产蛋期（自 20 周龄至 14 个月产蛋期）	
高峰期产蛋率（%）	92
入舍母鸡产蛋数（枚）	297
存活率（%）	93
达 50%产蛋率日龄（天）	145
32 周龄平均蛋重（克）	56.7
70 周龄平均蛋重（克）	64.8
32 周龄体重（千克）	1.6
70 周龄体重（千克）	1.7
每千克鸡蛋所需饲料（千克）	2.2

3. 罗曼白　罗曼白是由原联邦德国农业部罗曼畜禽育种公司培育而成。其商品代生产性能见表 1-44。

表 1-44　罗曼白商品代生产性能表

项　目	生产性能
产蛋率达 50%日龄（天）	148～154
高峰产蛋率（%）	92～95
72 周龄入舍鸡产蛋数（枚）	295～305
平均蛋重（克）	62.5
料蛋比	2.1～2.3∶1
0～18 周龄耗料（千克）	6.0～6.4
20 周龄体重（千克）	1.30～1.35
产蛋末期体重（千克）	1.75～1.85
育成期成活率（%）	96～98
产蛋期死淘率（%）	4～6

4. 迪卡 XL 白壳蛋鸡　迪卡 XL 白壳蛋鸡是由美国迪卡公司培育而成的优良品种。商品代可根据羽毛生长速度自别雌雄。其商品代生产性能见表 1-45。

表 1-45　迪卡 XL 白壳蛋鸡商品代生产性能表

项　目	生产性能
18 周龄体重（千克）	1.32
20 周龄体重（千克）	1.425
36 周龄以上体重（千克）	1.7
开产达 50%日龄（天）	146
产蛋高峰期周龄（周）	28～29
高峰期产蛋率（%）	94 以上
平均蛋重（克）	61.7
78 周龄入舍鸡产蛋数（枚）	320
育成期成活率（%）	96
产蛋期死淘率（%）	8
育成期至 18 周龄饲料消耗量（千克）	6
19～72 周龄每天每只耗料（克）	107
蛋料比	1∶2.17

5. 尼克白　由美国尼克国际（辉瑞）公司培育的配套系杂交鸡。其商品代生产性能见表 1-46。

表 1-46　尼克白蛋鸡商品代生产性能表

项　目	生产性能
0～18 周龄成活率（%）	95～98
19～80 周龄成活率（%）	88～94
达 50%产蛋率日龄（天）	154
高峰期产蛋率（%）	89～95
60 周龄入舍母鸡产蛋数（枚）	220～235
80 周龄入舍母鸡产蛋数（枚）	315～335
18～60 周龄料蛋比	2.1～2.3：1
18～80 周龄料蛋比	2.13～2.35：1
18 周龄体重（千克）	1.261～1.306
80 周龄体重（千克）	1.792～1.882
60 周龄平均蛋重（克）	64
80 周龄平均蛋重（克）	65

6. 宝万斯白　荷兰汉德克家禽育种有限公司培育的白壳蛋鸡配套系。其商品代生产性能见表 1-47。

表 1-47　宝万斯白蛋鸡商品代生产性能表

项　目	生产性能
0～20 周龄成活率（%）	96～98
20 周龄体重（千克）	1.393
50%开产日龄（天）	143～145
72 周龄入舍母鸡产蛋数（枚）	306
平均蛋重（克）	61.4
72 周龄总蛋重（千克）	18.32
产蛋期产蛋率（%）	94.1
料蛋比	2.0：1
72 周龄体重（千克）	1.67

（二）褐壳蛋鸡

1. 海兰褐　海兰褐是由美国海兰国际育种公司培育而成，具有抗病力强、产蛋率高、蛋品质好等优点。其商品代生产性能见表 1-48。

表 1-48　海兰褐商品代生产性能表

项　目	生产性能
生长期（至 18 周）成活率（%）	96～98
18 周龄体重（千克）	1.55
74 周龄体重（千克）	2.2
生长期饲料消耗（千克）	5.9～6.8
达 50%产蛋率日龄（天）	155
高峰产蛋率（%）	92～96
72 周龄入舍鸡产蛋数（枚）	287
80 周龄入舍鸡产蛋数（枚）	323
18～80 周龄成活率（%）	92～96
平均蛋重（克）	63.6
每只入舍母鸡产蛋总重量（千克）	20.41
料蛋比	2.3～2.5：1

2. 迪卡黄金褐　迪卡黄金褐是美国迪卡家禽研究公司培育而成的杂交鸡种，具有早熟、耐高温、适应性强等特点。商品代生产性能见表 1-49。

表 1-49　迪卡黄金褐商品代生产性能表

项　目	生产性能
育成期成活率（%）	96～98
产蛋期成活率（%）	94～96
18 周龄体重（千克）	1.70～1.78
40 周龄体重（千克）	2.05
产蛋率达 50%日龄（天）	140
高峰期产蛋率（%）	92～95
72 周龄入舍鸡产蛋数（枚）	290～310
78 周龄入舍鸡产蛋数（枚）	330～340
18～78 周龄平均蛋重（克）	63～64.2
18～72 周龄料蛋比	2.07～2.28：1
18～78 周龄料蛋比	2.10～2.30：1

3. 罗斯褐壳蛋鸡　罗斯褐壳蛋鸡是英国罗斯育种公司培育而成的优良配套鸡种，其配套的四系原种鸡，既引入了金银色的

伴性基因，又有快慢羽伴性基因。不同杂交组合的初生雏，在出壳时可按羽色或羽速自别雌雄。商品代生产性能见表1-50。

表1-50 罗斯褐壳蛋鸡生产性能表

项　　目	生产性能
18周龄体重（千克）	1.38
76周龄体重（千克）	2.2
0～18周龄耗料（千克）	7
19～76周龄耗料（千克）	45
开产周龄（周）	18～20
产蛋高峰期周龄（周）	25～27
76周龄入舍鸡产蛋数（枚）	298
平均蛋重（克）	61.7
料蛋比	2.35∶1
产蛋期死淘率（%）	4.74

4. 海赛克斯褐　由荷兰汉德克家禽育种有限公司培育的四系配套杂交鸡。商品代生产性能见表1-51。

表1-51 海赛克斯褐壳蛋鸡生产性能表

项　　目	生产性能
生长期（0～18周龄）成活率（%）	97
18周龄体重（千克）	1.4
产蛋末期体重（千克）	2.25
产蛋率达50%日龄（天）	158
平均产蛋率（%）	76%
产蛋率达80%以上的持续时间（周）	27
78周龄入舍鸡平均产蛋数（枚）	299
平均蛋重（克）	63.2
料蛋比	2.39∶1

5. 伊萨褐 由法国伊萨公司培育的四系配套杂交鸡，是目前世界上优秀的高产褐壳蛋鸡之一。商品代生产性能见表1-52。

表1-52 罗斯褐壳蛋鸡生产性能表

项　目	生产性能
18周龄体重（千克）	1.45
0～20周龄成活率（%）	97
0～20周龄耗料（千克）	7～8
20～80周龄存活率（%）	92.5
产蛋率达50%日龄（天）	160
高峰期产蛋率（%）	92
80周龄入舍鸡产蛋数（枚）	308
平均蛋重（克）	62.55
80周龄母鸡体重（千克）	2.25
料蛋比	2.4～2.5∶1

6. 尼克红 德国罗曼家禽育种有限公司尼克子公司培育的棕红壳蛋鸡配套系。其商品代生产性能见表1-53。

表1-53 尼克红褐壳蛋鸡生产性能表

项　目	生产性能
0～20周龄成活率（%）	96～98
20周龄体重（千克）	1.59
产蛋率达50%日龄（天）	150～161
76周龄入舍鸡产蛋数（枚）	303～325
平均蛋重（克）	63.0～65.0
76周龄总蛋重（千克）	19.1～20.6
产蛋期成活率（%）	91～94
料蛋比	2.2～2.3∶1
76周龄体重（千克）	2.2

7. 宝万斯褐　荷兰汉德克家禽育种有限公司培育的褐壳蛋鸡配套系。其商品代生产性能见表1-54。

表1-54　宝万斯褐壳蛋鸡生产性能表

项　　目	生产性能
0～20周龄成活率（%）	95～97
20周龄体重（千克）	1.64～1.74
产蛋率达50%日龄（天）	150～157
80周龄入舍鸡产蛋数（枚）	326～331
平均蛋重（克）	62.0～63.0
72周龄总蛋重（千克）	20.6～21.0
产蛋期成活率（%）	92～95
料蛋比	2.35～2.40：1
72周龄体重（千克）	2.05～2.25

8. 伊莎新红　法国哈伯德伊莎公司培育的褐壳蛋鸡配套系。其商品代生产性能见表1-55。

表1-55　伊莎新红褐壳蛋鸡生产性能表

项　　目	生产性能
0～20周龄成活率（%）	98
20周龄体重（千克）	1.75
产蛋率达50%日龄（天）	161～167
78周龄入舍鸡产蛋数（枚）	313～325
平均蛋重（克）	63.0～65.0
72周龄总蛋重（千克）	20.4～21.10
产蛋期成活率（%）	93
料蛋比	2.40～2.50：1
78周龄体重（千克）	2.2～2.3

（三）粉壳蛋鸡

1. 雅康浅壳蛋鸡　雅康浅壳蛋鸡为以色列PBV家禽育种协会最新推出的四系配套浅壳蛋鸡，蛋壳为淡奶油色或浅褐色，商品代可通过羽速自别雌雄。其商品代生产性能见表1-56。

表 1-56　雅康浅壳蛋鸡商品代生产性能表

项　目	生产性能
20 周龄体重（千克）	1.5
50%产蛋率日龄（天）	160～167
78 周龄产蛋数（枚）	290～305
平均蛋重（克）	62～64
0～150 日龄累计耗料（千克）	7.8～8.3
产蛋期日耗料（克）	99～105
0～20 周龄育成率（%）	94～96
产蛋期死淘率（%）	6～8

2. 海兰灰　海兰灰是美国海兰国际公司新培育的粉壳蛋鸡，其商品代生产性能见表 1-57。

表 1-57　海兰灰商品代生产性能表

项　目	生产性能
生长期（至 18 周）成活率（%）	98
生长期饲料消耗（千克）	6.1
18 周龄体重（千克）	1.42
产蛋高峰期产蛋率（%）	94
50%产蛋率日龄（天）	151
入舍鸡至 74 周产蛋数（枚）	305
入舍鸡至 80 周产蛋数（枚）	333
平均蛋重至 70 周（克）	65.1
19～80 周每只鸡产蛋总重（千克）	21.1

3. 星杂 444　星杂 444 是加拿大雪佛公司培育的 3 系配套杂交鸡，可以根据羽毛自别雌雄。据该公司提供的资料，72 周龄鸡的产蛋量为 260～280 枚，平均蛋重 61～63 克，每产 1 千克蛋耗料 2.45～2.70 千克。

4. 农大 3 号粉　农大 3 号粉是北农大种禽公司育成，其用矮小型鸡作为父系，普通褐壳蛋鸡作为母系，配套生产商品代鸡，其中母鸡均为矮小型鸡。该品质种平均每日耗料量 87 克左右，料蛋比为 2.1∶1，最好测定水平可达 2.0∶1，超过世界普通优秀蛋鸡目前测定站测定水平。而且，该品种体形小，可以提高饲养密度，淘汰鸡体1.6千克左右，仍然有较高的价值。由于饲料转化率等优点虽然每只鸡少产蛋1～1.2千克，综合效益仍然增加8～10元，尤其在鸡蛋价格低、饲料价格高的情况下饲养小型蛋鸡优势更明显。

5. 京白939 北京市华都种禽有限公司培育的粉壳蛋鸡配套系。其商品代生产性能见表1-58。

表1-58 京白939粉壳蛋鸡生产性能表

项　目	生 产 性 能
0～20周龄成活率（%）	96～98
20周龄体重（千克）	1.4
产蛋率达50%日龄（天）	150～155
72周龄入舍鸡产蛋数（枚）	299
平均蛋重（克）	60.3～63.0
72周龄总蛋重（千克）	17.90
产蛋期成活率（%）	91～94
料蛋比	2.33∶1
72周龄体重（千克）	1.8～1.9

6. 尼克粉 德国罗曼家禽育种有限公司尼克子公司培育的粉红壳蛋鸡配套系。其商品代生产性能见表1-59。

表1-59 尼克粉壳蛋鸡生产性能表

项　目	生产性能
0～20周龄成活率（%）	96～98
20周龄体重（千克）	1.46～1.50
产蛋率达50%日龄（天）	154
76周龄入舍鸡产蛋数（枚）	315～326
平均蛋重（克）	60.0～63.0
72周龄总蛋重（千克）	19.5～20.8
产蛋期成活率（%）	91～94
料蛋比	2.1～2.3∶1
72周龄体重（千克）	1.95

（四）中国地方鸡种

中国地大物博，各地劳动人民在长期的生产实践中培育了许多各具特色的地方品种，不但抗病能力强，耐粗饲，肉质鲜美，而且生产的蛋品质最优。其生产性能见表1-60。

表1-60　中国地方鸡种的生产性能

品种	原产地	体重（千克）		开产日龄	年产蛋量（枚）	蛋重（克）	蛋壳颜色	备　注
		公鸡	母鸡					
仙居鸡	浙江省仙居县及临近临海、天台一带	1.2～1.5	0.8～1.0	150～180	200以上	40～45	褐	小巧、敏捷、善飞、觅食力强、就巢性差
浦东鸡	上海南汇、川沙、奉贤一带	3.5～4	3～3.5	210～240	110～140	55～60	褐	就巢性强，肉质鲜美
庄河鸡	辽宁省庄河、丹东一带	3～3.5	2.2～2.5	240～270	80～120	63～68.5	褐	耐寒性强，多产大蛋
寿光鸡	山东寿光一带	3～3.5	2.5～3	210～240	90～130	60～65	红褐	耐粗饲，蛋大
北京油鸡	北京市郊区	2～2.5	1.7～2	240～300	120～160	56～60	红褐	就巢性强，生长慢，肉质好
惠阳鸡	广东惠阳地区、长江中下游	2～2.5	1.5～2	150～165	100～120	45～55	米黄	早熟、肉嫩，皮脆、骨酥，味鲜、质优
狼山鸡	江苏省如东县	3～3.5	2～2.5	195～210	150～180	50～60	红褐	肉质好，有就巢性

（续）

品种	原产地	体重（千克）		开产日龄	年产蛋量(枚)	蛋重（克）	蛋壳颜色	备 注
		公鸡	母鸡					
桃源鸡	湖南省桃源县	3～4	2～3	165～225	100～150	50～55	褐	肉质好，有就巢性
固始鸡	河南信阳地区、固始一带	1.9～3.5	1.2～2.4	165～270	96～160	48～60	黄褐	肉质好，有就巢性
萧山鸡	浙江杭州萧山区、绍兴地区	3～3.5	2～2.5	180～210	120～150	50～55	浅棕	肉质鲜美
乌骨鸡	江西省泰和县	1.25～1.5	1～1.25	165～180	80～120	30～50	浅棕	药用、就巢性强，抗病力弱

四、蛋鸡安全孵化新技术

（一）鸡的繁殖特点

鸡的繁殖特点见表1-61。

表1-61　鸡的繁殖特点

繁殖性能	繁 殖 特 点
卵　生	胚胎在体外发育，可用人工孵化的方法大量繁殖。
季节性与光照	①自然条件下，光照对性腺的作用最大。鸡在日照增加的春季开始交配和产蛋，而在一年中日照缩短时停止产蛋和交配行为。春季和秋季是产蛋的旺季，而夏季和冬季是产蛋淡季，甚至不产蛋 ②现代养鸡业中，一年四季均可饲养小母鸡，光照管理对小母鸡的性成熟极为重要，没有抱性的鸡种能够全年均衡产蛋

（续）

繁殖性能	繁　殖　特　点
就巢性（抱性）	就巢性（抱性）是鸡为了种的繁衍，在抱窝时停止产蛋。鸡的抱性不仅可通过育种工作减轻或消除，也可将母鸡放入笼内，使其处于通风良好和光照较强的地方，以促使其醒抱
鸡蛋的形成	鸡蛋的形成包括蛋白的形成、蛋壳膜的形成、蛋壳的形成、气孔、蛋壳颜色和壳胶膜等。鸡蛋的形成过程见表 1-62，鸡蛋的产出过程见图 1-19
公鸡精液的生理特性	精液的生理特性主要包括精液的性状、成分及其代谢等（表 1-33）

表 1-62　鸡蛋的形成过程

形成阶段	形　成　过　程
蛋白形成	①漏斗的颈部具有管状腺，能够分泌蛋白。当卵黄在输卵管内旋转前进至膨大部时，形成系带、系带层浓蛋白和内稀蛋白 ②膨大部具有丰富的腺体组织分泌蛋白，卵黄继续进入膨大部时，又分泌一层浓蛋白。卵黄离开膨大部后，输卵管其他部位一般不再分泌蛋白。膨大部的代谢非常稳定，无论卵黄存在与否，一直分泌蛋白。只有在非产蛋期，其功能才完全停止
蛋壳膜形成	蛋壳膜分为内、外两层，当卵通过峡部时首先形成壳膜；外壳膜以乳头突与蛋壳相连。两层壳膜在蛋钝端分开，形成气室。壳膜为纤维蛋白质组成，是半透性膜，水和晶体物可通过。作为蛋的屏障，蛋壳膜能够防止微生物入侵和蛋内水分迅速蒸发。蛋通过峡部时间约 80 分钟
蛋壳形成	蛋壳的沉积开始于蛋刚要离开峡部，而正要进入子宫之时。此时，外壳膜上出现许多极微小的钙沉积小点，这是子宫中钙沉积的起始部位。开始沉积的钙量对以后钙的沉积量有一定作用，且具有遗传性。最初在起始部位沉积的为内壳，这是由碳酸钙晶体构成的海绵样乳头层；此后随即沉积坚实的碳酸钙晶体的海绵层，即外壳层，其厚度为内壳层的 2 倍；最终形成的蛋壳几乎完全（约 95%～98%）是由碳酸钙构成，只有少量磷、镁、钠和钾

（续）

形成阶段		形 成 过 程
气孔蛋壳颜色和壳胶膜	气孔	气孔形成是由于碳酸钙沉积成柱状的方解石结晶，柱状结晶没有完全同时增大而留下的一些间隙，间隙垂直通过整个蛋壳，就形成气孔。空气通过气孔向蛋内提供氧气并排出二氧化碳
	蛋壳颜色	褐壳蛋壳上沉积的棕色素在产蛋前5小时形成。棕色素卟啉是在蛋壳腺中由σ-氨基己酰丙酸合成。母鸡蛋壳颜色深浅相对比较固定，且有遗传性，通过选择可使蛋壳颜色一致
	壳胶膜	由蛋壳腺分泌的有机物构成，是蛋壳最后的一层很薄的角质层，在产蛋时起润滑作用，产蛋后一瞬间便干燥，封闭气孔，防止水分蒸发及细菌侵入

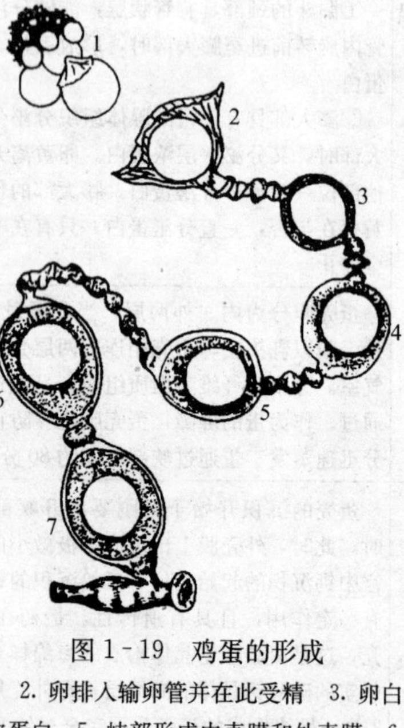

图 1-19　鸡蛋的形成

1. 卵发育成熟　2. 卵排入输卵管并在此受精　3. 卵白部形成卵系带
4. 卵白部形成稀、浓蛋白　5. 峡部形成内壳膜和外壳膜　6. 子宫部加入盐和水
7. 子宫部形成蛋壳和色素及外蛋壳膜，产前旋转180°钝端向下

（二）蛋鸡安全孵化新技术

1. 种蛋安全质量管理

（1）种蛋的选择　种蛋的选择主要利用种蛋外观评定、碰击听声、照蛋透视、剖视抽查等方法进行，以确保选择合格种蛋（表 1-63）。

表 1-63　种蛋的选择

检查方法		特 征 或 要 求
外观	新鲜度	种蛋越新鲜越好，存放时间一般不超过 7 天。最好是保存 3～5 天，最长不超过 2 周
	清洁度	种蛋蛋壳上不得被粪便或破蛋液污染，以免降低孵化率和雏鸡质量下降。轻度污染的种蛋可以入孵，但要认真擦拭或用消毒液洗去污物
	蛋　重	蛋重一般要求为 50～65 克，超过标准范围±10%的蛋不能作种蛋用
	蛋　形	合格种蛋应为卵圆形，蛋形指数为 0.72～0.75，以 0.74 最好。过长、过圆、腰鼓状、葫芦形、橄榄状、砂壳、钢壳、过大、过小等畸形蛋均应剔除，不能用于孵化
	蛋壳结构	蛋壳的结构致密均匀，厚薄适度，比重在 1.080 的种蛋孵化率最好。蛋壳过厚（壳厚在 0.34 毫米以上）的钢皮蛋、过薄（壳厚在 0.22 毫米以下）的砂皮蛋和蛋壳厚薄不均匀的皱纹蛋，均应剔除
	蛋壳颜色	蛋壳颜色应符合本品种的要求。但若孵化商品杂交鸡，对蛋壳颜色不须苛求。对育种场应严格挑选蛋壳颜色，以选育出具有本品种或品系特点的蛋壳颜色
碰击听声		种蛋入库时，要手、眼、耳并用，两手各拿 2～3 枚蛋，转动手指，使蛋之间轻轻碰击，听声音辨蛋。声音清脆的是正常蛋，“扑扑”嘶哑音的是破蛋

（续）

检查方法		特 征 或 要 求
照蛋透视	蛋壳	鲜蛋的壳色纯正，附有石灰质微粒，好似覆有一薄层霜状粉末，没有光泽。陈蛋蛋壳不清新，常有光泽。如果蛋壳有光亮，则是孵过的蛋。裂纹蛋可见到裂纹，砂壳蛋可见到点状亮点
	气室	鲜蛋气室小，高度一般不超过 5 毫米。存放时间长且温度高时，气室变得较大，由此可判定蛋的新陈
	蛋黄	蛋黄阴影愈不清晰，并居蛋的中心位置，表明蛋愈新鲜；陈蛋由于浓蛋白的液化，蛋黄靠近蛋壳，阴影较为明显，稍一晃动，飘忽不定。存放时间过长，蛋黄膜破裂变成散黄蛋，透视时蛋黄成不规则的阴影
剖视抽查		剖视多用于外购种蛋。将蛋打开倒在衬有黑纸（或黑绒）的玻璃板上，观察新鲜程度及有无血斑、肉斑。新鲜蛋蛋白浓厚，蛋黄高突；陈蛋蛋白稀薄成水样，蛋黄扁平甚至散黄。一般只用肉眼观察即可。对育种而言，蛋则需要蛋白高度测定仪等专用仪器测量

（2）种蛋的保存　种蛋应保存在适宜的房舍内，并设有空调机，可自动制冷或加温，以保持恒温。保存种蛋的适宜温度应为13～18℃，湿度以70%～80%为宜，保存时间一般不超过14天（表1-64）。

表1-64　种蛋保存的环境条件

项　目	保存时间						
	1～4天内	1周内	2周内		3周内		
			第1周	第2周	第1周	第2周	第3周
温度（℃）	15～18	13～15	13	10	13	10	7.5
相对湿度	75%～80%		80%				
蛋的位置	钝端向上		锐端向上				
注意事项	①蛋库内应保持清洁、整齐，不得有灰尘、穿堂风和老鼠 ②种蛋保存时间短，采用温度上限，时间长则采用下限						

（3）种蛋的消毒　种蛋收集后应尽快消毒。如果种蛋不能及时送往种蛋处理中心或孵化场进行消毒处理，应在鸡舍内采取必要的消毒措施。种蛋的消毒包括消毒时间、消毒方法和消毒场所等，具体见表1-65。

表 1-65　种蛋的消毒

<table>
<tr><th colspan="2">项　目</th><th>技术要点</th><th>备　注</th></tr>
<tr><td rowspan="2">消毒时间</td><td>鸡舍内消毒</td><td>在鸡舍内及时消毒，杀死蛋壳表面所附着的微生物，然后入库（室）存放</td><td>消毒所用的消毒箱根据鸡舍鸡群的最大产蛋量设计，并设有排风扇</td></tr>
<tr><td>孵化前消毒</td><td>在入孵前 12～15 小时进行第二次消毒</td><td>消毒应在孵化室内单设的消毒箱或室内进行</td></tr>
<tr><td rowspan="6">消毒方法</td><td>甲醛熏蒸法</td><td>消毒时，按每平方米用甲醛溶液（10%浓度）30 毫升、高锰酸钾 15 克相混合，密闭熏蒸 20～30 分钟。熏蒸室内的温度在 24～27℃，相对湿度 75%～80%的条件下消毒效果最佳</td><td>在鸡舍内最好设一小室或消毒柜，用一特制容器产生 3 倍浓度的甲醛气。这种方法能迅速有效杀灭接触到甲醛气的细菌，而且能用来熏蒸大量的种蛋。唯一的缺点是，必须一次有大量的蛋需要消毒时才能使用此法</td></tr>
<tr><td>过氧乙酸熏蒸消毒法</td><td>过氧乙酸是一种高效、快速、广谱消毒剂。消毒种蛋时，每立方米用含 16%的过氧乙酸溶液 40～60 毫升，加高锰酸钾 4～6 克，熏蒸 15 分钟</td><td>过氧乙酸遇热不稳定，应在低温下保存；同时也是无色透明液体，腐蚀性很强，不要接触衣服、皮肤。消毒时用陶瓷盆或搪瓷盆；现配现用，稀释液保存不超过 3 天</td></tr>
<tr><td>喷雾法</td><td>用浓度为 80 微克/毫升的微温二氧化氯，对蛋面进行喷雾消毒</td><td>最好用种蛋清洗消毒机，对蛋表面施以全面的清洗和消毒，晾干后分级待孵</td></tr>
<tr><td>新洁尔灭浸泡法</td><td>配制成 1：1 000 的溶液，在 43～50℃时将种蛋浸泡 3 分钟即可</td><td>利用含 5%的新洁尔灭原液加上 50 倍水即可</td></tr>
<tr><td>季铵消毒</td><td>用 0.02%微温的季铵水溶液对蛋进行喷雾</td><td>优点是种蛋收集后可直接进行喷雾消毒。但若存在有机物（如脏蛋），季铵的杀菌力会大大减弱</td></tr>
<tr><td>臭　氧</td><td>种蛋应置于密封箱中，臭氧浓度为 0.01%</td><td>产生臭氧只需较低的成本，缺点是臭氧发生效用的速度较慢</td></tr>
<tr><td rowspan="3">消毒场所</td><td colspan="3">在鸡舍内或进种蛋贮存室前，在消毒柜或消毒室中进行第一次消毒</td></tr>
<tr><td colspan="3">入孵后，在孵化机中进行第二次消毒</td></tr>
<tr><td colspan="3">移盘后，在出雏机中进行第三次消毒</td></tr>
</table>

（4）种蛋的包装和运输　待运送的种蛋最好采用规格化的种蛋箱包装。种蛋箱要结实，能承受一定的压力，每一层有纸板做成的活动蛋格，每小格内放一个种蛋，避免相互接触，以防运输途中相互碰撞。种蛋运输的基本要求见表1-66。

表1-66　种蛋的包装和运输要求

项　目	要求指标	备　注
温度和相对湿度	12～15℃，不能超过24℃；相对湿度75%～80%	冬季备有保温用的棉被、棉毯等。夏季高温多雨，要带有遮荫及防雨用的雨具、帆布等
运输条件	路程较远时用火车、飞机运输；路程较近时用汽车运输	在运输过程中一定要平稳，无颠簸，否则易造成种蛋的系带受损，蛋黄下沉或形成流动气室，降低孵化率

（5）入孵前种蛋的预温处理　种蛋上机前最好先进行预温。预温可使受精胚盘逐渐"苏醒"，否则温度变化过大会影响胚胎活力；可去除种蛋表面的"汗"，增强入孵消毒的效果；预热一般能提高孵化率，并节约电能。预热时，一般采用23℃预热18小时，当贮存期超过2周时，预热提高孵化率的效果甚为明显（表1-67）。

表1-67　预热与不预热的孵化率比较

贮存天数	孵化率（%）	
	预　热	不预热
14	77.5	74.3
21	68.8	62.6
28	53.2	41.6

2. 蛋鸡胚胎发育特征　受精蛋如果获得孵化条件（适宜温度），胚胎继续发育，很快形成中胚层，以后就从内、中、外三个胚层形成新个体所有组织的器官。

中胚层：形成肌肉、骨骼、生殖泌尿系统、血液循环系统、消化系统的外层、结缔组织。

外胚层：形成羽毛、皮肤、喙、趾、感觉器官、神经系统。

内胚层：形成呼吸系统上皮、消化器官（黏膜部分）、内分泌器官。

胚胎发育的透视特征见表 1-68。

表 1-68　鸡胚胎发育的透视特征

孵化时间	透视特征
第 1 天	种蛋孵化 15～20 小时，蛋内有一个光亮的圆珠，随蛋黄的转动而转动
第 2 天	白光珠变成暗红色，并逐渐扩大，形成樱桃状小血饼
第 3 天	在扩大的小血饼中间，起初出现血丝，随后呈现蚊虫状鸡胚
第 4 天	鸡胚长大，似小蜘蛛状，血丝分布好似蛛网。此时，鸡胚不再随蛋黄的转动而转动，定位于蛋的一面称为正面，而背面非常光亮
第 5 天	鸡胚进一步长大，如大蜘蛛状，头部明显有一黑眼
第 6 天	鸡胚头部和躯干部呈现两个黑色圆点
第 7 天	羊水增多，胚胎浸没在羊水中，蛋的正面已经布满血丝
第 8 天	胚胎在羊水中时沉时浮，若隐若现，恰似游泳状
第 9 天	蛋的正面不再有特征形态，背面的左右两侧可见到有尿囊暗影向中心合拢，并有血管伸入到蛋白中
第 10 天	胚胎左右血管区在气室下面首先吻合，尿囊暗影也迅速自左右向中央发展，继而血管伸至蛋的小头
第 11 天	尿囊暗影在蛋的背面中央合拢，并向蛋的小头部位下沉
第 12～16 天	尿囊暗影继续向蛋的小头部位下沉和扩大
第 17 天	尿囊暗区完全充满蛋的小头，并呈暗色，靠近气室端发红
第 18 天	蛋的大头气室与暗影之间仍然发红发亮，并有血丝
第 19 天	气室先呈现倾斜状，蛋相互之间撞击时发出空洞声。随后，在气室内可以看到翅膀和颈部的暗影在闪动，并可听到雏鸡在蛋壳内的鸣叫
第 20 天	雏鸡普遍隐叫、啄壳，部分雏鸡开始出壳
第 21 天	在 20.5 天时，雏鸡已经大批出壳

鸡蛋胚胎发育的主要特征见表 1-69，胚胎发育图解见图 1-20。

表 1-69 鸡蛋胚胎发育简介

胚龄(天)	照蛋特征（俗称）	胚蛋内部发育主要特征
1	“鱼眼珠”、“白光珠”	胚盘重新开始发育，器官原基出现。蛋黄表面有一颗稍微透亮的圆点，胚盘边缘出现许多红点，称“血岛”
2	“樱桃珠”	卵黄囊、羊膜、绒毛膜开始形成，血岛合并形成血管，血液循环开始，蛋黄囊血管区出现，胚胎心脏开始跳动
3	“蚊虫珠”	胚胎头尾分明，内脏器官形成，尿囊开始发育。眼的色素开始沉着，卵黄因蛋白水分的继续渗入而明显扩大
4	“钉壳”、“扎根”、“落盘”、“小蜘蛛”	卵黄囊血管贴靠卵壳，羊膜腔形成，容易通过卵壳的气孔进行气体代谢。胚胎头部明显增大，并与卵黄分离。尿囊从脐带向外突出，形成一个有柄的囊状
5	“起珠”、“单珠”	胚胎眼球内大量黑色素沉积，胚胎极度弯曲呈“C”形，四肢开始发育。生殖腺已经分化，可确定胚胎公母
6	“双珠”、“双起见”	蛋黄最大，胚胎躯干部增大，羊膜开始收缩，胚胎开始活动。喙原基出现。翅和脚可以区分，照蛋时一个圆点是头部，一个是弯曲增大的躯干部
7	“沉”	羊水显著增多，胚胎已出现明显的鸟类特征，颈伸长，翼喙明显。肉眼可以区分出雌雄性腺。卵黄增大达最大重量，蛋白重量下降。胚胎自身有体温
8	“浮”、“边口发硬”	胚胎活动逐渐加强，像在羊水中浮游一样。四肢成形，用放大镜容易看到羽毛原基
9	“晃得动”、“发边”	尿囊迅速向小头伸展，胚胎的羽毛突起明显。腹腔愈合，软骨开始骨化。转动蛋时，容易看到两边蛋黄晃动
10～10.5	“合拢”、“长足”	尿囊合拢，胚胎体躯生出羽毛。除气室外，整个蛋布满血管
11	血管开始加粗，颜色开始加深	尿囊液量达到最大值，各器官进一步发育
12	血管加粗，颜色逐渐加深。背面左右两边卵黄在大头边连接	卵黄扁圆状，照蛋时看到左右两边卵黄连接。小头蛋白由一管状道（浆羊膜道）输入羊膜囊中，发育快的胚胎已开始吞食蛋白

（续）

胚龄（天）	照蛋特征（俗称）	胚蛋内部发育主要特征
13～16	小头发亮部分随着胚龄的增长而逐日缩小	小头蛋白不断由浆羊膜道输入羊膜囊中，胚胎大量吞食稀释的蛋白，尿囊中有白絮状排泄物出现。这阶段的蛋白吸收不但通过血液循环系统，也通过消化系统同时进行。胚胎生长迅速，骨化作用急剧。绒毛明显覆盖全身。由于卵内水分蒸发，气室逐渐增大
17	“封门”、“关门”	胚体增大，小头蛋白已全部输入羊膜囊中，故照蛋小头看不到亮的部分。这时解剖胚蛋，蛋壳与尿囊极易剥离
18	“斜口”、“转身”	胚胎转身，喙开始转向气室端。胚胎吞食蛋白结束，胚胎全身已无蛋白粘连，绒毛清爽。卵黄已有小量由卵黄茎进入腹中
19	“闪毛”	胚胎大转身，颈部及翅部突入气室内。卵黄绝大部分、甚至全部已进入腹中。尿囊血管逐渐萎缩。喙进入气室开始呼吸，并开始啄壳
20	“起嘴”、“见嘌”、“啄壳”	喙进入气室，容易听到音叫（叫声）；肺呼吸开始；尿囊血管枯萎，血流循环停止，有少量雏鸡已出壳
20.5～21	出壳	出壳高峰，出壳雏鸡初生重一般为蛋重的65%～70%，雏鸡腹中尚存约5克卵黄，这是正常现象，一般饲养约5天卵黄全部吸收完毕
备注	1. 主要阶段的发育标准，鸡蛋5天“起珠”，10～10.5天“合拢”、“长足”，17天“封门” 2. 鸡蛋1～7天照蛋观察其正面，8～17天重点观察其反面	

为了便于记忆，现将鸡胚胎发育的主要特征编成歌诀一首：

入孵第一天，“血岛”胚盘边。二出卵、羊、绒，心脏开始动。

三天尿囊现，胚、血蚊子见。四天头尾出，像只小蜘蛛。

五天公母辨，明显黑眼点。六天喙基出，头躯像双蛛。

七天生卵齿，胚沉羊水里。八显肋、肝、肺，羊水胚浮游。

九天软骨硬，尿囊已窜筋。十天龙骨突，尿囊已合拢。

十一背毛生，血管粗又深。十二身毛齐，肾、肠作用起。

十三筋骨全，蛋白进羊腔。十四全毛见，胚胎位置变。
十五翅成形，胫趾生硬磷。十六显髯冠，蛋白快输完。
十七蛋白空，小头门已封。十八气室斜，头弯右翅下。
十九闪毛起，雏叫肺呼吸。二十破壳多，蛋黄腹腔缩。
二十一雏满箱，雌雄要分辨。二十二已过半，扫盘照毛蛋。
孵化好与坏，温、气最依赖。牢记辩证法，规律掌握好。

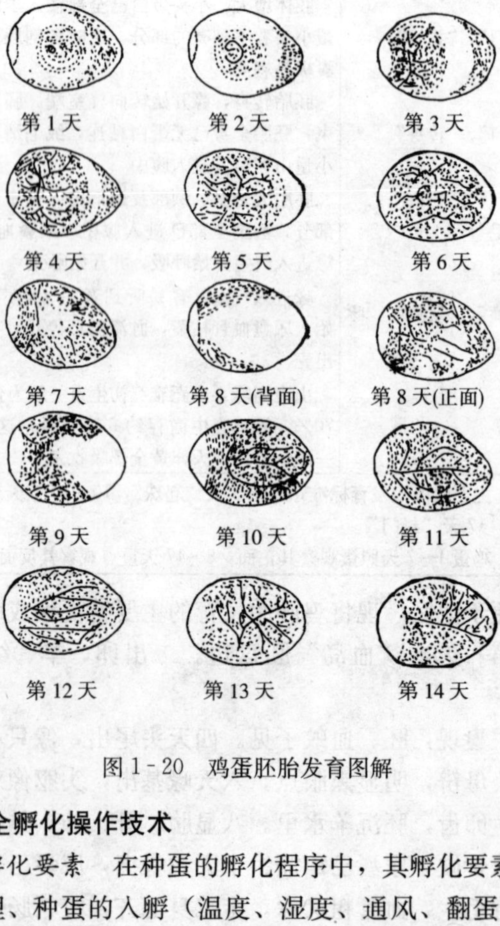

图1-20　鸡蛋胚胎发育图解

3. 安全孵化操作技术

（1）孵化要素　在种蛋的孵化程序中，其孵化要素主要包括种蛋的处理、种蛋的入孵（温度、湿度、通风、翻蛋、照蛋等）

以及出雏（表 1-70）。

表 1-70　蛋鸡孵化要素表

孵化要素		技术要点
蛋的处理	蛋重	45～65 克
	贮存	1～3 天 20～25℃；4～7 天 15～17℃；7～10 天 14～16℃；大于 10 天 10～12℃。相对湿度 75%～80%
	放置	气室向上
入　孵	温度	37.5～37.7℃
	湿度	最大蛋失重为入孵前的 12.6%，28.3～30℃WB
	通风	二氧化碳最高水平 0.5%，新鲜空气供给量为 60～180 米^3/1 000 只蛋·小时
	翻蛋	±45°，一般为 1 次/小时
	照蛋	7～10 天或 18 天
	转入出雏器	18 天。
出　雏	温度	37.2～36.9℃
	湿度	30～33.3℃WB 当啄壳时湿度需逐渐提高
	出雏时间	21 天
雏鸡处理		将雏鸡脱离出雏盘，让鸡凉爽并饮水

（2）孵化前的准备　在种蛋孵化以前，一定要制定孵化计划、准备好孵化用品、修缮孵化室、检修孵化机、清洗和消毒孵化室与孵化机、种蛋，同时要试表与试机等（表 1-71）。

表 1-71　种蛋孵化前的准备工作

准备工作	方法与要求
制定孵化计划	根据孵化与出雏能力、种蛋数量及雏鸡销售情况，制定孵化计划，并填写孵化工作日程计划表（表 1-72），以便进蛋—孵化—出雏三个环节的顺利进行。一般采用 3 天入孵一批，工作效率较高
准备孵化用品	入孵前 1 周，一切用品应准备齐全，包括照蛋灯、温度计、消毒药品、防疫注射用具、记录表格和易损电器原件、电动机等
孵化室的修缮	系统检查天花板、四壁及地面有无需要修缮的地方，通风设施运转是否正常，发现鼠洞必须堵严

（续）

准备工作		方 法 与 要 求
孵化机的检修		系统检查供温、供湿、降温通风与转蛋各方面，检查机门能否关闭严实，机箱底板有无破损灯
清洗消毒	孵化器与孵化室	先将孵化室彻底打扫干净，检修门窗和暖气管道等，达到清洁卫生、保温良好、换气方便的要求。孵化盘、增温水盘等先用水冲洗干净，再用新洁尔灭擦洗孵化机内外表面，用高压水冲刷孵化室地面，然后用福尔马林熏蒸法分别对孵化机及孵化室进行消毒
	出雏器与出雏室	将出雏盘送洗涤室浸泡于消毒液中；出雏室地面、墙壁、天花板等打扫干净，用水冲刷出雏器内外表面后，再用新洁尔灭擦洗，最后用福尔马林熏蒸出雏器和出雏盘，用过氧乙酸喷洒出雏室地面、墙壁及天花板
	洗涤室与雏鸡存放室	洗涤室污染最严重，应特别注意清洗消毒，将地面、墙壁、天花板等冲刷干净，然后熏蒸消毒。雏鸡存放室也用同样方法冲洗消毒
试表与试机		在孵化前，所有孵化温度表同时放在38℃温水中校对，有误差的标明差额，并标上温差标记，务使孵化温度准确。用电子显示温、湿度的仪器也须校对，务使显示的温、湿度无误。入孵前1周必须进行试机运转，一般要求试机运转1～2天，按照正常的孵化要求，开动孵化机与出雏机，待机器运转一直平稳，温度、相对湿度等均达到要求后，方可装蛋入孵
种蛋的消毒		具体方法见种蛋的消毒部分

表1-72 孵化工作日程计划表

品种	批次	入孵	入孵种蛋数	照蛋	出雏器消毒	移盘	出雏	雌雄鉴别	免疫接种	接雏

（3）码盘入孵　具体见表1-73。

表 1-73　种蛋的码盘与入孵

项目	要　求
码盘	①种蛋大头朝上，不可倒置 ②一般不同来源、品种、蛋重的蛋最好分别码盘，码盘后要登记入孵的盘数和蛋数
入孵	①预热。种蛋保存在 18℃的蛋库时，应预热至 22℃左右，一般须经 6 小时以上 ②根据蛋重差异，错开入孵时间。例如，蛋重在 66～73 克的于当天晚上 10 点入孵，58～65 克的在零点（24 点）入孵，50～57 克的在凌晨 2 点入孵

（4）温度的控制

第一，在孵化以前将孵化机内的温度校准，切忌随意变动。温度恒定后，要观察一段时间，其经常升降的幅度不超过允许范围，并且一直保持平稳即为合格。

第二，在种蛋刚刚入孵和暂时停电时，孵化机内的温度会暂时降低，这属于正常现象，不必调整控温仪表。

第三，在正常运转的情况下，机温偏低或偏高 0.5℃以上时，予以调整，并密切注意温度的变化情况。

第四，孵化期间除调整温度调节器（或凉蛋操作）外，不允许打开机门，以保持机温的稳定。

第五，在孵化过程中，每隔 0.5 小时观察门表温度 1 次，每隔 2 小时记录一次温度。

（5）湿度的控制　对于自动化程度较高的孵化机，可通过控制增湿装置，保持机内所需的相对湿度，孵化机只需调整 1 次，出雏机根据出雏过程调整 2～3 次。

对于普通孵化机，依靠水盘水分的蒸发供湿，需要根据季节、空气湿度、胚胎不同发育阶段的要求，用水盘的多少、加水的水温等方法，在一定范围内调节湿度。孵化环境的相对湿度可在表 1-74 中查出。

（6）通风换气　如果孵化机内只有一批蛋，在孵化的前 2～3 天，特别是在冬季室温较低时，可将孵化机内的进、出气孔全

表 1-74 用干湿球温度计测定的环境湿度

干湿球读数差值 / 干球读数		℉	1.8	3.6	5.4	7.2	9.0	10.8	12.6	14.4
		℃	1.0	2.0	3.0	4.0	5.0	6.0	7.0	8.0
℉	℃		相对湿度							
95.0	35		94	87	81	75	69	64	59	54
96.8	36		94	87	81	75	70	64	59	54
98.6	37		94	87	82	76	70	65	60	55
99.5	37.5		94	88	82	76	71	65	60	55
100.4	38		94	88	82	76	71	66	61	56
102.2	39		94	88	82	77	71	66	61	57

部关闭，使机温尽早升至预定温度。随着孵化时间的推移，逐渐打开进、出气孔，至孵化第 7 天时全部打开。在气温和室温较高，或进行分批孵化时，入孵后立即将进、出气孔打开，以保证机内必要的换气量。

（7）转蛋　根据孵化要求的角度每 1～2 小时转蛋 1 次。自动孵化机的转蛋角度和时间由机器自动控制。使用人工转蛋的孵化机，每天转蛋的次数不少于 6 次，每次转蛋的角度要符合规定的要求，且转蛋要稳、轻、慢。

（8）照蛋　照蛋要轻、稳、准、快，尽量缩短时间。照完一盘后重新聚拢种蛋，填满空隙。照蛋目的见表 1-75。

表 1-75 照蛋的目的与特征

照蛋目的	备　注
挑出未受精蛋和死胚	如果受精率与孵化率都很高，可不照或在落盘前照蛋一次
检查胚胎发育情况	①白壳蛋第 5 天照，应见到鸡胚眼球中色素明显增多 ②褐壳蛋第 7 天照，胚胎已下沉 ③11 天照蛋尿囊血管应在蛋的小端合拢 ④18 天落盘前照蛋，蛋的小端应不透亮，气室呈倾斜状，若这些征状适时出现，则表明胚胎发育正常

（9）落盘　落盘的时间与方法等见表 1-76。

（10）拣雏　拣雏时间与方法见表 1-77。

表 1-76　雏鸡的落盘

项　目	方 法 或 要 求
时　间	大约 10%的鸡胚啄壳时为宜，一般在孵化的第 19 天为好。
室　温	落盘时室温应稍高，不宜低于 22℃
操作人员	操作者应将手洗净，落盘动作要轻、稳、快，在尽可能短的时间内完成，避免造成胚蛋的破损
出雏盘雏鸡密度	蛋落到出雏盘内，密度要适中。密度太大影响出雏；密度太低则蛋容易在抽出盘时发生碰撞，同时也影响聚温

表 1-77　拣雏的时间与方法

拣雏次数	拣雏时间	备　注
第一次拣雏	出雏 45%～50%	①拣出肚脐已收缩好，绒毛大部分干的雏鸡
第二次拣雏	出雏 75%～80%	②拣雏时动作要轻、快，尽量避免碰破胚蛋
第三次拣雏	出雏完毕，并扫盘	

（11）助产　对已啄壳但无力自行破壳的雏鸡进行人工出壳，称人工助产。一般在大批出雏后，将蛋壳膜已枯黄的胚蛋（说明该胚蛋蛋黄已进入腹腔，脐部已愈合，尿囊绒毛膜已完全干枯萎缩），轻轻剥离粘连处，将头、颈、翅拉出壳外，令其自行挣扎出壳。对于蛋壳膜湿润发白的胚蛋，不能进行人工助产。

（12）孵化记录　每次孵化时，应将上蛋日期、种蛋数、种蛋来源、历次照蛋情况、孵化结果、孵化期内的温度变化等记录下来，以便统计孵化成绩或做工作总结时参考。此外，应编制孵化日程表以利于工作。孵化记录表参见表 1-78。

表 1-78　孵化记录表

批次	上蛋日期	上蛋数	无精蛋			中死蛋			死胎	碎蛋	出雏			受精蛋数	受精率	受精蛋孵化率	入孵蛋孵化率
			一照	二照	小计	一照	二照	小计			健雏	弱雏	小计				

（13）应急处理　不同故障，其应急处理方法不同，具体见表1-79。

表1-79　常见故障的应急处理方法

故障类型	应急处理方法
孵化机故障	①短时间内不能及时修复，另开空机 ②如果出现故障时胚蛋已超过10天，可直接转入出雏机，并将出雏机温度调至原来的孵化温度 ③如果出现故障时胚蛋在10天以内，可将孵化10天以上的另一台孵化机内的种蛋转入出雏机，而将故障机内的胚蛋转入该机即可
雏鸡窒息	①打开吊扇和排气扇，加速室内空气循环 ②迅速疏散雏鸡盒，按窒息程度将雏鸡分类存放。轻度窒息雏鸡每盒100只，中度窒息雏鸡每盒80只，较重窒息雏鸡每盒40只，然后放入37.2℃、相对湿度70%的出雏机中，待恢复正常后取出即可
停　电	①拉开电闸，若停电时间不超过4～6小时，不用采取特别措施 ②若停电时间超过6小时，则提前升火，将室温提高至27～30℃。每30分钟转蛋一次 ③孵化前期要注意保温，停电后立即关闭孵化机所有进出气孔，待室温达到要求后再打开进出气孔和机门 ④孵化后期要注意散热，尤其遇到热季，应立即打开所有进出气孔，并每隔20分钟用手牵动风扇，使孵化机内温度均匀

4. 安全孵化效果检查与评价

（1）衡量孵化效果的指标　在种蛋的孵化过程中，衡量孵化效果好坏的主要指标有受精率、早期死胚率、受精蛋孵化率、入孵蛋孵化率和健雏率等（表1-80）。

表1-80　衡量孵化效果的指标

指　标	要　求	计算公式
受精率	种蛋的受精率要求在90%以上	受精率（%）＝（受精蛋数/入孵蛋数）×100
早期死胚率	早期死胚是指入孵后头5天内的死胚。在正常情况下，早期死胚率在1%～2.5%范围内	早期死胚率（%）＝（1～5胚龄的死胚数/受精蛋数）×100

（续）

指　标	要　求	计算公式
受精蛋孵化率	受精蛋孵化率应在90%以上，高水平应达93%以上，是衡量孵化效果的主要指标	受精蛋孵化率（%）=（出雏总数/受精蛋总数）×100
入孵蛋孵化率	入孵蛋孵化率反映种鸡场及孵化场的综合水平，一般应达到85%以上	入孵蛋孵化率（%）=（出雏总数/入孵蛋总数）×100
健雏率	健雏是指能够出售、用户认可的雏鸡。健雏率应达97%以上	健雏率（%）=（健雏数/出雏总数）×100

（2）孵化效果检查　在孵化效果检查中，常用的检查方法包括照蛋检查，一般整个孵化期进行1～3次（表1-81）；蛋在孵化期的失重检查（表1-82）、出雏检查（表1-83）和病理解剖死雏（胎）检查（表1-84）等。

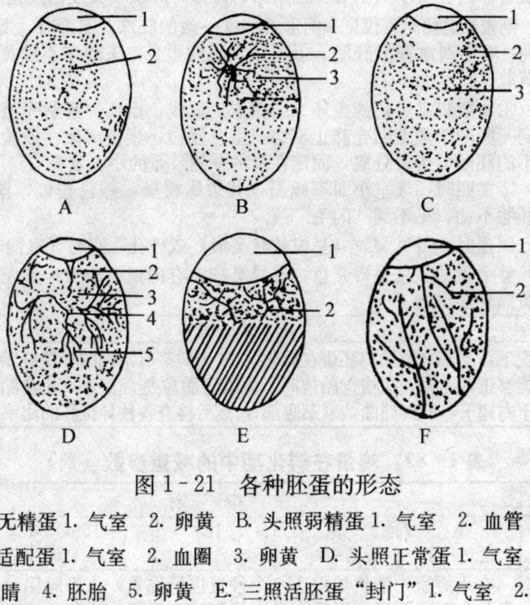

图1-21　各种胚蛋的形态

A. 头照无精蛋 1. 气室　2. 卵黄　B. 头照弱精蛋 1. 气室　2. 血管　3. 胚胎　C. 头照适配蛋 1. 气室　2. 血圈　3. 卵黄　D. 头照正常蛋 1. 气室　2. 血管　3. 眼睛　4. 胚胎　5. 卵黄　E. 三照活胚蛋“封门” 1. 气室　2. 血管　F. 二照活胚蛋“合拢” 1. 气室　2. 血管

表 1-81 照蛋检查

<table>
<tr><th colspan="2">照蛋目的与时间</th></tr>
<tr><td>照蛋目的</td><td>①头照挑出无精蛋和死精蛋，特别是注意观察胚胎发育是否正常，作为调整孵化条件的参考
②二照在移盘时进行，挑出死胎蛋，作为掌握移盘时间和控制出雏环境的参考</td></tr>
<tr><td>照蛋时间</td><td>在正常照蛋时间之外，还可在孵化的 3、4、17、18 胚龄进行抽测。对孵化率高又稳定的孵化场，整个孵化期仅在第 7 天照蛋一次即可。若孵化褐壳种蛋，可在第 10～11 天进行照蛋。照蛋时各种胚蛋的形态见图 1-21</td></tr>
<tr><th colspan="2">正常胚蛋与异常胚蛋的辨别</th></tr>
<tr><td>正常活胚蛋</td><td>剖视新鲜受精蛋，肉眼可看到蛋黄上有一中心部位透明、周围浅暗的圆形胚盘（有明显的明暗之分）
①头照可明显看到黑色眼点，血管呈放射状，蛋色暗红。抽验时，尿囊绒毛膜“合拢”，整个蛋除气室外布满血管
②二照时，气室向一侧倾斜，有黑影闪动，胚蛋黯黑</td></tr>
<tr><td>弱胚蛋</td><td>①头照胚体较小，黑眼点不明显，血管纤细，或看不到胚体和黑眼点，仅仅看到气室下缘有一定数量的纤细血管。胚蛋颜色浅红。抽验时，胚蛋小头淡白（尿囊未合拢）
②二照时，气室比发育正常的胚蛋要小，且边缘不整齐，可看到红色血管。因胚蛋小头仍有少量蛋白，照蛋时胚蛋小头浅白发亮</td></tr>
<tr><td>无精蛋</td><td>剖视新鲜蛋时，仅见一圆形透明度一致的胚珠。照蛋时，蛋色浅黄、发亮，看不到血管或胚胎。蛋黄影子隐约可见。头照多不散黄，二照以后黄散</td></tr>
<tr><td>死精蛋</td><td>①头照只见黑色的血环（或血点、血线、血弧）紧贴壳上，有时可见到死胚的小黑点贴壳静止不动，蛋色浅白，蛋黄沉散。抽验时，看到很小的胚胎与蛋黄分离，固定在蛋的一侧，蛋的小头发亮
②二照时，气室小而不倾斜，其边缘模糊，颜色粉红、淡灰或黑暗。胚胎不动，见不到“闪毛”</td></tr>
<tr><td>破蛋</td><td>照蛋时，可见裂纹（呈树枝状亮痕）或破孔，有时气室偏向一侧</td></tr>
<tr><td>腐败蛋</td><td>整个蛋的颜色呈褐紫色，有异臭味；有的蛋壳破裂，蛋壳表面有很多黄黑色渗出物</td></tr>
<tr><th colspan="2">胎位检查</th></tr>
<tr><td colspan="2">在正常情况下，不同来源的鸡胚蛋在孵化第 20 天时都有不同的异位胚胎发生率，某些异位胚蛋能够正常出壳。在检查胎位时，先确定胎位是否正常（正常胎位：头朝向蛋大头并位于右翅下，两脚屈曲，紧贴腹部），然后检查各种异位胚的比率</td></tr>
</table>

表 1-82 鸡蛋在孵化期中的减重参数（%）

<table>
<tr><th>项　目</th><th colspan="5">指　　标</th></tr>
<tr><td>孵化天数
减重比例</td><td>6
2.5～3</td><td>9
5～7</td><td>12
7.5～9</td><td>15
10～11</td><td>19
12～14</td></tr>
<tr><td>测重方法</td><td colspan="5">在入孵蛋中随机抽取 100 个种蛋进行称重，入孵时第一次称量的重量作为起点蛋重，以后在各个规定时间里逐次进行称重，求出减少的百分数，与上面表中的参数进行对比分析</td></tr>
</table>

表 1-83　出雏检查

项　目	特　征		
出雏持续时间	孵化正常时，出雏时间比较一致，有明显的出雏高峰，俗称出得“脆”，一般第 21 天全部出齐；孵化不正常时，无明显的出雏高峰，出雏持续时间长，至第 22 天仍有不少未破壳的胚蛋		
	健雏	弱雏	残雏与畸形雏
观察初生雏	①雏鸡绒毛洁净有光，蛋黄吸收良好，腹部平坦；②脐带部愈合良好、干燥，且被腹部绒毛覆盖；③雏鸡站立稳健有力，叫声洪亮，对光和声音反应灵敏；④体形匀称，不干瘪或臃肿，显得“水灵”，并且全群整齐均匀	①雏鸡绒毛脏乱，脐带部潮湿带血污、愈合不良，蛋黄吸收不良，腹大拖地；②雏鸡站立不稳，常两腿或一腿叉开，两眼时开时闭，精神不振，显得疲乏不堪，叫声无力或尖叫呈痛苦状。对光和声音反应迟钝，体形臃肿或干瘪，个体大小不一	①雏鸡弯喙或呈交叉喙；②脐部开口并流血，蛋黄外露甚至拖地；③脚和头部麻痹，瞎眼扭脖；④雏鸡体形干瘪，绒毛稀、短、焦黄（俗称“火烧毛”）

表 1-84　病理解剖死雏（胎）检查

病　因	临床症状
维生素 B_2 缺乏	出现脑膜水肿
维生素 D_3 缺乏	出现皮肤浮肿
孵化温度短期过高或孵化后半期长时间过热	出现充血、溢血现象等

(3) 孵化效果评价　在评价种蛋孵化效果时，需要重点分析胚胎死亡的原因（表 1-85），孵化效果与种鸡营养的关系（表 1-86），孵化中常见现象及对策（表 1-87），种蛋、鸡胚、初生雏之间的生物学关系（表 1-88），孵化条件、鸡胚、初生雏之间的关系（表 1-89）等。

表 1-85　胚胎死亡原因分析

项　目		出现时间与特征
孵化期间胚胎死亡分布规律	第一个死亡高峰	第一个死亡高峰出现于种蛋孵化前期，即孵化的第 3～5 天。死亡率约占全部死胚数的 15%。对于低孵化率鸡群，两个高峰期的死亡率基本相等
	第二个死亡高峰	第二个死亡高峰出现于孵化后期，即孵化的第 18 天以后。死亡率约占全部死胚数的 50%，多出现于高孵化率鸡群

（续）

项目		出现时间与特征
孵化期胚胎出现死亡高峰的原因	第一个死亡高峰	孵化的第3～5天是胚胎各个器官分化与形成的关键时期，胚胎心脏开始搏动，但血液循环的建立以及各胎膜的形成均不够健全，胚胎生命力极其脆弱，对外界环境的变化非常敏感。若温度过高过低、喷雾或者熏蒸消毒等，均会造成胚胎死亡
	第二个死亡高峰	孵化后期正是尿囊退化、尿囊血管呼吸机能消失、胚胎由尿囊呼吸转变为肺呼吸的时期，胚胎生理变化相当剧烈，需氧量剧增，加上胚胎自温猛增，若通风换气及散热不畅，则会导致体质虚弱的胚胎难以顺利破壳出雏，引起死亡
胚胎死亡因素	外部因素	种蛋保存环境、孵化条件等，对第二死亡高峰影响大
	内部因素	由饲养管理水平与遗传因素所决定的种蛋品质，对第一死亡高峰影响大

表1-86　种鸡营养与孵化效果的关系

种鸡营养状况	种蛋孵化出现的临床症状
维生素A缺乏	孵化初期（2～3天）死胚率高，孵化后期胚胎发育迟缓，肾脏有尿酸盐沉淀物，眼肿，破壳无力，出壳时间延长
维生素D_3缺乏	胚胎尿囊发育迟缓，死亡高峰出现于10～16日龄，皮肤水肿，肾脏肥大，出壳时间延长，初生雏体质软弱
维生素B_2缺乏	大多数胚胎于孵化的第1～3天和第9～14天死亡，第19天死亡率增高，蛋重损失少，胚胎绒毛蜷缩，颈部和脚部麻痹的雏鸡增多
维生素B_{12}缺乏	胚胎死亡高峰出现于孵化期第8～14天，大量胚胎头部位于两腿间，水肿、喙短、趾弯、肌肉发育不良
维生素K缺乏	胚胎出血，胚外血管中有凝块
维生素E缺乏	胚胎于孵化期第1～3天死亡，水肿、单眼或双眼突出
生物素缺乏	胚胎死亡高峰出现于孵化期第1～7天和13～21天，长骨缩短，腿和翅骨扭曲，导致“鹦鹉喙”
维生素B_5缺乏	死胚皮下出血
叶酸缺乏	胚胎死亡高峰出现于孵化期第18～21天，其他症状与缺乏生物素相似
缺钙	蛋壳薄而脆，蛋白稀薄，鸡腿短粗，翼与腿弯曲，额部突出，颈部水肿
缺磷	胚胎死亡高峰出现于孵化期第14～18天，雏鸡喙和脚软弱无力

（续）

种鸡营养状况	种蛋孵化出现的临床症状
缺锌	可能出现无翅和无腿鸡，绒毛呈簇状
缺锰	胚胎死亡高峰出现于孵化期第 18～21 天，翅与腿变短，水肿，导致“鹦鹉喙”
缺硒	胚胎水肿
硒过量	弯趾、水肿，胚胎死亡率高

表 1-87　种蛋孵化常见现象及对策

常见现象	产生原因	采取措施
无精蛋太多	①公母鸡比例不合适 ②种公鸡营养不良 ③配种时公鸡相互干扰 ④公鸡肉垂和冠冻伤 ⑤公鸡年龄较大 ⑥公鸡不育 ⑦种蛋保存期太长或入孵前贮存条件不良	①轻型鸡种公母比例 1∶10～12，重型鸡种 1∶8～10 ②青年公鸡从鸡群分离，保证满足营养需要 ③公鸡比例不能太高，配种期公鸡应共同饲养 ④检查鸡舍设施是否良好及公鸡的饮水器是否合适 ⑤用青年鸡更换老年鸡 ⑥用其他公鸡取代 ⑦种蛋应保存在凉爽地方（10～16℃，相对温度 70%左右），保存期不超过 7 天
出现血管后早期胚胎死亡	①孵化温度过高或过低 ②错误的熏蒸消毒程序	①检查温度计、控温器、电源供给是否正常，查阅孵化机说明书 ②注意使用的熏蒸剂是否正确，不能在入孵上蛋后 24～48 小时熏蒸消毒
许多雏鸡在壳内死亡	①种蛋在入孵前保存时间太长或保存条件不良 ②孵化时温度过高或过低 ③没有正确翻蛋 ④如果在 10～14 胚龄严重死亡则营养缺乏 ⑤孵化机内通风不良 ⑥白痢或其他传染病感染	①种蛋保存时间不超过 7 天，同时应贮存于通风凉爽处（10～16℃，相对温度 70%） ②检查温度计、温控器和电源供给是否正常 ③定时翻蛋，每天至少 3～4 次，每次方向相反 ④应对种鸡给予特别注意，并检查其饲养和营养是否适宜 ⑤孵化时以正确方法增加通风量 ⑥种蛋应来源于健康鸡群，且经常检查孵化机内的卫生状况

（续）

常见现象	产生原因	采 取 措 施
①出雏太早 ②出雏过迟 ③雏鸡不自然	①孵化温度太高 ②孵化温度太低 ③孵化温度太高	①检查温度调节装置是否有效，特别是断电后是否达到正确温度 ②检查温度调节器是否正常 ③调节温度达到需要水平
雏鸡畸形	①孵化机温度过高或过低 ②上蛋、翻蛋方式不正确	正确调节温度和进行上蛋
长柄小铲状	出雏机托盘太光滑	检查出雏机托盘光滑度
弱雏：	孵化机或出雏机内某一部过热	
①雏鸡体小	①入孵种蛋小 ②孵化机内湿度太低	①入孵时剔出过小种蛋 ②提高水分的表面蒸发力
②雏鸡呼吸困难	①出雏机内残留较高剂量的熏蒸剂 ②出雏机内湿度太大 ③某些传染病	①使用正确数量的熏蒸剂消毒 ②降低水分表面蒸发量 ③尽可能送实验室诊断分析
③雏鸡羽毛暗淡	孵化期平均温度低，通风不良，脐带炎或脐带感染，上蛋（蛋龄）太分散	孵化机应完全彻底清洗和熏蒸消毒，尤其注意对所有的孵化设备进行消毒；1周至少上蛋一次，种蛋贮存期不超过10天
雏鸡体重不整齐	入孵蛋大小、重量不合适	使用正常大小的种蛋入孵，最好不要从新鸡群选择种蛋入孵
喙和胚胎畸形，孵化力弱	估计缺乏叶酸	检查饲料叶酸水平
胚骨畸形，孵化力减弱	估计缺乏维生素H	检查饲料中维生素H水平
在孵化4～7日龄胚胎畸形，发育受阻	估计缺乏维生素D	检查饲料中维生素D水平
在孵化第2周发生胚胎死亡	估计缺乏维生素B_6	检查饲料中维生素B_6水平
在孵化最后1周胚胎死亡	估计缺乏维生素B_{12}	检查饲料中维生素B_{12}水平
种蛋孵化力降低	估计缺乏泛酸	检查饲料中泛酸水平

表 1-88　种蛋、鸡胚、初生雏之间的生物学关系

种蛋		照蛋			死胚	初生雏
		5～6 胚龄	10～11 胚龄	19 胚龄		
维生素 A 缺乏	蛋黄色泽淡白	无精蛋多，孵化期第 2～3 天死亡率高，色素沉着少	胚胎发育略为迟缓	胚胎发育迟缓，肾脏含有磷酸钙、尿酸盐沉淀物	眼肿胀，肾有磷酸钙等结晶沉淀物，有活胎但无力破壳出雏	出雏时间延长，产生很多瞎眼、眼病的弱雏
维生素 B_2 缺乏	蛋白稀薄，蛋壳表面粗糙	死亡率稍高，第一死亡高峰出现在 1～2 胚龄	胚胎发育略为迟缓，第 9～14 天胚胎出现死亡高峰	死亡率增高，死胚有营养不良特征，软骨、绒毛卷缩呈结节状	胚胎有营养不良特征，躯体小，关节明显变形，颈弯曲，绒毛卷缩呈结节状，脑膜浮肿	侏儒体形，绒毛卷曲呈结节状，雏鸡颈和脚麻痹，趾弯曲（鹰爪）
维生素 D_3 缺乏	蛋壳薄而脆，蛋白稀薄	死亡率稍增加	尿囊发育迟缓，第 10～16 天胚胎出现死亡高峰	死亡率显著增高	胚胎有营养不良的特征，皮肤水肿，肝脏脂肪浸润，肾脏肥大	出雏时间拖延，初生雏体质软弱
蛋白中毒	蛋白稀薄，蛋黄流动	—	—	死亡率增高，脚短而弯曲，呈“鹦鹉喙”，蛋重减少较多	胚胎营养不良，脚短而弯曲，腿关节变粗，呈“鹦鹉喙”，绒毛基本正常	弱雏多，且脚和颈麻痹
种蛋保存时间长	种蛋气室大，系带和蛋黄膜松弛	许多胚胎死于孵化前 2 天，剖检时胚盘表面有泡沫	胚胎发育迟缓，脏蛋、裂纹蛋被细菌污染，出现腐败蛋	鸡胚发育迟缓	—	出雏时间延长，绒毛粘有蛋白，出雏不集中，雏鸡品质不一致
胚蛋受冻	许多蛋的外壳冻裂	孵化头几天胚胎大量死亡，尤其是第 1 天，卵黄膜破裂	—	—	—	—
运输不当	蛋壳破裂，气室流动，系带断裂	—	—	—	—	—

表 1-89　孵化条件、鸡胚、初生雏之间的关系

孵化条件	5～6 胚龄	10～11 胚龄	19 胚龄	死　胚	初生雏
第 1～2 天温度过热	部分胚发育良好，畸形多，粘贴壳上	—	胚胎头、眼和腭多见畸形	胚胎头、眼和腭多见畸形	出雏提前，多畸形，如无颅、无眼等
第 3～5 天温度过热	多数胚胎发育良好，亦有充血、溢血、异位现象	尿囊“合拢”提前	异位，心、肝和胃变态、畸形	异位，心、肝和胃变态、畸形	出雏提前，但出雏时间拖延
短期强烈过热	胚胎干燥而黏着壳上	尿囊的血液呈暗黑色，且凝滞	皮肤、肝、脑和肾有点状出血	异位，头弯向左翅下或两腿之间，皮肤、心脏等有点状出血	—
孵化后半期长时间过热	—	—	雏鸡啄壳较早，内脏充血	破壳时死亡多，蛋黄吸收不良，卵黄囊、肠、心脏充血	出雏较早但拖延，雏鸡弱小，粘壳，脐带愈合不良且出血，壳内有血污
温度偏低	胚胎发育非常迟缓，气室过大	胚胎发育十分迟缓，尿囊充血未“合拢”	胚胎发育十分迟缓，气室边缘平齐	有很多活胎但未啄壳，尿囊充血，心脏肥大，卵黄吸入呈绿色，残留胶状蛋白	出雏晚且拖延，雏弱脐带下愈合不良，腹大有时下痢，蛋壳表面污秽

（续）

孵化条件	5～6 胚龄	10～11 胚龄	19 胚龄	死　胚	初生雏
湿度过高	气室小	尿囊“合拢”迟缓，气室小	气室边缘平齐且小，蛋重减轻少	啄壳时洞口多黏液，喙粘在壳上，嗉囊、胃和肠充满黏性液体	出雏晚且拖延，绒毛长且与蛋壳粘连，腹大软弱无力，脐部愈合不良
温度偏低	胚死亡率高，充血并黏附壳上，气室大	蛋重损失大，气室大	蛋重损失大，气室大	外壳膜干黄并与胚胎粘连，破壳困难，绒毛干短	出雏早，雏弱小而干瘪，绒毛干燥、污乱、发黄，雏鸡脱水
通风换气不良	死亡率增高	在羊水中有血液	在羊水中有血液，内脏充血，胎位不正	胚胎在蛋的小头啄壳，大多闷死壳内	雏鸡出雏不集中且品质不一致，出雏后不能站立，蛋白粘绒毛
转蛋不正常	卵黄囊黏附壳膜	尿囊“合拢”不良	尿囊外有黏着性的剩余蛋白，异位	—	—
卫生条件差	死亡率增加	腐败蛋增加	死亡率增加	死胎率明显增加	雏鸡软弱无力，脐部愈合不良，潮湿有异臭味，脐炎

第二章

无公害蛋鸡饲料与营养安全控制

一、蛋鸡饲料安全控制

饲料是指能被动物采食并能提供给动物某种或多种养分的物质。在饲料工业上，以一种动物、植物、微生物或矿物质等为来源的饲料称为饲料原料或单一饲料，这是相对于配合饲料而言。饲料的种类繁多，从来源方面可分为植物性饲料、动物性饲料、矿物质饲料等天然饲料及人工合成饲料；从形态方面可分为固态饲料和液态饲料；从所提供的养分种类和数量方面，则又可分为精饲料和粗饲料等。以上这些习惯性或经验性的分类方法，已不能适应现代化畜牧业和饲料工业的要求。因此，饲料的科学分类对养殖业和饲料工业非常必要。

（一）饲料分类方法

1. 国际饲料分类 目前世界各国饲料分类尚未完全统一。美国学者哈里斯（L. E. Harris，1963）根据饲料的营养特性，将饲料分为八大类（表 2-1），并对每类饲料冠以相应的饲料编码，应用计算机技术建立国际饲料数据管理系统。这一分类系统在全世界已有近 30 个国家采用或认可。

2. 我国饲料分类方法 根据国际饲料分类原则将饲料分成 8 大类，结合我国传统分类习惯分为 16 亚类，两者相结合，迄今可能出现的类别有 34 类。对每一类饲料冠以相应的中国饲料编

表 2-1　饲料的编码及划分依据

名　称	划　分　依　据
①粗饲料	干物质中粗纤维含量大于或等于 18%，以风干物为饲喂形式的饲料
②青绿饲料	天然水分含量在 60%以上的新鲜饲草及以放牧形式饲喂的人工栽培牧草、草原牧草等
③青贮饲料	以新鲜的天然植物性饲料为原料，以青贮方式调制成的饲料
④能量饲料	干物质中粗纤维含量小于 18%，同时粗蛋白质含量小于 20%的饲料
⑤蛋白质补充料	干物质中粗纤维含量小于 18%，粗蛋白质含量大于或等于 20%的饲料
⑥矿物质饲料	可供饲用的天然矿物质及化工合成无机盐类
⑦维生素饲料	由工业合成或提纯的维生素制剂，不包括富含维生素的天然青绿饲料
⑧饲料添加剂	为保证或改善饲料品质，防止质量下降，促进动物生长、繁殖，保障动物健康而加入饲料中的少量或微量物质，合成氨基酸、矿物质和维生素不包括在内

码共 7 位数，其首位 1～8 分别对应国际饲料分类的 8 大类饲料，第 2、3 位数安排 01～16 的亚类饲料，第 4～7 位数为饲料顺序号。不但数量比国际分类多，并且增加了第 2、3 位码层次，这样划分饲料种类更为明晰。用户既可以根据饲料分类原则判断饲料性质，又可根据传统习惯，从亚类中检索出饲料资源出处，是对国际饲料分类编码系统的重要补充。

（二）饲料营养成分

蛋鸡日粮主要以养分为基础，但饲料原料的多元化依然是蛋鸡获得最大经济效益的关键性因素之一。准确地测定一种饲料原料的营养组成至关重要，随着测定方法的进一步完善、精确以及新的饲料原料的不断开发，我国饲料成分和营养价值表也不断修订和完善。2006 年第 17 版中国饲料数据库——中国饲料成分及营养价值表（TABLES OF FEED COMPOSITION AND NUTRITIVE VALUES IN CHINA）如表 2-2 至表 2-6 所示。

表 2-2 饲料特性

序号	中国饲料号 CFN	饲料名称	饲料特性	干物质 DM（%）	粗蛋白（CP%）
1	4-07-0278	玉米 corn grain	成熟，高蛋白质，优质	86.0	9.4
2	4-07-0288	玉米 corn grain	成熟，高赖氨酸，优质	86.0	8.5
3	4-07-0279	玉米 corn grain	成熟，GB/T 17890—1999 1级	86.0	8.7
4	4-07-0280	玉米 corn grain	成熟，GB/T 17890—1999 2级	86.0	7.8
5	4-07-0272	高粱 sorghum grain	成熟，NY/T 1级	86.0	9.0
6	4-07-0270	小麦 wheat grain	混合小麦，成熟 NY/T 2级	87.0	13.9
7	4-07-0274	大麦（裸） naked barley grain	裸大麦，成熟 NY/T 2级	87.0	13.0
8	4-07-0277	大麦（皮） barley grain	皮大麦，成熟 NY/T 1级	87.0	11.0
9	4-07-0281	黑麦 rye	籽粒，进口	88.0	11.0
10	4-07-0273	稻谷 paddy	成熟，晒干 NY/T 2级	86.0	7.8
11	4-07-0276	糙米 rough rice	良，成熟，未去米糠	87.0	8.8
12	4-07-0275	碎米 broken rice	良，加工精米后的副产品	88.0	10.4
13	4-07-0479	粟（谷子） millet grain	合格，带壳，成熟	86.5	9.7
14	4-04-0067	木薯干 cassava tuber flake	木薯干片，晒干 NY/T 合格	87.0	2.5
15	4-04-0068	甘薯干 sweet potato tuber flake	甘薯干片，晒干 NY/T 合格	87.0	4.0
16	4-08-0104	次粉 wheat middling and red dog	黑面，黄粉，下面 NY/T 1级	88.0	15.4
17	4-08-0105	次粉 wheat middling and red dog	黑面，黄粉，下面 NY/T 2级	87.0	13.6
18	4-08-0069	小麦麸 wheat bran	传统制粉工艺 NY/T 1级	87.0	15.7
19	4-08-0070	小麦麸 wheat bran	传统制粉工艺 NY/T 2级	87.0	14.3
20	4-08-0041	米糠 rice bran	新鲜，不脱脂 NY/T 2级	87.0	12.8

及常规成分

粗脂肪 EE（%）	粗纤维 CF（%）	无氮浸出物 NEF（%）	粗灰分 Ash（%）	中性洗涤纤维 NDF（%）	酸性洗涤纤维 ADF（%）	钙 Ca（%）	总磷 P（%）	非植酸磷 N-Phy-P（%）
3.1	1.2	71.1	1.2	9.4	3.5	0.09	0.22	0.10
5.3	2.6	67.3	1.3	9.4	3.5	0.16	0.25	0.09
3.6	1.6	70.7	1.4	9.3	2.7	0.02	0.27	0.12
3.5	1.6	71.8	1.3	7.9	2.6	0.02	0.27	0.12
3.4	1.4	70.4	1.8	17.4	8.0	0.13	0.36	0.17
1.7	1.9	67.6	1.9	13.3	3.9	0.17	0.41	0.13
21	2.0	67.7	2.2	10.0	2.2	0.04	0.39	0.21
1.7	4.8	67.1	2.1	18.4	6.8	0.09	0.33	0.17
1.5	2.2	71.5	1.8	12.3	4.6	0.05	0.30	0.11
1.6	8.2	63.8	4.6	27.4	28.7	0.03	0.36	0.20
2.0	0.7	74.2	1.3	13.9	—	0.03	0.35	0.15
2.2	1.1	72.7	1.6	1.6	—	0.06	0.35	0.15
2.3	6.8	65.0	2.7	15.2	13.3	0.12	0.30	0.11
0.7	2.5	79.4	1.9	8.4	6.4	0.27	0.09	0.07
0.8	2.8	76.4	3.0	8.1	4.1	0.19	0.02	0.02
2.2	1.5	67.1	1.5	18.7	4.3	0.08	0.48	0.14
2.1	2.8	66.7	1.8	31.9	10.5	0.08	0.48	0.14
3.9	6.5	56.0	4.9	37.0	13.0	0.11	0.92	0.24
4.0	6.8	57.1	4.8	—	—	0.10	0.93	0.24
16.5	5.7	44.5	7.5	22.9	13.4	0.07	1.43	0.10

序号	中国饲料号 CFN	饲料名称	饲料特性	干物质 DM（%）	粗蛋白（CP%）
21	4-10-0025	米糠饼 rice bran meal exp.	未脱脂，机榨 NY/T 1级	88.0	14.7
22	4-10-0018	米糠粕 rice bran meal sol.	浸提或预压浸提，NY/T 1级	87.0	15.1
23	5-09-0127	大豆 soybean	黄大豆，成熟 NY/T 2级	87.0	35.5
24	5-09-0128	全脂大豆 full-fat soybean	湿法膨化，生大豆 NY/T 2级	88.0	35.5
25	5-10-0241	大豆饼 soybean meal (exp.)	机榨 NY/T 2级	89.0	41.8
26	5-10-0103	大豆粕 soybean meal (sol)	去皮，浸提或预压浸提 NY/T 1级	89.0	47.9
27	5-10-0102	大豆粕 soybean meal (sol)	浸提或预压浸提 NY/T 2级	89.0	44.2
28	5-10-0118	棉籽饼 cottonseed meal（exp.）	机榨 NY/T 2级	88.0	36.3
29	5-10-0119	棉籽粕 cottonseed meal（sol）	浸提或预压浸提 NY/T 1级	90.0	47.0
30	5-10-0117	棉籽粕 cottonseed meal（sol）	浸提或预压浸提 NY/T 1级	90.0	43.5
31	5-10-0220	棉籽蛋白 cottonseed protein	脱酚，低温一次浸出，分步萃取	92.0	51.1
32	5-10-0183	菜籽饼 rapeseed meal (exp.)	机榨 NY/T 2级	88.0	35.7
33	5-10-0121	菜籽粕 rapeseed meal (sol)	浸提或预压浸提 NY/T 2级	88.0	38.6
34	5-10-0116	花生仁饼 peanutmeal (exp.)	机榨 NY/T 2级	88.0	44.7
35	5-10-0115	花生仁粕 peanutmeal (sol)	浸提或预压浸提 NY/T 2级	88.0	47.8
36	1-10-0031	向日葵仁饼 unflower-meal（exp.）	壳仁比 35 ∶ 65NY/T 3级	88.0	29.0
37	5-10-0242	向日葵仁粕 sunflow-ermeal（sol）	壳仁比 16 ∶ 84NY/T 2级	88.0	36.5
38	5-10-0243	向日葵仁粕 sunflow-ermeal（sol）	壳仁比 24 ∶ 76NY/T 2级	88.0	33.6

（续）

粗脂肪 EE（%）	粗纤维 CF（%）	无氮浸出物 NEF（%）	粗灰分 Ash（%）	中性洗涤纤维 NDF（%）	酸性洗涤纤维 ADF（%）	钙 Ca（%）	总磷 P（%）	非植酸磷 N-Phy-P（%）
9.0	7.4	48.2	8.7	27.7	11.6	0.14	1.69	0.22
2.0	7.5	53.6	8.8	23.3	10.9	0.15	1.82	0.24
17.3	4.3	25.7	4.2	7.9	7.3	0.27	0.48	0.30
18.7	4.6	25.2	4.0	11.0	6.4	0.32	0.40	0.25
5.8	4.8	30.7	5.9	18.1	15.5	0.31	0.50	0.25
1.5	3.3	29.7	4.9	8.8	5.3	0.34	0.65	0.22
1.9	5.9	28.3	6.1	13.6	9.6	0.33	0.62	0.21
7.4	12.2	26.1	5.7	32.1	22.9	0.21	0.83	0.28
0.5	10.2	26.3	6.0	22.5	15.3	0.25	1.10	0.38
0.5	10.5	29.9	6.6	28.4	19.4	0.28	1.04	0.36
1.0	6.9	27.3	5.7	—	—	0.29	0.89	0.29
7.4	11.4	26.3	7.2	33.3	26.0	0.59	0.96	0.33
1.4	11.8	28.9	7.3	20.7	16.8	0.65	1.02	0.35
7.2	5.9	25.1	5.1	14.0	8.7	0.25	0.53	0.31
1.4	6.2	27.2	5.4	15.5	11.7	0.27	0.56	0.33
2.9	20.4	31.0	4.7	41.4	29.6	0.24	0.87	0.13
1.0	10.5	34.4	5.6	14.9	13.6	0.27	1.13	0.17
1.0	14.8	38.8	5.3	32.8	23.5	0.26	1.03	0.16

序号	中国饲料号 CFN	饲料名称	饲料特性	干物质 DM（%）	粗蛋白（CP%）
39	5-10-0119	亚麻仁饼 linseed meal（exp.）	机榨 NY/T 2级	88.0	32.2
40	5-10-0120	亚麻仁粕 linseed meal（sol）	浸提或预压浸提 NY/T 2级	88.0	34.8
41	5-10-0246	芝麻饼 sesame meal meal（exp.）	机榨，CP 40%	92.0	39.2
42	5-11-0001	玉米蛋白粉 corn gluten meal	玉米去胚芽，淀粉后的面筋部分 CP 60%	90.1	63.5
43	5-11-0002	玉米蛋白粉 corn gluten meal	同上，中等蛋白质产品，CP 50%	91.2	51.3
44	5-11-0008	玉米蛋白粉 corn gluten meal	同上，中等蛋白质产品，CP 40%	89.9	44.3
45	5-11-0003	玉米蛋白饲料 corn gluten feed	玉米去胚芽、淀粉后的含皮残渣	88.0	19.3
46	4-10-0026	玉米胚芽饼 corn gem meal（exp.）	玉米湿磨后的胚芽，机榨	90.0	16.7
47	4-10-0244	玉米胚芽粕 corn gem meal（sol）	玉米湿磨后的胚芽，浸提	90.0	20.8
48	5-11-0007	DDGS（distiller dried grains with solubles）	玉米酒精糟及可溶无，脱水	90.0	28.3
49	5-11-0009	蚕豆粉浆蛋白粉 broad bean gluten meal	蚕豆去皮制粉丝后的浆液，脱水	88.0	66.3
50	5-11-0004	麦芽根 barley malt sprouts	大麦芽副产品，干燥	89.7	28.3
51	5-13-0044	鱼粉（CP64.5%）fish meal	7样平均值	90.0	64.5
52	5-13-0045	鱼粉（CP62.5%）fish meal	8样平均值	90.0	62.5
53	5-13-0046	鱼粉（CP60.2%）fish meal	沿海产的海鱼粉，脱脂，12样平均值	90.0	60.2
54	5-13-0077	鱼粉（CP53.5%）fish meal	沿海产的海鱼粉，脱脂，11样平均值	90.0	53.5
55	5-13-0036	血粉 blood meal	鲜猪血，喷雾干燥	88.0	82.8
56	5-13-0037	羽毛粉 feather meal	纯净羽毛，水解	88.0	77.9
57	5-13-0038	皮革粉 leather meal	废牛皮，水解	88.0	74.7

（续）

粗脂肪 EE（%）	粗纤维 CF（%）	无氮浸出物 NEF（%）	粗灰分 Ash（%）	中性洗涤纤维 NDF（%）	酸性洗涤纤维 ADF（%）	钙 Ca（%）	总磷 P（%）	非植酸磷 N-Phy-P（%）
7.8	7.8	34.0	6.2	29.7	27.1	0.39	0.88	0.38
1.8	8.2	36.6	6.6	21.6	14.4	0.42	0.95	0.42
10.3	7.2	24.9	10.4	18.0	13.2	2.24	1.19	0.22
5.4	1.0	19.2	1.0	8.7	4.6	0.07	0.44	0.17
7.8	2.1	28.0	2.0	10.1	7.5	0.06	0.42	0.16
6.0	1.6	37.1	0.9	29.1	8.2	0.12	0.5	0.18
7.5	7.8	48.0	5.4	33.6	10.5	0.15	0.70	0.25
9.6	6.3	5.08	6.6	28.5	7.4	0.04	1.45	0.36
2.0	6.5	54.8	5.9	38.2	10.7	0.06	1.23	0.31
13.7	7.1	36.8	4.1	38.7	15.3	0.20	0.74	0.42
4.7	4.1	10.3	2.6	—	—	—	0.59	—
1.4	12.5	41.4	6.1	40.0	15.1	0.22	0.73	0.17
5.6	0.5	8.0	11.4	—	—	3.81	2.83	2.83
4.0	0.5	10.0	12.3	—	—	3.96	3.05	3.05
4.9	0.5	11.6	12.8	10.8	1.8	4.04	2.90	2.90
10.0	0.8	4.9	20.8	—	—	5.88	3.20	3.20
0.4	0.0	1.6	3.2	9.8	1.8	0.29	0.31	0.31
2.2	0.7	1.4	5.8	40.5	14.7	0.20	0.68	0.68
0.8	1.6	0.0	10.9	—	—	4.40	0.15	0.15

序号	中国饲料号 CFN	饲料名称	饲料特性	干物质 DM（%）	粗蛋白（CP%）
58	5-13-0047	肉骨粉 meat and bone meal	屠宰下脚料，带骨干燥粉碎	93.0	50.0
59	5-13-0048	肉粉 meat meal	脱脂	94.0	54.0
60	1-05-0074	苜蓿草粉（CP 19%）alfalfa meal	一茬盛花期烘干 NY/T 1级	87.0	19.1
61	1-05-0075	苜蓿草粉（CP 17%）alfalfa meal	一茬盛花期烘干 NY/T 2级	87.0	17.2
62	1-05-0076	苜蓿草粉（CP 14%～15%）alfalfa meal	NY/T 3级	87.0	14.3
63	5-11-0005	啤酒糟 brewers dried grain	大麦酿造副产品	88.0	24.3
64	5-11-0001	啤酒酵母 brewers dried yeast	啤酒酵母菌粉，QB/T 1940—94	91.7	52.4
65	4-13-0075	乳清粉 whey, dehydrated	乳清，脱水，低乳糖含量	94.0	12.0
66	5-01-0162	酪蛋白 casein	脱水	91.0	88.7
67	5-14-0503	明胶 gelatin		90.0	88.6
68	4-06-0076	牛奶乳糖 milk lactose	进口，含乳糖80%以上	96.0	4.0
69	4-06-0077	乳糖 lactose		96.0	0.3
70	4-06-0078	葡萄糖 glucose		90.0	0.3
71	4-06-0079	蔗糖 sucrose		99.0	0.0
72	4-02-0889	玉米淀粉 corn starch		99.0	0.3
73	4-17-0001	牛脂 beef tallow		99.0	0.0
74	4-17-0002	猪油 lard		99.0	0.0
75	4-17-0003	家禽脂肪 poultry fat		99.0	0.0
76	4-17-0004	鱼油 fish oil		99.0	0.0
77	4-17-0005	菜子油 rapeseed oil		99.0	0.0
78	4-17-0006	椰子油 coconut oil		99.0	0.0
79	4-17-0007	玉米油 corn oil		99.0	0.0
80	4-17-0008	棉籽油 cottonseed oil		99.0	0.0
81	4-17-0009	棕榈油 palm oil		99.0	0.0
82	4-17-00010	花生油 peanuts oil		99.0	0.0
83	4-17-00011	芝麻油 sesame oil		99.0	0.0
84	4-17-00012	大豆油 soybean oil	粗制	99.0	0.0
85	4-17-00013	葵花油 sunflower oil		99.0	0.0

注："—"表示未测值，下同。

（续）

粗脂肪 EE（%）	粗纤维 CF（%）	无氮浸出物 NEF（%）	粗灰分 Ash（%）	中性洗涤纤维 NDF（%）	酸性洗涤纤维 ADF（%）	钙 Ca（%）	总磷 P（%）	非植酸磷 N-Phy-P（%）
8.5	2.8	0.0	31.7	32.5	5.6	9.20	4.70	4.70
12.0	1.4	4.3	22.3	31.6	8.3	7.69	3.88	—
2.3	22.7	35.3	7.6	36.7	25.0	1.40	0.51	0.51
2.6	25.6	33.3	8.3	39.0	28.6	1.52	0.22	0.22
2.1	29.8	33.8	10.1	36.8	2.9	1.34	0.09	0.19
5.3	13.4	40.8	4.2	39.4	24.6	0.32	0.42	0.14
0.4	0.6	33.6	4.7	6.1	1.8	0.16	1.02	—
0.7	0.0	71.6	9.7	0.0	0.0	0.87	0.79	0.79
0.8	—	—	—	0.0	0.0	0.63	1.01	0.82
0.5	—	—	—	0.0	0.0	0.49	—	—
0.5	0.0	83.5	8.0	0.0	0.0	0.52	0.62	0.62
—	—	95.7	—	0.0	0.0	—	—	—
—	—	89.7	—	0.0	0.0	—	—	—
0.0	—	—	—	0.0	0.0	0.04	0.01	0.01
0.2	—	—	—	0.0	0.0	0.00	0.03	0.01
≥98	0.0	—	—	0.0	0.0	0.00	0.00	0.00
≥98	0.0	—	—	0.0	0.0	0.00	0.00	0.00
≥98	0.0	—	—	0.0	0.0	0.00	0.00	0.00
≥98	0.0	—	—	0.0	0.0	0.00	0.00	0.00
≥98	0.0	—	—	0.0	0.0	0.00	0.00	0.00
≥98	0.0	—	—	0.0	0.0	0.00	0.00	0.00
≥98	0.0	—	—	0.0	0.0	0.00	0.00	0.00
≥98	0.0	—	—	0.0	0.0	0.00	0.00	0.00
≥98	0.0	—	—	0.0	0.0	0.00	0.00	0.00
≥98	0.0	—	—	0.0	0.0	0.00	0.00	0.00
≥98	0.0	—	—	0.0	0.0	0.00	0.00	0.00
≥98	0.0	—	—	0.0	0.0	0.00	0.00	0.00
≥98	0.0	—	—	0.0	0.0	0.00	0.00	0.00

表 2-3 鸡饲料的代谢能

序号	中国饲料号 CFN	饲料名称	饲料特性	鸡的代谢能	
				兆卡/千克	兆焦/千克
1	4-07-0278	玉米 corn grain	成熟，高蛋白质，优质	3.18	13.31
2	4-07-0288	玉米 corn grain	成熟，高赖氨酸，优质	3.25	13.60
3	4-07-0279	玉米 corn grain	成熟，GB/T 17890—1999 1级	3.24	13.56
4	4-07-0280	玉米 corn grain	成熟，GB/T 17890—1999 2级	3.22	13.47
5	4-07-0272	高粱 sorghum grain	成熟，NY/T 1级	2.94	12.30
6	4-07-0270	小麦 wheat grain	混合小麦，成熟 NY/T 2级	3.04	12.72
7	4-07-0274	大麦（裸）naked barley grain	裸大麦，成熟 NY/T 2级	2.68	11.21
8	4-07-0277	大麦（皮）barley grain	皮大麦，成熟 NY/T 1级	2.70	11.30
9	4-07-0281	黑麦 rye	籽粒，进口	2.69	11.25
10	4-07-0273	稻谷 paddy	成熟，晒干 NY/T 2级	2.63	11.00
11	4-07-0276	糙米 rough rice	良，成熟，未去米糠	3.36	14.06
12	4-07-0275	碎米 broken rice	良，加工精米后的副产品	3.40	14.23
13	4-07-0479	粟（谷子）millet grain	合格，带壳，成熟	2.84	11.88
14	4-04-0067	木薯干 cassava tuber flake	木薯干片，晒干 NY/T 合格	2.96	12.38
15	4-04-0068	甘薯干 sweet potato tuber flake	甘薯干片，晒干 NY/T 合格	2.34	9.79

（续）

序号	中国饲料号 CFN	饲料名称	饲料特性	鸡的代谢能	
				兆卡/千克	兆焦/千克
16	4-08-0104	次粉 wheat middling and red dog	黑面，黄粉，下面 NY/T 1级	3.05	12.76
17	4-08-0105	次粉 wheat middling and red dog	黑面，黄粉，下面 NY/T 2级	2.99	12.51
18	4-08-0069	小麦麸 wheat bran	传统制粉工艺 NY/T 1级	1.63	6.82
19	4-08-0070	小麦麸 wheat bran	传统制粉工艺 NY/T 2级	1.62	6.78
20	4-08-0041	米糠 rice bran	新鲜，不脱脂 NY/T 2级	2.68	11.21
21	4-10-0025	米糠饼 rice bran meal exp.	未脱脂，机榨 NY/T 1级	2.43	10.17
22	4-10-0018	米糠粕 rice bran meal sol.	浸提或预压浸提，NY/T 1级	1.98	8.28
23	5-09-0127	大豆 soybean	黄大豆，成熟 NY/T 2级	3.24	13.56
24	5-09-0128	全脂大豆 full-fat soybean	湿法膨化，生大豆 NY/T 2级	3.75	15.69
25	5-10-0241	大豆饼 soybean meal (exp.)	机榨 NY/T 2级	2.52	10.54
26	5-10-0103	大豆粕 soybean meal (sol)	去皮，浸提或预压浸提 NY/T 1级	2.53	10.58

（续）

序号	中国饲料号 CFN	饲料名称	饲料特性	鸡的代谢能	
				兆卡/千克	兆焦/千克
27	5-10-0102	大豆粕 soybean meal (sol)	浸提或预压浸提 NY/T 2级	2.39	10.00
28	5-10-0118	棉籽饼 cottonseed meal (exp.)	机榨 NY/T 2级	2.16	9.04
29	5-10-0119	棉籽粕 cottonseed meal (sol)	浸提或预压浸提 NY/T 1级	1.86	7.78
30	5-10-0117	棉籽粕 cottonseed meal (sol)	浸提或预压浸提 NY/T 1级	2.03	8.49
31	5-10-0220	棉籽蛋白 cottonseed protein	脱酚，低温一次浸出，分步萃取	2.16	9.04
32	5-10-0183	菜籽饼 rapeseed meal (exp.)	机榨 NY/T 2级	1.95	8.06
33	5-10-0121	菜籽粕 rapeseed meal (sol)	浸提或预压浸提 NY/T 2级	1.77	7.41
34	5-10-0116	花生仁饼 peanutmeal (exp.)	机榨 NY/T 2级	2.78	11.63
35	5-10-0115	花生仁粕 peanutmeal (sol)	浸提或预压浸提 NY/T 2级	2.60	10.88
36	1-10-0031	向日葵仁饼 sunflowermeal (exp.)	壳仁比 35：65NY/T 3级	1.59	6.65
37	5-10-0242	向日葵仁粕 sunflowermeal (sol)	壳仁比 16：84NY/T 2级	2.32	9.71
38	5-10-0243	向日葵仁粕 sunflowermeal (sol)	壳仁比 24：76NY/T 2级	2.03	8.49

（续）

序号	中国饲料号 CFN	饲料名称	饲料特性	鸡的代谢能	
				兆卡/千克	兆焦/千克
39	5-10-0119	亚麻仁饼 linseed meal (exp.)	机榨 NY/T 2级	2.34	9.79
40	5-10-0120	亚麻仁粕 linseed meal (sol)	浸提或预压浸提 NY/T 2级	1.90	7.95
41	5-10-0246	芝麻饼 sesame meal meal (exp.)	机榨，CP 40%	2.14	8.95
42	5-11-0001	玉米蛋白粉 corn gluten meal	玉米去胚芽，淀粉后的面筋部分 CP 60%	3.88	16.23
43	5-11-0002	玉米蛋白粉 corn gluten meal	同上，中等蛋白质产品，CP 50%	3.41	14.27
44	5-11-0008	玉米蛋白粉 corn gluten meal	同上，中等蛋白质产品，CP 40%	3.18	13.31
45	5-11-0003	玉米蛋白饲料 corn gluten feed	玉米去胚芽，淀粉后的含皮残渣	2.02	8.45
46	4-10-0026	玉米胚芽饼 corn gem meal (exp.)	玉米湿磨后的胚芽，机榨	2.24	9.37
47	4-10-0044	玉米胚芽粕 corn gem meal (sol)	玉米湿磨后的胚芽，浸提	2.07	8.66
48	5-11-0007	DDGS (distiller dried grains with solubles)	玉米酒精糟及可溶物，脱水	2.20	9.20
49	5-11-0009	蚕豆粉浆蛋白粉 broad bean gluten meal	蚕豆去皮制粉丝后的浆液，脱水	3.47	14.52
50	5-11-0004	麦芽根 barley malt sprouts	大麦芽副产品，干燥	1.41	5.90

（续）

序号	中国饲料号 CFN	饲料名称	饲料特性	鸡的代谢能	
				兆卡/千克	兆焦/千克
51	5-13-0044	鱼粉 (CP64.5%) fish meal	7样平均值	2.96	12.38
52	5-13-0045	鱼粉 (CP62.5%) fish meal	8样平均值	2.91	12.18
53	5-13-0046	鱼粉 (CP60.2%) fish meal	沿海产的海鱼粉，脱脂，12样平均值	2.82	11.80
54	5-13-0077	鱼粉 (CP53.5%) fish meal	沿海产的海鱼粉，脱脂，11样平均值	2.90	12.13
55	5-13-0036	血粉 blood meal	鲜猪血，喷雾干燥	2.46	10.29
56	5-13-0037	羽毛粉 feather meal	纯净羽毛，水解	2.73	11.42
57	5-13-0038	皮革粉 leather meal	废牛皮，水解	—	—
58	5-13-0047	肉骨粉 meat and bone meal	屠宰下脚料，带骨干燥粉碎	2.38	9.96
59	5-13-0048	肉粉 meat meal	脱脂	2.20	9.20
60	1-05-0074	苜蓿草粉 (CP 19%) alfalfa meal	一茬盛花期烘干 NY/T 1级	0.97	4.06
61	1-05-0075	苜蓿草粉 (CP 17%) alfalfa meal	一茬盛花期烘干 NY/T 2级	0.87	3.64
62	1-05-0076	苜蓿草粉 (CP 14%～15%) alfalfa meal	NY/T 3级	0.84	3.51
63	5-11-0005	啤酒糟 brewers dried grain	大麦酿造副产品	2.37	9.92
64	5-11-0001	啤酒酵母 brewers dried yeast	啤酒酵母菌粉，QB/T 1940—94	2.52	10.54

（续）

序号	中国饲料号 CFN	饲料名称	饲料特性	鸡的代谢能	
				兆卡/千克	兆焦/千克
65	4-13-0075	乳清粉 whey, dehydrated	乳清，脱水，低乳糖含量	2.73	11.42
66	5-01-0162	酪蛋白 casein	脱水	4.13	17.28
67	5-14-0503	明胶 gelatin		2.36	9.87
68	4-06-0076	牛奶乳糖 milk lactose	进口，含乳糖 80%以上	2.69	11.25
69	4-06-0077	乳糖 lactose		—	—
70	4-06-0078	葡萄糖 glucose		3.08	12.89
71	4-06-0079	蔗糖 sucrose		3.90	16.32
72	4-02-0889	玉米淀粉 corn starch		3.16	13.22
73	4-17-0001	牛脂 beef tallow		7.78	32.55
74	4-17-0002	猪油 lard		9.11	38.11
75	4-17-0003	家禽脂肪 poultry fat		9.36	39.16
76	4-17-0004	鱼油 fish oil		8.45	35.35
77	4-17-0005	菜子油 rapeseed oil		9.21	38.53
78	4-17-0006	椰子油 coconut oil		9.66	40.42
79	4-17-0007	玉米油 corn oil		8.81	36.83
80	4-17-0008	棉籽油 cottonseed oil		—	—
81	4-17-0009	棕榈油 palm oil		5.80	24.27
82	4-17-00010	花生油 peanuts oil		9.36	39.16
83	4-17-00011	芝麻油 sesame oil		—	—
84	4-17-00012	大豆油 soybean oil	粗制	8.37	35.02
85	4-17-00013	葵花油 sunflower oil		9.66	40.42

表 2-4 鸡饲料中

序号	中国饲料号 CFN	饲料名称	干物质 DM (%)	粗蛋白质 CP (%)	精氨酸 Arg (%)	组氨酸 His (%)	异亮氨酸 Ile (%)
1	4-07-0278	玉米 corn grain	86.0	9.4	0.38	0.23	0.26
2	4-07-0288	玉米 corn grain	86.0	8.5	0.50	0.29	0.27
3	4-07-0279	玉米 corn grain	86.0	8.7	0.39	0.21	0.25
4	4-07-0280	玉米 corn grain	86.0	7.8	0.37	0.20	0.24
5	4-07-0272	高粱 sorghum grain	86.0	9.0	0.33	0.18	0.35
6	4-07-0270	小麦 wheat grain	87.0	13.9	0.58	0.27	0.44
7	4-07-0274	大麦（裸）naked barley grain	87.0	13.0	0.64	0.16	0.43
8	4-07-0277	大麦（皮）barley grain	87.0	11.0	0.65	0.24	0.52
9	4-07-0281	黑麦 rye	88.0	11.0	0.50	0.25	0.40
10	4-07-0273	稻谷 paddy	86.0	7.8	0.57	0.15	0.32
11	4-07-0276	糙米 rough rice	87.0	8.8	0.65	0.17	0.30
12	4-07-0275	碎米 broken rice	88.0	10.4	0.78	0.27	0.39
13	4-07-0479	粟（谷子）millet grain	86.5	9.7	0.30	0.20	0.36
14	4-04-0067	木薯干 cassava tuber flake	87.0	2.5	0.40	0.05	0.11
15	4-04-0068	甘薯干 sweet potato tuber flake	87.0	4.0	0.16	0.08	0.17
16	4-08-0104	次粉 wheat middling and red dog	88.0	15.4	0.86	0.41	0.55
17	4-08-0105	次粉 wheat middling and red dog	87.0	13.6	0.85	0.33	0.48
18	4-08-0069	小麦麸 wheat bran	87.0	15.7	0.97	0.39	0.46
19	4-08-0070	小麦麸 wheat bran	87.0	14.3	0.88	0.35	0.42
20	4-08-0041	米糠 rice bran	87.0	12.8	1.06	0.39	0.63
21	4-10-0025	米糠饼 rice bran meal exp.	88.0	14.7	1.19	0.43	0.72
22	4-10-0018	米糠粕 rice bran meal sol.	87.0	15.1	1.28	0.56	0.78
23	5-09-0127	大豆 soybean	87.0	35.5	2.57	0.59	1.28
24	5-09-0128	全脂大豆 full-fat soybean	88.0	35.5	2.63	0.63	1.32

氨基酸含量

亮氨酸 Leu (%)	赖氨酸 Lys (%)	蛋氨酸 Met (%)	胱氨酸 Cys (%)	苯丙氨酸 Phe (%)	酪氨酸 Tyr (%)	苏氨酸 Thr (%)	色氨酸 Trp (%)	缬氨酸 Val (%)
10.3	0.26	0.19	0.22	0.43	0.34	0.31	0.08	0.40
0.74	0.36	0.15	0.18	0.37	0.28	0.30	0.08	0.46
0.93	0.24	0.18	0.20	0.41	0.33	0.30	0.07	0.38
0.93	0.23	0.15	0.15	0.38	0.31	0.29	0.06	0.35
1.08	0.18	0.17	0.12	0.45	0.32	0.26	0.08	0.44
0.80	0.30	0.25	0.24	0.58	0.37	0.33	0.15	0.56
0.87	0.44	0.14	0.25	0.68	0.40	0.43	0.16	0.63
0.91	0.42	0.18	0.18	0.59	0.35	0.41	0.12	0.64
0.64	0.37	0.16	0.25	0.49	0.26	0.34	0.12	0.52
0.58	0.29	0.19	0.16	0.40	0.37	0.25	0.10	0.47
0.61	0.32	0.20	0.14	0.35	0.31	0.28	0.12	0.49
0.74	0.42	0.22	0.17	0.49	0.39	0.38	0.12	0.57
1.15	0.15	0.25	0.20	0.49	0.26	0.35	0.17	0.42
0.15	0.13	0.05	0.04	0.10	0.04	0.10	0.03	0.13
0.26	0.16	0.06	0.08	0.19	0.13	0.18	0.05	0.27
1.06	0.59	0.23	0.37	0.66	0.46	0.50	0.21	0.72
0.98	0.52	0.16	0.33	0.63	0.45	0.50	0.18	0.68
0.81	0.58	0.13	0.26	0.58	0.28	0.43	0.20	0.63
0.74	0.53	0.12	0.24	0.53	0.25	0.39	0.18	0.57
1.00	0.74	0.25	0.19	0.63	0.50	0.48	0.14	0.81
1.06	0.66	0.26	0.30	0.76	0.51	0.53	0.15	0.99
1.30	0.72	0.28	0.32	0.82	0.55	0.57	0.17	1.07
2.72	2.20	0.56	0.70	1.42	0.64	1.41	0.45	1.50
2.68	2.37	0.55	0.76	1.39	0.67	1.42	0.49	1.53

序号	中国饲料号 CFN	饲料名称	干物质 DM (%)	粗蛋白质 CP (%)	精氨酸 Arg (%)	组氨酸 His (%)	异亮氨酸 Ile (%)
25	5-10-0241	大豆饼 soybean meal (exp.)	89.0	41.8	2.53	1.10	1.57
26	5-10-0103	大豆粕 soybean meal (sol)	89.0	47.9	3.43	1.22	2.10
27	5-10-0102	大豆粕 soybean meal (sol)	89.0	44.2	3.38	1.17	1.99
28	5-10-0118	棉籽饼 cottonseed meal (exp.)	88.0	36.3	3.94	0.90	1.16
29	5-10-0119	棉籽粕 cottonseed meal (sol)	90.0	47.0	4.98	1.26	1.41
30	5-10-0117	棉籽粕 cottonseed meal (sol)	90.0	43.5	4.65	1.19	1.29
31	5-10-0220	棉籽蛋白 cottonseed protein	92.0	51.1	6.08	1.58	1.72
32	5-10-0183	菜籽饼 rapeseed meal (exp.)	88.0	35.7	1.82	0.83	1.24
33	5-10-0121	菜籽粕 rapeseed meal (sol)	88.0	38.6	1.83	0.86	1.29
34	5-10-0116	花生仁饼 peanutmeal (exp.)	88.0	44.7	4.60	0.83	1.18
35	5-10-0115	花生仁粕 peanutmeal (sol)	88.0	47.8	4.88	0.88	1.25
36	1-10-0031	向日葵仁饼 sunflower meal (exp.)	88.0	29.0	2.44	0.62	1.19
37	5-10-0242	向日葵仁粕 sunflower meal (sol)	88.0	36.5	3.17	0.81	1.51
38	5-10-0243	向日葵仁粕 sunflower meal (sol)	88.0	33.6	2.89	0.74	1.39
39	5-10-0119	亚麻仁饼 linseed meal (exp.)	88.0	32.2	2.35	0.51	1.15
40	5-10-0120	亚麻仁粕 linseed meal (sol)	88.0	34.8	3.59	0.64	1.33
41	5-10-0246	芝麻饼 sesame meal meal (exp.)	92.0	39.2	2.38	0.81	1.42
42	5-11-0001	玉米蛋白粉 corn gluten meal	90.1	63.5	1.90	1.18	2.85
43	5-11-0002	玉米蛋白粉 corn gluten meal	91.2	51.3	1.48	0.89	1.75
44	5-11-0008	玉米蛋白粉 corn gluten meal	89.9	44.3	1.31	0.78	1.63
45	5-11-0003	玉米蛋白饲料 corn gluten feed	88.0	19.3	0.77	0.56	0.62
46	4-10-0026	玉米胚芽饼 corn gem meal (exp.)	90.0	16.7	1.16	0.45	0.53

（续）

亮氨酸 Leu (%)	赖氨酸 Lys (%)	蛋氨酸 Met (%)	胱氨酸 Cys (%)	苯丙氨酸 Phe (%)	酪氨酸 Tyr (%)	苏氨酸 Thr (%)	色氨酸 Trp (%)	缬氨酸 Val (%)
2.75	2.43	0.60	0.62	1.79	1.53	1.44	0.64	1.70
3.57	2.99	0.68	0.73	2.33	1.57	1.85	0.65	2.26
3.35	2.68	0.59	0.65	2.21	1.47	1.71	0.57	2.09
2.07	1.40	0.41	0.70	1.88	0.95	1.14	0.39	1.51
2.67	2.13	0.56	0.66	2.43	1.11	1.35	0.54	2.05
2.47	1.97	0.58	0.68	2.28	1.05	1.25	0.51	1.91
3.13	2.26	0.86	1.14	2.94	1.42	1.60	—	2.48
2.26	1.33	0.60	0.82	1.35	0.92	1.40	0.42	1.62
2.34	1.30	0.63	0.87	1.45	0.97	1.49	0.43	1.74
2.36	1.32	0.39	0.38	1.81	1.31	1.05	0.42	1.28
2.50	1.40	0.41	0.40	1.92	1.39	1.11	0.45	1.36
1.76	0.96	0.59	0.43	1.21	0.77	0.98	0.28	1.35
2.25	1.22	0.72	0.62	1.56	0.99	0.25	0.47	1.72
2.07	1.13	0.69	0.50	1.43	0.91	1.14	0.37	1.58
1.62	0.73	0.46	0.48	1.32	0.50	1.00	0.48	1.44
1.85	1.16	0.55	0.55	1.51	0.93	1.10	0.70	1.51
2.52	0.82	0.82	0.75	1.68	1.02	1.29	0.49	1.84
11.59	0.97	1.42	0.96	4.10	3.19	2.08	0.36	2.98
7.87	0.92	1.14	0.76	2.83	2.25	1.59	0.31	2.05
7.08	0.71	1.04	0.65	2.61	2.03	1.38	—	1.84
1.82	0.63	0.29	0.33	0.70	0.50	0.68	0.14	0.93
1.25	0.70	0.31	0.47	0.64	0.54	0.64	0.16	0.91

序号	中国饲料号 CFN	饲料名称	干物质 DM (%)	粗蛋白质 CP (%)	精氨酸 Arg (%)	组氨酸 His (%)	异亮氨酸 Ile (%)
47	4-10-0044	玉米胚芽粕 corn gem meal (sol)	90.0	20.8	1.51	0.62	0.77
48	5-11-0007	DDGS (distiller dried grains with solubles)	90.0	28.3	0.98	0.59	0.98
49	5-11-0009	蚕豆粉浆蛋白粉 broad bean gluten meal	88.0	66.3	5.96	1.66	2.90
50	5-11-0004	麦芽根 barley malt sprouts	89.7	28.3	1.22	0.54	1.08
51	5-13-0044	鱼粉（CP64.5%）fish meal	90.0	64.5	3.91	1.75	2.68
52	5-13-0045	鱼粉（CP62.5%）fish meal	90.0	62.5	3.86	1.83	2.79
53	5-13-0046	鱼粉（CP60.2%）fish meal	90.0	60.2	3.57	1.71	2.68
54	5-13-0077	鱼粉（CP53.5%）fish meal	90.0	53.5	3.24	1.29	2.30
55	5-13-0036	血粉 blood meal	88.0	82.8	2.99	4.40	0.75
56	5-13-0037	羽毛粉 feather meal	88.0	77.9	5.30	0.58	4.21
57	5-13-0038	皮革粉 leather meal	88.0	74.7	4.45	0.40	1.06
58	5-13-0047	肉骨粉 meat and bone meal	93.0	50.0	3.35	0.96	1.70
59	5-13-0048	肉粉 meat meal	94.0	54.0	3.60	1.14	1.60
60	1-05-0074	苜蓿草粉（CP 19%）alfalfa meal	87.0	19.1	0.78	0.39	0.68
61	1-05-0075	苜蓿草粉（CP 17%）alfalfa meal	87.0	17.2	0.74	0.32	0.66
62	1-05-0076	苜蓿草粉（CP 14%～15%）alfalfa meal	87.0	14.3	0.61	0.19	0.58
63	5-11-0005	啤酒糟 brewers dried grain	88.0	24.3	0.98	0.51	1.18
64	5-11-0001	啤酒酵母 brewers dried yeast	91.7	52.4	2.67	1.11	2.85
65	4-13-0075	乳清粉 whey，dehydrated	94.0	12.0	0.40	0.20	0.90
66	5-01-0162	酪蛋白 casein	91.0	88.7	3.26	2.82	4.66
67	5-14-0503	明胶 gelatin	90.0	88.6	6.60	0.66	1.42
68	4-06-0076	牛奶乳糖 milk lactose	96.0	4.0	0.29	0.10	0.10

（续）

亮氨酸 Leu (%)	赖氨酸 Lys (%)	蛋氨酸 Met (%)	胱氨酸 Cys (%)	苯丙氨酸 Phe (%)	酪氨酸 Tyr (%)	苏氨酸 Thr (%)	色氨酸 Trp (%)	缬氨酸 Val (%)
1.54	0.75	0.21	0.28	0.93	0.66	0.68	0.18	1.66
2.63	0.59	0.59	0.39	1.93	1.37	0.92	0.19	1.30
5.88	4.44	0.60	0.57	3.34	2.21	2.31	—	3.20
1.58	1.30	0.37	0.26	0.85	0.67	0.96	0.42	1.44
4.99	5.22	1.71	0.58	2.71	2.13	2.87	0.78	3.25
5.06	5.12	1.66	0.55	2.67	2.01	2.78	0.75	3.14
4.80	4.72	1.64	0.52	2.35	1.96	2.57	0.70	3.17
4.30	3.87	1.39	0.49	2.22	1.70	2.51	0.60	2.77
8.38	6.67	0.74	0.98	5.23	2.55	2.86	1.11	6.08
6.78	1.65	0.59	2.93	3.57	1.79	3.51	0.40	6.05
2.53	2.18	0.80	0.16	1.56	0.63	0.71	0.50	1.91
3.20	2.60	0.67	0.33	1.70	1.26	1.63	0.26	2.25
3.84	3.07	0.80	0.60	2.17	1.40	1.97	0.35	2.66
1.20	0.82	0.21	0.22	0.82	0.58	0.74	0.43	0.91
1.10	0.81	0.20	0.16	0.81	0.54	0.69	0.37	0.85
1.00	0.60	0.18	0.15	0.59	0.38	0.45	0.24	0.58
1.08	0.72	0.52	0.35	2.35	1.17	0.81	0.28	1.66
4.76	3.38	0.83	0.50	4.07	0.12	2.33	2.08	3.40
1.20	1.10	0.20	0.30	0.40	0.21	0.80	0.20	0.70
8.79	7.35	2.70	0.41	4.79	1.77	3.98	1.14	6.10
2.91	3.62	0.76	0.12	1.74	0.43	1.82	0.05	2.26
0.18	0.16	0.03	0.14	0.10	0.02	0.10	0.10	0.10

表 2-5 鸡饲料的矿物质

序号	中国饲料号 CFN	饲料名称	钠 Na (%)	氯 Cl (%)	镁 Mg (%)	钾 K (%)	铁 Fe	铜 Cu	锰 Mn	锌 Zn
1	4-07-0278	玉米 corn grain	0.10	0.04	0.11	0.29	36	3.4	5.8	21.1
2	4-07-0288	玉米 corn grain	0.01	0.04	0.11	0.29	36	3.4	5.8	21.1
3	4-07-0279	玉米 corn grain	0.02	0.04	0.12	0.30	37	3.3	6.1	19.2
4	4-07-0280	玉米 corn grain	0.02	0.04	0.12	0.30	37	3.3	6.1	19.2
5	4-07-0272	高粱 sorghum grain	0.03	0.09	0.15	0.34	87	7.6	17.1	20.1
6	4-07-0270	小麦 wheat grain	0.06	0.07	0.11	0.50	88	7.9	45.9	29.7
7	4-07-0274	大麦（裸） naked barley grain	0.04	—	0.11	0.60	100	7.0	18.0	30.0
8	4-07-0277	大麦（皮） barley grain	0.02	0.15	0.14	0.56	87	5.6	17.5	23.6
9	4-07-0281	黑麦 rye	0.02	0.04	0.12	0.42	117	7.0	53.0	35.0
10	4-07-0273	稻谷 paddy	0.04	0.07	0.07	0.35	40	3.5	20.0	8.0
11	4-07-0276	糙米 rough rice	0.04	0.06	0.14	0.34	78	3.3	21.0	10.0
12	4-07-0275	碎米 broken rice	0.07	0.08	0.11	0.03	62	8.8	47.5	36.4
13	4-07-0479	粟（谷子） millet grain	0.04	0.14	0.16	0.43	270	2 405	22.5	15.9
14	4-04-0067	木薯干 cassava tuber flake	0.03	0.00	0.11	0.78	150	4.2	6.0	14.0
15	4-04-0068	甘薯干 sweet potato tuber flake	0.16	0.00	0.08	0.36	107	6.1	10.0	9.0
16	4-08-0104	次粉 wheat middling and red dog	0.60	0.04	0.41	0.60	140	11.6	94.2	73.0
17	4-08-0105	次粉 wheat middling and red dog	0.60	0.04	0.41	0.60	140	11.6	94.2	73.0

及维生素含量（毫克/千克）

硒	胡萝卜素	维生素 E	维生素 B_1	维生素 B_2	泛酸	烟酸	生物素	叶酸	胆碱	维生素 B_6	维生素 B_{12}	亚油酸（%）
0.04	—	22.0	3.5	1.1	5.0	24.0	0.06	0.15	620	10.0	—	2.20
0.04	—	22.0	3.5	1.1	5.0	24.0	0.06	0.15	620	10.0	—	2.20
0.03	0.8	22.0	2.6	1.1	3.9	21.0	0.08	0.12	620	10.0	0.0	2.20
0.03	—	22.0	2.6	1.1	3.9	21.0	0.08	0.12	620	10.0	—	220
0.05	—	7.0	3.0	1.3	12.4	41.0	0.26	0.20	668	5.2	0.0	1.13
0.05	0.4	13.0	4.6	1.3	11.9	51.0	0.11	0.36	1 040	3.7	0.0	0.59
0.16	—	48.0	4.1	1.4	—	87.0	—	—	—	19.3	0.0	—
0.06	4.1	20.0	4.5	1.8	8.0	55.0	0.15	0.07	990	4.0	0.0	0.83
0.40	—	15.0	3.6	1.5	8.0	16.0	0.06	0.60	440	2.6	0.0	0.76
0.04	—	16.0	3.1	1.2	3.7	34.0	0.08	0.45	900	28.0	0.0	0.28
0.07	—	13.5	2.8	1.1	11.0	30.0	0.08	0.40	1 014	—	—	—
0.06	—	14.0	1.4	0.7	8.0	30.0	0.08	0.20	800	28.0	—	—
0.08	1.2	36.3	6.6	1.6	7.4	53.0	—	15.00	790	—	—	0.84
0.04	—	—	1.7	0.8	1.0	3.0	—	—	—	1.00	0.00	0.10
0.07	—	—	—	—	—	—	—	—	—	—	—	—
0.07	3.0	20.0	16.5	1.8	15.6	72.0	0.33	0.76	1 187	9.0	0.0	1.74
0.07	3.0	20.0	16.5	1.8	15.6	72.0	0.33	0.76	1 187	9.0	—	1.74

序号	中国饲料号 CFN	饲料名称	钠 Na (%)	氯 Cl (%)	镁 Mg (%)	钾 K (%)	铁 Fe	铜 Cu	锰 Mn	锌 Zn
18	4-08-0069	小麦麸 wheat bran	0.07	0.07	0.52	1.19	170	13.8	104.3	96.5
19	4-08-0070	小麦麸 wheat bran	0.07	0.07	0.47	1.19	157	16.5	80.6	104.7
20	4-08-0041	米糠 rice bran	0.07	0.07	0.90	1.73	304	7.1	175.9	50.3
21	4-10-0025	米糠饼 rice bran meal exp.	0.08	—	1.26	1.80	400	8.7	211.6	56.4
22	4-10-0018	米糠粕 rice bran meal sol.	0.09	0.10	—	1.80	432	9.4	228.4	60.9
23	5-09-0127	大豆 soybean	0.02	0.03	0.28	1.70	111	18.1	21.5	40.7
24	5-09-0128	全脂大豆 full-fat soybean	0.02	0.03	0.28	1.70	111	18.1	21.5	40.7
25	5-10-0241	大豆饼 soybean meal (exp.)	0.02	0.02	0.25	1.77	187	19.8	32.0	43.4
26	5-10-0103	大豆粕 soybean meal (sol)	0.03	0.05	0.28	2.05	185	24.0	38.2	46.4
27	5-10-0102	大豆粕 soybean meal (sol)	0.03	0.05	0.28	1.72	185	24.0	28.0	46.4
28	5-10-0118	棉籽饼 cottonseed meal (exp.)	0.04	0.14	0.52	1.20	266	11.6	17.8	44.9
29	5-10-0119	棉籽粕 cottonseed meal (sol)	0.04	0.04	0.40	1.16	263	14.0	18.7	55.5
30	5-10-0117	棉籽粕 cottonseed meal (sol)	0.04	0.04	0.40	1.16	263	14.0	18.7	55.5

（续）

硒	胡萝卜素	维生素E	维生素B_1	维生素B_2	泛酸	烟酸	生物素	叶酸	胆碱	维生素B_6	维生素B_{12}	亚油酸（%）
0.07	1.0	14.0	8.0	4.6	31.0		0.36	0.63	980	7.0	0.0	1.70
0.05	1.0	14.0	8.0	4.6	31.0	186.0	0.36	0.63	980	7.0	0.0	1.70
0.09	—	60.0	22.5	25	23.0	293.0	0.42	220	1 135	14.0	0.0	3.57
0.09	—	11.0	24.0	29	94.9	689.0	0.70	0.88	1 700	54.0	40.0	—
0.10	—	—	—	—	—	—	—	—	—	—	—	—
0.06	—	40.0	12.3	29	17.4	24.0	0.42	2.00	3 200	12.0	0.0	8.00
0.06	—	40.0	12.3	29	17.4	24.0	0.42	4.00	3 200	12.00	0.0	8.00
0.04	—	6.6	1.7	44	13.8	37.0	0.32	0.45	2 673	10.00	0.0	—
0.10	0.2	3.1	4.6	3.0	16.4	30.7	0.33	0.81	2 858	6.10	0.0	0.51
0.06	0.2	3.1	4.6	3.0	16.4	30.7	0.33	0.81	2 858	6.10	0.0	0.51
0.11	0.2	16.0	6.4	5.1	10.0	38.0	0.53	1.65	2 753	5.30	0.0	2.47
0.15	0.2	15.0	7.0	5.5	12.0	40.0	0.30	2.51	2 933	5.10	0.0	1.51
0.15	0.2	15.0	7.0	5.5	12.0	40.0	0.30	2.51	2 933	5.10	0.0	1.51

序号	中国饲料号 CFN	饲料名称	钠 Na (%)	氯 Cl (%)	镁 Mg (%)	钾 K (%)	铁 Fe	铜 Cu	锰 Mn	锌 Zn
31	5-10-0183	菜籽饼 rapeseed meal (exp.)	0.02	—	—	1.34	687	7.2	78.1	59.2
32	5-10-0121	菜籽粕 rapeseed meal (sol)	0.09	0.11	0.51	1.40	653	7.1	82.2	67.5
33	5-10-0116	花生仁饼 peanutmeal (exp.)	0.04	0.03	0.33	1.14	347	23.7	36.7	52.5
34	5-10-0115	花生仁粕 peanutmeal (sol)	0.07	0.03	0.31	1.23	368	25.1	38.9	55.7
35	1-10-0031	向日葵仁饼 sunflowermeal (exp.)	0.02	0.01	0.75	1.17	424	45.6	41.5	62.1
36	5-10-0242	向日葵仁粕 sunflowermeal (sol)	0.20	0.01	0.75	1.00	226	32.8	34.5	82.7
37	5-10-0243	向日葵仁粕 sunflowermeal (sol)	0.20	0.10	0.68	1.23	310	35.0	35.0	80.0
38	5-10-0119	亚麻仁饼 linseed meal (exp.)	0.09	0.04	0.58	1.25	204	27.0	40.3	36.0
39	5-10-0120	亚麻仁粕 linseed meal (sol)	0.14	0.05	0.56	1.38	219	25.2	43.3	38.7
40	5-10-0246	芝麻饼 sesame meal (exp.)	0.04	0.05	0.50	1.39	1 780	50.4	32.0	2.4
41	5-11-0001	玉米蛋白粉 corn gluten meal	0.01	0.05	0.08	0.30	230	1.9	5.9	19.2

（续）

硒	胡萝卜素	维生素E	维生素 B_1	维生素 B_2	泛酸	烟酸	生物素	叶酸	胆碱	维生素 B_6	维生素 B_{12}	亚油酸（%）
0.29	—	—	—	—	—	—	—	—	—	—	—	—
0.16	—	54.0	5.2	3.7	9.5	160.0	0.98	0.95	6 700	7.20	0.0	0.42
0.06	—	3.0	7.1	5.2	47.0	166.0	0.33	0.40	1 655	10.00	0.0	1.43
0.06	—	3.0	5.7	11.0	53.0	173.0	0.39	0.39	1 854	10.00	0.0	0.24
0.09	—	0.9	—	18.0	4.0	86.0	1.40	0.40	800	—	—	—
0.06	—	0.7	4.6	2.3	39.0	22.0	1.70	1.60	3 260	17.20	—	—
0.08	—	—	3.0	3.0	29.9	14.0	1.40	1.14	3 100	11.10	0.0	0.98
0.18	—	7.7	2.6	4.1	16.5	37.4	0.36	2.90	1 672	6.10	—	1.07
0.18	0.2	5.8	7.5	3.2	14.7	33.0	0.41	0.34	1 512	6.00	200.0	0.36
0.21	0.2	0.3	2.8	3.6	6.0	30.0	2.40	—	1 536	12.20	0.0	1.90
0.02	44.0	25.5	0.3	2.2	3.0	55.0	0.15	0.20	330	6.90	50.0	1.17

序号	中国饲料号 CFN	饲料名称	钠 Na (%)	氯 Cl (%)	镁 Mg (%)	钾 K (%)	铁 Fe	铜 Cu	锰 Mn	锌 Zn
42	5-11-0002	玉米蛋白粉 corn gluten meal	0.02	—	—	0.35	332	10.0	78.0	49.0
43	5-11-0008	玉米蛋白粉 corn gluten meal	0.02	0.08	0.05	0.40	400	28.0	7.0	—
44	5-11-0003	玉米蛋白饲料 corn gluten feed	0.12	0.22	0.42	1.30	282	10.7	77.1	59.2
45	4-10-0026	玉米胚芽饼 corn gem meal (exp.)	0.01	0.12	0.10	0.30	99	12.8	19.0	108.1
46	4-10-0244	玉米胚芽粕 corn gem meal (sol)	0.01	—	0.16	0.69	214	7.7	23.3	126.6
47	5-11-0007	DDGS (distiller dried grains with solubles)	0.88	0.17	0.35	0.98	197	43.9	29.5	83.5
48	5-11-0009	蚕豆粉浆蛋白粉 broad bean gluten meal	0.01	—	—	0.06	—	22.0	16.0	—
49	5-11-0004	麦芽根 barley malt sprouts	0.06	0.59	0.16	2.18	198	5.3	67.8	42.4
50	5-13-0044	鱼粉 (CP64.5%) fish meal	0.88	0.60	0.24	0.90	226	9.1	9.2	98.9
51	5-13-0045	鱼粉 (CP62.5%) fish meal	0.78	0.61	0.16	0.83	181	6.0	12.0	90.0
52	5-13-0046	鱼粉 (CP60.2%) fish meal	0.97	0.61	0.16	1.10	80	8.0	10.0	80.0

（续）

硒	胡萝卜素	维生素 E	维生素 B_1	维生素 B_2	泛酸	烟酸	生物素	叶酸	胆碱	维生素 B_6	维生素 B_{12}	亚油酸（%）
—	—	—	—	—	—	—	—	—	—	—	—	—
1.00	16.0	19.9	0.2	1.5	9.6	54.5	0.15	0.22	330	—	—	—
0.23	8.0	14.8	2.0	2.4	17.8	75.5	0.22	0.28	1 700	13.00	250.0	1.43
—	20	87.0	—	3.7	3.3	42.0	—	—	1 936	—	—	1.47
0.33	2.0	80.8	1.1	4.0	4.4	37.7	0.22	0.20	2 000	—	—	1.47
0.37	3.5	40.0	3.5	8.6	11.0	75.0	0.30	0.88	2 637	2.28	10.0	2.15
—	—	—	—	—	—	—	—	—	—	—	—	—
0.60	—	4.2	0.7	1.5	8.6	43.3	—	0.20	1 548	—	—	0.46
2.7	—	5.0	0.3	7.1	15.0	100.0	0.23	0.37	4 408	4.00	352.0	0.20
1.62	—	5.7	0.2	4.9	9.0	55.0	0.15	0.30	3 099	4.00	150.0	0.12
1.5	—	7.0	0.5	4.9	9.0	55.0	0.20	0.30	3 056	4.00	104.0	0.12

序号	中国饲料号 CFN	饲料名称	钠 Na (%)	氯 Cl (%)	镁 Mg (%)	钾 K (%)	铁 Fe	铜 Cu	锰 Mn	锌 Zn
53	5-13-0077	鱼粉 (CP53.5%) fish meal	1.15	0.61	0.16	0.94	292	8.0	9.7	88.0
54	5-13-0036	血粉 blood meal	0.31	0.27	0.16	0.90	2 100	8.0	2.3	14.0
55	5-13-0037	羽毛粉 feather meal	0.31	0.26	0.20	0.18	73	6.8	8.8	53.8
56	5-13-0038	皮革粉 leather meal	—	—	—	—	131	11.1	25.2	89.8
57	5-13-0047	肉骨粉 meat and bone meal	0.73	0.75	1.13	1.40	500	1.5	12.3	90.0
58	5-13-0048	肉粉 meat meal	0.80	0.97	0.35	0.57	440	10.0	10.0	94.0
59	1-05-0074	苜蓿草粉 (CP 19%) alfalfa meal	0.09	0.38	0.30	2.08	372	9.1	30.7	17.1
60	1-05-0075	苜蓿草粉 (CP 17%) alfalfa meal	0.17	0.46	0.36	2.40	361	9.7	30.7	21.0
61	1-05-0076	苜蓿草粉 (CP 14%～15%) alfalfa meal	0.11	0.46	0.36	2.22	437	9.1	33.2	22.6
62	5-11-0005	啤酒糟 brewers dried grain	0.25	0.12	0.19	0.08	274	20.1	35.6	104.0
63	5-11-0001	啤酒酵母 brewers dried yeast	0.10	0.12	0.23	1.70	248	61.0	22.3	86.7
64	4-13-0075	乳清粉 whey, dehydrated	2.11	0.14	0.13	1.81	160	43.1	4.6	3.0
65	5-01-0162	酪蛋白 casein	0.01	0.04	0.01	0.01	14	4.0	4.0	30.0
66	5-14-0503	明胶 gelatin	—	—	0.05	—	—	—	—	—
67	4-06-0076	牛奶乳糖 milk lactose	—	—	0.15	2.40	—	—	—	—

（续）

硒	胡萝卜素	维生素E	维生素B_1	维生素B_2	泛酸	烟酸	生物素	叶酸	胆碱	维生素B_6	维生素B_{12}	亚油酸（%）
1.94	—	5.6	0.4	8.8	8.8	65.0	—	—	3 000	—	143.0	—
0.7	—	1.0	0.4	1.6	1.2	23.0	0.09	0.11	800	4.40	50.0	0.10
0.8	—	7.3	0.1	2.0	10.0	27.0	0.04	0.20	880	3.00	71.0	0.83
—	—	—	—	—	—	—	—	—	—	—	—	—
0.25		0.8	0.2	5.2	4.4	59.4	0.14	0.60	2 000	4.60	100.0	0.72
0.37		1.2	0.6	7.7	5.0	0.08	0.50	2 077	2.40	80.0	0.80	
0.46	94.6	144.0	5.8	15.5	34.0	40.0	0.35	4.36	1 419	8.00	0	0.44
0.46	94.6	125.0	3.4	13.6	29.0	38.0	0.30	4.20	1 401	6.50	0	0.35
0.48	63.0	98.0	3.0	10.6	30.8	41.8	0.25	1.54	1 548	—	—	—
0.41	0.2	27.0	0.6	1.5	8.6	43.0	0.24	0.24	1 723	0.70	0	2.94
1.00	—	2.2	91.8	37.0	109.0	448	0.63	9.90	3 984	72.80	999.9	0.04
0.06	—	0.3	3.9	29.9	47.0	10.0	0.34	0.66	1 500	4.00	20.0	0.01
0.16	—	—	0.4	1.5	2.7	1.0	0.01	0.51	205	0.40	—	—
—	—	—	—	—	—	—	—	—	—	—	—	—
—	—	—	—	—	—	—	—	—	—	—	—	—

表 2-6 鸡用饲料

序号	中国饲料号 CFN	饲料名称 Feed Name	干物质 DM (%)	粗蛋白质 CP (%)	精氨酸 Arg (%)	组氨酸 His (%)	异亮氨酸 Ile (%)
1	4-07-0278	玉米 corn grain	86.0	9.4	98	95	89
2	4-07-0288	玉米 corn grain	86.0	8.5	100	94	94
3	4-07-0279	玉米 corn grain	86.0	8.7	93	96	90
4	4-07-0280	玉米 corn grain	86.0	7.8	84	—	94
5	4-07-0272	高粱 sorghum grain	86.0	9.0	95	89	86
6	4-07-0270	小麦 wheat grain	87.0	13.6	88	91	88
7	4-07-0274	大麦（裸） naked barley grain	87.0	13.0	84	86	78
8	4-07-0277	大麦（皮） barley grain	87.0	11.0	85	87	81
9	4-07-0281	黑麦 rye	88.0	11.0	82	73	76
10	4-07-0273	稻谷 paddy	86.0	7.8	90	86	81
11	4-07-0276	糙米 rough rice	87.0	8.8	91	91	79
12	4-04-0067	木薯干 cassava tuber flake	87.0	2.5	90	83	83
13	4-08-0104	次粉 wheat middling and red dog	88.0	15.4	81	—	90
14	4-08-0069	小麦麸 wheat bran	87.0	15.7	86	83	81
15	4-08-0041	米糠 rice bran	87.0	12.8	86	81	73
16	5-09-0127	大豆 soybean	87.0	35.5	79	—	—
17	5-09-0128	全脂大豆 full-fat soybean	88.0	35.5	92	89	86
18	5-10-0241	大豆饼 soybean meal（exp.）	87.0	40.9	92	92	92
19	5-10-0103	大豆粕 soybean meal（sol）	89.0	47.9	94	91	90
20	5-10-0102	大豆粕 soybean meal（sol）	89.0	44.2	94	91	88
21	5-10-0118	棉籽饼 cottonseed meal（exp.）	88.0	36.3	88	89	75
22	5-10-0119	棉籽粕 cottonseed meal（sol）	88.0	47.0	95	94	92

氨基酸真消化率

亮氨酸 Leu (%)	赖氨酸 Lys (%)	蛋氨酸 Met (%)	胱氨酸 Cys (%)	苯丙氨酸 Phe (%)	酪氨酸 Tyr (%)	苏氨酸 Thr (%)	色氨酸 Trp (%)	缬氨酸 Val (%)
96	89	92	84	94	93	88	—	91
96	95	97	89	92	100	94	89	93
96	85	92	90	94	95	89	85	91
93	78	91	75	84	77	65	—	81
88	78	81	78	88	89	80	87	86
91	82	87	88	92	90	83	84	87
83	78	79	79	81	80	75	82	80
86	78	79	81	87	85	77	81	81
81	75	77	73	82	77	78	56	81
86	71	83	78	88	87	77	87	79
86	83	86	82	84	85	81	86	87
82	79	89	81	87	86	80	—	74
86	77	87	74	—	75	69	—	82
83	80	79	70	84	84	78	77	84
72	74	77	65	74	77	69	69	75
—	78	68	57	—	—	68	—	69
86	88	85	81	87	88	84	82	84
93	89	92	81	93	93	89	72	91
90	89	91	84	94	92	87	84	88
91	87	87	83	92	89	86	84	86
82	81	79	71	83	91	79	—	84
90	91	93	95	93	92	91	—	93

序号	中国饲料号 CFN	饲料名称 Feed Name	干物质 DM (%)	粗蛋白质 CP (%)	精氨酸 Arg (%)	组氨酸 His (%)	异亮氨酸 Ile (%)
23	5-10-0117	棉籽粕 cottonseed meal (sol)	88.0	43.5	92	87	77
24	5-10-0183	菜籽饼 rapeseed meal (exp.)	88.0	35.7	90	89	84
25	5-10-0121	菜籽粕 rapeseed meal (sol)	88.0	38.6	91	89	85
26	5-10-0116	花生仁饼 peanutmeal (exp.)	88.0	44.7	85	91	85
27	5-10-0115	花生仁粕 peanutmeal (sol)	88.0	47.8	95	92	93
28	5-10-0242	向日葵仁粕 sunflowermeal (sol)	88.0	36.5	97	95	93
29	5-10-0120	亚麻仁粕 linseed meal (sol)	88.0	34.8	91	82	81
30	5-10-0246	芝麻饼 sesame meal meal (exp.)	92.0	39.2	92	89	92
31	5-11-0001	玉米蛋白粉 corn gluten meal	90.1	63.5	89	95	93
32	5-11-0003	玉米蛋白饲料 corn gluten feed	88.0	19.3	89	85	83
33	4-10-0026	玉米胚芽饼 corn gem meal (exp.)	90.0	16.7	90	84	86
34	4-10-0244	玉米胚芽粕 corn gem meal (sol)	90.0	20.8	95	84	89
35	5-11-0007	DDGS (distiller dried grains with solubles)	90.0	28.3	63	75	84
36	5-11-0009	蚕豆粉浆蛋白粉 broad bean gluten meal	88.0	66.3	87	—	91
37	5-13-0044	鱼粉 (CP64.5%) fish meal	90.0	64.5	93	91	93

（续）

亮氨酸 Leu (%)	赖氨酸 Lys (%)	蛋氨酸 Met (%)	胱氨酸 Cys (%)	苯丙氨酸 Phe (%)	酪氨酸 Tyr (%)	苏氨酸 Thr (%)	色氨酸 Trp (%)	缬氨酸 Val (%)
80	72	77	85	87	83	72	80	81
87	78	89	72	87	85	80	83	82
89	76	89	74	88	86	81	84	83
89	78	84	75	92	90	83	85	87
94	82	90	86	95	97	88	—	91
93	89	94	85	94	95	89	—	90
80	75	83	82	87	83	72	89	80
91	88	94	82	93	92	85	—	91
97	82	98	92	96	90	91	—	90
90	72	85	65	87	86	77	72	84
87	83	86	58	88	84	79	—	86
91	79	82	68	93	89	79	86	88
89	65	84	77	88	79	73	—	81
94	89	—	—	86	93	80	—	94
94	90	92	80	92	93	92	92	93

序号	中国饲料号 CFN	饲料名称 Feed Name	干物质 DM (%)	粗蛋白质 CP (%)	精氨酸 Arg (%)	组氨酸 His (%)	异亮氨酸 Ile (%)
38	5-13-0045	鱼粉 (CP62.5%) fish meal	90.0	62.5	93	91	93
39	5-13-0046	鱼粉 (CP60.2%) fish meal	90.0	60.2	93	91	93
40	5-13-0077	鱼粉 (CP53.5%) fish meal	90.0	53.5	93	91	93
41	5-13-0036	血粉 blood meal	88.0	82.8	99	96	99
42	5-13-0037	羽毛粉 feather meal	88.0	77.9	84	75	86
43	5-13-0038	皮革粉 leather meal	88.0	74.7	77	75	93
44	5-13-0047	肉骨粉 meat and bone meal	93.0	50.0	83	83	82
45	5-13-0048	肉粉 meat meal	94.0	54.0	87	86	85
46	1-05-0074	苜蓿草粉 (CP 19%) alfalfa meal	87.0	19.1	73	51	64
47	1-05-0075	苜蓿草粉 (CP 17%) alfalfa meal	87.0	17.2	82	74	76
48	1-05-0076	苜蓿草粉（CP 14%～15%) alfalfa meal	87.0	14.3	82	74	76
49	5-11-0005	啤酒糟 brewers dried grain	88.0	24.3	63	75	84
50	5-01-0162	酪蛋白 casein	91.0	88.7	97	96	98
51	5-14-0503	明胶 gelatin	90.0	88.0	96	95	95

注：①采用不去盲肠的正常鸡测定的鸡饲料氨基酸真消化率。

（续）

亮氨酸 Leu (%)	赖氨酸 Lys (%)	蛋氨酸 Met (%)	胱氨酸 Cys (%)	苯丙氨酸 Phe (%)	酪氨酸 Tyr (%)	苏氨酸 Thr (%)	色氨酸 Trp (%)	缬氨酸 Val (%)
94	90	92	80	92	93	92	92	93
94	90	92	80	92	93	92	92	93
94	90	92	80	92	93	92	92	93
96	96	100	93	97	96	97	100	93
84	67	77	60	87	82	75	76	83
86	77	90	—	83	78	78	—	84
85	79	87	58	83	84	82	80	82
87	84	90	57	87	87	85	—	85
70	53	75	25	69	62	59	58	62
79	58	73	44	78	73	72	72	76
79	58	73	44	78	73	72	72	76
89	65	84	77	88	79	73	—	81
99	97	99	84	99	—	98	—	98
97	94	93	68	97	—	95	—	97

（三）饲料营养特性

蛋鸡饲料原料根据其营养特性可分为四大类，即能量饲料、蛋白质饲料、矿物质饲料和饲料添加剂。

1. 能量饲料 按国际饲料分类的原则，饲料干物质中粗纤维含量小于18%、蛋白质含量小于20%的饲料称为能量饲料。能量饲料是供给蛋鸡能量的主要来源，日粮中所占比例约50%～70%。

能量饲料的主要特点是富含碳水化合物，尤其是淀粉，但蛋白质含量低，且缺乏赖氨酸和蛋氨酸，含少量的脂肪，缺乏维生素A、维生素D、维生素E、维生素K以及某些B族维生素含量不足。

（1）禾本类籽实 见表2-7所示。

表2-7 禾本类籽实的营养特性

饲料原料名称	营 养 特 性	用量限制
玉米	①谷实类饲料的主体，蛋鸡最主要的能量饲料，含淀粉多，消化率高，每千克物质含代谢能13.31～13.60兆焦，粗纤维含量很少，且脂肪含量达3.1%～5.3%，可利用能高 ②黄玉米相对白玉米含有较多的胡萝卜素、叶黄素，能促进鸡的蛋黄、喙、脚和皮肤的黄色素沉积，提高蛋的品质及养鸡经济效益。玉米蛋白质含量较少，一般为7.8%～9.4%，色氨酸和赖氨酸不足，钙、磷含量也偏低 ③我国已成功培育出高赖氨酸玉米，其赖氨酸含量比普通玉米高70%～100%，色氨酸含量高40%～100%。但高赖氨酸玉米质地松软，胚乳密度低，千粒重轻，单位面积产量低	配合饲料中用量60%左右，应注意和豆粕等富含赖氨酸的饲料搭配，同时应补充钙、磷。玉米最好粉碎加工到中等程度，颗粒太粗，微量成分不能混合均匀；颗粒太细，引起粉尘和结块，影响鸡的采食量

（续）

饲料原料名称	营 养 特 性	用量限制
高粱	①高粱籽实是一种重要的能量饲料。去皮高粱代谢能含量和玉米接近，蛋白质含量8%～10%，精氨酸、赖氨酸、蛋氨酸含量略低于玉米，而色氨酸和苏氨酸含量略高于玉米 ②高粱中含有单宁，味苦，适口性差，用量过高时降低能量和氨基酸的利用率，甚至抑制正常生长 ③配合饲料中使用高粱时，应注意维生素A、蛋氨酸、赖氨酸、胆碱和必需脂肪酸的适量添加	蛋鸡日粮中高粱的用量一般不宜超过15%
小麦	小麦加工的副产品如碎麦、次粉、麦麸等多用作饲料。小麦的代谢能比玉米和糙大米低，但比大麦和燕麦高，约12.72兆焦/千克。小麦的特点是淀粉含量高，达到12%以上，高于其他谷物籽实；粗脂肪含量较少，仅1.7%，其亚油酸含量一般为0.59%，比玉米低（玉米为2.20%）。小麦的氨基酸含量同玉米、大麦相当；小麦的赖氨酸含量比玉米大约高50%，色氨酸含量约为玉米的3倍，但小麦蛋白质的质量（氨基酸平衡）较差，且不同品种小麦间蛋白质含量变异很大。小麦的矿物质和维生素含量与玉米、大麦几乎没有差别	玉米价格偏高时，可用小麦部分替代，此时需添加酶制剂，以提高营养物质的利用率。饲料中小麦取代量以1/3～1/2为宜，配合饲料中的比例控制在15%～20%
大麦	①大麦作为重要的谷实类饲料之一，半数用作饲料。大麦籽实有带壳的“草大麦”和不带壳的“裸大麦”。带壳大麦的代谢能水平较低，约为11.2～11.30兆焦/千克。大麦的蛋白质含量约为11.0%～13.0%，略高于玉米。但粗脂肪的含量较低，仅2.0%～4.8%，其中亚油酸含量仅0.83%左右。大麦的维生素含量偏低，且不含胡萝卜素 ②大麦中含有一些“涩味物”，主要是由数种单宁组成的酚类化合物，可降低动物对蛋白质的消化率	大麦在蛋鸡日粮中的用量不可过高，一般为10%左右

（2）糠麸类　能量饲料中的谷实类在鸡饲料中的搭配比例为50%～65%，糠麸类占5%～15%。糠麸类饲料主要包括小麦麸和大米糠，即制粉和制米的副产品。糠麸类饲料的能量水平低于谷实类，粗纤维含量较高，约为10%。脂肪含量比较高，易酸败，不易贮存，带有苦味，作为鸡饲料适口性较差。蛋白质含量比谷实类大约高5%；糠麸类饲料钙少磷多，并且钙磷比例不当，但B族维生素含量丰富，尤其是硫胺素、烟酸、胆碱和吡哆醇含量较高。另外，糠麸类饲料结构疏松，含适量的粗纤维和硫酸盐类，有轻泻作用（表2-8）。

表2-8　糠麸类籽实的营养特性

饲料原料名称	营养特性	用量限制
小麦麸	小麦麸由果皮、种皮、胚、糊粉层和少量胚乳组成，其质量与加工工艺有关。小麦麸含有6.5%～6.8%的粗纤维，代谢能仅6.78～6.82兆焦/千克，蛋白质含量为14.3%～15.7%，赖氨酸含量达0.53%～0.58%，蛋氨酸含量仅0.12%～0.13%。小麦麸含丰富的B族维生素，烟酸、胆碱，脂溶性维生素E，但缺少维生素B_{12}；钙少磷多，钙磷比例不适宜，大约为6：1。矿物质中含镁盐较多，有轻泻作用，作为鸡的饲粮饲喂量要适当	小麦麸一般与玉米配合使用，雏鸡和成年鸡饲喂量为5%～15%，育成鸡用量为10%～20%，蛋鸡用量不宜超过10%
米糠	①米糠是糙米精制成白米后的副产品。100千克稻谷可出大米72千克，稻壳（砻糠）22千克和米糠6千克。统糠是稻壳和米糠的混合物，营养价值较低。米糠的粗纤维含量略高于麦麸和玉米皮，在5.7%～7.5%之间，而无氮浸出物含量远低于麦麸和玉米皮，但粗脂肪含量高，能值较高，不能长期存放；米糠粗蛋白质含量低于小麦麸，约为12.8%左右，但其蛋氨酸含量可高达0.25%，比玉米高一倍，与豆粕配伍效果较好；米糠含有丰富的磷，钙的含量较少，钙磷比例为1：17～22；维生素E、维生素B_1、烟酸含量丰富 ②全脂米糠可补充鸡所需的B族维生素、锰及必需脂肪酸，以全脂米糠取代玉米饲喂鸡时，饲养效果随用量的增加（20%～60%）而下降，其原因在于全脂米糠中含有胰蛋白酶抑制因子	全脂米糠容易变质，在鸡饲料中的使用量以5%以下为宜，粒状饲料则可酌量增至10%～20%，否则影响适口性

（3）油脂类　脂肪分为动物性脂肪和植物性脂肪两种。动物性脂肪用作饲料的有牛、羊、猪、禽脂肪，代谢能值为32.55～39.16兆焦/千克；植物性油脂包括玉米油、花生油、葵花油、豆油等，代谢能值为24.27～40.42兆焦/千克。配合饲料中添加油脂的主要作用是提高饲粮的能量水平。夏季鸡日粮中添加油脂也可减少鸡群的热应激，减少蛋鸡炎热气候下的散热负担。同时，可提供禽类必需脂肪酸和促进其他营养成分的吸收。商品鸡日粮中油脂类的添加量为1%～5%。但是，一切用作饲料用的油脂必须附加抗氧化剂，否则非常容易氧化、酸败。

2. 蛋白质饲料　蛋白质饲料是指蛋白质含量在20%以上、粗纤维含量少于18%的饲料，包括植物性蛋白质饲料和动物性蛋白质饲料。

（1）植物性蛋白质饲料　这类饲料来源于植物体，粗蛋白质含量较高，必需氨基酸含量比较齐全，生物学价值较高。植物性蛋白质饲料是供给鸡蛋白质需要和平衡日粮氨基酸营养的主要饲料，在养鸡饲料中常和动物性蛋白质饲料搭配使用（表2-9）。

表2-9　植物性蛋白质饲料的营养特性

饲料原料名称	营养特性	用量限制
大豆饼（粕）	①大豆饼粕是大豆经机械压榨或溶剂提取油脂后的副产品，大豆饼（粕）的蛋白质含量较高（41.8%～47.9%），可利用性好，赖氨酸含量高（2.43%～2.99%），但蛋氨酸含量低（0.59%～0.68%）。矿物质中钙少磷多，多为植酸磷。维生素A、维生素D、维生素B_2含量少，其他B族维生素含量较高 ②大豆饼（粕）色泽好，风味佳，加工适当时不含抗营养因子，营养成分变异小，品质稳定，使用时无用量限制。生产大豆饼（粕）的原料（生大豆）中含有多种抗营养因子，如胰蛋白酶抑制因子、细胞凝集素、皂角苷和尿素酶等，适当加热可破坏抗营养因子	无用量限制

（续）

饲料原料名称	营 养 特 性	用量限制
棉籽饼（粕）	①棉籽饼（粕）是棉籽经机械压榨或溶剂提取油脂后的副产品，其蛋白质含量一般为36.3%～47.0%，代谢能水平7.78～9.04兆焦/千克 ②家禽对棉酚的敏感性低，蛋鸡饲料中棉酚含量在200毫克/千克以下，不影响产蛋率。若要避免蛋黄在储存期间褪色，则饲料中棉酚含量应限制在50毫克/千克以下，否则鸡蛋在储存期间蛋白可能呈现粉红色，蛋黄出现绿黄色或暗红色以及斑点状。饲料中亚铁盐的添加可增加棉酚的耐受性，阻止小肠对棉酚的吸收。一般所用亚铁盐为硫酸亚铁，用量为棉酚含量的4倍，添加后饲料中棉酚耐受量可提高至150毫克/千克，不会引起蛋黄褪色。棉籽压榨粕脂肪含量高，但脂肪中含有1%～2%的环丙烯脂肪酸，会使蛋黄硬化，加热即成海绵状，称之海绵卵。蛋黄变得脆弱，渗透性增加，加快棉酚的变色反应，且该环丙烯脂肪酸会导致产蛋率及孵化率降低	蛋鸡日粮中用量一般不超过8%
菜籽饼（粕）	①菜籽饼（粕）即油菜籽经压榨或预压萃取提油后的残渣。其粗蛋白质含量可达35.7%～38.6%。菜籽饼（粕）中赖氨酸含量为1.30%～1.33%，色氨酸含量为0.42%～0.43%，蛋氨酸含量为2.26%～2.34%，胱氨酸含量为0.82%～0.87%。维生素含量为：硫胺素5.2毫克/千克，泛酸9.5毫克/千克，胆碱6 700毫克/千克 ②菜籽饼含有芥子苷（硫苷），作为饲料时需经过去毒处理，因其水解后产生的异硫氰酸酯严重影响适口性，同时异硫氰酸酯加热变成氰酸酯也可导致甲状腺肿大	蛋鸡配合饲料用量一般不超过5%
花生饼（粕）	①脱壳花生仁经机械压榨或溶剂浸提后残粕粉碎后的产品为花生粕，一般不可添加花生壳。花生仁饼（粕）的代谢能水平很高，可达10.88～11.63兆焦/千克，在饼粕类饲料中可利用能水平最高。花生饼（粕）蛋白质的含量也很高，可达到44.8% ②花生仁饼粕具有香味，适口性极好。虽然其营养价值与豆粕相当，但含有抗胰蛋白酶因子（通过加温可以破坏），阻碍鸡的生长，因而要适量添加。花生仁饼粕极易染上黄曲霉，产生黄曲霉毒素。雏鸡黄曲霉毒素中毒后，精神不振，羽毛脱落，粪便带血，常在出现症状发生后不到一周死亡 ③用花生饼（粕）饲喂蛋鸡时，所含蛋氨酸、赖氨酸等不能满足蛋鸡需要，需进行补充或与鱼粉、豆饼（粕）等配伍使用	鸡产蛋前期最好不用，产蛋期用量在4%以下

（续）

饲料原料名称	营养特性	用量限制
芝麻饼（粕）	①芝麻提取后的残粕经粉碎所得产品为芝麻粕。芝麻饼粕是安全的饼粕类饲料。其粗纤维含量在7.2%左右，代谢能含量为8.95兆焦/千克左右（因含油量多少而异），粗蛋白含量可达39.2%。其最大特点是蛋氨酸含量丰富，精氨酸含量过高，配料时应引起注意 ②芝麻饼（粕）中的蛋白质、钙、磷等多与植酸磷结合成难溶的复合物，不易被鸡吸收利用，在鸡日粮中用量要加以限制，雏鸡不可用	蛋鸡饲料用量不宜超过10%
葵花仁饼（粕）	①葵花仁饼（粕）是葵花仁榨油后的残渣。优质葵花仁饼粕含粗蛋白质36.5%，粗脂肪2%以下，粗纤维小于20.4%，B族维生素含量较高。与豆粕相比，葵花粕的氨基酸组成较差。这主要是由于赖氨酸、苏氨酸的含量和利用率较低。因此，在以大麦为基础的日粮中，用葵花粕取代豆粕时需要对可利用苏氨基酸进行调整 ②标准葵花粕和部分去壳葵花粕的能量含量很低而粗纤维含量很高，在饲料中不可大量使用	配合饲料用量为10%～20%
玉米蛋白粉	①玉米蛋白粉是玉米除去淀粉、胚芽和外皮后的剩余部分。一般含蛋白质44.3%～63.5%。其蛋氨酸含量很高，与相同蛋白质含量的鱼粉相当，但赖氨酸和色氨酸严重不足，不及鱼粉的25%。饲喂时，应考虑氨基酸平衡，与其他蛋白质饲料配合使用 ②玉米蛋白粉含有大量的叶黄素，在以玉米蛋白粉为蛋白质饲料配置饲料时可起着色剂的作用	

（2）*动物性蛋白质饲料*　动物性蛋白质饲料主要指肉类、渔业和乳品等加工副产品以及蚕蛹和人工养殖的蚯蚓等。这类饲料含有大量优质蛋白质、矿物质和维生素，营养价值很高。在鸡的日粮中加入后，可改善整个饲粮的营养价值，提高鸡的生产性能（表2-10）。

表 2-10 动物性蛋白质饲料的营养特性

饲料原料名称	营养特性	用量限制
鱼粉	①鱼粉的饲用价值受其质量影响非常大。影响鱼粉质量的因素包括原料来源（鱼的种类、全鱼或下角材料）、原料的贮藏（加工前进行部分水解）及加工过程（过热、发霉、含油量过高）。鱼粉的营养价值因鱼种、加工方法和贮存条件不同而有较大差异 ②我国用于饲料生产的鱼粉包括进口鱼粉和国产鱼粉两种，是指以全鱼作原料制成的不掺杂质的纯鱼粉。鱼粉的水分含量平均为10%，蛋白质含量进口鱼粉一般在60%以上，国产鱼粉50%左右。鱼粉含有各种必需氨基酸，特别是蛋氨酸和赖氨酸含量十分丰富。同时，含有维生素 B_2、维生素 B_{12} 以及钙、磷、钠、铁、铜等矿物质	一般无最高用量限制
蚕蛹粉	①蚕蛹粉是蚕蛹干燥粉碎后的产品。其营养物质含量与脂肪含量有关，一般含蛋白质53%～68%，含粗脂肪8%～22%，并富含赖氨酸和蛋氨酸 ②但蚕蛹粉脂肪含量高，易腐败变质，一般应将其脱脂后制成蚕蛹粉使用	喂鸡效果好，用量可占鸡日粮的5%～10%
肉骨粉	①含磷量在4.4%以下的称为肉粉，在4.4%以上的则称为肉骨粉。肉骨粉的粗蛋白含量（50%）略高于豆粕，而氨基酸组成近似于豆粕，但色氨酸含量低 ②肉粉及肉骨粉依加工方法不同其营养价值也有差异。肉骨粉的饲用价值比鱼粉稍差，但价格远低于鱼粉。肉骨粉的粗蛋白质含量一般为54.3%～56.2%，粗脂肪4.8%～7.2%，灰分20.1%～24.8%，钙5.3%～6.5%，磷2.5%～3.9%，蛋氨酸0.36%～1.09%，赖氨酸2.7%～5.8%。肉骨粉富含维生素 B_{12}，同时脂肪含量也较高，最好与植物性蛋白质饲料混合使用 ③肉骨粉容易变质腐败，饲喂前应注意检测	仔鸡日粮用量不超过5%，成鸡可占5%～10%

（续）

饲料原料名称	营　养　特　性	用量限制
血粉	①血粉是由屠宰畜禽时所得到的血液干燥后粉碎而成的一种高蛋白饲料。蛋白质含量82.8%以上，赖氨酸含量特别丰富，精氨酸、蛋氨酸、胱氨酸含量也较多，并富含维生素 B_2 和维生素 B_{12}，同时是一种良好的铁源。但血粉中所含氨基酸的利用率低，钙磷较少，维生素A、维生素D缺乏，营养价值低于肉粉和肉骨粉 ②血粉的适口性较差，鸡不易消化，血粉中仅2/3能被鸡消化利用。由于血粉中能量水平变异大，作为饲料时应注意其代谢能含量的高低	营养利用率较低，日粮添加比例不宜过高
羽毛粉	①利用屠宰家禽所得清洁、未腐败的羽毛，经加热、加压使羽毛水解转变为可利用的产品，即羽毛粉。水解羽毛粉品质变化大，蛋白质含量接近80%，氨基酸中以胱氨酸为主，以含硫氨基酸含量最高，但水解过度时，胱氨酸损失最多 ②亮氨酸含量也较高，但蛋氨酸、赖氨酸、色氨酸、组氨酸等含量均很低，用于饲料时易造成氨基酸的不平衡	羽毛粉的适口性差，配合饲料中的用量应控制在1%～3%

3. 矿物质饲料　矿物质是蛋鸡日粮的重要组成部分，包括人工合成的、天然单一的和多种混合的矿物质饲料，以及配合饲料在载体中的微量、常量元素补充料。矿物质饲料可提供常量和微量元素，在日粮中协同或颉颃。其种类及分子含量如表2-11所示。家禽常量矿物质的功能及其缺乏症、实际来源等详见表2-12所示。

表2-11　常用矿物质饲料和各种元素含量

矿物质	来　源	分子式	含　量
钙（Ca）	碳酸钙	$CaCO_3$	Ca　40%
	石灰石粉	$CaCO_3$	Ca　36%
	贝壳粉		Ca　38%
	蛋壳粉		Ca　38%
钙和磷（Ca、P）	磷酸氢钙	$CaHPO_4$	Ca　21%　P　18.5%
	磷酸二氢钙	CaH_2PO_4	Ca　16%　P　21%
	磷酸三钙	$Ca_3(PO_4)_2$	Ca　13%　P　10%
	骨粉		Ca　26%　P　12%

（续）

矿物质	来源	分子式	含量
钠和氯	食盐	$NaCl$	Na 39% Cl 60.7%
铁（Fe）	七水硫酸亚铁	$FeSO_4 \cdot 7H_2O$	Fe 20.1%
	一水硫酸亚铁	$FeSO_4 \cdot H_2O$	Fe 32.9%
	碳酸亚铁	$FeCO_3 \cdot H_2O$	Fe 41.7%
铜（Cu）	五水硫酸铜	$CuSO_4 \cdot 5H_2O$	Cu 25.5%
	一水硫酸铜	$CuSO_4 \cdot H_2O$	Cu 35.8%
	碳酸铜	$CuCO_3$	Cu 51.4%
锰（Mn）	五水硫酸锰	$MnSO_4 \cdot 5H_2O$	Mn 22.8%
	一水硫酸锰	$MnSO_4 \cdot H_2O$	Mn 32.5%
	碳酸锰	$MnCO_3$	Mn 47.8%
	氧化锰	MnO	Mn 77.4%
锌（Zn）	五水硫酸锌	$ZnSO_4 \cdot 5H_2O$	Zn 22.7%
	一水硫酸锌	$ZnSO_4 \cdot H_2O$	Zn 36.5%
	氧化锌	ZnO	Zn 80.3%
	碳酸锌	$ZnCO_3$	Zn 52.1%
硒（Se）	亚硒酸钠	Na_2SeO_3	Se 45.6%
	硒酸钠	Na_2SeO_4	Se 41.7%
碘（I）	碘化钾	KI	I 76.5%
	碘酸钙	$Ca(IO_3)_2$	I 65.1%
钴（Co）	氯化钴	$CoCl_2 \cdot 6H_2O$	Co 24.3%
	五水硫酸钴	$CoSO_4 \cdot 5H_2O$	Co 24.0%
	一水硫酸钴	$CoSO_4 \cdot H_2O$	Co 34.0%

表 2-12　家禽常量矿物质的功能及缺乏症

可能缺乏的矿物质	流行条件	矿物质功能	某些缺乏症状	矿物质的实际来源	备 注
食盐		增进食欲，促进生长，帮助调节体液的酸碱度，为胃内形成盐酸所必需	雏鸡缺氯时胃生长不良，死亡率高，有神经症状，血氯水平下降；产蛋鸡缺钠导致产蛋量降低，生长不良，有啄癖	普通食盐	蛋鸡饲料中用量一般为0.25%～0.40%

（续）

可能缺乏的矿物质	流行条件	矿物质功能	某些缺乏症状	矿物质的实际来源	备　注
钙	钙磷比例不平衡，有干扰元素存在	骨骼、蛋壳的形成，血液的凝结，与钠和钾一道维持心脏的正常功能	食欲缺乏，薄蛋壳，佝偻病或骨质疏松症，强直性痉挛，步态异常	蛎壳 石灰石 磷酸钙	幼禽钙磷比例为 1.2∶1；产蛋禽类可放宽至 4∶1 或更多
磷		骨骼形成，碳水化合物和脂肪的代谢；所有活细胞的构成，维持体液酸碱平衡，为蛋的形成输送钙质	食欲缺乏、瘦弱、佝偻病、笼养产蛋鸡疲劳症，特征为由躺卧姿势变成麻痹而不能站立	磷酸钙 脱氟磷酸盐 蒸制骨粉 磷酸钠 磷酸	生长禽类对存在于植物内有机磷的利用极差
镁	饲粮含高水平钙和磷	骨骼发育所必需，骨骼、酶活原及原发酵解系的成分	产蛋量下降，生长受阻，昏睡，痉挛	氧化镁或硫酸镁	需要量受饲粮中钙、磷水平的影响
钾		细胞内包括渗透压与酸碱平衡的主要阳离子。肌肉活动包括磷酸、肌酸在内的酶的反应所必需，影响碳水化合物代谢	雏鸡生长迟滞，死亡率高	玉米含钾 0.27%，其他谷类 0.42%～0.49%	正常的日粮中一般不缺乏钾

（四）饲料质量标准与检测

1. 能量饲料质量标准及检测方法

（1）玉米

a）质量标准：玉米的质量要求中水分含量举足轻重，过高的水分含量不仅可导致玉米发霉变质，同时可导致全价配合饲料制成品变质。玉米水分含量一般不得超过14%，东北、内蒙古、新疆地区不得超过18%。其粗蛋白质、粗纤维、粗灰分等主要营养物质的限量要求见表2-13。

表2-13 饲料用玉米质量指标和分级标准

质量标准	一 级	二 级	三 级
粗蛋白质（%）	≥9.0	≥8.0	≥7.0
粗纤维（%）	<1.5	<2.0	<2.5
粗灰分（%）	<2.3	<2.6	<3.3

注：各项质量指标含量均以86%干物质为基础计算。

b）检测指标及检测方法：主要检测指标包括色泽、气味、容重、纯粮率、霉变情况、水分、粗蛋白质等；检测方法包括感官检测法和简易检测法。

感官检测法：主要是水分的感官检测。表2-14直观细致地描述了玉米的感官检测方法，可作为实际判定的重要参考。

表2-14 玉米水分感官检测法

玉米水分	看脐部	牙齿咬	手指掐	大把握	外观
14%～15%	明显凹下，有皱纹	震牙，有清脆声	费劲	有刺手感	—
16%～17%	明显凹下	不震牙，有响声	稍费劲	—	—
18%～20%	稍凹下	易碎，稍有声	不费劲	—	有光泽
21%～22%	不凹下，平	极易碎	掐后自动合拢	—	较强光泽
23%～24%	稍凸起	—	—	—	强光泽
25%～30%	凸起明显	—	掐脐部出水	—	光泽特强
30%以上	玉米粒呈圆柱形	—	压胚乳出水	—	—

简易检测法：对纯粮率和黄曲霉毒素进行检测。

纯粮率的快速检测方法　检验纯粮率时，要求对试样的重量、不同杂质的重量以及组成各种不完善粒（虫蛀粒、霉变粒、生芽粒、病斑粒、未熟粒、破碎粒等）的重量有比较正确的估计。检验时，将扦取的样品（一般扦取100克左右）放在样盘中，用手摊平，视线集中在某一点，仔细鉴别，观察样品中杂质后，将视线移至全盘，将盘中玉米反复搅拌，仔细察视不完善粒的种类和数量多少，估算纯粮，最后确定其等级。此外，还可采用“把抓”法，把玉米放在手掌中观察，这种方法检验不完善粒较为合适，因面积小，较为集中，便于估测。对霉变粒较多的玉米，还要检测其黄曲霉毒素的含量。

黄曲霉毒素快速检测法方法　①取玉米样品 500 克，用粉碎机粉碎后，将玉米放到暗箱中，用紫外灯进行照射，估计荧光面积。面积约一粒为 100×10^{-9}，超过规定标准即可退货。②用黄曲霉毒素快速测试盒测试。利用酶联免疫原理，能限量盒定量测定黄曲霉毒素 B_1 含量，其灵敏度是国标的 160 倍，提高工作效率 30～40 倍，降低成本 30 倍。操作安全，无毒，其限量测定结果与国标法相吻合，每盒测 45 个样品。

（2）高粱

a）质量标准：高粱的质量标准参照表 2-15。

表 2-15　饲料用高粱质量标准及分级标准

质量标准	一　级	二　级	三　级
粗蛋白质（%）	≥9.0	≥7.0	≥6.0
粗纤维（%）	<2.0	<2.0	<3.0
粗灰分（%）	<2.0	<2.0	<3.0

注：各项指标含量均以 86%干物质计，水分含量不得超过 14.0%。

b）检测指标和检测方法：主要检测指标包括色泽、容重、纯粮率、水分、粗蛋白、粗纤维、粗灰分；检测方法包括感官检测法和简易测定法。

感官检测法：一般高粱种皮颜色浅者其单宁含量也较低。

单宁的简易测定：①取一茶匙高粱粒置于广口瓶中，加氢氧化钾 5 克及 1/4 杯的次氯酸钠（NaClO，一种家庭用漂白粉），稍加热 7 分钟，干燥后即完成漂白。漂白后褐色高粱呈现出一层很厚的棕黑色种皮，而低单宁的黄高粱种皮则呈现白色。②在一只烧杯中加入 15 克高粱样品、15 克氢氧化钾和 70 毫升 5%次氯酸钠，水溶加热 10 分钟，并不时振荡使之充分漂白，而后吸干，可以观察到含有种皮的高粱籽粒变黑，而低单宁酸的高粱则呈白色。漂白试验最好同时检查已知的高单宁棕色高粱与无单宁高粱，从而使操作者得到一个定量结果。

(3) 小麦

a) 质量标准：小麦的质量标准参照表 2-16。

表 2-16 饲料用小麦质量标准及分级标准

质量标准	一 级	二 级	三 级
粗蛋白质（%）	≥11.0	≥10.0	≥9.0
粗纤维（%）	<2.0	<3.0	<3.5
粗灰分（%）	<2.0	<2.0	<3.0

注：冬小麦水分不得超过 12.5%，春小麦水分不得超过 13.5%。各项指标含量均以 87%干物质为基础计算。

b) 检测指标及检测方法：主要检测指标包括色泽、容重、纯粮率、水分、粗蛋白、粗纤维、粗灰分。

简易检测法：小麦赤霉病最大允许含量为 4.0%，单粒赤霉病项目，按不完善粒归属。

(4) 大麦

a) 质量标准：皮（裸）大麦的质量标准参照表 2-17。

表 2-17 饲料用皮（裸）大麦质量标准及分级标准

质量标准	皮大麦（NY/T 118—1989）			裸大麦（NY/T 210—92）		
	一级	二级	三级	一级	二级	三级
粗蛋白质（%）	≥11.0	≥10.0	≥9.0	≥13.0	≥11.0	≥9.0
粗纤维（%）	<5.0	<5.5	<6.0	<2.0	<2.5	<3.0
粗灰分（%）	<3.0	<3.0	<3.0	<2.0	<2.5	<3.5

注：各项质量指标均以 87%干物质为基础计算。

b) 检测指标及检测方法：主要检测指标为色泽、气味、容重、纯粮率、霉变结块情况、水分、粗蛋白质、粗纤维、粗灰分等；检测方法包括感官检测法和简易检测法。

感官检测法：裸大麦籽粒整齐，色泽新鲜一致，无发酵、霉变、结块及异味异臭。

简易检测法：大麦纯粮率快速检验，参照玉米纯粮率的快速检验方法。

(5) 小麦麸

a) 质量标准：小麦麸的质量标准参照表 2-18。

表 2-18　饲料用小麦麸质量标准及分级标准

质量标准	一　级	二　级	三　级
粗蛋白质（%）	≥15.0	≥13.0	≥11.0
粗纤维（%）	<9.0	<10.0	<11.0
粗灰分（%）	<6.0	<6.0	<6.0

注：各项质量指标均以 87%干物质为基础计算。

b) 检测指标及检测方法：主要检测指标是色泽、容重、纯粮率、水分、粗蛋白、粗纤维、粗灰分；检测方法为简易检测法。

简易检测法：小麦麸中掺杂的原料有石粉、贝壳粉、花生皮、稻糠、沙土等低价原料。将手插入一堆麸皮中然后抽出，如果手指上占有许多白色粉末，且不易抖落则掺有滑石粉；用手抓起一把麸皮使劲攥，如果麸皮很容易成团，则为纯麸皮；攥时有涨的感觉，则说明掺有稻糠。

(6) 米糠

a) 质量标准：米糠饼（粕）的质量标准参照表 2-19。

表 2-19　饲料用米糠饼质量标准及分级标准

质量标准	米糠饼（NY/T 123—1989）			米糠粕（NY/T 124—1989）		
	一级	二级	三级	一级	二级	三级
粗蛋白质（%）	≥14.0	≥13.0	≥12.0	≥15.0	≥14.0	≥13.0
粗纤维（%）	<8.0	<10.0	<12.0	<8.0	<10.0	<12.0
粗灰分（%）	<9.0	<10.0	<12.0	<9.0	<10.0	<12.0

注：各项质量指标米糠饼以 88%干物质为基础计算；米糠粕以 87%干物质为基础计算。

b) 检测指标及检测方法：主要检测指标为色泽、容重、纯粮率、水分、粗蛋白、粗纤维、粗灰分；检测方法有感官检测法和简易检测法。

感官检测法：米糠饼呈淡黄褐色的片状或圆饼状；米糠粕呈淡灰黄色粉末。二者均应色泽新鲜一致，无发酵、霉变、虫蛀、结块及异味异臭。

简易检测法：米糠的优劣可采用感官识别结合显微镜检测进行综合判断分析。优质米糠为淡黄灰色粉末，色泽新鲜一致，无酸败、霉变、虫蛀、结块及异味异臭；不应含有稻壳粉以及其他物质。统糠的颜色较米糠深。在显微镜下，米糠为很小的片状物，含油，呈奶油色或浅黄色，并结成死块。脱脂米糠则不结块。稻壳粉为黄色至褐色不规则碎片，外表面带有针刺状茸毛和横纹线，高倍显微镜下为格纹状，有光泽。若视野中有大量稻壳粉或其他杂质，而米糠很少，则被检测物为统糠或掺假米糠。

2. 蛋白质饲料质量标准及检测方法

（1）大豆饼（粕）

a）质量标准：大豆饼（粕）的质量标准参照表2-20。

表2-20　饲料用大豆饼（粕）质量标准及分级标准

质量标准	大豆饼（NY/T 130—1989）			大豆粕（NY/T 131—1989）		
	一级	二级	三级	一级	二级	三级
粗蛋白质（%）	≥41.0	≥39.0	≥37.0	≥44.0	≥42.0	≥40.0
粗脂肪（%）	<8.0	<8.0	<8.0	—	—	—
粗纤维（%）	<5.0	<6.0	<7.0	<5.0	<6.0	<7.0
粗灰分（%）	<6.0	<7.0	<8.0	<6.0	<7.0	<8.0

注：各项质量指标均以87%干物质为基础计算。

b）检测指标和检测方法：主要检测指标为粗蛋白、粗脂肪、粗纤维、灰分等；检测方法包括感官检测法、简易检测法等。

感官检测法：大豆饼呈黄褐色饼状或小片状。色泽新鲜一致，大豆粕呈浅黄褐色或淡黄色的不规则的碎片状。二者均应无发酵、霉变、虫蛀、结块及异味异臭。

简易检测法：大豆中含有有害物质或抑制生长因子，如能够降低蛋氨酸和胱氨酸有效性的胰蛋白酶抑制因子、血细胞凝聚素、皂角苷、尿素酶等，加热能除去这些抗营养因子，但加热必须适当。下面介绍几种大豆饼（粕）生熟度的简易判定方法。

简易判定法 1　先取粉碎的大豆饼、粕大约 50 克，放入带密封盖的瓶内，随即放入大约 5 克尿素，用玻璃棒将两者混匀，然后加入大约 25 毫升水，再次搅匀，随后将瓶盖拧紧。在室温 20℃条件下放置 20 分钟打开，在瓶口若闻到浓重氨味，则证明大豆饼粕在加工过程中未经加热处理，是生大豆饼粕。如果密封的瓶子放置时间太长，不论大豆饼粕是否经过加热处理，都会在开盖时闻到氨味。

尿酶活性判定法 2　根据 Gold Kist 介绍的方法进行改进。其溶液配制方法是，①0.1 摩尔/升硫酸：先吸取 5.6 毫升浓硫酸，置于含少量蒸馏水的 1 000 毫升容量瓶中，然后定容。②0.2 摩尔/升氢氧化钠（NaOH）：取 8 克 NaOH 溶于 1 000 毫升水中。③称取 1.2 克苯酚红，于 30 毫升 0.2 摩尔/升 NaOH 溶液中，用蒸馏水稀释至 2 升。再加 70 毫升 0.1 摩尔/升的 H_2SO_4，稀释至 3 升；其实验步骤是，将待测样粉碎后过 40 目筛，取待测样适量，于表面皿上铺成薄薄一层，用滴管吸取溶液适量滴在试样上，保证试样润湿均匀；其结果判断方法是，5 分钟后观察结果。如果没有红点，再过 25 分钟后若仍无红点，则可判断为过熟；如果有少量红点，则可用；若含有 25%红点，可用；若含有 50%红点，则有尿素酶活性，慎用；若含有 75%～100%红点，可判断为过生。

尿素酶活性测定方法（GB 8622—88）　称取约 0.2 克已粉碎的试样，准确至 0.1 毫克，转入试管中（如活性很高只称 0.05 克试样），移入 10 毫升尿素缓冲液，立即盖好试管并剧烈摇动，马上置于 30±0.5℃恒温水浴中，准确计时保持 30 分钟，随即移入10毫升盐酸溶液中，迅速冷却到20℃。将试管内容物全部转入烧杯，用5毫升水冲洗试管两次，立即用氢氧化钠标准溶液滴定至pH 4.70。另取试管作空白试验，移入10毫升尿素缓冲液，10毫升盐酸溶液。称取与上述试样量相当的试样，准确至0.1毫克，迅速加入此试管中。立即盖好试管并剧烈摇动。将试管置于30±0.5℃恒温水浴中，同样准确保持30分钟，冷却至20℃，将试管内容物全部转入烧杯，用5毫升水冲洗试管两次，并用氢氧化钠标准溶液滴定至pH 4.70。

（2）棉籽饼（粕）

a）质量标准：棉籽饼的质量标准参照表2-21。

表2-21　饲料用棉籽饼质量标准及分级标准

质量标准	一　级	二　级	三　级
粗蛋白质（%）	≥40.0	≥36.0	≥32.0
粗纤维（%）	<10.0	<12.0	<14.0
粗灰分（%）	<6.0	<7.0	<8.0

注：各项质量指标均以88%干物质为基础计算。

b）检测指标和检测方法：主要检测指标为粗蛋白、粗纤维、粗灰分等；检测方法有感官检测法和简易检测法两种。

感官检测法：饲料用棉籽饼呈小瓦片状或饼状，黄褐色，色泽新鲜一致，无发酵、霉变、虫蛀、结块及异味异臭。棉酚是棉籽饼（粕）中的主要抗营养因子，也是棉籽饼（粕）呈现棕色的主要原因。棉酚有游离型与结合型两种，结合型棉酚不被动物吸收，直接排出体外。游离棉酚与氨基酸结合，对动物有害。加工方法对棉籽饼（粕）品质影响很大，经过加热处理的棉籽饼（粕）游离棉酚含量低，但蛋白质品质差；经溶剂浸提的棉籽饼（粕）蛋白质品质较佳，但游离棉酚含量较高。总体而言，预压萃取是最好的加工方法。饲料中添加亚铁盐（如硫酸亚铁）能提高动物对棉酚的耐受力。目前已经培育出转基因低棉酚棉花，其棉酚含量可大幅度降低。

简易检测法：游离棉酚简易快速目视比色测定法，用间苯三酚与棉酚作用生成紫红色化合物，化合物颜色的深浅与棉酚的浓度在一定范围内呈线性关系。

所需试剂　70%丙酮，分析纯500毫升；95%乙醇，分析纯500毫升；浓盐酸，分析纯100毫升；间苯三酚，分析纯1克。

所需仪器　标准棉酚比色管一套；比色管10支、普通试管10支；5毫升深度吸管两支；试管架一个；多用振荡器一台；400毫升烧杯一个；感量为0.01克的天平一台；漏斗10个（直径5厘米）；滤纸若干；100毫升量筒一个；100毫升磨口三角烧瓶两个；温度计一支；恒温水浴或电炉。

试剂配制　70%丙酮，量取70毫升丙酮，加30毫升蒸馏水混匀；显色剂配制，用100毫升量筒量取16.6毫升浓盐酸（12摩尔/升）加95%乙醇至100毫升刻度，即用95%乙醇将浓盐酸稀释，倒入100毫升三角烧瓶中，摇匀，再加入1克间苯三酚，溶解后混匀置棕色瓶中，放入冰箱中保存备用（颜色变黑则不能使用）。

游离棉酚提取　准确称取样品0.01克，加入5毫升70%丙酮于试管振荡器上，振荡提取5～10分钟，过滤后离心，取上清液于试管中备用。取2毫升样品提取液于比色管中，加2毫升显色剂，摇匀后放入50～55℃水浴中，显色5分钟。量取2毫升95%乙醇于另一比色管中，加2毫升提取液，摇匀，同样放入50℃水浴中，保持5分钟，作为空白对照管。将样品管和对照管插入比色架中，与标准比色管比较，选取颜色深浅相同的标准管。此管所标出的数字，即为样品中游离棉酚的含量。

结果分析　样品中游离棉酚的含量（%）＝［标准管含量（毫克/毫升）×提取液体积（毫升）/样品质量（毫克）］×100%

操作注意事项　显色剂尽可能现用现配，在冰箱中可保存一周，颜色变黄时，则不能使用；提取时间在10分钟以上，时间过短，提取不完全；显色时水浴温度在50～55℃之间，不可过高，时间也不能过长，显色后立即比色。

(3) 菜籽饼（粕）

a）质量标准：菜籽饼（粕）的质量标准参照表2-22。

表2-22 饲料用菜籽饼（粕）质量标准及分级标准

质量标准	菜籽饼（NY/T 125—1989）			菜籽粕（NY/T 126—1989）		
	一级	二级	三级	一级	二级	三级
粗蛋白质（%）	≥37.0	≥34.0	≥30.0	≥40.0	≥37.0	≥33.0
粗脂肪（%）	<14.0	<14.0	<14.0	—	—	—
粗纤维（%）	<12.0	<12.0	<12.0	<14.0	<14.0	<14.0
粗灰分（%）	<10.0	<10.0	<10.0	<8.0	<8.0	<8.0

注：各项质量指标均以88%干物质为基础计算。

b）检测指标及检测方法：主要检测指标包括色泽、容重、水分、粗蛋白、粗纤维、粗灰分、异硫氰酸酯（ITC）、噁唑烷硫酮（OZT）等；检测方法有感观检测法和简易检测法两种。

感观检测法：菜籽饼褐色，呈小瓦片状、片状或饼状，具有菜籽饼油香味，色泽新鲜一致，花生粕呈碎片或粗粉状，黄色或浅褐色。二者均应无发酵、霉变、虫蛀、结块及异味异臭。若被测菜籽粕中的粗灰分明显高于纯菜籽粕，而粗蛋白质含量并未降低（大于或等于33%）甚至偏高，则此菜籽粕中除掺有沙、泥土和石粉外，可能还掺有尿素或其他非蛋白氮类物质。

简易检测法：菜籽饼（粕）中异硫氨酸丙烯酯的简易检验方法。硝酸显色反应，取菜籽饼（粕）20克加等量蒸馏水混合搅拌，静置过夜，取浸出液5升，加浓硝酸3～4滴，如果迅速呈明显的红色，即为阳性。氨水显色反应，取菜籽饼（粕）20克加等量蒸馏水，混合搅拌，静置过夜，取浸出液5升，加浓氨水3～4滴，如果迅速呈明显的黄色，即为阳性。

(4) 花生饼（粕）

a）质量标准：花生饼（粕）的质量标准参照表2-23。

表 2-23　饲料用花生饼（粕）质量标准及分级标准

质量标准	花生饼（NY/T 132—1989）			花生粕（NY/T 133—1989）		
	一级	二级	三级	一级	二级	三级
粗蛋白质（%）	≥48.0	≥40.0	≥36.0	≥51.0	≥42.0	≥37.0
粗纤维（%）	<7.0	<9.0	<11.0	<7.0	<9.0	<11.0
粗灰分（%）	<6.0	<7.0	<8.0	<6.0	<7.0	<8.0

注：各项质量指标均以 88%干物质为基础计算。

b）检测指标及检测方法：主要检测指标有粗蛋白、粗纤维、粗灰分等；检测方法包括感官检测法和简易检测法。

感官检测法：花生饼呈小瓦片状、色泽新鲜一致，花生粕呈碎屑状，色泽为黄褐色或浅褐色。二者均应无发酵、霉变、虫蛀、结块及异味异臭。花生饼（粕）中也含有抗胰蛋白酶因子（一种能影响蛋白质利用的因子），在加工制作花生饼（粕）时，如用 120℃的温度加热，可破坏其中的抗营养因子。但温度太高时，氨基酸遭受破坏。花生粕不能焦煳，否则会影响其赖氨酸等必需氨基酸的利用率，需要感官进行鉴别。

简易检测法：在生产过程中，花生壳的混入量对花生粕的饲养价值影响较大，可依据花生壳的多少来鉴别其品质的好坏。

（5）芝麻饼（粕）

a）质量标准：芝麻粕的质量标准参照表 2-24。

表 2-24　芝麻粕质量参考标准

质量指标	含　量
水分（%）	6.0～11.0
粗蛋白质（%）	42.0～46.0
粗脂肪（%）	4.0～6.5
粗纤维（%）	5.5～7.5
粗灰分（%）	10.5～13.0
钙（%）	1.90～2.25
磷（%）	1.25～1.75

b）检测指标及检测方法：主要检测指标包括粗蛋白、粗脂

肪、粗纤维、粗灰分、钙、磷等，检测方法有感官检测法和简易检测法两种。

感官检测法：判断是否有结块、生虫现象；不可有焦烟味，因为加热过度会造成维生素的损失，赖氨酸、色氨酸及胱氨酸等随高热而利用率降低，故加热状况对营养价值影响甚大，须认真识别。

简易检测法：依据芝麻皮的多少可大致鉴别其品质的好坏。

（6）葵花仁饼（粕）

a）质量标准：向日葵仁粕的质量标准参照表 2－25。

表 2－25　饲料用向日葵仁粕质量标准及分级标准

质量标准	一　级	二　级	三　级
粗蛋白质（%）	≥38.0	≥32.0	≥24.0
粗纤维（%）	<16.0	<22.0	<28.0
粗灰分（%）	<10.0	<10.0	<10.0

注：各项质量指标均以 88%干物质为基础计算。

b）检测指标及检测方法：由于葵花仁饼（粕）的营养水平受加工工艺等影响变异较大，所以尚无明确的检测方法。

（7）玉米蛋白粉

a）质量标准：玉米蛋白粉的质量标准参照表 2－26。

表 2－26　玉米蛋白粉质量参考指标

质量指标	粗蛋白 60%的产品	粗蛋白 40%的产品
水分（%）	9.0～12.0	9.0～12.0
粗蛋白（%）	60.0～65.0	41.0～45.0
粗脂肪（%）	1.0～5.0	1.0～3.5
粗灰分（%）	0.5～3.7	2.0～4.0
钙（%）	—	0.1～0.3
磷（%）	—	0.25～0.7
叶黄素（%）	150～350	100～200

b）检测指标及检测方法：主要检测指标包括水分、粗蛋白、粗脂肪、粗灰分、钙、磷、叶黄素等；检测方法有感官检测

法和简易检测法两种。

感官检测法：含玉米皮的玉米蛋白粉的粗蛋白一般较低（低于50%），而脱皮的玉米蛋白粉粗蛋白含量基本在60%以上，可根据玉米皮的多少鉴别其质量高低。

简易检测法：玉米蛋白粉的掺假成分主要是尿素。掺尿素的检测方法是，取两份样品（1.5克左右）分别放入两支试管中，其中一支加入少许黄豆粉，两管都加蒸馏水5毫升，振荡，放在60～70℃水中3分钟，分别滴入6～7滴甲基红指示剂。若加入黄豆粉的试管中出现较深紫红色，则说明玉米蛋白粉中掺有尿素。

（8）鱼粉

a）质量标准：鱼粉的质量标准参照表2-27。

表2-27 鱼粉质量标准参考表（%）

来源		粗蛋白质	粗脂肪	水分	盐	沙	色泽	备注
国产	1级	≥55	<10	<12	<4	<4	黄棕色	要求98%颗粒通过2.8毫米筛孔。
	2级	≥50	<12	<12	<4	<4	黄棕色	
	3级	≥45	<14	<12	<4	<5	黄褐色	
进口	智利鱼粉	67	12	10	3	2	—	要求具有鱼粉正常气味，无异臭及焦灼味
	秘鲁鱼粉	65	10	10	6	2	—	
	秘鲁鱼粉（加抗氧化剂）	65	13	10	6	2	—	

b）检测指标及检测方法：主要检测指标包括水分、粗蛋白、粗脂肪、盐分、灰分、沙等；检测方法有感观检测法和简易检测法。

感观检测法和简易检测法：目前市场上伪劣鱼粉较多，有的使用变质鱼加工而成，有的是在鱼粉中掺入其他原料，冒充鱼粉。可通过以下方法加以识别。

闻：优质鱼粉气味纯正、无异味；变质鱼粉常有怪味和臭味。

看：优质鱼粉较细，手捏松软，无杂质；劣质鱼粉较粗，油性小或无油性。

尝：含盐量是判断鱼粉质量高低的一个标准。优质鱼粉含盐量低，口尝几乎感觉不到咸味；劣质鱼粉咸味较重。

烧：用于鱼粉中掺尿素与否的检验。因尿素中含的氮（46%左右）属氨态氮，掺入尿素可以提高鱼粉粗蛋白含量，但是猪、鸡等单胃动物无法利用，可用灼烧法鉴别。具体做法为：取鱼粉20克，放在一块干净的铁片上，用电炉或煤炉加热，铁片温度约70℃时，如果鱼粉发出一种轻微的刺鼻氨味，即可确定为掺假鱼粉。

洗：用于鉴定鱼粉中的动、植物蛋白和沙子。在玻璃杯中或者罐头瓶中放入40克左右鱼粉，加入大半杯水，用一根筷子（或木棍）快速沿一个方向搅拌，停止搅拌后迅速透过太阳或灯光看杯底是否有沙子。再用淘米法将鱼粉淘洗几次，至鱼粉被全部掏出后，用吸管洗出杯底的沉积物，放在平面玻璃上细心观察。如果内有微小的酱红色小片，证明掺有植物蛋白（棉籽饼或花生饼）；若有微小的肉红色颗粒或丝状物，证明掺有动物蛋白（肉粉或羽毛粉）；此法同时可以测定其沙土含量。

（9）蚕蛹粉

a）质量标准：蚕蛹粉的质量标准参照表2-28。

表2-28　饲料用蚕蛹的质量指标及分级标准（NY/T 218—92）

质量标准	一　级	二　级	三　级
粗蛋白质（%）	≥50.0	≥45.0	≥40.0
粗纤维（%）	<4.0	<5.0	<6.0
粗灰分（%）	<4.0	<5.0	<6.0

注：各项指标均以88%干物质为基础计算。

b）检测指标及检测方法：主要检测指标包括水分、粗蛋白、粗纤维、粗灰分等；检测方法是感官检测法。

感官检测法：优质蚕蛹粉呈褐色蛹粒状及少量碎片，色泽新鲜一致，无发酵、霉变、结块及异味异臭。

（10）肉骨粉

a）质量指标：肉骨粉的质量标准参照表 2-29。

表 2-29　肉骨粉的感官及理化指标（GB 8936—88）

项目		一级	二级	三级
感官指标	色泽	褐色或灰褐色	灰褐色或浅棕色	灰色或浅棕色
	状态	粉状	粉状	粉状
	气味	具固有气味	无异味	无异味
理化指标	粗蛋白质（%）	≥26	≥23	≥20
	水分（%）	≤9	≤10	≤12
	粗脂肪（%）	≤8	≤10	≤12
	钙（%）	≥14	≥12	≥10
	磷（%）	≥8	≥5	≥3

b）检测指标及检测方法：主要检测指标包括水分、粗蛋白、粗脂肪、钙、磷；检测方法有感官检测法和简易检测法两种。

感官检测法：①形状。粉末状，含粗骨碎粒和肉质。②颜色。黄色至淡褐色和深褐色，含脂肪高者色深，过热处理时颜色也会加深。一般牛羊骨粉颜色较深，猪肉骨粉颜色较浅。③味道。有新鲜的肉味，并具有烤肉香味及牛油或猪油味道。贮存不良或变质时，会出现酸败时的哈喇味。④构造。肉骨粉可能包括毛发、蹄、角、骨、皮、血粉及胃内容物等，鉴别肉骨粉可以从骨、蹄、角及毛来区别。肌肉纤维（有条纹，呈白色至黄色，有较暗及较浅面的区分）；骨头，兽骨颜色较白、较硬，组织较致密，边缘较圆、平整，内有点状（洞）存在，点状为输送养分处。禽骨为浅黄白色椭圆长条形，较松软、易碎，骨头上腔隙较大。

简易检测法：体视镜下观察，肉骨粉呈黄色至淡褐色或深褐色固体颗粒。具油腻感，组织形态变化很大，肉质表面粗糙并粘有大量细粉，有的可看到白色或黄色条纹和肌肉纤维纹理。骨质为较硬的白色、灰色或浅棕色的块状颗粒，不透明或半透明，有的带有斑点，边缘浑圆。经常混有血粉特征，也有的混入动物毛发。毛发的特征为长而粗、弯曲，颜色各异。羊毛通常是无色或半透明白色的弯曲线条。

（11）血粉

a）质量标准：血粉的质量标准参照表 2-30。

表 2-30　饲用血粉理化指标（SB/T 10212—1994）

级　别	粗蛋白质（%）	粗纤维（%）	水分（%）	灰分（%）
一级	≥80	<1	≤10	≤4
二级	≥70	<1	≤10	≤6

b）检测指标及检测方法：主要检测指标包括水分、粗蛋白、灰分、粗纤维等；检测方法有感官检测法和简易检测法两种。

感官检测法：血粉的感官指标见表 2-31。

表 2-31　饲用血粉感官指标（SB/T 10212—1994）

项　目	指　　标
性状	干燥粉状物质
气味	具有本制品固有气味，无腐败变质气味
色泽	暗红色或褐色
粉碎粒度	能通过 2～3 毫米孔筛
杂质	不含沙石等杂质

简易检测法：不同血粉的物理性状见表 2-32。

表 2-32　不同加工方法的血粉的物理性状

指　标	蒸煮干燥	瞬间干燥	喷雾干燥
色泽	红褐色至黑色，随干燥温度的升高而加深		
味道	应新鲜，不应有腐败味、发霉及异臭。若有辛辣味，可能血中混有其他物质		
水溶性	略溶于水		
质地	小圆粒或细粉末状，不应有过热颗粒及粉末状、潮解和结块现象	粉末状，不应有潮解和结块现象	粉末状，不应有潮解和结块现象
容重	480～600 克/升	480～600 克/升	480～600 克/升

(12) 水解羽毛粉

a) 质量标准：水解羽毛粉的质量标准参照表 2-33。

表 2-33　水解羽毛分参考营养指标

营养成分	平均值	范　围
水分（%）	8.0	5.0～10.0
粗蛋白质（%）	84.0	79.0～88.0
粗脂肪（%）	2.5	2.0～4.0
粗纤维（%）	1.5	1.0～2.0
粗灰分（%）	2.8	2.0～3.8
钙（%）	0.40	—
磷（%）	0.70	—

b) 检测指标及检测方法：主要检测指标包括水分、粗蛋白、粗脂肪、粗纤维、粗灰分、钙、磷等；检测方法有感官检测法和简易检测法两种。

感官检测法：形状为粉末状；颜色有两种，浅色生羽毛所制成产品为淡黄色至褐色，深色（杂色）生羽毛所制成产品为深褐色至黑色。加热过度会加深产品颜色，有时宰杀作业时混入血液则呈暗色；味道具新鲜羽毛臭味，但不应有焦味、腐败味、霉味及其他刺鼻气味。

简易检测法：完全水解的羽毛粉能消除羽毛的特征，体视镜下观察为半透明颗粒状，像松香碎粒，颜色以黄色为主，夹有灰、褐或黑色颗粒。质地硬度如松香，光照时有些反光。未完全水解的羽毛粉有生羽毛的残迹，体视镜下观察，可见羽干像半透明的塑料管，长短不一，呈黄色至褐色，厚且硬，表面光滑。外廓羽毛的羽轴大多有锯齿边，但加工过热时这一特点消失。羽支呈长短不一的小碎片，蓬松，半透明，光泽暗淡，呈白色至黄色，加工过热变为黑色。羽小支呈粉状，有光泽，呈白色至奶油色，并结团。羽根呈圆扁管状，呈黄色至褐色，粗糙，坚硬并有光滑的边。

（五）饲料添加剂及其安全使用

美国食品药物管理局（FDA）对饲料添加剂的定义是“为特殊需要加到基础饲料混合物中的某种组分或几种组分的组合。一般用量小并要求仔细处理和混匀”，并认为“用于动物时食品与饲料是同义词”。因而美国一般对饲料添加剂无单独的定义，统称添加剂。

1. 饲料添加剂的管理要点 综观各国添加剂的法律和条文，其管理要点可归纳如下：

一是对新研制的饲料添加剂的审批程序和要求。

二是对新品种的审查内容中规定，对使用对象动物的饲养效果要进行试验，以证明有效性，还要进行安全性评价（包括“三致”实验），以及对人类和环境影响的评价，以证明安全性。

三是由饲料添加剂的管理机构公布已批准使用的品种，以及每个品种的规格标准。

四是限定每种饲料添加剂的使用对象动物，各种动物的生长阶段和添加剂的范围。

五是限定停药期，即供食用动物屠宰前，或畜产食品许可上市供人们消费前，停止加入饲料添加剂的时间间隔。停药期确定的根据是：可食性畜禽产品中允许的残留量和转移量的限度，某种饲料添加剂在动物体组织的消除率或转移率。

六是限定各种饲料添加剂的配伍关系，以及禁止使用的动物品种等。

2. 饲料添加剂的分类及其安全使用 广义上讲，饲料添加剂分为营养性添加剂和非营养性添加剂两大类。

（1）营养性添加剂

维生素类：维生素是一类低分子有机化合物，它既不为动物提供能量，也不是构成体内组织的成分，但为维持动物正常生理机能及动物生命活动所必需。其主要功能是调节动物体内各种生理机能的正常进行，对动物的健康、生长、繁殖和泌乳等都起着非常重要的作用。饲料经过加工提取的浓缩和直接化学合成的维生素产品称为维生素饲料。动植物中含有的天然维生素不划归此类。目前，依其溶解性将维生素分为两类，即脂溶性维生素和水溶性维生素。前者包括维生素 A、维生素 D、维生素 E、维生素 K，后者包括全部 B 族维生素和维生素 C。脂溶性维生素只有碳、氢、氧 3 种元素，而水溶性维生素有的还含有氮、硫和钴。表 2－34 简要概括了维生素的名称、色味、分子式情况。

表 2－34　维生素名称、色味、分子式情况表

维生素	别　名	颜色、气味	分子式	备　注
A	甲种维生素、抗干眼病维生素	淡黄—褐色粉末，无臭或微臭	$C_{10}H_{30}O$（A 元 $C_{40}H_{50}$）	V_A 微囊土黄色颗粒
D	丁种维生素、抗佝偻病维生素	白色—赤褐色粉末，几乎无臭	D_3；$C_{27}H_{44}O$(D_2：$C_{23}H_{44}O$)	V_D 微囊土黄色颗粒
E	生育酚、抗不育维生素	几乎无臭，白色（吸附型）黄色褐色粉末（油剂）	α-生育酚：$C_{29}H_{50}O_2$	
K	凝血维生素、抗出血维生素	粉红色或白色粉末	K_1：$C_{31}H_{44}O_2$ K_2：$C_{41}H_{56}O_2$ K_3：$C_{11}H_8O_2$	
B_1	硫胺素、维生素 F、抗神经炎素、抗脚气病维生素	白色结晶状粉末，有微弱臭味，味苦	盐酸盐 $C_{18}H_{13}Cl_2N_4OS$ 硝酸盐 $C_{13}H_{17}N_5O_4S$	
B_2	核黄素、生长维生素、维生素 G	橙黄色结晶粉末微臭，味微苦	$C_{12}H_{20}N_4O_6$	
B_6	吡哆醇	白色或类白色结晶性粉末无臭，味微苦	$C_3H_{11}NO_3HCl$	
B_{12}	氰钴素、钴氨素、钴维生素、动物蛋白因子（APF）	深红色结晶或结晶性粉末，无臭无味	$C_{65}H_{88}O_{14}N_{14}$ HPCO	维生素 B_{12}-600 表示每磅含维生素 B_{12} 600 克

（续）

维生素	别　名	颜色、气味	分子式	备　注
叶酸	维生素 B_{11}	黄色或橙黄色结晶性粉末，无臭无味	$C_{19}H_{19}N_7O_5$	
烟酸	维生素 B_5、维生素PP、尼克酸、抗癞皮维生素	白色结晶或结晶性粉末，无臭或有微臭味微酸	$C_6H_5NO_2$	
泛酸	维生素 B_3、遍多酸	泛酸钙白色粉末无臭，味微苦	$C_9H_{17}O_5N$	
胆碱	—	氯化胆碱褐色	$C_5H_{15}O_2N$	
生物素	维生素 B_4、维生素H	白色	$C_{10}H_{16}O_3N_2S$	H_1 表示含生物素1%
C	抗坏血酸	白色	$C_6H_8O_6$	

由于维生素种类繁多，因而在使用时相互之间有复杂的颉颃与协同关系，表2-35给出了一些不容忽视的互作关系。

表2-35　维生素之间颉颃与协同关系

维生素名称	与之颉颃的维生素	与之协同的维生素
维生素A	维生素B、维生素C的存在能防止维生素A过量吸收；维生素A过剩会引起维生素B的不足	维生素A与维生素D相互影响生理作用，维生素E能防止维生素A的氧化。
维生素D	维生素D过剩时维生素B易缺乏	维生素C强化维生素D的作用。
维生素 B_1	维生素A、维生素 B_2、维生素D和维生素 B_1 缺乏时，可因维生素A过剩而症状恶化	维生素C。
维生素 B_2	维生素A、维生素 B_1、维生素D	维生素 B_{12}。
维生素 B_{12}		与维生素C合用促进生长发育，泛酸增强维生素 B_{12} 的作用。
维生素C	维生素A。	维生素 B_1、维生素D。
胆碱	维生素A、维生素 D_3、维生素 K_3、泛酸等均有破坏作用	

维生素在添加剂中的使用有其严格的定量限制和内在质量标准，在添加剂配合时需特别加以注意，具体见表2-36。

表 2-36　各种维生素添加剂的质量标准

添加剂名称	含　量	粒度①（颗粒数/克）	容重②（克/毫升）	熔点（℃）	重金属（毫克/千克）	砷盐（毫克/千克）	水分（%）
维生素 A 乙酸酯	50 万国际单位/克表示量：90%～130%	10 万～100 万	0.6～0.8		<50	<4	<5.0
维生素 D_3	10 万～50 万国际单位/克标示量：90%～120%	10 万～100 万	0.4～0.7		<50	<4	<7.0
维生素 E 乙酸酯 吸附物 胶体包被 喷雾干燥	标示量为 95%～120% 50% 25% 50%	100 万	0.4～0.5		<50	<4	<7.0
维生素 K_3 MSB MSBC MSB 包被 MPB	 94% 50% 50% 50%	100 万	0.55	10～107	<20	<4	
维生素 B_1	90%～102%	100 万	0.35～0.4	193	<20		1.0
维生素 B_2	96%	100 万	0.2	280			<1.5
维生素 B_6	98%	100 万	0.6	206	<30		<0.3
烟酸	99%	100 万	0.5～0.7	234～238	<20		<0.5
泛酸钙	98%	100 万	0.6				<20 毫克/千克
叶酸	98%	100 万	0.2				<8.5
生物素	2%	100 万					
维生素	99%		0.5～0.9				
氯化胆碱 液态 固态	 70%～75% 50%		1.1		<20		<30
维生素 B_{12}	1%						

注：①②为德国 BASF 规格。

表2-37简要概括了家禽维生素的功能以及缺乏症、实际来源等。

表2-37　家禽维生素功能以及缺乏症

可能缺乏的维生素	流行条件	维生素的功能	某些缺乏症状	维生素的实际来源	备　注
维生素A		上皮组织维持正常功能所必需，特别是对眼部、呼吸系统、神经系统以及泌尿系统	雏鸡：生长迟滞、瘦弱、共济失调、干眼病、食欲缺乏、抗病力低。 成年家禽：生产力降低、孵化率低，眼、鼻有排泄物，抗病力低，黏膜脱落	青绿饲草、苜蓿草、玉米面筋粉、黄玉米、鱼油、合成维生素A	可能发生中毒。中毒量约为维生素需要量的500倍，维生素A中毒症状为体重减轻，采食量下降，表皮组织发炎，骨骼不正常
维生素D_3	家禽封闭饲养	有助于钙和磷的同化与利用，为正常的骨骼发育所必需	雏鸡：佝偻病，羽毛长得差，生长变慢。 成年家禽：骨骼易弯，蛋壳形成不良，产蛋率和孵化率都降低	用紫外线照射过的动物胆固醇、鱼肝油、维生素AD饲用油合成维生素D_3	维生素D_3对防止鸡佝偻病的效能较维生素D_2大30倍以上，可能发生维生素过多症
维生素E	饲料受氧化作用所致	抗氧化作用，肌肉结构，生殖作用	雏鸡：小脑软化症、渗出性素质病、肌肉营养不良 成年家禽：繁殖力差，长期缺乏时引起公禽的永久性不育和母禽的生殖机能衰退。 雏火鸡：肌胃的营养性疾病	苜蓿粉、植物油、小麦胚以及纯维生素浓缩物，例如α-生育酚	维生素与硒有密切关系，在许多情况下，硒可以减少对日粮维生素E的需要量

（续）

可能缺乏的维生素	流行条件	维生素的功能	某些缺乏症状	维生素的实际来源	备　注
维生素K	球虫病饲喂高水平的抗生素或磺胺类药物，由缺乏症母禽新近孵化的雏禽	为凝血酵素原的形成和血液凝结所必需	出血症，凝血时间延长	青绿牧草、苜蓿粉，合成维生素K（亚硫酸钠甲萘醌）	
吡哆醇(B_6)		蛋白质与含氮物代谢过程中的辅酶，参与红血球的形成，内分泌系统的重要物质	雏鸡：生长不良，共济失调，痉挛。 成年家禽：体重减轻，产蛋量和孵化率下降	乳制品、肉类副产品和鱼类副产品、大豆粉	
核黄素(B_2)		正常代谢过程所必需的酶系的组成	雏鸡：曲趾性瘫痪、生长迟缓、下痢 成年家禽：孵化第二周期死胚多，因而孵化率低	苜蓿粉、乳制品酒糟的溶解物，发酵产品和纯维生素	
硫胺素(B_1)		在能量代谢过程中作为一种辅酶增进食欲和生长，为碳水化合物正常代谢所必需	雏鸡：食欲缺乏，共济失调，羽毛生长不良，多种营养病。 成年家禽：蓝冠病、瘫痪	谷实及其加工副产品	
维生素B_{12}		有许多代谢功能，为家禽正常生长和生殖所必需	雏禽：生长不良，滑腱症，易死亡 成年家禽：孵化率降低，心、肝、肾肥大	鱼粉，鱼类溶解物，肉粉；肝制品、发酵产品，商品维生素，B_{12}浓缩剂	对母鸡饲喂高蛋白质日粮时，其体内储存的维生素B_{12}将迅速耗尽

（续）

可能缺乏的维生素	流行条件	维生素的功能	某些缺乏症状	维生素的实际来源	备注
生物素	肉仔鸡用高粱、小麦或小麦—大麦为基础饲粮饲喂抗生素蛋白，使生物素凝结不能利用	参与碳水化合物、类脂和蛋白质的代谢	雏鸡：脚上及喙部周围皮肤破裂和变质，滑腱症。 成年家禽：种蛋孵化率降低	谷类，大豆粉，苜蓿粉，干酵母，乳产品，青绿牧草	
胆碱		参与神经搏动，是卵磷脂的一种成分，甲级团的供体	雏鸡、雏火鸡、雏鸭：生长迟缓、滑腱症 成年家禽：死亡率增加，产蛋量降低，卵巢的卵黄早产增加	鱼类产品及纯维生素	最近的资料证明，成年鸡自体合成的胆碱足够产蛋需要
叶酸		与维生素 B_{12} 的代谢有关，参与一氧化碳原结合为较大分子的代谢反应	雏鸡：生长受阻，羽毛生长不良，滑腱症，贫血 成年家禽：产蛋量及孵化率降低	苜蓿粉，小麦，大豆粉，肝制剂	
烟酸（尼古丁酸）		所有活细胞都需要，为主要代谢酶系的一种必需成分，参与糖酵解和体组织的呼吸作用	雏鸡：踝关节肿大，滑腱症，生产迟缓，口舌发炎（“黑舌病”） 成年家禽：母鸡除饲粮缺乏蛋白质之外，未发现症状	化学合成的尼古丁酸，肝脏、酵母、发酵产品以及大多数青草	有些尼古丁酸可在体内经由色氨酸的转换合成谷实及其加工副产品中的烟酸，实质上不可利用，在计算可利用烟酸时，不应包括在内

（续）

可能缺乏的维生素	流行条件	维生素的功能	某些缺乏症状	维生素的实际来源	备　注
泛酸	使用人工干燥的玉米（加热破坏了泛酸）以及从饲粮中省略了乳类副产品	为辅酶A的组成部分，是中间代谢的必需因子	雏鸡：生长不良，羽毛发育粗糙，喙周、眼部和肛门等皮肤变质，肝脏损伤。 成年家禽：孵化率低，由缺乏泛酸的母鸡种蛋新近孵出的雏鸡死亡率高	纯泛酸钙、苜蓿粉、干的乳制品、发酵物的残渣	

注：需要量按家禽的种类年龄和体重的不同而异，见营养标准。

氨基酸类：蛋白质营养的实质是氨基酸营养，而氨基酸营养的核心是氨基酸之间的平衡，用合成的氨基酸添加剂来平衡或补充饲料氨基酸的不足，是提高饲料蛋白质利用率和充分利用蛋白质资源及降低日粮蛋白质水平的最好途径之一。饲料级蛋氨酸和赖氨酸的质量标准分别见表2-38和表2-39。

表2-38　饲料级DL-蛋氨酸质量标准（GB/T 17810—1999）

指标名称	指标含量
DL-蛋氨酸	≥98.5
干燥失重	≤0.5
氯化物（以NaCl计）	≤0.2
重金属（以Pb计）	≤0.002
砷（以As计算）	≥0.000 2

表2-39　饲料级L-赖氨酸质量标准（NY 39—1987）

指标名称	指　标
含量（以 C_6H_{14} · HCl干基计）	≥98.5
比旋光度 $[\alpha]_D^{20}$	+18.0° +21.5°
干燥失重	1.0
灼烧残渣	0.3

（续）

指标名称	指　标
铵盐（以 NH_4^+ 计）	0.04
重金属（以 Pb 计）	0.003
砷（以 As 计）	0.000 2

微量元素类：常用作饲料添加剂的微量矿物元素包括铁、铜、锰、锌、硒、碘、钴等。一般都以这些元素的无机盐或有机盐类以及氧化物、氯化物形式添加。在配合饲料中最常用的是氧化物和硫酸盐。氧化物和硫酸盐吸收率较低，只有镁、锰、锌的氧化物有较好的利用率。硫酸盐吸收率一般较高。在家禽饲料中硫酸盐使用较多。微量元素的生物学效价和家禽微量元素的功能、缺乏症以及微量元素的质量标准依次分别见表 2-40、表 2-41 和表 2-42。

表 2-40　微量元素的生物学效价

元素来源	生物效价	元素来源	生物效价
硒：亚硒酸钠	100	氧化铁	4
硒酸钠	89	碳酸亚铁	2
硒化钠	42	锰：	脱腱症腿数占%
硒元素	7	不加锰时	3.2%
玉米中硒	86	硫酸锰（纯）	0.4
大豆中硒	60	碳酸锰（纯）	0.4
铁：硫酸亚铁	100	氧化锰（纯）	1.2
氯化亚铁	98	二氧化锰（不纯）	2.0
氯化铁	44	碳酸锰（不纯）	3.1
硫酸铁	83		

表 2-41　家禽微量元素表

可能缺乏的矿物质	流行条件	矿物质的功能	某些缺乏症状	矿物质的实际来源	备　注
铜		为许多酶系的必要元素以及合成血红蛋白和防止营养性贫血症所必需	贫血症：羽毛褪色、消化紊乱	硫酸铜、碳酸铜和氧化铜大致同样有效	

（续）

可能缺乏的矿物质	流行条件	矿物质的功能	某些缺乏症状	矿物质的实际来源	备注
碘	产自缺碘土壤的饲料	为甲状腺制造甲状腺素所必需，这种含碘激素用以调节机体代谢的速度和产生体热	甲状腺肿大。种鸡缺碘时，种蛋的孵化率低，孵化期延长，以后的卵黄囊吸收迟滞	含碘量为0.007%的稳定化碘盐	
铁		为血红蛋白形成所必需，一种含铁元素的化合物能给血液输氧。	雏鸡：血红蛋白过少性贫血，红色羽毛的鸡因缺铁而发生羽毛完全褪色	肉，肝和鱼粉，苜蓿粉	铁盐可用以除去棉籽粉中的棉酚
锰		为生长发育、骨的结构和繁殖所必需。	雏鸡：滑腱症，脚骨粗短，骨骼变形，鹦鹉嘴。 成年鸡：产蛋量、蛋壳品质和孵化率都差	苜蓿粉、酒糟的可溶物或谷实副产品；硫酸锰、氯化锰和二氧化锰	
硒	产自缺硒土壤的饲料。	不完全清楚。但涉及维生素E的吸收或保持，也是它本身所需要的营养物质；在细胞中作为谷胱甘肽过氧化酶的组成部分涉及过氧化物的破坏	渗出性素质，胰纤维化，脂肪组织炎，肌肉营养不良。严重缺硒时，生长速度下降和死亡率增加。种禽日粮种缺硒则产蛋良和孵化率下降	硒化钠或硒酸钠、鱼粉及酿酒厂的干酵母	硒可能引起中毒。硒化钠或硒酸钠对16周龄的育成鸡按全价日粮的0.1毫克/千克添加
锌		锌是几种酶系的组成部分，包括胃蛋白酶和碳酸水解酶在内。锌也是蛋白质正常合成和代谢所必需，也是胰岛素的组成部分	骨骼变形，胫关节肥大，羽毛生长不良(靠近羽毛末端出现磨损)，生长迟滞、食欲减退	碳酸锌或硫酸锌	

表 2-42 微量元素添加剂的质量标准

名 称	含 量	性 状	重金属（铅）(毫克/千克以下)	砷盐（毫克/千克以下）	水 分
硫酸铁	含（$FeSO_4$）80%以上	灰白色粉末、无臭	40	3.3	2.0%以下
富马酸亚铁	含($C_4H_2FeO_4$) 96.5%以上	红黄色或红褐色粉末、无臭	10	5	1.0%以下
琥珀枸橼酸铁钠	含(Fe)10.0%～11.0%	青白色带绿色粉末、无臭	10	2	—
DL-苏氨酸铁	含（$C_4H_9NO_9$）58.0%～67.0%	淡黄色或淡褐色粉末，有微特异臭味	20	5	1.0%以下
硫酸亚铁	($FeSO_4 \cdot 7H_2O$) 98.5%～104.0%	淡蓝绿色柱状结晶或颗粒，无臭味	20	2	—
枸橼酸铁	含（Fe）16.5%～18.5%	赤褐色透明小叶片或赤褐色粉末	20	4	
硫酸铜（干燥）	含（$CuSO_4$）85.0%	青白色结晶性粉末、无臭	20	10	
硫酸铜（结晶）	含 $CuSO_4 \cdot 5H_2O$ 98.5%以上	青白色结晶呈块状或粉末状，无臭	10	5	
碳酸锌	含(Zn)57.0%～60%以上	白色粉末，无臭	80	5	3.0%以下
硫酸锌（干燥）	含（Zn）80%以上	白色粉末，无臭	20	10	
硫酸锌（结晶）	含（$ZnSO_4 \cdot 7H_2O$）	无色结晶或白色结晶性粉末	10	5	
碳酸锰	含(Mn)42.0%～44.7%	淡褐色粉末，无臭	20	5	3.0%以下
硫酸锰	含（$MnSO_4$）95.0%	淡红色结晶或带红色粉末	10	5	
碘化钾	含（KI）99.0%以上	无色或白色结晶性粉末，无臭	10	5	1.0%以下

（续）

名称	含量	性状	重金属（铅）（毫克/千克以下）	砷盐（毫克/千克以下）	水分
碘酸钾	含（KIO_3）99.0%	白色结晶或白色结晶性粉末，无臭	10	5	
碳酸钴	含(Co)47.0%～52.0%	淡红色粉末或暗紫色粉末，无臭	20	5	3.0%以下
硫酸钴（结晶）	含($CoSO_4 \cdot 7H_2O$)98.0%～103.0%	有光泽的暗赤色结晶或桃红色砂状结晶，无臭	10	5	
硫酸钴（干燥）	含（$CoSO_4$）90%～110%	桃红色粉末，无臭	20		10

（2）非营养性添加剂

抑菌促生长剂：在环境较差、饲养水平较低时，抑菌促生长剂对动物健康和促进生长的作用显著。

驱虫保健剂：驱虫保健剂主要有两类，一是驱虫性抗生素，另一类是抗球虫剂。

防霉防腐添加剂：常用的防霉防腐添加剂有丙酸、丙酸钠、丙酸钙、山梨酸、山梨酸钾、苯甲酸、苯甲酸钠、甲酸、甲酸钠、对羟基苯甲酸酯、柠檬酸、柠檬酸钠、乳酸、乳酸钙、富马酸、富马酸二甲酯、脱水醋酸等。其中，丙酸及其盐类最为常用。

其他添加剂：抗氧化剂、酶制剂、活菌制剂、着色剂、调味剂、诱食剂、分散剂、黏结剂、镇静剂、除臭剂等。

由于非营养性添加剂种类繁多，功能各异，现按其在家禽饲料中的功能归类如表2-43所示。

表 2-43　非营养性添加剂分类简表

类　别		主 要 添 加 剂 品 种
生长促进剂	抗生素	多肽类：杆菌肽锌，硫酸黏杆菌素，恩拉霉素，维吉尼霉素 大环内酯类：红霉素，泰乐菌素，北里霉素，螺旋霉素 含磷多糖类：黄霉素，魁北霉素 四环素类：土霉素，金霉素 其他：阿布拉霉素，卑霉素，诺西肽
	合成抗菌药物	磺胺类：磺胺嘧啶，磺胺二甲嘧啶，磺胺间甲氧嘧啶 喹诺酮类：诺氟沙星，环丙沙星，恩诺沙星 其他：呋喃唑酮，喹乙醇，二甲硝咪唑，喹噁酸
	激素	
	酶制剂	
	生菌剂	
驱虫保健剂	抗球虫剂	聚醚类：莫能菌素，盐霉素，甲基盐霉素钠，拉沙里菌素，马杜拉霉素铵盐，海南霉素钠 合成抗菌药：氨丙啉，硝酸二甲硫胺，氯羟吡啶，尼巴卡嗪，二硝托胺，氯苯胍，常山酮，磺胺喹恶啉，乙氧酰胺苯甲酯
	抗蠕虫剂	抗生素类：越霉素 A，潮霉素 B 合成抗菌药：氟苯咪唑，三氯苯咪唑 其他抗虫剂：吩噻嗪，哌嗪，左旋咪左，噻咪啶 有机磷化合物：敌敌畏，敌百虫，蝇毒磷
饲料保存剂	抗氧化剂	天然抗氧化剂：1-抗坏血酸（维生素 C），异抗坏血酸及其钠盐，生育酚，没食子酸丙酯（PG），愈疮树脂 化学合成抗氧化剂：乙氧基喹啉（EMQ），二丁羟基甲苯（BHT），丁基羟基茴香醚（BHA），叔丁基对苯二酚（TBHQ），3，4，5-三羟基苯丁酮，二氢吡啶
	防霉剂防腐剂	丙酸及其盐类：丙酸，丙酸钠，丙酸钙，丙酸铵 苯甲酸和苯甲酸钠 山梨酸及其盐类 富马酸及其盐类：富马酸（延胡索酸），富马酸单甲酯富马酸二甲酯 对羟基苯甲酸酯 甲酸及其盐类 柠檬酸和柠檬酸钠 乳酸，乳酸钙和乳酸亚铁 双乙酸钠 复合防霉剂

（续）

类　别		主要添加剂品种
青贮添加剂		甲酸，甲醛，甲酸+甲醛，苯甲酸丙酸菌类酵母，非蛋白氮化合物，微量元素盐类等
粗饲料调制剂		氢氧化钠，氢氧化钙（石灰水），无水铵等
饲料蛋白添加剂		尿素，缩二脲，磷酸尿素，异丁叉二脲，缩三脲，氰脲酸，磷酸氢二胺，氯化铵，硫酸铵等
其他类添加剂	食欲增进剂（风味剂）	酸味剂：柠檬酸，酒石酸，苹果酸，乳酸，延胡索酸，琥珀酸，乙酸，已二酸，磷酸，抗坏血酸，葡萄糖酸，草酸，安息香酸 甜味剂：蜜糖，糖精 辣味剂：大蒜粉 鲜味剂：味精 咸味剂：食盐
	着色剂	类胡萝卜素类与叶黄素类：辣椒红，β-阿朴-胡萝卜醛，β-阿朴-8'胡萝卜素酸乙酯，叶黄素，隐黄素，堇菜黄质，斑蝥黄，玉米黄质，柠黄质，所有食用色素等
	粘结剂	天然产物粘结剂：小麦面粉，面筋，玉米粉，蚕豆粉及相应的α-淀粉和糊精等 灌木及植物的分泌物质：龙胶，金合欢胶，刺槐豆胶，愈疮胶，黄原胶，阿拉伯胶，蚕豆胶，古柯胶，鹿胶，菜胶以及其他无毒的植物胶动植物蛋白类：蛋清蛋白，小麦胚芽蛋白，谷胚以及各种面筋 海藻的黏性物质：海藻酸钠，海带胶琼脂及其他藻胶等 天然矿物质：膨润土 化学合成的粘结剂：羧甲基纤维素（CMC），羧甲基纤维素钠，尿素—甲醛缩合物，聚丙烯酸钠，聚乙烯醇（PVA），磺化木质素，丙烯二醇，羟甲基淀粉
	乳化剂稳定剂	角叉菜属抽提物，黏土，酒石酸二辛酯，乙二胺四乙酸二钠盐，瓜耳树胶，刺槐树胶（角豆树胶），卵磷脂，甲基葡糖苷，椰子油脂，矿物油，聚乙二醇，多乙氧基醚80，多乙氧基醚60，丙二醇，羧甲基纤维素钠，山梨醇酐单硬脂酸酐酯，焦磷酸钠，木质素磺酸盐

（六）饲料安全控制

配合饲料的污染包括交叉污染和其他各种形态的污染，即配合饲料中含有异物或抗生素、黄曲霉、化学物质、农药等物质。

1. 影响饲料安全的因素 影响饲料安全的因素包括饲料原料的质量、违禁药物的滥用、外界有毒有害物质的污染、饲料添加剂的不合理使用、饲料中一些有毒有害物质的危害等。

（1）*一些饲料原料的质量难以控制* 为了控制饲料生产的成本，一些饲料厂家往往使用一些质量无法保证的廉价饲料资源，增加了饲料安全的隐患。

（2）*违规违禁药物的滥用* 如激素类、催眠镇静类和禁用抗生素的使用，其中，盐酸克伦特罗（瘦肉精）在动物产品中残留甚至影响人类健康。

（3）*外界有毒有害物质对饲料原料的污染* 六六六、滴滴涕等农药的使用；某些土壤中如铅、氟、铜等重金属超标；动物饲料中致病微生物，药物残留、霉变；一些植物中天然有害物的存在，如生物碱、生氰糖苷、硫代葡萄糖苷、棉酚、硝基化合物等。这些有毒有害物质通过原料污染饲料，须引起重视和加以控制。

（4）*饲料添加剂的不合理使用* 特别是铜、锌、砷等矿物质，因其具有促进动物生长、增强机体抗病力等生理作用，因而常被超量使用。如造成动物机体中毒，在动物体内残留和蓄积，从而影响消费者健康。

2. 饲料污染及其控制方法 HACCP 即为危害分析和关键控制点。HACCP 是 Hazard Analysis Critical Control Point 的缩写，其中，HA 是指分析评价有害因子，CCP 系指为了消除危害因子确保安全性而重点管理的防预手段和方法。其目的是控制化学物质、毒素和微生物对食品的污染。即在食品原材料的生产、制造、加工、保存、流通各阶段，以及消费者手中的全过程，检查各阶段是否有微生物危害（病源微生物及腐败微生物），对以上危害因子的发生进行监控并确保建立健全生产优质饲料（食品）的制度。HACCP 计划的实施可有效地杜绝有毒有害物质和微生物进入饲料原料或配合饲料生产环节。实践证明，HACCP体系是一种系统、科学、结构严谨、适应性强的控制生物、化学和物理性危害食品和饲料的手段。它是一种以预防为主的质量卫生保证方法，可以最大限度地减少产生食品安全危害的风险，又避免了单纯依靠最终产品检验进行质量控制产生的问题，实际上是一种既经济又高效的质量控制方法。HACCP与以往的卫生管理制度有本质的区别，即集中调查和管理与危害因子有关的所有网络，增大卫生管理效果，控制生产工程中微生物、化学性、物理性的危害因子，并制定CCP卫生管理法。

我国1991年颁布了国家标准GB 13078—91《饲料卫生标准》，该标准规定了饲料中16项有毒有害物质及微生物允许量。这16个项目为砷、铅、汞、镉、氟、氰化物、亚硝酸盐、黄曲霉毒素B_1、游离棉酚、异硫氰酸酯、噁唑烷硫酮、六六六、滴滴涕、沙门氏菌、霉菌总数、细菌总数。这些是判断饲料安全卫生的常用项目，也是在制定HACCP计划中确定关键限值必不可少的标准依据。表2-44、表2-45和表2-46分别概括了现行部分饲料中有毒有害元素、饲料中有毒有害的化合物和饲料中有害微生物及毒素限量。

表2-44　饲料中有毒有害元素（毫克/千克）

允许量或限制水平	适用范围或饲料名称	
	中国国家标准要求	饲料工业发达国家要求（名称后括号内为国家名的简称）
1.1总砷（以As计）		
≤10	鱼粉：磷酸盐	鱼粉或水产动物来源饲料，磷酸盐（英、德）；矿物质饲料（英、美）
≤5	硫酸铜、锌、锰：氯化钴	—
≤4	—	预混料（英）；干甜菜渣，干草粉（包括豆科牧草）（英、德）；草饲料（德）
≤3	磷酸氢钙	—

（续）

允许量或限制水平	适用范围或饲料名称	
	中国国家标准要求	饲料工业发达国家要求（名称后括号内为国家名的简称）
≤2	鸡配合饲料、猪配混合料；石粉；丙酸钙；碘化钾；硫酸镁；硫酸亚铁	全价料（英、德、美）；其他饲料原料（英、德）
1.2 铅（以Pb计）		
≤45	—	酵母（英）
≤40	—	干草粉（包括豆科牧草）（英、德） 磷酸盐（德）；牛犊、羔羊全价料（德）
≤30	磷酸盐	磷酸盐（英）；矿物质（英）；泌乳牛全价料（德）
≤20	—	其他单一饲料（德、美）
≤10	鱼粉；石粉	其他单一饲料（英）；青饲料、青贮料（德）； 预混料或添加剂（英）
≤7.5	—	鱼粉、肉粉、肉骨粉（日）
≤6	—	反刍动物单一饲料（德）
≤5	鸡配合料、猪配合料	酵母（德）；各种家禽全价料（英、美）
≤3	—	干牧草、配合饲料（日）
1.3 汞（以Hg计）		
≤1	—	鱼粉及水产动物性原料（日）
≤0.5	鱼粉	鱼粉及水产动物性原料（英、德）
≤0.4	—	其他饲料（日）
≤0.2	—	全价料（英、美）
≤0.1	石粉；鸡配合料、猪配合料	其他饲料（英、德）
1.4 镉（以Cd计）		
≤2.5	—	动物性饲料（日）
≤2.0	鱼粉	动物性饲料（美、德）
≤1.01	—	配合饲料（日）
≤1.0	米糠	植物性饲料（美、日、德）
≤0.75	石粉	矿物质（德）
≤0.5	鸡配合料、猪配混合料	配合饲料（德、美）

（续）

允许量或限制水平	适用范围或饲料名称	
	中国国家标准要求	饲料工业发达国家要求（名称后括号内为国家名的简称）
1.5 氟(以F计)		
≤2 000	石粉、磷酸盐	磷酸盐（英、德）；反刍动物矿物质饲料（英）
≤500	鱼粉	动物性饲料（英、德、美）
≤350	肉用仔鸡、生长鸡配合料	其他配合料（英）
≤250	产蛋鸡配合料	禽的仔鸡配合料（英、德）
≤150	—	其他单一饲料（英、德、美）
≤100	猪配混合料	猪的配合料（英、德）
≤50	—	其他配合料（英、德）
≤30	—	反刍动物的泌乳期配合料（英、德）
≤20	—	预混料（英）
1.6 铬（以 Cr 计）		饲料专家给出的推荐性限制值
≤30	—	矿物质饲料
≤25	—	鱼粉
≤15	—	肉骨粉、骨粉
≤12	—	牛、羊配合料
≤10	—	谷类、饼籽饲料；猪、鸡配合料
1.7 硒（以 Se 计）		饲料专家给出的推荐性限制值
≤5	—	成年动物配合料
≤2	—	幼年动物配合料；哺乳动物、泌乳牛配合料

表 2-45　饲料中有毒有害的化合物（毫克/千克）

允许量或限制水平	适用范围或饲料名称	
	中国国家标准要求	饲料工业发达国家要求（名称后括号内为国家名的简称）
2.1 氰化物（以 HCN 计）		
≤350	胡麻饼、粕	亚麻籽饼（英、德）
≤250	—	亚麻籽（英、德）
≤100	木薯干	以木薯或杏仁制成的饲料（英、德）

（续）

允许量或限制水平	适用范围或饲料名称	
	中国国家标准要求	饲料工业发达国家要求（名称后括号内为国家名的简称）
≤50	鸡配合饲料；猪配、混合饲料	其他饲料原料、配合饲料（英、德）
≤10	—	雏鸡配合料（英、德）
2.2 亚硝酸盐（以 $NaNO_2$ 计）		
≤60	鱼粉	鱼粉（英、德、美）
≤15	鸡配合饲料；猪配、混合饲料	非经济实验动物及鸟类的配合料（英、德、美）
2.3 生物碱（含生物碱种子、可可碱）		
≤2 000	—	牛精料、其他配合饲料、饲料原料（欧美）
≤300	—	牛精料、其他配合饲料（可可碱）（欧美）
2.4 植酸及其盐		饲料专家给出的推荐性限制值
≤3.0	—	牛、羊配合饲料
≤1.5	—	兔配合饲料
≤1.0	—	犊牛、羔羊配合饲料
≤0.8	—	猪、鸡配合饲料
2.5 3-硝基丙酸	—	饲料专家给出的推荐性限制值
≤1.5	—	猪饲料
≤1.2	—	鸡饲料
≤0.8	—	仔猪、仔鸡饲料
2.6 单宁		饲料专家给出的推荐性限制值
≤1.2	—	反刍动物饲料
≤0.9	—	肉猪饲料
≤0.5	—	蛋鸡饲料
≤0.4	—	肉鸡饲料
2.7 皂苷		饲料专家给出的推荐性限制值
≤0.4	—	猪、妊娠牛、羊、兔配合饲料
≤0.2	—	家禽配合饲料
≤0.01	—	鱼虾配合饲料
2.8 游离棉酚		

（续）

允许量或限制水平	适用范围或饲料名称	
	中国国家标准要求	饲料工业发达国家要求（名称后括号内为国家名的简称）
≤1 200	棉籽饼、粕	棉籽饼、粕（英、德）
≤500	—	牛全价配合料、绵羊或山羊配合料（英、德）
≤400	—	棉籽饼、粕（美、日）
≤100	肉用仔鸡、生长鸡配合饲料	犊牛全价配合料、家禽全价配合料（英、德）
≤60	生长肥育猪配、混合料	猪全价配合料（英、德）；仔兔全价配合料（英）
≤20	产蛋鸡配合饲料	仔猪全价配合料，其他动物全价配合料（英、德）
2.9 异硫氰酸酯		
≤4 000	菜仔饼、粕	—
≤500	鸡配合饲料，生长肥育猪配、混合饲料	—
2.10 噁唑烷硫酮		
≤1 000	肉用仔鸡、生长鸡配合饲料	—
≤500	产蛋鸡配合饲料	—
2.11 蓖麻籽（以蓖麻籽壳计）		
≤10	—	所有饲料原料、配合料（英、德）

表 2-46　饲料中有害微生物及毒素限量（毫克/千克）

允许量或限制水平	适用范围或饲料名称	
	中国国家标准要求	饲料工业发达国家要求（名称后括号内为国家名的简称）
3.1 细菌总数（百万个/克）		
<2	鱼粉	—
<0.5	—	所有饲料（欧美）
3.2 沙门氏菌		
不得检出	饲料	所用饲料（欧美）

（续）

允许量或限制水平	适用范围或饲料名称	
	中国国家标准要求	饲料工业发达国家要求（名称后括号内为国家名的简称）
3.3 大肠杆菌（个/克）		饲料专家给出的推荐性限制值
≤50	—	肉骨粉等动物性饲料
≤30	—	配合饲料；植物性原料
3.4 志贺氏菌（个/克）	（个/克）	饲料专家给出的推荐性限制值
不得检出	—	所有饲料
3.5 肉毒梭菌	（个/克）	饲料专家给出的推荐性限制值
不得检出	—	所有饲料
3.6 霉菌总数（1 000 个/克）		
≤50	棉籽饼、粕	—
<40	玉米；小麦麸；米糠	—
3.7 黄曲霉毒素（毫克/千克）		
≤0.5	—	单一饲料（美、日）
≤0.05	玉米、花生饼、粕	单一饲料，牛、羊配合饲料（英、德）；泌乳牛配合料（德）
≤0.02	产蛋鸡配合饲料以及生长肥育猪配、混合饲料	其他配合料（英）
≤0.01	肉用仔鸡、生长鸡配合饲料	其他配合料，犊牛、羔羊配合料（英、德）；精添充料（英）
3.8 玉米赤霉烯 ZEN（毫克/千克）		饲料专家给出的推荐性限制值
≤20	—	牛日粮
≤15	—	仔鸡日粮
≤10	—	蛋鸡日粮
≤5	—	奶牛日粮；其他猪日粮
≤1	—	母猪日粮
3.9 赭曲霉毒素 OCT（A）（毫克/千克）		饲料专家给出的推荐性限制值
≤10	—	牛、羊配合饲料
≤2	—	猪、禽配合饲料；猪配合料（瑞士）
≤1.5	—	犊牛配合饲料
≤1	—	仔猪、雏禽配合饲料；家禽配合料（瑞士）

（续）

允许量或限制水平	适用范围或饲料名称	
	中国国家标准要求	饲料工业发达国家要求（名称后括号内为国家名的简称）
3.10 T-2毒素（毫克/千克）		饲料专家给出的推荐性限制值
≤10	—	牛、羊配合饲料
≤2	—	犊牛、家禽配合饲料
≤0.8	—	猪配合饲料
3.11 脱氧雪腐镰刀烯醇 DON（毫克/千克）		
≤30	—	牛、羊配合饲料（瑞士）
≤10	—	犊牛、家禽配合饲料（瑞士）
≤2	—	猪配合饲料（瑞士）
3.12 麦角碱（%）		
≤0.3	—	饲料原料（小麦、黑麦）（德）
≤0.2	—	饲料原料（小麦、黑麦），配合料（美）
≤0.15	—	饲料原料，配合料（加拿大）
≤0.1	—	饲料原料，配合料（英）
3.13 杂色曲霉素 ST（毫克/千克）		饲料专家给出的推荐性限制值
≤200	—	饲草
≤150	—	豆饼、花生饼（粕）
≤100	—	大麦、玉米
≤80	—	配合饲料

（七）绿色饲料资源开发利用

随着人们对动物性产品质量要求的提高，动物产品的安全性受到广泛重视。“绿色”动物饲养业已日益提到议事日程。“绿色饲料添加剂”是指不产生毒副作用，有害物质在家禽体内无残留，并且能够提高产品的产量和品质，对消费者的健康有益无害，对环境不造成污染的添加剂。随着人们环保意识的增强，不仅要求将畜禽养殖业给环境造成的污染降至最低，而且要求肉蛋奶具有安全性和保健价值。因此，向蛋鸡日粮中添加益生素、天然保健剂（如类胡萝卜素、大蒜素等）或合成保健剂（如维生素

A、维生素 E、维生素 D 等），以生产“营养保健蛋”的生产技术将会有良好的发展前景。

1. 中草药饲料添加剂 中草药是一种既含有多种氨基酸、维生素、微量元素等营养物质，能增进机体新陈代谢，促进蛋白质和酶的合成，从而促进动物生长，提高繁殖力和生产性能，提高饲料报酬，增加饲养效益，又能防病治病，毒副作用小，无耐药性和残留，应用前景广阔的优质新型畜禽鱼虾饲料添加剂。其主要功能包括：①营养作用；②提高非特异性免疫；③产生激素样作用，调整机体的新陈代谢；④抗应激作用。由于中草药添加剂的纯天然性，被认为是真正意义上的绿色环保型饲料添加剂，应用前景广阔。

2. 酶制剂 酶是一种具有特殊功能的蛋白质。目前，生产饲用酶制剂的种类已有 20 多种，主要有纤维素酶、半纤维素酶、α-淀粉酶、β-淀粉酶、各种蛋白酶、果胶酶、脱毒酶、麦芽糖酶、β-葡聚糖酶、蔗糖酶、植酸酶等。酶制剂的功能可概述为：①酶制剂可以提高内源酶不能作用的多糖和蛋白质的利用率；②酶制剂可打破饲料中一般不能被内源酶分解的特定化学链，得到更多的营养物质；③外源酶制剂可克服幼年动物由于内源酶产生不足所引起的消化不良；④酶制剂可降解许多饲料中的抗营养因子，增加饲料的营养价值。植酸酶是近年国际上研究十分热门的一种水解酶，能降解成植酸，生成无机磷和肌醇以及与植酸结合的蛋白质、微量元素等。主要应用于猪、鸡、鸭等单胃动物和水产类动物，也可作为添加剂应用于人类食品。

3. 微生态制剂 抗生素作为饲料添加剂被广泛应用，为饲料工业及畜牧业的发展做出了巨大贡献。然而，随着人们生活水平的提高和科学研究的深入发展，人们已逐步认识了抗生素产品的潜在危害。虽然许多国家通过立法以限制抗生素的使用，然而短期内尚无法完全禁止。无毒副作用、无残留的抗生素替代产品的研究开发则为此种局面以新的契机。目前，活菌制剂、益生素已相继面世。关于微生态制剂的作用机理目前存在3种学说：①优势菌群学说；②菌群屏障学说；③微生物夺氧学说。其作用机制的核心在于作为外源型的有益菌群，在消化道可重建、恢复有益菌群并维持其微生态平衡。虽然其在家禽饲料中已有使用，但其安全性仍有待进一步证实。

4. 低聚寡糖类　寡糖是指2～10个单糖单元通过糖苷连接的小聚合物的总称，为短链带分支的糖类物质。常见的寡糖包括异麦芽糖、异麦芽三糖、异麦芽四糖、果寡四糖、果寡五糖、半乳寡糖、甘露寡糖、大豆寡糖、龙胆寡糖、木糖寡糖等。寡糖有以下生理功能：①低聚糖是动物肠道内有益菌的增殖因子，大部分能被有益菌发酵，从而促进有益菌增生。同时，所产生的酸性物质降低了整个肠道的pH，从而抑制了有害菌的生长，提高了动物防病抗病的能力；②吸附肠道病原菌，对动物起保健作用；③充当免疫刺激的辅助因子。由此可见，寡糖作为一种新型的绿色饲料添加剂，可广泛用于家禽饲料，其作用的关键点在于促进并维持动物体内已建立的正常微生态平衡。

糖萜素则是其中一例。糖萜素从压榨饼粕中提取，是由30%的糖类、30%的萜皂苷和有机酸组成的天然生物活性物质。其作用是促进畜禽生长，提高日增重和饲料转化率，增强鸡体的抗病力和免疫力，并具有抗氧化、抗应激的作用，降低畜产品中镉、铅、汞、砷等有害元素的含量，改善并提高畜产品色泽和品质。

5. 寡肽　传统观念认为，蛋白质营养实质上是氨基酸的营养，蛋白质必须被消化成游离氨基酸之后才可被动物吸收利用。尤其在人们日益重视环保的情况下，试图以氨基酸代替粗蛋白以减少动物氮的排泄量。然而新近研究表明，单体氨基酸能够取代完整蛋白的数量是有限的，直接吸收较大分子的肽也是非常必要的。因而可通过肽类的添加来优化和降低蛋白水平。小肽（二肽、三肽）作为蛋白质的主要消化产物，在氨基酸消化、吸收和代谢中起着重要作用。寡肽的主要生理作用可概括为：①营养作用；②生理活性调节作用；③抗氧化及调味作用。因此，随着各种短肽的不断发现，其研究和开发日益受到关注。

二、蛋鸡营养安全控制

（一）蛋鸡营养需要标准

根据大量饲养试验结果和动物实际生产的总结，对特定的动物所需要的各种营养物质的定额做出规定，这种系统的营养定额的规定称为饲养标准。配合饲粮的营养参数以饲养标准和营养需要为基础。生产中常采用的标准有我国制定的鸡饲养标准（中国蛋鸡营养需要 2004 版）和美国国家研究委员会（NRC1994，新版）推荐的蛋鸡营养需要。

1. 中国蛋鸡营养需要（2004 版）　生长蛋鸡的营养需要和产蛋鸡的营养需要分别见表 2-47 和表 2-48。生长蛋鸡体重与耗料量见表 2-49。

表 2-47　生长蛋鸡的营养需要

营养指标	单位	0～8 周龄	9～18 周龄	19 周龄至开产
代谢能 ME	兆焦/千克 （兆卡/千克）	11.91 （2.85）	11.70 （2.80）	11.50 （2.75）
粗蛋白质 CP	%	19.0	15.5	17.0
蛋白能量比 CP/ME	克/兆焦 （克/兆卡）	15.95 （66.67）	13.25 （55.30）	14.78 （61.82）
赖氨酸能量比 Lys/ME	克/兆焦 （克/兆卡）	0.84 （3.51）	0.58 （2.43）	0.61 （2.55）
赖氨酸 Lys	%	1.00	0.68	0.70
蛋氨酸 Met	%	0.37	0.27	0.34
蛋氨酸＋胱氨酸 Met＋Cys	%	0.74	0.55	0.64

（续）

营养指标	单位	0～8 周龄	9～18 周龄	19 周龄至开产
苏氨酸 Thr	%	0.66	0.55	0.62
色氨酸 Trp	%	0.20	0.18	0.19
精氨酸 Arg	%	1.18	0.98	1.02
亮氨酸 Leu	%	1.27	1.01	1.07
异亮氨酸 Ile	%	0.71	0.59	0.60
苯丙氨酸 Phe	%	0.64	0.53	0.54
苯丙氨酸＋酪氨酸 Phe＋Tyr	%	1.18	0.98	1.00
组氨酸 His	%	0.31	0.26	0.27
脯氨酸 Pro	%	0.50	0.34	0.44
缬氨酸 Val	%	0.73	0.60	0.62
甘氨酸＋丝氨酸 Gly＋Ser	%	0.82	0.68	0.71
钙 Ca	%	0.90	0.80	2.00
总磷 P	%	0.70	0.60	0.55
非植酸磷 P	%	0.40	0.35	0.32
钠 Na	%	0.15	0.15	0.15
氯 Cl	%	0.15	0.15	0.15
铁 Fe	毫克/千克	80	60	60
铜 Cu	毫克/千克	8	6	8
锌 Zn	毫克/千克	60	40	80
锰 Mn	毫克/千克	60	40	60
碘 I	毫克/千克	0.35	0.35	0.35
硒 Se	毫克/千克	0.30	0.30	0.30
亚油酸	%	1	1	1
维生素 A	国际单位/千克	4 000	4 000	4 000
维生素 D	国际单位/千克	800	800	800
维生素 E	国际单位/千克	10	8	8
维生素 K	毫克/千克	0.5	0.5	0.5
硫铵素	毫克/千克	1.8	1.3	1.3
核黄素	毫克/千克	3.6	1.8	2.2

（续）

营养指标	单位	0～8 周龄	9～18 周龄	19 周龄至开产
泛酸	毫克/千克	10	10	10
烟酸	毫克/千克	30	11	11
吡哆醇	毫克/千克	3	3	3
生物素	毫克/千克	0.15	0.10	0.10
叶酸	毫克/千克	0.55	0.20	0.25
维生素 B_{12}	毫克/千克	0.010	0.003	0.004
胆碱	毫克/千克	1 300	900	500

注：根据中型体重鸡制订，轻型鸡可酌减 10%；开产日龄按 5%产蛋率计算。

表 2-48　产蛋鸡的营养需要

营养指标	单　位	开产至高峰期（>85%）	高峰后（<85%）	种　鸡
代谢能 ME	兆焦/千克（兆卡/千克）	11.29（2.70）	10.87（2.65）	11.29（2.70）
粗蛋白质 CP	%	16.5	15.5	18.0
蛋白能量比 CP/ME	克/兆焦（克/兆卡）	14.61（61.11）	14.26（58.49）	15.94（66.67）
赖氨酸能量比 Lys/ME	克/兆焦（克/兆卡）	0.64（2.67）	0.61（2.54）	0.63（2.63）
赖氨酸 Lys	%	0.75	0.70	0.75
蛋氨酸 Met	%	0.34	0.32	0.34
蛋氨酸＋胱氨酸 Met＋Cys	%	0.65	0.56	0.65
苏氨酸 Thr	%	0.55	0.50	0.55
色氨酸 Trp	%	0.16	0.15	0.16
精氨酸 Arg	%	0.76	0.69	0.76
亮氨酸 Leu	%	1.02	0.98	1.02
异亮氨酸 Ile	%	0.72	0.66	0.72
苯丙氨酸 Phe	%	0.58	0.52	0.58
苯丙氨酸＋酪氨酸 Phe＋Tyr	%	1.08	1.06	1.08

（续）

营养指标	单　位	开产至高峰期（>85%）	高峰后（<85%）	种　鸡
组氨酸 His	%	0.25	0.23	0.25
缬氨酸	%	0.59	0.54	0.59
甘氨酸＋丝氨酸	%	0.57	0.48	0.57
可利用赖氨酸	%	0.66	0.60	—
可利用蛋氨酸	%	0.32	0.30	—
钙 Ca	%	3.5	3.5	3.5
总磷 P	%	0.60	0.60	0.60
非植酸磷 P	%	0.32	0.32	0.32
钠 Na	%	0.15	0.15	0.15
氯 Cl	%	0.15	0.15	0.15
铁 Fe	毫克/千克	60	60	60
铜 Cu	毫克/千克	8	8	6
锰 Mn	毫克/千克	60	60	60
锌 Zn	毫克/千克	80	80	60
碘 I	毫克/千克	0.35	0.35	0.35
硒 Se	毫克/千克	0.30	0.30	0.30
亚油酸	%	1	1	1
维生素 A	国际单位/千克	8 000	8 000	10 000
维生素 D	国际单位/千克	1 600	1 600	2 000
维生素 E	国际单位/千克	5	5	10
维生素 K	毫克/千克	0.5	0.5	1.0
硫铵素	毫克/千克	0.8	0.8	0.8
核黄素	毫克/千克	2.5	2.5	3.8
泛酸	毫克/千克	2.2	2.2	10
烟酸	毫克/千克	20	20	30
吡哆醇	毫克/千克	3.0	3.0	4.5

（续）

营养指标	单　位	开产至高峰期（>85%）	高峰后（<85%）	种　鸡
生物素	毫克/千克	0.10	0.10	0.15
叶酸	毫克/千克	0.25	0.25	0.35
维生素 B_{12}	毫克/千克	0.004	0.004	0.004
胆碱	毫克/千克	500	500	500

表 2-49　生长蛋鸡体重与耗料量

周　龄	周末体重（克）	耗料量（克/只）	累计耗料量（克）
1	70	84	84
2	130	119	203
3	200	154	357
4	275	189	546
5	365	224	770
6	445	259	1 029
7	530	294	1 323
8	615	329	1 652
9	700	357	2 009
10	785	385	2 394
11	875	413	2 807
12	965	441	3 248
13	1 055	469	3 717
14	1 145	497	4 214
15	1 235	525	4 739
16	1 325	546	5 285
17	1 415	567	5 852
18	1 505	588	6 440
19	1 595	609	7 049
20	1 670	630	7 679

注：0～8 周龄为自由采食，9 周龄开始结合光照进行限饲。

2. 美国国家研究委员会（NRC1994，新版）**推荐的蛋鸡营养需要**　来航生长鸡的营养需要和来航型产蛋母鸡蛋白质、氨基酸及亚油酸的营养需要以及生长型来航母鸡的体重和耗料依次如表 2-50、表 2-51 和表 2-52 所示。

表 2-50 来航生长鸡的营养需要（%或单位/千克饲料）

营养素	单位	白壳蛋鸡				褐壳蛋鸡			
		0～6 周 450 克[a] 2 850[b]	6～12 周 930 克[a] 2 850[b]	12～18 周 1 375 克[a] 2 900[b]	18～开产 1 475 克[a] 2 900[b]	0～6 周 500 克[a] 2 800[b]	6～12 周 1 100 克[a] 2 800[b]	12～18 周 1 500 克[a] 2 850[b]	18～开产 1 600 克[a] 2 850[b]
粗蛋白[c]	%	18.00	16.00	15.00	17.00	17.00	15.00	14.00	16.00
精氨酸	%	1.00	0.83	0.67	0.75	0.94	0.78	0.62	0.72
甘氨酸＋丝氨酸	%	0.70	0.58	0.47	0.53	0.66	0.54	0.44	0.50
组氨酸	%	0.26	0.22	0.17	0.20	0.25	0.21	0.16	0.18
异亮氨酸	%	0.60	0.50	0.40	0.45	0.57	0.47	0.37	0.42
亮氨酸	%	1.10	0.85	0.70	0.80	1.00	0.80	0.65	0.75
赖氨酸	%	0.85	0.60	0.45	0.52	0.80	0.56	0.42	0.49
蛋氨酸	%	0.30	0.25	0.20	0.22	0.28	0.23	0.19	0.21
蛋氨酸＋胱氨酸	%	0.62	0.52	0.42	0.47	0.59	0.49	0.39	0.44
苯丙氨酸	%	0.54	0.45	0.36	0.40	0.51	0.42	0.34	0.38
苯丙氨酸＋酪氨酸	%	1.00	0.83	0.67	0.75	0.94	0.78	0.63	0.70
苏氨酸	%	0.68	0.57	0.37	0.47	0.64	0.53	0.35	0.44
色氨酸	%	0.17	0.14	0.11	0.12	0.16	0.13	0.10	0.11
缬氨酸	%	0.62	0.52	0.41	0.46	0.59	0.49	0.38	0.43
亚油酸	%	1.00	1.00	1.00	1.00	1.00	1.00	1.00	1.00
钙[d]	%	0.90	1.80	0.80	2.00	0.90	0.80	0.80	1.80
非植酸磷	%	0.40	0.35	0.30	0.32	0.40	0.35	0.30	0.35

（续）

营养素	单位	白壳蛋鸡				褐壳蛋鸡			
		0～6 周 450 克[a] 2 850[b]	6～12 周 930 克[a] 2 850[b]	12～18 周 1 375 克[a] 2 900[b]	18～开产 1 475 克[a] 2 900[b]	0～6 周 500 克[a] 2 800[b]	6～12 周 1 100 克[a] 2 800[b]	12～18 周 1 500 克[a] 2 850[b]	18～开产 1 600 克[a] 2 850[b]
钾	%	0.25	0.25	0.25	0.25	0.25	0.25	0.25	0.25
钠	毫克	0.15	0.15	0.15	0.15	0.15	0.15	0.15	0.15
氯	%	0.15	0.12	0.12	0.15	0.12	0.11	0.11	0.11
镁	%	600.0	500.0	400.0	400.0	570.0	470.0	370.0	370.0
锰	毫克	60.00	30.00	30.00	30.00	56.00	28.00	28.00	28.00
锌	毫克	40.00	35.00	35.00	35.00	38.00	33.00	33.00	33.00
铁	毫克	80.00	60.00	60.00	60.00	75.00	56.00	56.00	56.00
铜	毫克	5.00	4.00	4.00	4.00	5.00	4.00	4.00	4.00
碘	毫克	0.35	0.35	0.35	0.35	0.33	0.33	0.33	0.33
硒	毫克	0.15	0.10	0.10	0.10	0.14	0.10	0.10	0.10
维生素 A	国际单位	15 000.0	15 000.0	15 000.0	15 000.0	1 420.0	1 420.0	1 420.0	1 420.0
维生素 D_3	ICU	200.00	200.00	200.00	300.00	190.00	190.00	190.00	280.00
维生素 E	国际单位	10.00	5.00	5.00	5.00	9.50	4.70	4.70	4.70
维生素 K	毫克	0.50	0.50	0.50	0.50	0.47	0.47	0.47	0.47
核黄素	毫克	3.60	1.80	1.80	2.20	3.40	1.70	1.70	1.70
泛酸	毫克	10.00	10.00	10.00	10.00	9.40	9.40	9.40	9.40
烟酸	毫克	27.00	11.00	11.00	11.00	26.00	10.30	10.30	10.30
维生素 B_{12}	毫克	0.009	0.003	0.003	0.004	0.009	0.003	0.003	0.003
胆碱	毫克	1 300.00	900.00	500.00	500.00	1 225.0	850.0	470.0	470.0

（续）

营养素	单位	白壳蛋鸡				褐壳蛋鸡			
		0～6周 450克[a] 2 850[b]	6～12周 930克[a] 2 850[b]	12～18周 1 375克[a] 2 900[b]	18～开产 1 475克[a] 2 900[b]	0～6周 500克[a] 2 800[b]	6～12周 1 100克[a] 2 800[b]	12～18周 1 500克[a] 2 850[b]	18～开产 1 600克[a] 2 850[b]
生物素	毫克	0.15	0.10	0.10	0.10	0.14	0.09	0.09	0.09
叶酸	毫克	0.55	0.25	0.25	0.25	0.52	0.23	0.23	0.23
硫胺素	毫克	1.0	1.0	0.8	0.8	1.0	1.0	0.8	0.8
吡哆醇	毫克	3.0	3.0	3.0	3.0	2.8	2.8	2.8	2.8

注：a. 终体重。

b. 典型日粮能量浓度是根据玉米豆粕日粮制定的，用千卡 MEn/千克表示。MEn 为氮校正代谢能。

c. 鸡不需要粗蛋白质本身，但必须保证足够的粗蛋白用于非必需氨基酸的合成，建议值是根据玉米—豆粕日粮确定的，使用合成氨基酸时日粮中的粗蛋白水平可降低。

d. 当日粮中含有大量非植酸磷时，钙的需要量应提高。

表 2-51 来航型产蛋母鸡蛋白质、氨基酸及亚油酸的营养需要

营养素	不同采食量白壳蛋鸡的日粮营养浓度				需要量（毫克或国际单位/只/天）		
	单位	80[ab]	100[ab]	120[ab]	白壳蛋种母鸡（采食100克/天）[b]	白壳蛋母鸡（采食100克/天）[b]	褐壳蛋母鸡（采食110克/天）[c]
粗蛋白[d]	%	18.8	15.0	12.5	15 000	15 000	16 500
精氨酸	%	0.88	0.70	0.58	700	700	440
组氨酸	%	0.21	0.17	0.14	170	170	190
异亮氨酸	%	0.81	0.65	0.54	650	650	715

（续）

营养素	单位	不同采食量白壳蛋鸡的日粮营养浓度			需要量（毫克或国际单位/只/天）		
		80[ab]	100[ab]	120[ab]	白壳蛋种母鸡（采食 100 克/天）[b]	白壳蛋母鸡（采食 100 克/天）[b]	褐壳蛋母鸡（采食 110 克/天）[c]
亮氨酸	%	0.03	0.82	0.68	820	820	900
赖氨酸	%	0.86	0.69	0.58	690	690	760
蛋氨酸	%	0.38	0.30	0.25	300	300	330
蛋氨酸＋胱氨酸	%	0.73	0.58	0.48	580	580	645
苯丙氨酸	%	0.59	0.47	0.39	470	470	520
苯丙氨酸＋酪氨酸	%	1.04	0.83	0.69	830	830	910
苏氨酸	%	0.59	0.47	0.39	470	470	520
色氨酸	%	0.20	0.16	0.13	160	160	175
缬氨酸	%	0.88	0.80	0.58	700	700	770
亚油酸	%	1.25	1.0	0.83	1 000	1 000	1 000
钙[e]	%	4.06	3.25	2.71	3 250	3 250	3 600
氯	%	0.16	0.13	0.11	130	130	145
镁	毫克	625	500	420	50	50	55
非植酸磷[f]	%	0.31	0.25	0.21	250	250	275
钾	%	0.19	0.15	0.13	150	150	165
钠	%	0.19	0.15	0.13	150	150	165
铜	毫克	?	?	?	?	?	?
碘	毫克	0.004	0.035	0.029	0.010	0.004	0.004
铁	毫克	56	45	38	6.0	4.5	5.0
锰	毫克	25	20	17	2.0	2.0	2.2
硒	毫克	0.08	0.06	0.06	0.006	0.006	0.006

（续）

营养素	不同采食量白壳蛋鸡的日粮营养浓度				需要量（毫克或国际单位/只/天）		
	单位	80[ab]	100[ab]	120[ab]	白壳蛋种母鸡（采食 100 克/天）[b]	白壳蛋母鸡（采食 100 克/天）[b]	褐壳蛋母鸡（采食 110 克/天）[c]
锌	毫克	44	35	29	4.5	3.5	3.9
维生素 A	国际单位	3 750	3 000	2 500	300	300	330
维生素 D_3	国际单位	375	300	250	30	30	33
维生素 E	国际单位	6	5	4	1.0	0.5	0.55
维生素 K	毫克	0.6	0.5	0.4	0.1	0.05	0.055
维生素 B_{12}	毫克	0.004	0.004	0.004	0.008	0.000 4	0.000 4
生物素	毫克	0.13	0.10	0.08	0.01	0.01	0.011
胆碱	毫克	1 310	1 050	875	105	105	115
叶酸	毫克	0.31	0.25	0.21	0.035	0.025	0.028
烟酸	毫克	12.5	10.0	8.3	1.0	1.0	1.1
泛酸	毫克	2.5	2.0	1.7	0.7	0.2	0.22
吡哆醇	毫克	3.1	2.5	2.1	0.36	0.25	0.28
核黄素	毫克	3.1	2.5	2.1	0.45	0.25	0.28
硫胺素	毫克	0.88	0.70	0.60	0.07	0.07	0.08

注："?" 表示数据缺乏；"克/天" 表示每天采食饲料克数。

a. 日采食量（克/只）。

b. 假设日粮 MEn 为 2 900 千卡/千克、产蛋率 90%。

c. 部分数据是根据白壳蛋鸡加 10%得出，因为其体重大，每天的产蛋量也可能较多。

d. 鸡不需要粗蛋白本身，但必须保证足够的粗蛋白用于非必需氨基酸的合成，建议值是根据玉米一豆粕日粮确定的，使用合成氨基酸时粗蛋白可降低。

e. 满足最大蛋壳强度的需要量可能更高。

f. 高温时的需要量可能增加。

表 2-52 生长型来航母鸡的体重和耗料

周 龄	白壳品系		褐壳品系	
	体重（克）[a]	耗料（克/周）	体重（克）[a]	耗料（克/周）
0	35	50	37	70
2	100	140	120	160
4	260	260	325	280
6	450	350	500	350
8	660	360	500	350
10	750	380	900	400
12	980	400	1 100	420
14	1 100	420	1 240	450
16	1 220	430	1 380	470
18	1 375	450	1 500	500
20	1 475	500	1 600	550

注：a. 自由采食时的平均遗传潜力。不同品系的生长速度和成熟体重可能不同。

（二）蛋鸡无公害日粮配制

1. 蛋鸡日粮配制概述 饲料配制是以最经济的方式，使蛋鸡对养分的需要和各种饲料原料的养分供给量相匹配。饲料配制通常包括5个步骤：确定目标、确定需要量、选择并特征化饲料原料、配制日粮与评定日粮质量。

首先，此处的目标可体现在最大经济效益、最大生产性能、对环境的最小影响、特定动物产品的需要、动物福利体系等。饲料配制的第二步则是确定需要量。由于许多内部因素和外部因素（如基因型、年龄、性别、预期生产水平、自然环境、社会环境和经济状况）都会影响动物对养分的需要量，所以确定某一日粮的营养水平时须考虑这些因素。此外，采食量的预测和研究同样非常重要。确定营养需要量有两种方法，常用的一种是综合法，也叫经验法，是通过实验来测定在不同条件下动物对养分供给量的反映；另一种方法是析因法，它是将动物的各种功能分开，确定每一种功能对某一养分的需要量。为确定各种条件下的营养需要量，营养学家通常同时使用两种方法。注意必须同时辅以用动物实验来验证析因法预测的公式的准确性。NRC 颁布的营养需要量基本上是使畜禽达到最佳生产性能的需要量。在某些情况下，生产性能低于最佳值可能更为经济，这时日粮中的养分含量也应低于推荐值。饲料配制的第三步是选择可利用的原料并确定其养分含量，蛋鸡对饲料养分的利用率及其生物学效价。

饲料原料质量的高低，可以通过一系列的指标加以反映，主要包括一般形状及感官鉴定，有效成分检测分析，杂质、异物、有毒有害物质的有无等。其具体认定方法如下所述。

(1) 一般性状的检查　包括外观、气味、温度、湿度、杂质和污损等，是一种粗糙而原始的检测手段。

(2) 有效成分分析

概略养分：水分、粗蛋白质、粗脂肪、粗纤维、粗灰分和无氮浸出物总称六大概略养分，是反映饲料基本营养成分的常用指标。

矿物质：在饲料中的矿物质，钙、磷和食盐的含量是饲料的基本营养指标。矿物质含量不足，比例不当，往往会引起相应的缺乏症。但如果使用过量时，就会破坏动物的正常代谢和生产过程。以上常量元素可通过常规法进行测定。

饲料添加剂：饲料添加剂包括微量元素、维生素、氨基酸等营养性添加剂和生长促进剂、驱虫保健剂等非营养性添加剂。在生产过程中，饲料添加剂用量很少，价格较高，要求严格。大部分添加剂的分析要借助于分析仪器，如紫外分光光度法和液相色谱等，有时还采用微生物生化法和生物试验的方法加以检测。

(3) 有毒有害物质的检测

霉菌毒素检测：如黄曲霉毒素、杂色曲霉毒素和棕色曲霉毒素等。

农药残留：主要为有机氯农药残留、有机磷农药残留和贮粮杀虫剂残留等。

原料自身的有毒物质：如棉籽饼（粕）中的棉酚、菜籽饼

（粕）中的异硫氰酸酯等。

铅、汞、镉、砷等重金属元素及受大气污染所附上的有毒物质：如烟尘中的3，4-苯丙芘对饲料的污染等。

某些营养性添加剂的过量使用：如铜、硒等，用量过大同样会引起蛋鸡中毒。

饲料中有害物及微生物的含量符合相关标准的要求，制药工业的副产品不应作为蛋鸡饲料原料，应以玉米、豆粕为蛋鸡的主要饲料，使用杂饼粕的数量不宜太大，宜使用植酸酶减少无机磷的用量。

饲料配制以后，可通过化学分析的方法检验日粮配制是否正确，检验指标主要包括粗蛋白、钙、磷和盐分，将分析结果与预期值进行比较即可。如果所得结果在一个可以接受的范围内，那么就可以认为完成了饲料配制的整个任务。粗蛋白可接受范围为5%～7%（如果日粮粗蛋白含量为16%，则可接受范围在15.2%～16.8%之间）；矿物质如钙、磷和盐分分析值在10%～15%范围内可接受；反之，如果结果不再这个范围内，则说明日粮配制存在问题，必须追查根源。问题可能出现在加工过程的任何一个环节：取样、混合和（或）配方，也可能在实验室分析方面。因此，送往实验室分析的样品应留一备份，供日后参考用，有些厂家将两个完全一样的样品分别送到两个不同实验室进行分析，以减少实验室误差，提高分析准确度。

2. 配合饲料分类　鸡的配合饲料可以分为三大类，即全价配合饲料、浓缩饲料和添加剂预混合饲料。其中，浓缩饲料和添加剂预混料是半成品，不能直接做饲粮。全价配合饲料是最终产品，是鸡的全价营养饲粮。

（1）全价配合饲料　全价配合饲料提供的营养能满足鸡不同生长阶段和不同生产用途的需要，其提供的营养物质包括能量、蛋白质、矿物质、粗脂肪、粗纤维及维生素等；同时，还有促生长、保健药物等添加剂类。

(2) 浓缩饲料　在全价配合饲料中，除去能量饲料即为浓缩饲料。浓缩饲料主要由三部分组成，即蛋白质饲料、常量矿物质饲料（钙、磷、食盐）和添加剂预混料。浓缩饲料是饲料加工厂生产的半成品，其突出特点是除能量指标外，其余营养成分的浓度很高。鸡的浓缩饲料一般占全价饲料的30%～40%。

(3) 添加剂预混料　添加剂预混料简称预混料，是几种或多种微量组分与稀释剂或载体均匀混合构成的中间配合产品。预混料一般包括单一型和复合型两种。单一型预混料是同种类物质组成的预混料，如多种维生素预混料、复合微量元素预混料等。复合型预混料是除蛋白质饲料之外多种原料组成的产品，3%～4%的预混料包括各种维生素、微量元素、常量元素和非营养性添加剂等；0.4%～1%的预混料不包括常量元素，即不提供钙、磷、食盐。

以上饲料种类之间的关系简示为：

蛋鸡使用

↓（维生素、微量元素、药物等添加剂和载体）

添加剂预混料

↓（加蛋白质饲料和矿物质饲料或加氨基酸）

浓缩饲料

↓（加能量饲料）

全价配合饲料

3. 饲料配方设计　配合饲粮的营养参数以饲养标准或营养需要为基础。饲养标准中所列营养素有40多个，在计算配方时，不必逐一加以计算。饲粮配方一般只计算代谢能、蛋白质、赖氨酸、蛋氨酸、蛋氨酸+胱氨酸和钙、磷的水平即可，维生素和微量元素应配制成预混物后按一定比例添加。

(1) 饲料配合的原则

科学性：就是以鸡的饲养标准为依据，考虑鸡对主要营养物质的需要，结合鸡群生产水平和生产实践经验，对饲料标准某些营养指标可用10%上下的调整。在确定适宜的能量水平时，要以饲养标准为依据，不可与标准差别太大，否则可能会降低饲料报酬。

饲料多样化：多种饲料搭配使用，可发挥各种营养成分的互补作用，提高营养物质的利用率。

安全性：制作饲料配方选用的各种饲料原料，包括饲料添加剂在内，必须注意安全，保证质量，对其品质、等级必须经过检测。饲料卫生标准代号 GB 13078—91，1991 年实施，是国家强制性标准，必须执行，否则违法。

实用性和经济性：制作饲料配方必须保证较高的经济效益，以获得较高的市场竞争力。为此，应因地制宜，充分开发和利用当地饲料资源，选用营养价值较高而价格较低的原料，尽量降低配合饲料的成本。

（2）*饲料配方的设计方法* 日粮配方设计就是通过合理的使用各种饲料原料，为蛋鸡提供在数量和比例上都能满足需要的各种营养素。由于受原料来源及价格、饲养环境及禽产品价格等因素限制，实际上不存在“最好”的饲料配方。获取最大生产性能的饲料配方，不一定就是“最佳”饲料配方。因此，根据实际情况，并运用现代营养理论，辩证地使用饲料配方，可使通过饲料厂产品所获效益在饲料厂、经销商、养殖户、消费者之间合理分配，使整个社会而不是某些人（单位）受益。

饲料配方的设计常用的方法包括试差法、交叉法、联立方程法和计算机模型法。一般养殖户可用试差法、四边形法等手算方法计算所需配方。手算配方速度较慢，随着计算机的普及应用，利用计算机进行线性规划，使这一过程大大加快，配方成本更低。这种饲料配方计算方法，仍是目前国内较普遍采用的方法之一，又称凑数法。其优点是可以考虑多种原料和多个营养指标。具体做法是：首先，根据经验初步拟出各种饲料原料的大致比例；然后，用各自的比例去乘以原料所含的各种养分的百分含量；再将各种原料的同种养分之积相加，即得到该配方的每种养分的总量。将所得结果与饲养标准进行对照，若有任一养分超过或不足时，可通过增加或减少相应的原料比例进行调整和重新计算，直至所有的营养指标都基本满足要求为止。调整的顺序为能量、蛋白、磷（有效磷）、钙、蛋氨酸、赖氨酸、食盐等。这种方法简单易学，学会后就可以逐步深入，掌握各种配料技术，因而广为利用。

现以试差法和线性规划法为例，对各类饲料配方的设计和计算方法分别予以简述。

a）试差法

全价饲料配方的设计：

第一步，找到所需资料。中国饲料成分及营养价值表、各种饲料原料的价格。

第二步，查我国生长蛋鸡饲养标准（2004）。表 2-53 列出 0～8 周龄产蛋雏鸡的饲养标准。

表 2-53　0～8 周龄产蛋雏鸡的饲养标准

代谢能（兆焦/千克）	粗蛋白质（%）	钙（%）	总磷（%）	赖氨酸（%）	蛋氨酸（%）	蛋氨酸＋胱氨酸（%）
11.91	19	0.9	0.7	1.0	0.37	0.74

第三步，根据饲料成分表查出所用各种饲料的养分含量（表 2-54）。

表 2-54　饲料的养分含量

饲料名称	代谢能（兆焦/千克）	粗蛋白质（%）	钙（%）	总磷（%）	赖氨酸（%）	蛋氨酸（%）	蛋氨酸＋胱氨酸（%）
玉米	14.06	8.6	0.04	0.21	0.27	0.13	0.18
麸皮	6.57	14.4	0.18	0.78	0.47	0.15	0.33
豆粕	11.05	43	0.32	0.50	2.45	0.48	0.60
棉仁饼	8.16	33.8	0.31	0.64	1.29	0.36	0.38
鱼粉	12.13	62	3.91	2.90	4.35	1.65	0.56
骨粉	—	—	36	16	—	—	—
石粉	—	—	36	—	—	—	—

第四步，按能量和蛋白质的需求量初拟配方。根据饲养工作实践经验或参考其他配方，初步拟定日粮中各种饲料的比例（表2-55）。

表2-55　初拟配方

饲料名称	配比（%）	代谢能（兆焦/千克）	粗蛋白质（%）
玉米	60	8.436	5.16
麸皮	10	0.657	1.44
豆粕	19	2.100	8.17
棉仁饼	5	0.408	1.69
鱼粉	3	0.364	1.86
合计	97	11.965	18.32
标准		11.91	19.0

第五步，调整配方，使能量和粗蛋白质符合饲养标准规定量。其方法是降低配方中某一饲料的比例，同时增加另一饲料的比例，两者的增减数相同，即用一定比例的某一饲料代替另一种饲料。根据比较，饲粮中代谢能比标准高0.055兆焦/千克，粗蛋白低0.68%。用能量较低和蛋白质较高的豆粕代替玉米，每代替1%可使能量降低0.03兆焦/千克［(14.06－11.05)×1%］，粗蛋白提高0.34%［(43－8.6)×1%］。可见，只要代替2%，饲粮能量和粗蛋白质均与标准接近，而且蛋能比与标准符合。则配方中豆粕改为21%，玉米改为58%。

第六步，计算矿物质和氨基酸用量（表2-56）。根据上述调整好的配方，计算钙、非植酸磷、蛋氨酸、赖氨酸的含量。对饲粮中能量、粗蛋白质等指标引起变化不大的所缺部分可加在玉米上。根据上述配方计算得知，饲粮中钙比标准低0.657%，磷比标准低0.268%。因骨粉中含有钙和磷，所以先用骨粉满足磷，需骨粉1.68%（0.268/16），1.68%可为饲粮提供钙0.60%（36%×1.68%）。这样钙尚缺0.057%，可补石粉0.16%（0.057/36）。赖氨酸含量比标准低出0.08%，蛋氨酸和胱氨酸比标准低0.452%，可用蛋氨酸添加剂来补充。原估计矿物质饲料和添加剂约占饲粮的3%，现计算结果骨粉为1.68%，石粉为0.16%，食盐为0.30%，补加蛋氨酸0.452%，维生素和微量元素添加剂为1%，总和为3.17%，比估计值高0.175。像这样的结果不必再算，可在玉米或麸皮中或二者中扣除即可。

表2-56　饲粮中钙和磷以及氨基酸含量与标准比较（%）

饲料名称	配比	钙	磷	赖氨酸	蛋氨酸	蛋氨酸+胱氨酸
棉仁饼	5	0.016	0.032	0.065	0.018	0.019
鱼粉	3	0.117	0.087	0.131	0.050	0.017
豆饼	21	0.067	0.105	0.515	1.101	1.108
麸皮	11	0.020	0.086	0.052	0.017	0.036
玉米	58	0.023	0.122	0.157	0.075	0.108
合计	97	0.243	0.432	0.920	0.267	0.288
标准		0.9	0.70	1.0	0.37	0.74
与标准比较		−0.657	−0.268	−0.08	−0.103	−0.452

第七步，列出配方及主要营养指标（表2-57）。维生素、微量元素添加剂、食盐及氨基酸计算添加量可不考虑。

表2-57　0～8周龄产蛋雏鸡的饲料配方及营养水平

饲料名称	配比（%）	营养水平	
		成　分	含　量
玉米	58	代谢能（兆焦/千克）	11.91
麸皮	10.88	粗蛋白质（%）	19.00
豆饼	21	钙（%）	0.9
棉仁饼	5	磷（%）	0.7
鱼粉	3	赖氨酸	0.92
骨粉	1.75	蛋氨酸+胱氨酸	0.74
食盐	0.37		
蛋氨酸	0.452		
维生素预混料	0.5		
微量元素预混料			0.5

浓缩饲料的配方设计：

第一步，根据鸡的不同生长阶段，设计出全价配合饲料配方（表2-58）。

表 2-58 蛋鸡产蛋期全价饲料配方与浓缩饲料配方

饲料名称	全价饲料配方（%）	34.3%浓缩料配方	40%浓缩料配方
玉米	60	—	—
麸皮	5.7	—	14.2
豆粕	21	61.3	52.5
鱼粉	2	5.8	5
骨粉	2	5.8	5
贝壳粉	8	23.3	20
食盐	0.3	0.9	0.8
1%预混料*	1	2.9	2.5

* 1%的预混料购自市场。

第二步，将配方中蛋白质饲料、矿物质饲料及其他饲料添加剂在全价饲料中的百分比相加，相加后的数值可定为配方设计的系数。将豆粕、鱼粉、骨粉、贝壳粉、食盐和1%预混料的百分数相加，即：21%＋2%＋2%＋8%＋0.3%＋1%＝34.3%。34.3%就是浓缩饲料的配制系数。用浓缩饲料中的各种原料的百分数除以系数0.343，即得浓缩饲料配方。进一步计算出浓缩料的营养水平（主要指能量和粗蛋白质）。

添加剂预混料配方的设计：

在实际生产过程中，饲料添加剂的添加量非常少，有的仅占全价饲料的万分之几。若将这些饲料添加剂直接加入配合饲料中，将导致混合不匀，费时费工。我们先分类将它们配合成添加剂预混料，稀释成浓度较低的饲料再投入全价饲料中混合。

通常情况下，添加剂预混料指维生素预混料、微量元素预混料及复合预混料。

维生素预混料的配制：根据鸡的饲养标准查出各种维生素的需要量。饲养标准中所规定的需要量仅为最低需要量。因此，将基础日粮中维生素的含量忽略不计，甚至可在饲养标准的基础上添加一定系数的维生素，以确保其活性成分含量。

例如，设计一个添加量为0.1%的产蛋鸡维生素预混料配方。

第一步，依据我国蛋鸡饲养标准（2004），列出产蛋鸡日粮各种维生素需要量（表 2－59）。

表 2－59　产蛋鸡各种维生素需要量（毫克/千克）

种类	维生素A（单位）	维生素D_3（单位）	维生素E（单位）	维生素K	维生素B_1	维生素B_2	盐酸	泛酸	生物素	叶酸	维生素B_{12}
需要量	8 000	1 600	5	0.5	0.8	2.5	20	2.2	0.1	0.25	0.004

第二步，根据维生素需要量，换算成商品原料量（表 2－60）。

表 2－60　产蛋鸡维生素预混料各种原料需要量

种类	维生素A（粉末）	维生素D（粉末）	维生素E（粉末）	商品维生素K	商品维生素B_1	商品维生素B_2	商品烟酸	商品泛酸	商品型生物素	商品叶酸	商品型维生素B_{12}	合计
规格	50万（单位/克）	50万（单位/克）	1 000（单位/克）	50%	98%	96%	99%	50%	98%	98%	1%	
商品需要量（毫克）	16	3.2	5	1	0.9	2.6	20.2	4.4	0.1	0.3	0.4	54.1

第三步，算出载体用量（1 克－0.054 1 克＝0.945 9 克），最后列出配方中各种原料需要量（表 2－61）。

表 2－61　产蛋鸡维生素预混料各种原料与载体需要量（毫克）

种类	维生素A	维生素D_3	维生素E	维生素K	维生素B_1	维生素B_2	烟酸	泛酸	生物素	叶酸	维生素B_{12}	载体
需要量	16	3.2	5	1	0.9	2.6	20.2	4.4	0.1	0.3	0.4	945.9

微量元素预混料的配制：

设计一个添加量为0.1%的产蛋鸡微量元素预混料配方。

第一步，据我国蛋鸡饲养标准（2004），列出产蛋鸡日粮各种微量元素的需要量（表2-62）。

表2-62　产蛋鸡日粮各种微量元素需要量（毫克/千克）

种　类	铜	铁	锰	锌	硒	碘
需要量	8	60	60	80	0.3	0.35

第二步，据微量元素需要量，换算出商品原料量（表2-63）。

表2-63　产蛋鸡微量元素预混料各种原料需要量

原料名称	五水硫酸铜	七水硫酸亚铁	一水硫酸锰	七水硫酸锌	五水硫酸硒	碘化钾
微量元素含量（%）	25.6	20.1	32.5	22.7	30.0	76.4
原料纯度（%）	96	98.5	98	99	95	98
商品需要量（%）	33.2	303.0	188.4	356	1.1	0.4

第三步，计算出载体用量（1 000克－0.882克＝999.118克），最后列出配方中各种原料的需要量（表2-64）。

表2-64　产蛋鸡微量元素预混料各种原料与载体需要量（毫克/千克）

原料名称	硫酸铜	硫酸亚铁	硫酸锰	硫酸锌	亚硫酸钠	碘化钾	载体
需要量	33.2	303.0	188.4	356	1.1	0.4	999.118

复合预混料的配制：将氨基酸类、维生素类、微量元素类和药物类添加剂配在一起。其方法同上。

b）线性规划法（计算机配制法）

对一个配方师而言，用计算机配制日粮快速简便。因此，线性规划就成为一种广泛使用的高效配制方法。营养师可以考虑更多的原料和更多的营养指标，也更多关注饲料配方的成本。不过有一点需要注意，计算机给出的最终信息并不可能比最原始的信息更多、更好。简单而言，计算机一方面考虑蛋鸡养分的需要量，另一方面考察饲料原料中可利用养分的含量，并将两者结合起来生成最低成本的平衡日粮。

用计算机作饲料配方的基本原理是线性规划，营养需要量＝$ax_1+bx_2+cx_3+dx_4$，其中，a、b、c、d分别代表日粮中四种原料的用量；x_1、x_2、x_3、x_4分别代表四种原料中某种养分的含量。现在，饲料配方软件已广泛用于饲料配方的设计中。配方设计软件通常可输出2种报表，其一是所用的饲料原料及其用量，同时给出了配方设计时的上、下限；其二是饲料配方的营养水平。

（三）蛋品质的营养调控

鸡蛋的品质由广泛的物理、化学及营养学特性构成，主要包括蛋重、蛋壳品质、蛋黄颜色、鸡蛋风味、鸡蛋的理化指标等。另外，对种蛋而言，孵化率也是一个重要指标。虽然影响鸡蛋品质的因素很复杂，但营养水平对蛋品质的影响举足轻重。

1. 营养与蛋重　蛋重受许多因素的影响，包括遗传、性成熟阶段、年龄、某些药剂以及营养，影响蛋重的营养因素主要是饲粮中亚油酸、能量和蛋白质水平。亚油酸是家禽必需的脂肪酸之一，参与脂肪的合成代谢，影响蛋黄形成的质量和重量，从而影响蛋重。亚油酸严重缺乏时，成年母鸡的蛋重大约只有40克。在实际饲养中，黄玉米水平低又没有添加脂肪的饲粮中，亚油酸含量可能处于边际水平。饲料能量供应充足，有利于家禽体内的蛋白质代谢，从而增加蛋重；能量供应不足，蛋重减轻，产蛋量下降。

2. 营养与蛋壳质量　据估计，全世界由蛋壳品质低劣所导致的蛋损失约为6%～8%。影响蛋壳质量的主要要营养因素是钙、磷、钠、钾、氯、锰、锌、维生素D和维生素C。钙对蛋壳的形成有重要影响，钙占蛋壳重量的38%～40%。磷与钙一样是蛋壳形成的重要成分，钙决定蛋壳的脆性，磷决定蛋壳的韧性和弹性。饲粮磷水平不足（有效磷低于0.3%）降低产蛋量和蛋壳质量，但饲粮磷水平过高（有效磷高于0.4%）也对蛋壳质量不利。

3. 营养与蛋黄颜色 消费者往往偏爱介于金黄色和橙色之间的蛋黄颜色，认为蛋黄颜色深，蛋的品质就越好。这是因为农家放养的鸡，吃了含类胡萝卜素的各种野草，蛋黄颜色通常较深。为适应市场需要，养鸡场生产的鸡蛋蛋黄颜色也应较深，蛋黄颜色很大程度上依赖于饲粮。为使蛋黄维持适度的色素沉积量和加大沉积量，就必须保证饲粮中含有足量的色素物质。

4. 营养与营养保健蛋 人们认识到利用鸡体的生物转化功能，可将人体不易吸收利用的一些微量元素转化为生物态的微量元素浓缩到鸡蛋中，以增加鸡蛋的附加价值，拓宽鸡蛋的作用和市场。目前，研制可供生产的微量元素强化鸡蛋主要有：高碘蛋、高硒蛋、高锌蛋、高铁蛋等。此外，也可能考虑生产复合微量元素鸡蛋，如硒和碘是易从饲料中富集到蛋中的两类微量元素，且两者对维护甲状腺正常机能有密切的协同作用。因此，可以考虑生产同时富含硒和碘的鸡蛋。

5. 营养与种蛋孵化率 种蛋中的养分是胚胎正常生长发育必不可少的，这些营养供应源于种鸡饲粮及新陈代谢。种鸡的营养缺乏、过量以及各种养分之间的互作对孵化率和胚胎发育具有重要影响。其中，能量、蛋白质、脂肪和脂肪酸、维生素A、维生素D、维生素E、维生素叶酸、维生素C以及矿物质钙、镁、硒、锌等对种鸡孵化率的影响尤为显著。

第三章

无公害蛋鸡安全高效饲养管理技术

一、雏鸡、育成鸡安全饲养管理

（一）雏鸡安全饲养管理规程

1. 育雏前的准备 育雏以前需要做好各项准备工作，如制定育雏计划、选择和培训育雏人员、育雏物品的准备与器具的维修等，但必须重点做好消毒和试温两方面的工作（表3-1）。

表3-1 育雏舍的消毒与试温

准备工作	方 法 与 要 求
消　毒	①育雏舍及育雏设备在上批鸡出栏后立即清扫、冲洗和消毒，使下一批雏鸡入舍前至少保持2～4周的空舍时间 ②清洗时，用高压水龙头冲洗鸡舍地面、墙壁、屋顶、门窗、鸡笼和各种用具，直至肉眼看不见污物 ③铁质平网、围栏、料槽等，晾干后用火焰喷枪灼烧消毒。 ④鸡舍消毒时，一般场区鸡舍消毒使用0.03%二氧化氯或2%火碱，剂量为1 500毫升/米^2 ⑤鸡笼用0.1%新洁尔灭、0.3%～0.5%的过氧乙酸或0.2%的次氯酸消毒 ⑥熏蒸消毒前关闭门窗，每立方米空间使用福尔马林30毫升，加入高锰酸钾20克。24小时后打开门窗排出残余气体

（续）

准备工作	方 法 与 要 求
试 温	①育雏舍在雏鸡入舍前1～2天试温，保证舍温达到育雏温度要求 ②将育雏温度调整到需要达到的最高水平（一般靠近热源处35℃，舍内其他地方最高24℃左右），观察温度是否均匀平稳，加热器的控温原件是否灵敏，温度计是否准确等。一旦温度达到要求指标时，通过排风扇调整温度，使之控制在32℃ ③采用平面育雏时，可用铁网、席子等做成围栏，每400～500只雏鸡一个。育雏2天之后，随着雏鸡日龄的增长，可将围栏的面积不断扩大，10～15天后即可移走围栏 ④接雏以前还要将饮用水加好，让水温达到室温

2. 雏鸡到达时的安置 雏鸡运到育雏地点后，在雏鸡舍里要分群装笼，合理安置。

（1）静置雏鸡 雏鸡运到育雏地点后，先将雏鸡盒数个一摞（10盒以内）放在雏鸡舍地面静置半小时左右，让雏鸡从运输的应激状态中缓解过来，同时逐渐适应鸡舍的温度环境。

（2）分群装笼 按计划容量分笼放置雏鸡，根据雏鸡的强弱和大小分别放置。体质虚弱的雏鸡放置在离热源最近、温度较高的笼层中；少数俯卧不起体质虚弱的雏鸡，则要创造35℃的环境单独饲养。经过3～5天的单独饲养管理，康复后的雏鸡即可放入大群饲养。

3. 雏鸡的饲养

（1）初饮 初生雏从温度较高的孵化器出来，在出雏室停留时间较长，或者经过长途运输都必须适时供应饮水。先饮水后开食。雏鸡到达后的第一次饮水称为“初饮”，具体见表3-2。

表 3-2　雏鸡的初饮

项　目	操作方法与要求
初饮的时间	雏鸡到达育雏舍后 1 小时之内，以维持正常食欲
饮水的配制	①糖类葡萄糖浓度为 5%，蔗糖浓度为 8% ②抗菌药物青霉素 40 万单位加水 200 毫升，高锰酸钾浓度为0.01%～0.05%。药水务必现配现用，用量必须准确
饮水的调教	饲养员轻轻握住雏鸡，手心对着雏鸡背部，拇指和中指轻轻扣住颈部，食指轻按头部，将喙部按入水盘，注意水不能没及鼻孔，然后迅速抬起鸡头，雏鸡就会吞咽进入嘴内的水。如此连续 3～4 次之后，雏鸡就会自行喝水。一个笼内只要有几只雏鸡喝水后，其余雏鸡就会跟着迅速学会喝水
饮水的温度	18～20℃的温开水，切莫饮用低温凉水
饮水器的摆放	初生雏饮水空间见表 3-3。饮水器分布均匀，高度适中，并且要放在光线明亮之处，与料盘交错摆放。平面育雏时饮水器和料盘的距离不要超过 1 米。饮水器每天清洗 1～2 次，并消毒

表 3-3　雏鸡饮水位建议空间表

饲养方式	笼　养		平　养	
周　龄	0～4	5～18	0～4	5～18
只/杯式饮水器	16	8	50	25
只/乳头饮水器	16	8	20	19
只/钟式饮水器	50（最少）		150	75
水槽/只（厘米）	1.25	2.5	1.25	2.5

（2）开食　雏鸡到达后的第一次喂料称为“开食”（表 3-4）。

表 3-4　雏鸡的开食

项目	操作方法与要求	备　注
开食时间	正常情况下，雏鸡出壳后 24～36 小时开食为宜。雏鸡开食时，应在初饮之后 2～3 小时左右	开食太早不利于卵黄的吸收，而开食晚于 48 小时可明显影响雏鸡的增重
开食饲料	①开食饲料最好用新鲜小米、玉米渣、碎大料等粒料，切不可用过细的粉料。 ②第三天改用全价饲料，既可用干料，也可用湿料，湿料中料与水的比例为 5∶1	雏鸡饲料营养要全面，饲喂量要适当。开食料要新鲜、营养全面、易消化，颗粒大小适中。不同类型雏鸡的喂料量见表 3-5

（续）

项目	操作方法与要求	备　注
开食方法	用浅而平的料盘、塑料布、报纸等放在光线明亮处，将料反复抛撒几次，引诱雏鸡啄食。鸡群中只要有少数雏鸡开始啄食饲料，其余雏鸡很快就可学会	料盘或塑料布一定要足够大，以便所有雏鸡能够同时采食。育雏第一天饲养员要多次检查雏鸡嗉囊，以鉴定是否已经开食和开食后是否吃饱
饲喂次数	最初几天，每隔3小时饲喂1次，每昼夜饲喂8次；随着雏鸡日龄增长逐步减少到春夏季每天6～7次，冬季和早春5～8次。3～8周龄时夜间不再饲喂，每天4小时饲喂1次，每昼夜4～5次	饲喂雏鸡时要少喂勤添，以刺激雏鸡食欲
料槽的更换	2～3天后应逐渐增加料槽，待雏鸡习惯料槽时，撤去料盘或塑料布。0～3周后使用幼雏料槽，3～6周龄使用中型料槽，6周龄以后逐步改用大型料槽	料槽的高度应根据鸡背高度进行调整，这样既可防止雏鸡食管弯曲，又可减少饲料浪费

表3-5　不同类型雏鸡的喂料量

周龄	白壳蛋鸡		褐壳蛋鸡	
	日耗料（克/只）	周累计耗料（克/只）	日耗料（克/只）	周累计耗料（克/只）
1	7	49	12	84
2	14	147	19	217
3	22	301	25	392
4	28	497	31	609
5	36	749	37	868
6	43	1 050	43	1 169

4. 雏鸡的管理　雏鸡的管理主要包括对鸡只精神、采食、饮水、粪便等情况的观察；对温度、湿度、光照、通风换气等环境条件的合理控制；饲养密度的调节；环境卫生的维护和日常防疫工作；雏鸡生长发育的观察和称重；生产记录的填写等。日常管理工作的好坏，是育雏成败的关键环节之一。日常管理工作应做好记录，具体见表3-6。

表 3-6　育雏育成鸡的管理记录表

日期	日龄	鸡　数（只）			喂料量	温度	湿度	备注
		期初鸡数	死亡数	淘汰数				
周合计								
周合计								
周合计								
周合计								

（1）观察鸡群　观察鸡群是日常管理工作的重要环节。只有

认真观察鸡群，才能准确掌握鸡群的动态，熟悉鸡群的情况，保证鸡只健康生长。观察鸡群的主要内容见表3-7。

表3-7 雏鸡群的观察管理

观察项目	观察内容
采食情况	鸡群采食时的动作、采食速度、采食量是否正常，是否有不采食个体等
精神状况	雏鸡是否活泼好动，精神是否饱满，眼睛是否明亮有神，有无呆立一旁或离群独卧、低头垂翅的个体
雏鸡的叫声	①鸡群在适宜温度环境下休息睡眠时可听到“啾…，啾…”的带颤音的轻、短叫声 ②“吱—吱—”的长声尖叫，往往表明雏鸡被笼具卡住 ③“唧、唧、唧”短促高声鸣叫，常常是离群雏鸡寻找伙伴的讯号 ④“吱—吱—”长声低音的鸣叫多由病、弱雏鸡发出
粪便形状与颜色	正常粪便是细短条状，呈黑绿色，末端带有白色尿酸盐，有少部分由盲肠排出的酱褐色粪便也属正常。常见异常粪便及可能原因见表3-8
雏鸡的外形外貌	①绒毛的色泽，翅、尾羽生长和绒毛脱换的情况 ②眼、鼻、嘴角及泄殖腔周围是否干净 ③嗉囊是否饱满，冠、胫、趾是否干燥、粗糙等
呼吸状况	雏鸡有无张嘴呼吸、咳嗽、甩鼻现象，呼吸有无啰音等
啄伤及异食现象	脚趾、尾部是雏鸡喜欢掐啄的部位，饲养员要注意观察。啄食其他鸡或脱落的羽毛或纸张等异物是异食症的表现

表3-8 鸡粪便异常及其致因

粪便状态	原因分析
白色糊状粪便	消化吸收不良或白痢病
黄白色稀粪	大肠杆菌、新城疫、法氏囊炎
水样稀粪	法氏囊炎、副伤寒、黄曲霉毒素或食盐中毒
暗绿色稀粪	新城疫、大肠杆菌病等
粪便带血	混合型球虫感染
肉馅样粪便	早期球合感染
白色粉末状稀粪	肾传支或钙磷比例失调、蛋白质中毒

对于病、伤鸡只，要及时捉出，放置在隔离栏（笼）内进一步观察。如果发现相同或相似病症在鸡群中蔓延扩展迅速，就必须立即请兽医诊治，以免贻误病情。

（2）温度控制 雏鸡在3～4周龄绒毛脱换成青年羽之前，需要28℃以上的环境温度。对于规模化生产的鸡场或养鸡户，可只在雏鸡生活的局部范围控制所需的温度；中小规模鸡场的育雏舍面积较小，常用煤炉、火墙、火炕等供热方式。具体见表3-9。

表3-9 雏鸡饲养的环境温度控制技术

内容	控制技术
温度的测定	①保温伞育雏，测定伞半径1/2处离地面5厘米高度处的温度 ②重叠式电热育雏笼，测定给温笼和保温笼交界处距底网5厘米高度处的温度 ③室内温度，测定离地1米高走道处的温度
温度控制程序	雏鸡的体温比成年鸡低1～3℃，对温度的反应十分敏感。不同日龄雏鸡的适宜温度参见表3-10，表中上限温度适宜夜间雏鸡休息睡眠时的要求，下限则用于雏鸡白天活动采食时应用
看鸡施温	通过观察雏鸡的行为表现而正确地掌握和控制育雏温度。不同温度条件下的鸡群表现状态见表3-11
脱温	①脱温时机。随雏鸡日龄的增加，当温度降低至室内外温差不大时，即进行脱温 ②脱温方法。脱温要逐渐进行，即用3～5天的时间逐渐撤离保温设施，防止脱温太快 ③鸡群要求。脱温应在鸡群健康无病时进行，避开免疫、转群、更换饲料等各种逆境 ④脱温天气。一般选择风和日丽的晴天 ⑤鸡舍要求。脱温后雏鸡舍要保持干燥，料槽和饮水器等设施尽量维持原貌，以减轻雏鸡的不适应感

表3-10 育雏阶段环境温度建议值

日龄	温度（℃）		相对湿度（%）
	鸡舍内	育雏器内	
0～3	28～30	33～35	70
4～7	27～29	31～32	70
8～14	26～28	29～30	60
15～21	24～26	27～28	60
22～28	22～24	25～27	55～60
29～35	20～22	22～23	55～60
36～42	18～20	18～20	55～60

表 3-11　不同温度条件下的雏鸡状态

温度状态	雏　鸡　表　现
环境温度适宜	①雏鸡精力旺盛，活泼好动，叫声轻快，食欲良好，饮水适度，羽毛光亮整洁，粪便正常 ②雏鸡分布均匀，休息时俯卧于保温伞周围或育雏笼底网上，头颈伸展，嘴贴地，有时翅膀延伸开，侧卧熟睡，无异常状态或叫声
育雏温度过低	①雏鸡拥挤到热源周围或扎堆，不敢外出采食 ②羽毛蓬乱，行动缓慢，不时发出尖锐、短促的鸣叫，不能安静休息 ③精神状态差，易导致挤压死亡
育雏温度过高	雏鸡远离热源，精神萎靡不振，匍匐地面，两翅张开，张口喘气，饮水量增加，采食量显著减少

（3）湿度控制　湿度控制的方法见表 3-12。

表 3-12　雏鸡舍湿度的监测与控制技术

项目	控　制　方　法
湿度的监测	监测湿度常用的是干湿球温度表，添加到湿球水盒的水最好是蒸馏水，也可用凉开水替代。雏鸡不同日龄适宜的湿度环境可参见表 3-10
湿度的调节方法	①在鸡舍内摆放一定数量的水盘，或在火炉等热源上放置水壶、水盆等，即可连续不断地向鸡舍内蒸发水分，保持鸡舍内比较稳定的湿度 ②在走道和四周墙壁上拉上铁丝或绳子，将湿布或湿麻袋搭在铁丝上，依靠水分持续不断的蒸发保持舍内湿度的相对稳定

（4）光照控制　合理的光照制度可以加强雏鸡的代谢活动，增进食欲，有助于钙、磷的吸收，促进雏鸡骨骼的发育，提高机体免疫力，有利于雏鸡的生长发育。

密闭鸡舍的光照时间和光照强度见表 3-13；开放式鸡舍需要考虑当地日照时间的变化而制定光照时间。我国各地各个月份的日照时数见表 3-14。开放式鸡舍在育雏前 3 天仍需 23 小时光照，育雏 4 日龄至 18 周龄，根据所在地的纬度和 19 周龄所处的自然月份，从表 3-14 中查出表中日照时数为标准以决定光照时间。4 日龄至 18 周龄的光照时数，可以由长变短至此数，也可恒定于此时数。

表 3-13　密闭式鸡舍蛋雏鸡的光照制度

日　龄	光照时间（小时）	光照强度（勒克斯）
0～2	24	30～40
3	23	30～40
4	22	20～30
5	21	20～30
6	20	20
7	19	20
8	18	20
9	17	20
10～14	16	20
15～21	15	20
22～42	14 或 14～18	20

表 3-14　开放式鸡舍光照时间推算表

周	日期	光照时间长短（小时）						0～18 周龄光照制度
纬度（北半球）		55°～50°	50°～45°	45°～40°	40°～35°	35°～30°	30°～25°	
1	1月4日	8.00	8.30	9.10	9.40	10.10	10.30	
2	1月11日	8.10	8.40	9.20	9.40	10.10	10.30	自然光照日间即可
3	1月18日	8.20	8.50	9.30	10.00	10.20	10.40	
4	1月25日	8.40	9.10	9.40	10.10	10.30	10.40	
5	2月1日	9.00	9.30	10.00	10.20	10.40	11.00	
6	2月8日	9.30	10.00	10.10	10.30	10.50	11.00	12月和1月补光照至日照时数
7	2月15日	10.00	10.20	10.30	10.40	11.00	11.10	
8	2月22日	10.20	10.40	10.50	11.00	11.10	11.20	
9	3月1日	10.50	11.00	11.10	11.20	11.30	11.30	
10	3月8日	11.20	11.30	11.30	11.40	11.40	11.40	
11	3月15日	11.50	11.50	11.50	12.00	11.50	11.50	补光照至日照时数
12	3月22日	12.10	12.10	12.10	12.10	12.10	12.10	
13	3月29日	12.40	12.40	12.30	12.30	12.20	12.20	
14	4月5日	13.10	13.00	12.50	12.50	12.40	12.30	
15	4月12日	13.40	13.20	13.20	13.00	13.00	12.40	补光照至日照时数
16	4月19日	14.20	13.40	13.30	13.20	13.10	12.50	
17	4月26日	14.30	14.00	13.50	13.50	13.20	13.00	

（续）

周	日期	光照时间长短（小时）						0～18周龄光照制度
纬度（北半球）		55°～50°	50°～45°	45°～40°	40°～35°	35°～30°	30°～25°	
18	5月3日	15.00	14.30	14.20	13.50	13.30	13.10	补光照至日照时数
19	5月10日	15.20	14.50	14.20	14.00	13.40	13.20	
20	5月17日	15.50	15.10	14.40	14.20	13.50	13.30	
21	5月24日	16.10	15.30	15.00	14.30	14.00	13.40	
22	5月31日	16.20	15.30	15.10	14.40	14.10	13.40	
23	6月7日	16.30	15.40	15.10	14.40	14.10	13.40	补光照至日照时数
24	6月14日	16.40	15.40	15.20	14.40	14.10	13.50	
25	6月21日	16.40	15.50	15.20	14.40	14.20	13.50	
26	6月28日	16.40	16.00	15.20	14.40	14.20	13.50	
27	7月5日	16.30	15.50	15.10	14.40	14.20	13.50	补光照至日照时数
28	7月12日	16.20	15.50	15.10	14.40	14.20	13.50	
29	7月19日	16.10	15.30	15.10	14.30	14.20	13.40	
30	7月26日	15.50	15.20	14.40	14.20	14.00	13.30	
31	8月2日	15.30	14.50	14.30	14.10	13.50	13.30	6月份前补光照至6月份补光照至日照时数，以后自然光照
32	8月9日	14.50	14.50	14.10	13.50	13.30	13.20	
33	8月16日	14.30	14.10	13.50	13.40	13.20	13.10	
34	8月23日	14.00	13.50	13.30	13.20	13.10	13.00	
35	8月30日	13.40	13.30	13.20	13.10	13.00	12.50	
36	9月6日	13.20	13.10	13.00	12.30	12.40	12.40	补光照至日照时数，以后自然光照
37	9月13日	12.50	12.40	12.40	12.30	12.30	12.30	
38	9月27日	12.00	11.50	11.50	12.00	12.00	12.10	
39	9月30日	12.30	12.10	12.10	12.10	12.10	12.20	
40	10月4日	11.20	11.30	11.30	11.40	11.50	11.50	自然光照
41	10月11日	10.50	11.00	11.20	11.20	11.30	11.40	
42	10月18日	10.30	10.40	11.00	11.10	11.20	11.30	
43	10月25日	10.00	10.20	10.40	11.00	11.10	11.20	
44	11月1日	9.40	10.00	10.20	10.40	11.00	11.10	自然光照
45	11月8日	9.10	9.40	10.00	10.20	10.40	11.00	
46	11月15日	8.50	9.20	9.40	10.10	10.30	10.50	
47	11月22日	8.30	9.00	9.30	10.00	10.20	10.40	
48	11月29日	8.10	8.40	9.20	9.50	10.10	10.30	
49	12月6日	8.00	8.30	9.10	9.40	10.10	10.20	自然光照
50	12月13日	7.50	8.20	9.00	9.40	10.00	10.20	
51	12月20日	7.40	8.20	9.00	9.40	10.00	10.20	
52	12月27日	7.50	8.20	9.00	9.40	10.00	10.20	

（5）饲养密度　地面平养或网上平养时，要将育雏舍用金属网、塑料网或其他材料分隔成若干个小区，每个小区饲养100～300只雏鸡比较适宜。小区面积可按表3-15的密度确定。

对于中型鸡种，每平方米要比轻型品种少养3～5只。冬季、早春、深秋季节以及天气寒冷时，每平方米可多养3～5只。夏季气候炎热、气温高、湿度大时，每平方米饲养量要减少3～5只。

表3-15　不同育雏方式的雏鸡饲养密度

周龄	饲养方式		
	地面平养（只/米^2）	网上平养（只/米^2）	立体笼养（只/米^2）
0～2	30	40	75
3～4	25	30	52
5～6	20	25	38

（6）雏鸡分群管理　见表3-16。

表3-16　雏鸡的分群管理

分群时间	分群要求	备　注
①第2周龄末 ②第4周龄末	将体重大、体质强壮的雏鸡往下层分，体重小、体质弱的雏鸡分在上层	通过加强对弱小雏鸡的管理，提高鸡群的均匀度，日常管理工作中还要注意经常性的调整鸡群

（7）通风换气　保持鸡舍内的空气新鲜是雏鸡正常生长发育的重要条件之一。鸡舍的空气质量可通过饲养员的感觉得知有害气体的含量是否超标。通风换气的具体要求见表3-17。

表3-17　鸡舍的换气量和气流速度

季节	换气量	气流速度	备　注
冬季	每千克体重0.7～1米^3/小时	0.2～0.3米/秒	①如果早晨进入鸡舍感觉臭味大，时间稍长又有刺眼感觉，表明氨气的浓度和二氧化碳含量超标，需要通风
春秋	每千克体重1.5～2.5米^3/小时	0.3～0.4米/秒	

（续）

季节	换气量	气流速度	备 注
夏季	每千克体重 5 米^3/小时	0.6～0.8 米/秒	②鸡舍内空气质量标准以人进入鸡舍内无明显臭气，无刺鼻、涩眼之感，不感觉胸闷、憋气为宜

（8）断喙　为了有效防止鸡采食时饲料的损耗和浪费以及啄羽、啄趾、啄肛等恶癖的发生，需要将鸡的喙部切短，即实施"断喙术"。断喙时间和方法见表 3-18。

表 3-18　鸡的断喙时间和方法

项　目	要　求
断喙时间	①第一次断喙在 6～10 日龄时进行 ②由于第一次断喙时总会有部分鸡断喙太轻，还有一部分体质较弱的雏鸡不宜断喙，因而对这两部分鸡需要另外进行补断，即第二次断喙，一般在 8～12 周龄进行
断喙方法	①鸡的保定。术者一手握鸡，拇指置于鸡的头部后端，食指放在咽部下方，其余三指放在胸部下方。在鸡喙进入断喙器的同时，拇指轻轻向前压迫头部，食指轻轻往后勾压咽部，使鸡的舌头自然后缩。若鸡龄较大时，可用另一只手握住鸡的翅膀或双腿 ②断喙要求。断喙器的孔眼大小应使烧灼圈羽鼻孔之间相距 2 毫米。当电热刀片切除上喙 1/2 和下喙 1/3 时，保持喙部切口紧贴刀片侧面，并在刀片上烧灼 2～3 秒钟
注意事项	①雏鸡免疫前后两天或鸡群健康状况不良时，不宜进行断喙 ②断喙前 1 天和断喙后 2 天，每千克饲料中添加 2～3 毫克维生素 K 和 150 毫克维生素 C ③术者要准确地从雏鸡鼻孔前缘至喙尖端上喙 1/2 处、下喙 1/3 处切除喙的前部 ④断喙刀片的温度要适宜，为 600～800℃。此时刀片外观呈暗红色至红色，即樱桃红色，但不发亮，若发亮则温度太高 ⑤断喙人员速度要快，以每分钟 15 只左右的鸡为宜 ⑥断喙后 3 天内供给充足饮水和饲料。观察雏鸡饮水是否正常；料槽中饲料应充足，以利于雏鸡采食，避免采食时术部碰撞槽底而导致切口流血 ⑦断喙过程中要注意断喙器的维护保养。通常断喙 600 只鸡后，将刀片卸下，用细砂纸打磨刀片，以除去因烧烙生成的氧化锈垢

（9）啄癖的防制　啄癖的防制措施见表3－19。

表3－19　雏鸡啄癖的防制方法

项　目	原　因　或　措　施
引发啄癖的原因	①鸡具有嗜红色的本能 ②当环境因素不良，如高温、空气污浊或饲养密度太大 ③饲料中蛋白质水平过低或某些矿物质（硫、氯化钠等）不足 ④光照强度过强 ⑤雏鸡体表寄生虫侵袭
啄癖的防制措施	①在发生掐啄现象的初始阶段，应认真查找原因，并将具有啄癖的鸡抓出，隔离饲养或者淘汰，以免其他鸡只效仿其恶习 ②断喙是防止啄癖有效而简单的方法，至少可以减轻其危害程度 ③饲养员要加强鸡群的巡视，降低光照强度，将窗户或灯泡涂成红色等也有一定的预防效果

（10）严格防疫　免疫是防制病毒性传染病和一些细菌性传染病最有效的方法。常见疫病的药物预防和常见疫病的预防接种详见蛋鸡健康安全控制部分。

（11）育雏效果的评价　管理人员要对育雏工作定期进行检查。检查的内容主要有鸡只成活率、平均体重和体重的均匀程度等（表3－20）。

表3－20　育雏效果的评价

评价项目	评　价　方　法
育雏期成活率	在正常情况下，雏鸡死亡曲线的高峰是在3～5日龄，从6日龄起死亡率显著下降，7日龄后只有零星的死亡现象，并多为机械性死亡。质量良好的雏鸡，整个育雏期的成活率应在98%以上
雏鸡体重的监测	第一次：称量初生重，在雏鸡入舍后开食前进行。净重除以鸡的数量，即雏鸡的平均初生重 第二次：2周龄末进行。采取随机抽样的方式，群体大时按不少于1%的比例抽取，样本数不少于100只；群体小时按5%～10%的比例抽取，最少不得少于30只鸡。逐个称取体重，计算体重平均值和变异程度 第三次：4周龄末进行。逐只称重，样本数和计算项目与第二次相同 第四次：6周龄末进行。逐只称重，样本数和计算项目与第二次相同

（续）

评价项目		评 价 方 法
体重资料的利用		一方面，每次称重后将平均体重与品种标准进行比较，以便采取相应的饲养管理措施；另一方面，每次称重后，按平均体重±10%的范围内统计出鸡数，然后得出鸡群的均匀度
鸡群均匀度	鸡群均匀度要求标准	通常要求75%～80%的鸡在平均体重±10%的范围；均匀度在80%以上的鸡群是很好的鸡群，均匀度在70%～75%的鸡群为一般鸡群，均匀度不足70%的鸡群为较差的鸡群
	鸡群均匀度差的原因	①雏鸡品质不良；②进雏前准备工作不充分；③育雏期温度、湿度不适宜、通风换气不良；④饲养密度过大；⑤平均每只鸡的料槽、水槽占有量不足；⑥断喙过度或上下喙长短差异大；⑦环境条件急剧变化；⑧疾病及寄生虫的影响；⑨饲料品质不良
	鸡群均匀度差的管理措施	①按体重大小重新组群；②对体重小的鸡尽可能地给予良好的环境；③体重小的鸡在没有达到标准体重之前，不要更换雏鸡料；④将极少数体重过小的鸡及时淘汰

（12）雏鸡的生产管理简表　雏鸡的生产管理简表见表3-21。

表3-21　雏鸡生产管理简表

周　龄		1		2	3	4	5	6
日龄（天）		1～2	3～7	8～14	15～21	22～28	29～35	36～42
适宜温度（℃）	平养	33～35	30～32	28～29	26～27	24～25	20～23	18～21
	笼养	28～29		26～27	24～25	22～23	20～21	18～21
饲养密度（只/米²）		25		25	25	25	14	14
平均每只每天耗料量（克）	轻型母雏	13.2		16.3	24.5	31.8	36.3	38.1
	中型母雏	16.0		25.4	36.3	39.4	41.3	43.1
平均每只周末体重（克）	轻型母雏	90		150	200	270	340	410
	中型母雏	110		190	280	370	470	560
管理要点		掌握好育雏环境：温度适宜；相对湿度55%～65%；光照0～3日龄到一周夜间增加人工光照，光线亮些为好；舍内通风良好；密度适当；及时分群		6～10日龄断喙			减少饲养密度，淘汰小公鸡	

（续）

周　龄	1		2	3	4	5	6
日龄（天）	1～2	3～7	8～14	15～21	22～28	29～35	36～42
防疫措施	从3日龄开始，饲料中加入0.02%痢特灵，连喂10天。7～10日龄用新城疫Ⅱ系疫苗滴鼻免疫			从15日龄起，饲料中加入氯苯胍(0.17克/千克)，连续喂至60日龄	25～30日龄用新城疫Ⅱ系苗滴鼻或饮水免疫		

（二）育成鸡安全饲养管理规程

根据育成鸡的生理特点，育成阶段的饲养管理技术关键有三个方面：第一，促进育成鸡体成熟的进程，保障育成鸡健壮的体质；第二，控制性成熟的速度，避免性早熟；第三，合理饲喂，防止脂肪过早沉积而导致鸡只过肥。

1. 育成鸡的饲养方式　育成鸡的饲养管理方式分为舍饲、半舍饲和放牧饲养三种。舍饲和半舍饲较为常见，有场地条件的鸡场可以采用半舍饲或放牧饲养的饲养方式。舍饲分为厚垫料、网上平养与笼养3种方式。

2. 育成鸡的环境条件要求及其控制　见表3-22。

表3-22　育成鸡的环境条件要求及其控制

内　容	方　法
光　照	①为控制鸡只过量采食，防止鸡体过肥超重，限制过多活动，减少啄癖发生，在生长期宜采用较低的光照强度，以5～10勒（1.3～2.7瓦/米^2）为宜 ②为控制鸡性成熟，防止鸡早产早衰，按逐渐缩短或稳定短光照制度进行控制，每天光照时间不超过12小时 ③不要经常变换光照强度，不要在红光中饲养育成鸡，否则导致产蛋量的降低并产小蛋
温度与湿度	随鸡日龄的增大，鸡舍内的温度要逐渐降低。其适宜温度为16℃左右，相对湿度为60%

（续）

内　容	方　　法
通　风	育成鸡生长速度快，产生的有害气体多，若不注意通风，很容易患呼吸道疾病。通风量为夏季 6～8 米^3/只/小时，春秋季为 3～4 米^3/只/小时，冬季为 2～3 米^3/只/小时。另外，要随着鸡的体重和日龄变化不断调整通风量
饲养密度	①群养青年鸡一般平养每群以不超过 500 只为好，9～18 周龄的育成鸡饲养密度为 10～12 只/米^2 ②笼养则每个小笼 5～6 只，15～16 只/米^2，即应该保证每只鸡有 270～280 厘米^{2}的笼位，宽度 8 厘米左右的采食和饮水位置

3. 育成鸡的饲养　育成鸡饲养质量的高低直接关系到以后的经济效益。要想蛋鸡高产，就必须重视育成鸡的培育。

（1）育成鸡的营养需要　育成鸡的营养需要通常按 7～14 周龄和 15～18 周龄两个阶段阐述，这样更符合育成阶段鸡的生理特点和生长发育对营养的需求。7～14 周龄阶段需要较高的能量、蛋白质和维生素（表 3-23）；15～18 周龄阶段饲料养分浓度可适当降低，即饲料可以“粗”一些（表 3-24）。

表 3-23　7～14 周龄阶段育成鸡的营养需要

项　目		营　养　需　求
营养需要	代谢能	11.72 兆焦/千克
	粗蛋白质	16%～16.5%
	粗纤维	小于 5%
饲料的过渡		从雏鸡料转变为育成鸡料需要 1 周左右的过渡期。换料时，应逐渐减少雏鸡料，逐渐增加育成鸡料。这样既可以减轻由转群造成的应激反应，又可以使鸡只对育成料有一个适应过程

表 3-24　15～18 周龄阶段育成鸡的营养需要

项　目		营　养　需　求
营养需要	代谢能	11.08～11.29 兆焦/千克
	粗蛋白质	14%～15%
	粗纤维	7%～8%

（续）

项目	营养需求
备注	既可以满足育成鸡的生长发育，又可以促进鸡只消化道容积的充分扩大，增强消化系统的机能。适当低一些的粗蛋白质水平可以避免鸡只性腺的过早发育，较低的能量水平和较高的粗纤维含量可以防止鸡只脂肪的过渡沉积

（2）育雏育成鸡日粮过渡　育成阶段与育雏阶段鸡只日粮的主要区别表现在雏鸡料和育成鸡料在营养成分和适口性方面的差异，饲料的更换是一个很大的转折。更换方法见表3-25。

表3-25　育成鸡日粮的过渡

时间	方法	备注
5周龄或7周龄的第1～2天	用2/3的育雏料和1/3的育成料混合饲喂	饲料的更换以体重和跖长指标为准。在6周龄末，分别检查雏鸡的体重及跖长是否达到标准。若符合标准，7周龄后开始更换饲料；若达不到标准，则继续饲喂育雏料，直到达标为止
5周龄或7周龄的第3～4天	用1/2的育雏料和1/2的育成料混合饲喂	
5周龄或7周龄的第5～6天	用1/3的育雏料和2/3的育成料混合饲喂，此后饲喂育成料	

（3）体重的测定与均匀度　具体见表3-26。

表3-26　育成鸡体重的测定与均匀度

测定项目	测定方法与要求	备注
体重测定	①轻型鸡从6周龄开始每隔1～2周称重1次 ②中型鸡从4周龄后每隔1～2周称重1次 ③称测体重的鸡只数量万只鸡按1%抽样，小群按5%抽样，但不能少于50只鸡	①抽样要有代表性。对于笼养鸡，必须在鸡舍的不同区域抽样，不同层次均要抽取，且每层笼取样数量相等 ②体重测定安排在相同时间内进行。例如，周末早晨空腹测定，称完体重以后再喂料
均匀度测定	鸡群的均匀度是指群体中体重落在平均体重±10%范围内鸡只所占的百分比。鸡群均匀度在70%～76%时为合格，77%～83%时为较好，达到84%～90%时为最好	鸡群内的体重差异较小，说明鸡群发育整齐，性成熟也能同期化，开产时间一致，产蛋高峰期高且维持时间长。在评定鸡群均匀度时，必须根据标准体重范围评价育成鸡群体的优劣，全群鸡必须均匀一致

（4）体重控制与限制饲喂　为了保持鸡群旺盛的食欲，应按时定量饲喂，净槽匀料，适时限制饲养（限饲）。所谓限制饲养就是指对育成鸡限制其营养采食量、合理降低营养物质即能量和粗蛋白质摄入的一种饲养方法（表 3－27）。

表 3－27　育成鸡的限制饲喂

项　目	方 法 与 要 求
限饲目的	①保持鸡群体重的正常增长，防止过早性成熟，提高进入产蛋期后的生产性能 ②减少采食量，降低饲养成本
限饲对象	①育成鸡的体重低于标准体重时，切不可进行限饲；轻型蛋鸡沉积脂肪的能力相对弱一些，一般不需要限制饲养 ②育成鸡体重高于标准体重或分群后的大鸡体重超过标准体重，则采用限制饲养；中型品种鸡，特别是体重偏重品种的鸡，早期沉积脂肪的能力较强，在育成阶段采取限制饲养
限饲时间	一般从 8～10 周龄开始，直到 17～18 周龄结束。
限饲方法	限制饲养的方法有限时法、限量法和限质法等不同方法，蛋鸡常用的是限量法和限质法，具体方法见表 3－28。

表 3－28　蛋鸡常用限制饲养的方法

名称	具体方法	备　注
限量法	日喂料量按自由采食的 90% 喂给	日喂料量减少 10%左右，但必须保证每周增重不低于标准体重。若达不到标准体重，易导致产蛋期产蛋量减少，死亡率增加
限质法	日粮能量水平降低至 9.2 兆焦/千克，粗蛋白质降至10%～11%，同时提高日粮中粗纤维的含量，使之达到 7%～8%	配制日粮时，适当限制某种营养成分的添加量，造成日粮营养成分的不足。例如，低能量日粮、低蛋白质日粮或低赖氨酸日粮等，减少鸡只脂肪沉积。该方法管理容易，无须断喙和称重，但鸡的体重难以控制

限饲时的注意事项：

第一，限饲前必须对鸡群进行选择分群，将病鸡和弱鸡挑选出来，此类鸡不能接受限饲，否则可能导致死亡。

第二，在整个限饲期间，必须要有充足的料槽、水槽，保证有足够的槽位让所有鸡同时采食，否则会降低鸡群的均匀度。

第三，限饲期间若有预防接种、疾病等应激发生，则停止限饲。若应激为某些管理操作所引起，则应在进行该操作前后各2～3天给予鸡只自由采食。

第四，采用限量法限饲时，要保证鸡只饲喂营养平衡的全价日粮。

第五，定期抽测称重，一般每隔1～2周随机抽取鸡群的1%～5%进行空腹称重，通过抽样称重检测限饲效果。若超过标准体重的1%，下周则减料1%；反之，则增料1%。

第六，限饲方式可根据季节和品种进行调整，如炎热季节由于能量消耗较少，可采用每天限饲，矮小型蛋鸡的限饲时间一般不超过4周。

第七，限饲期间要加强对鸡群的巡查，特别是在空槽时或限饲日，防止鸡只因饥饿而互相掐啄。

4. 育成鸡的管理

（1）转群　表3-29。

表3-29　育成鸡的转群

<table>
<tr><th>时　间</th><th>方　法</th><th>要　求</th></tr>
<tr><td>转群时间</td><td>气温不冷不热的时间段</td><td rowspan="5">①转群前必须对鸡舍及器具进行维修和清洗消毒，准备足够的育成鸡舍，配备好用具
②转群的同时应进行选择淘汰，淘汰不符合品种标准的鸡只
③冬季转群应在中午进行
④转群时，抓鸡的动作要轻柔，转群后饲养员要勤于观察鸡群的动态</td></tr>
<tr><td>转群前2～3天</td><td>饲料中各种维生素的含量要加倍，同时，可给鸡只饮用电解质溶液</td></tr>
<tr><td>转群前6～8小时</td><td>停料</td></tr>
<tr><td>转群当天</td><td>给予24小时光照，以便鸡只熟悉环境，充分采食和饮水</td></tr>
<tr><td>转群后7天</td><td>不要进行预防接种</td></tr>
</table>

（2）饲养密度　无论是平面饲养还是笼养，育成鸡都要保持适宜的密度（表3-30）。

表 3-30 育成鸡的饲养密度

饲养方式	鸡只密度
网上平养	在育成期的前几周每平方米 12 只，后几周每平方米 10 只
笼养	按照笼底面积计算，每平方米 15～16 只。雏鸡从脱温开始逐渐缩小鸡舍内的饲养密度，使整个育成期一直保持适当密度

（3）通风　育成鸡对环境的适应能力比雏鸡强，但育成鸡的生长速度快，采食量增加，呼吸和排粪量相应增多，鸡舍内的空气容易污浊。如果通风不好，则鸡只的羽毛生长不良，生长发育缓慢，整体均匀度比较低，饲料转化率下降，容易诱发呼吸道疾病。其具体的通风量见表 3-17。

（4）光照　育成鸡光照管理的两项重要原则是：光照时数应由长变短或者保持恒定；光照强度应由强变弱。密闭鸡舍光照制度的安排见表 3-13，开放鸡舍利用自然光照的鸡群其光照管理见表 3-14。

（5）预防啄癖　防治啄癖也是育成鸡管理的一个重点。育成鸡啄癖的防治不能单纯依靠断喙，应配合改善室内环境、降低饲养密度、改进日粮成分、采用 5 勒克斯光照等多项措施。对于已经断喙的鸡，在转群前应捡出早期断喙不当或捕捉时遗漏的鸡，进行补切。

（6）添喂沙砾　见表 3-31。

表 3-31 育成鸡饲料中沙砾的添喂方法

内容	方法或要求
添喂沙砾的目的	①提高鸡只胃肠的消化机能，改善饲料转化率 ②防止育成鸡因肌胃中缺乏沙砾而吞食垫料、羽毛，特别是吞入碎玻璃等现象的发生，避免对肌胃造成创伤
添喂沙砾的方法	沙砾既可以拌入日粮中，也可以单独放在沙槽内任鸡自由采食
沙砾的质量标准	沙砾要清洁卫生，添喂前用清水冲洗干净，并用 0.01%高锰酸钾消毒
添加量和粒度	①每 1 000 只育成鸡，5～8 周龄一次饲喂量为 4.5 千克，沙砾能够通过 1 毫米筛孔 ②9～12 周龄 9 千克，沙砾能通过 3 毫米筛孔 ③13～20 周龄 11 千克，沙砾能通过 3 毫米筛孔

（7）防疫 在育成阶段，青年鸡正处于生长阶段，加之实行限制饲喂等措施，容易造成饲养逆境，鸡体抵抗力较弱，常易发生一些疾病。疫苗接种工作应认真负责，免疫剂量、使用方式和时间应完全正确，最好能够监测产生抗体的滴度与均匀度。常见疫病的药物预防和常见疫病的预防接种详见蛋鸡健康安全控制部分。

（8）选择和淘汰 对鸡的选择和淘汰可结合转群进行，也可在育成期进行。选择的标准要根据体重、体形、外貌进行选择。对于经过加强饲养管理仍然达不到生产标准的鸡，以及有病、受伤、畸形鸡，应将其剔除。

（9）开产前的饲养管理要点 在育成后期开产前 10 天或当鸡群见第一枚蛋时，应该补钙，将日粮中的钙水平提高到 2%左右。其中，至少有 1/2 的钙以颗粒状石灰石或贝壳粒供给，直到鸡群产蛋率达 5%时，再将生长鸡饲料逐渐改换成产蛋鸡饲料。

在 18 周龄时，对于达不到标准体重的鸡群，将原来限饲的改为自由采食，原为自由采食的则提高日粮蛋白质和代谢能水平，以便鸡开产时尽可能达到标准。原定 18 周龄增加光照的，可推迟到 19～20 周龄。鸡群一经开始产蛋就应自由采食，直到产蛋高峰后 2 周。

（10）育成鸡的饲养管理简表 育成鸡的饲养管理简表见表 3-32。

表 3-32 育成鸡生产管理简表

周龄	日龄（天）	饲养密度（只/米^2）	平均每只每天耗料量（克）		平均每只周末体重（克）		管理要点	防疫措施
			轻型母雏	中型母雏	轻型母雏	中型母雏		
7	43～49	14	39.0	45.4	490	670	做好饲料更换工作，淘汰病、弱、小、残母雏	鸡疫苗免疫接种。饲料中添加 0.02%～0.04%痢特灵

（续）

<table>
<tr><th rowspan="2">周龄</th><th rowspan="2">日龄（天）</th><th rowspan="2">饲养密度（只/米²）</th><th colspan="2">平均每只每天耗料量（克）</th><th colspan="2">平均每只周末体重（克）</th><th rowspan="2">管理要点</th><th rowspan="2">防疫措施</th></tr>
<tr><th>轻型母雏</th><th>中型母雏</th><th>轻型母雏</th><th>中型母雏</th></tr>
<tr><td>8</td><td>50～56</td><td>14</td><td>40.8</td><td>47.6</td><td>580</td><td>790</td><td></td><td></td></tr>
<tr><td>9</td><td>57～63</td><td>8</td><td>40.8</td><td>49.9</td><td>660</td><td>870</td><td>开始控制体重，减小饲养密度</td><td>地面平养鸡要驱蛔虫，每千克体重 0.25 克驱蛔灵，拌入饲料中服用</td></tr>
<tr><td>10</td><td>64～70</td><td>8</td><td>45.4</td><td>52.2</td><td>740</td><td>970</td><td>如果 6～10 日龄未断喙可在 10～12 周龄进行</td><td>2 月龄后可用新城疫Ⅰ系苗注射免疫</td></tr>
<tr><td>11</td><td>70～77</td><td>8</td><td>49.9</td><td>54.4</td><td>810</td><td>1 050</td><td rowspan="2">强化饲养管理工作，观察鸡群、粪便的变化情况，预防球虫病的发生</td><td rowspan="2">养鸡数量多者可用Ⅱ系苗饮水或气雾免疫</td></tr>
<tr><td>12</td><td>78～84</td><td>8</td><td>49.9</td><td>56.7</td><td>880</td><td>1 130</td></tr>
<tr><td>13</td><td>85～91</td><td>8</td><td>54.4</td><td>59.0</td><td>950</td><td>1 210</td><td rowspan="2">可以适当降低饲料营养成分</td><td rowspan="2"></td></tr>
<tr><td>14</td><td>92～98</td><td>8</td><td>54.4</td><td>61.2</td><td>1 020</td><td>1 280</td></tr>
<tr><td>15</td><td>99～105</td><td>8</td><td>59.0</td><td>63.5</td><td>1 080</td><td>1 360</td><td rowspan="3">如果蛋鸡笼养，可在 17～20 周龄期间转群、上笼，一般夜间进行为好</td><td rowspan="3">4 月龄后鸡只上笼时，可再用新城疫Ⅰ系苗免疫</td></tr>
<tr><td>16</td><td>106～112</td><td>8</td><td>59.0</td><td>65.8</td><td>1 130</td><td>1 430</td></tr>
<tr><td>17</td><td>113～119</td><td>8</td><td>63.5</td><td>68.0</td><td>1 180</td><td>1 500</td></tr>
<tr><td>18</td><td>120～126</td><td>8</td><td>63.5</td><td>70.3</td><td>1 220</td><td>1 560</td><td rowspan="3">在 18、19 周可根据光照情况每月增加 1 小时。转群前对断喙不合格者再行断喙；转群时称重，测定鸡群均匀度；淘汰病、弱、小、残母雏</td><td rowspan="3">做好转群的预防应激工作，饲料中可添加土霉素和多种维生素。鸡群数量大时，可用新城疫Ⅱ系苗饮水或气雾免疫，以后每隔三个月免疫一次</td></tr>
<tr><td>19</td><td>127～133</td><td>6</td><td>68.0</td><td>72.6</td><td>1 260</td><td>1 620</td></tr>
<tr><td>20</td><td>134～140</td><td>6</td><td>68.0</td><td>74.8</td><td>1 290</td><td>1 680</td></tr>
</table>

二、产蛋鸡安全饲养管理

产蛋期一般从 21 周龄至 72 周龄，对于高产品种产蛋周龄可推迟到 76 周龄或 78 周龄。此阶段的主要任务是最大限度地减少或消除各种不利因素对蛋鸡的有害影响，为其创造一个良好的产蛋环境，充分发挥蛋鸡的生产性能，获取最大的经济效益。

（一）阶段饲养法

蛋鸡产蛋期间的阶段饲养是根据鸡群的产蛋水平和产蛋周龄将产蛋期分为几个不同的阶段，并根据环境温度的不同饲喂不同营养水平的日粮，使蛋鸡的饲养管理更能有的放矢，饲养更趋于合理并减少饲料蛋白质的消耗，提高蛋鸡养殖的经济效益（表 3-33）。

表 3-33　产蛋鸡的阶段饲养法

<table>
<tr><th colspan="2">方　法</th><th>营 养 要 求</th></tr>
<tr><td colspan="2">两阶段饲养法</td><td>以 50 周龄为界将产蛋期划分为两个阶段
①50 周龄以前，日粮蛋白质水平控制在 16%～17%
②50 周龄以后，日粮蛋白质水平控制在 14%～15%，但应注意钙水平的提高</td></tr>
<tr><td rowspan="2">三阶段饲养法</td><td>根据产蛋水平的高低分段饲养。</td><td>①产蛋率低于 65%为第一阶段，饲料中的蛋白质水平为 14%
②产蛋率介于 65%～80%为第二阶段，饲料中的蛋白质水平为 15%
③产蛋率高于 80%为第三阶段，饲料中的蛋白质水平为 16.5%</td></tr>
<tr><td>根据年龄大小分段饲养。</td><td>①20 周龄到 42 周龄为第一阶段，饲料中的蛋白质水平为 18%
②43 周龄到 62 周龄为第二阶段，饲料中的蛋白质水平为 16.5%～17%
③63 周龄以后为第三阶段，饲料中的蛋白质水平为 15%～16%</td></tr>
</table>

按产蛋水平高低分段饲养和根据年龄分段饲养，蛋鸡日粮饲料配方分别见表 3-34 和表 3-35。

表 3-34　产蛋率高低分段饲养法饲料配方示例

饲料种类	比例（%）			营养成分	含量（%）		
	一阶段（产蛋率<65%）	二阶段（产蛋率 65%～80%）	三阶段（产蛋率>80%）		一阶段	二阶段	三阶段
玉米	64.5	60.5	61.0	代谢能（兆焦/千克）	11.49	11.48	11.48
豆饼	11	15.5	20.0				
麸皮	11	6.5	4.0	粗蛋白质	14.23	15.33	16.65
进口鱼粉	2	3	4	钙	3.20	3.37	3.53
国产鱼粉	3	2	1	有效磷	0.47	0.54	0.53
骨粉	1.5	2	2	蛋氨酸	0.30	0.34	0.34
贝壳粉	7	7	7.7	蛋氨酸+胱氨酸	0.50	0.55	0.57
食盐	0.3	0.3	0.3	赖氨酸	0.71	0.77	0.86
微量元素	0.2	0.2	0.2	色氨酸	0.20	0.21	0.22
多维素	0.04	0.04	0.04				
蛋氨酸	0.07	0.1	0.1				

表 3-35　年龄大小分段饲养法饲料配方示例

饲料种类	比例（%）			营养成分	含量（%）		
	一阶段(20～42 周龄)	二阶段(43～62 周龄)	三阶段(63 周龄以后)		一阶段	二阶段	三阶段
玉米	59	60	16	代谢能(兆焦/千克)	11.57	11.46	11.46
豆饼	21	19	20.0	粗蛋白质	18.20	17.10	16.29
麸皮	4.5	6	4.0	钙	3.40	3.51	3.63
进口鱼粉	6	5	4	有效磷	0.55	0.56	0.54
骨粉	2.0	2.0	2	蛋氨酸	0.34	0.34	0.30
贝壳粉	7	7.5	8	蛋氨酸+胱氨酸	0.62	0.55	0.53
食盐	0.3	0.3	0.3	赖氨酸	0.99	0.90	0.84
微量元素	0.2	0.2	0.2	色氨酸	0.24	0.23	0.22
多维素	0.04	0.04	0.04				
蛋氨酸	0.06	0.06	0.06				

1. 产蛋前期的饲养管理　产蛋前期母鸡的繁殖机能旺盛，

一方面，要迅速提高母鸡的产蛋率，大致每周增加20%～30%；另一方面，母鸡的平均体重每周要增加30～40克，蛋重每周增加1.2克左右。因此，产蛋前期的饲养管理对于产蛋鸡极为重要，这一时期饲料营养水平必须满足产蛋需求，每日每只鸡需要供给优质蛋白质18克，代谢能1.26兆焦。具体的饲养管理方法见表3-36。

表3-36　产蛋前期母鸡的饲养管理

项　目	方　法　与　要　求
日粮过渡	鸡群的产蛋率达到5%时，逐渐将育成后期的饲料更换成产蛋鸡料，且换料要与增加光照时间配合进行
光照管理	对于体质健壮、达标、均匀度良好的鸡群，光照增加快一些，否则增加速度放慢。密闭式鸡舍光照增加速度以每周0.5～1小时为宜；开放式鸡舍采用自然光照辅助人工光照，可参照表3-15
体重监测	产蛋前期定期称量母鸡的体重。若发现体重低于鸡种推荐标准的下限或超过推荐标准上限10%时，需及时采取相应措施，以维持鸡只良好的体况
调笼与分群	经常调整鸡群。①将体重较轻、冠髯较小且颜色不够红润的母鸡从鸡群中挑出，集中安置在中上层靠近光源处饲养。②必要时单独增加日粮的蛋白质水平，使其快速生长发育，提早产蛋
蛋重测定	母鸡开产后蛋重的增加具有一定的规律性，若平均蛋重达不到品种标准，往往是营养不足的结果，必须及时调查产生的原因，并及时纠正
啄癖的防治	产蛋前期是脱肛、啄肛，进而发展成为啄癖的易发时期。为防止啄癖，应采取综合措施：①控制营养，避免蛋重过大，使蛋能够顺利产出。②保证鸡的饲料和饮水，不能长时间空槽和断水。③保持鸡舍的安静环境，使鸡安静产蛋。④保持适宜的光照强度。⑤合理通风，注意鸡舍空气清新。⑥合理进鸡，保证适宜的饲养密度

2. 产蛋高峰期的饲养管理　一般将蛋鸡开产后产蛋率达到80%以上的时期称为产蛋高峰期。现代蛋鸡的产蛋高峰期很长，一般可达6个月或更长。高峰期的产蛋率与全年的产蛋量呈强的正相关，因而必须想方设法提高高峰期母鸡的产蛋率，并且维持产蛋高峰期的时间，以提高鸡群的产蛋量（表3-37）。

表 3-37 母鸡产蛋高峰期的饲养管理

管理措施	方法或要求
满足产蛋鸡所需的环境条件	①营养要满足产蛋与增重的需要。每日每只鸡进食粗蛋白质，轻型鸡17～18克，中型鸡19～20克；轻型鸡的代谢能不低于1 225千焦，中型鸡不低于1 381千焦 ②保证饲料质量的相对稳定。特别是日粮蛋白质、钙、磷、维生素A、维生素 D_3、维生素E等的含量 ③定期检查体重和蛋重。每周检查鸡群的体重、蛋重，有助于及时了解营养状况的管理条件
保持稳定的饲养制度	①产蛋期间每天的喂料时间、捡蛋时间、清粪时间等作业程序必须严格按照制度进行，切不可随意颠倒顺序或忽早忽晚 ②饲养员要相对稳定，不能轻易更换，以免对鸡群产生不良应激
尽量避免应激反应	高峰期的产蛋有一定规律，在高峰期产蛋率一旦下降就难以恢复。在日常管理中，要特别注意避免产蛋鸡产生严重的应激反应，饲养管理的操作程序要稳定，避免饲料、疾病、天气突变和严重惊吓等应激因素的发生

3. 产蛋后期的饲养管理 当鸡群产蛋率下降到80%以下时，就应逐渐转入产蛋后期的饲养管理（表3-38）。

表 3-38 产蛋后期母鸡的饲养管理

项目		方法或要求
饲养管理的目标		使产蛋率尽量保持缓慢的下降，且要保证蛋壳的质量
饲养管理的主要措施		①给蛋鸡提供适宜的环境条件，保持环境的稳定 ②对产蛋高峰过后的鸡进行限制饲养 ③蛋鸡淘汰前2周将光照时间增加到18小时
限制饲养	限饲时间	一般在产蛋高峰期过后2周
	限饲方法	①质的限饲。控制日粮能量和蛋白质水平，一般能量摄入量可以降低5%～10%，蛋白质水平降至12%～14%。日粮中钙的配比增加到3.6%，高温（33℃）时可提高到3.7%，一般不宜超过4% ②量的限饲。以减少不超过正常食量的10%为最适宜
	限饲目的	①维持蛋鸡适宜的体重，利于发挥生产潜力 ②降低饲料成本

（二）产蛋鸡季节管理

不同季节的温度、湿度等环境因素有很大差别，为了减轻环境变化对母鸡产蛋量的不良影响，蛋鸡不同季节的饲养管理应采取相应的措施（表 3－39）。

表 3－39　蛋鸡的季节管理要点

季节		管理要点
春季	管理原则	管理的重点是防止气温突然变化给鸡群所造成的不良影响，同时必须加强卫生防疫管理
	采取措施	①根据产蛋率的变化情况，及时调整日粮的营养水平，使之适合产蛋变化时鸡只的营养需求 ②防止因刮大风、倒春寒等现象造成鸡舍温度发生剧烈变化和鸡舍内气流速度过急引起的冷应激。在注意保暖的同时要适当通风换气，根据气温高低和风向决定开启窗户的次数 ③在初春时节对鸡场进行一次大扫除，并进行一次彻底的环境消毒工作 ④笼养时，要及时清除鸡笼下面的鸡粪，以减少疫病发生的机会 ⑤在鸡场周围种植树木和花草，在鸡舍周边种植攀缘植物，为夏季的防暑工作打好基础
夏季	管理原则	夏季管理的核心工作是防暑降温，并保证蛋鸡营养的足够摄入
	采取措施	①鸡舍房顶建筑材料采用隔热材料，鸡舍向阳面和房顶涂成白色，鸡舍内装有吊棚。尽量减少鸡舍所受到的辐射热和反射热 ②在鸡舍周围种植遮阳树木、攀缘植物，搭架遮阳凉棚 ③在每天中午 12 点至下午 3 点，向鸡舍屋顶、外墙及附近地面喷洒凉水 ④采取纵向通风，使鸡舍内的平均气流速度达到 1 米/秒以上，加强鸡舍内热量的排出 ⑤当温度超过 30℃时，采用湿帘和喷雾降温法 ⑥保证足够的饮水器和清洁的清凉饮水 ⑦降低鸡的饲养密度，一般笼养鸡可以减少 20%左右 ⑧密闭鸡舍从上午 10 点到下午 5 点关灯停饲，让鸡只休息，进行夜间饲喂 ⑨根据鸡群采食量的变化及时调整日粮营养水平，每千克日粮能量降低 0.209～0.418 兆焦。饲料中添加 1%～1.5%的贝壳粉、牡蛎粉等 ⑩在日粮中添加抗热应激的添加剂，例如可用 3%～5%的油脂代替日粮部分能量饲料，增加鸡只的净能摄入量 ⑪在饲料中添加 0.03%的维生素 C 或者 0.5%的碳酸氢钠、1%的氯化铵，同时，可以在饮水中添加补液盐等，以缓解热应激反应 ⑫调整饲喂方法，可采用两头饲喂法。在早晨天亮后 1 小时和傍晚后两个采食高峰期进行饲喂，有条件者也可以进行半夜加料 ⑬适当提高日粮蛋白质水平，例如代谢能为 11.30 兆焦/千克，粗蛋白质 18.4%，蛋氨酸 0.45%，蛋氨酸＋胱氨酸 0.91%，赖氨酸 0.85%。 ⑭及时清除鸡粪

（续）

<table>
<tr><th colspan="2">季 节</th><th>管 理 要 点</th></tr>
<tr><td rowspan="2">秋季</td><td>管理原则</td><td>注意气温变化，防止鸡舍温度突然降低；注意人工补充光照；同时，要注意消灭蚊子和苍蝇等</td></tr>
<tr><td>采取措施</td><td>①对开放式鸡舍，注意补充人工光照，防止鸡群发生换羽。对于处于产蛋后期开始换羽的母鸡，进行一次选择和调整，尽早淘汰换羽和停产较早的鸡只
②在当年小母鸡尚未开产、老母鸡已经停产或产蛋率很低时，进行疫苗接种或驱虫，避免影响产蛋量
③早秋天气闷热，降水量较大，鸡舍内湿度较高，白天要加强通风；深秋昼夜温差较大，做好防寒保暖工作，适当降低鸡舍的通风换气量，避免冷空气侵袭鸡群而诱发呼吸道疾病
④入冬前进行一次大扫除和大消毒，搞好环境卫生，消灭各种有害昆虫，清理其越冬的栖息场所</td></tr>
<tr><td rowspan="2">冬季</td><td>管理原则</td><td>防寒保暖，一般要求鸡舍温度不低于10℃；防止贼风侵袭，避免冷空气直接吹向鸡体。必要时，可以采取供暖措施。在保持鸡舍温度的前提下，进行合理的通风换气。在饲料调配上，适当提高饲料的能量水平等</td></tr>
<tr><td>采取措施</td><td>①入冬前要维修鸡舍，保持屋顶、门窗、墙壁等的密闭性能，所有窗户钉上透明度好的塑料薄膜，以利于防寒。鸡舍门上挂上棉门帘，鸡舍屋顶铺设稻草、麦秸等。在鸡舍内用塑料布加吊顶棚
②淘汰过于瘦弱的鸡只，尽量将其余鸡只调整到上、中层集中饲养
③人工补充光照，总的光照时间不少于16小时
④在保温的同时注意通风换气，选择每天中午温度升高、风力较小的时间通风换气，将南面向阳的窗户打开，每天2～5次，每次10分钟
⑤调整日粮营养，提高日粮能量水平，每千克日粮能量增加0.083～0.209兆焦
⑥适当增加鸡群的喂料量，其增加量相当于温和季节日喂料量的10%左右</td></tr>
</table>

（三）产蛋鸡常见问题分析与解决办法

1. 低产鸡群的饲养管理特殊措施

（1）低产鸡群的特征　低产鸡群的特征见表3－40。高产鸡与低产鸡的外貌和生理特征见表3-41。

表3-40　低产鸡群的表现特征

类　型		①已经停产；②病弱；③伤残鸡
特征	精神状态	精神不太活泼，反应不灵敏，叫声不太宏亮，鸡群个体大小不均匀
	鸡冠	①鸡冠普遍小而干燥，不鲜艳，但有的鸡群鸡冠过大、鲜红 ②停产鸡鸡冠苍白或者发绀、萎缩等
	腹部特征	①触摸腹部有的过大，有的干瘪 ②耻骨间距小（2指左右），耻骨末端弹性差 ③肛门干燥
	生产性能	生产性能低，产蛋率一般为60%～75%，蛋重比正常少5～10克
	采食量	每天100克左右，饲料报酬极差

表3-41　高产鸡与低产鸡的区别

身体部位	高产鸡	低产鸡
头部	清秀，冠和肉垂发育充分，大而鲜红，细致，喙短而微弯	鸡冠和肉垂小，粗糙，萎缩，颜色苍白，喙长，窄而直
胸部	胸宽而深，向前突出	胸部突而浅，胸骨短或弯曲
体躯	背部长而宽，腹部柔软，容积大，胸骨末端与耻骨间距4指以上	背部短而窄，腹部硬实，容积小，胸骨与耻骨间距3指或3指以下
耻骨	耻骨软而薄，耻骨间距3指以上	耻骨厚而硬，耻骨间距3指以下
褪色部位	褪色部位多而彻底，转变为白色	褪色部位少而不彻底，有黄色素
肛门	肛门大而松弛，湿润	肛门干燥萎缩

（2）低产鸡群的饲养管理措施　对于低产鸡群的管理，应该尽量创造适宜的环境条件，供给充足的营养。管理当中多次进行淘汰，做好疾病的防治工作，提高鸡群整体产蛋水平。具体管理措施见表3-42。

表 3-42 低产鸡群的饲养管理措施

管理途径		采取措施或方法
创造适宜的环境条件	温度	①夏季采取有效防暑降温措施，保证最高舍温不超过 30℃ ②冬季加强保温隔热，避免晚上舍温低于 8℃
	光照	光照时间 16 小时；光照强度 15～20 勒克斯；光照制定稳定
	通风	保持适量通风换气，避免舍内有害气体和尘埃超标
	环境	保持舍内安静和工作程序稳定，减少环境应激
供给鸡只充足的营养	保持旺盛食欲	每天让鸡吃完饲料，经常保持旺盛的食欲，避免料槽长期存料而导致饲料变质和挑食引起的饲料浪费
	提高鸡体的免疫力	在日粮中按应激状态添加维生素，以增加鸡体的消化吸收能力，提高鸡体的免疫力
	提高饲料营养成分水平	提高饲料中其他营养成分水平，适当增加各种微量元素、蛋氨酸和赖氨酸用量
使用中草药增蛋剂		可在饲料中添加中药促蛋散、促卵 1 号等，帮助恢复卵巢和输卵管功能，促使产蛋上升
多次淘汰	采用“一记二摸”多次淘汰法淘汰低产鸡群 “一记”是做记号，每天下午 5～6 时收蛋一次，收蛋前用粉笔在料槽上记上每个鸡笼产蛋数，连记 5～6 天 “二摸”是摸有没有鸡蛋，在做好记号后，第二天早上鸡蛋未产出前，逐一触摸产蛋少的鸡笼里的鸡有无鸡蛋，挑出没有鸡蛋的鸡淘汰掉 淘汰后观察 2～3 周，看产蛋变化情况可确定是否再淘汰，用同样方法经多次淘汰，可以提高饲料转化率，增加效益	
疾病防治	加强卫生管理，注意消毒，做好免疫接种和药物防治工作，减少疾病发生	

2. 产蛋量异常的原因分析 在饲养管理正常的情况下，整个鸡群的产蛋具有一定的规律性。如果发现产蛋量突然下降，必须尽快查找原因，及时采取相应的措施，以避免造成更大的经济损失。引起鸡群产蛋量异常的原因主要有以下几方面：

一是日粮中的营养成分发生明显变化。例如，日粮的饲料组成成分突然改变，或者饲料发霉变质。

二是供水系统发生故障，造成长时间供水不足或缺水、断水。

三是饲养员或者作业操作程序发生较大变动。

四是鸡群受到突然声响的刺激，受到人或者动物的干扰而受惊。

五是光照程序或光照强度突然发生变化，如夜晚忘记关灯等。

六是接种疫苗或饲喂药物不当，引起鸡只的副作用。

七是鸡群患病，如非典型性新城疫、传染性支气管炎以及减蛋综合征等。

3. 热应激的调理 蛋鸡常见的应激因素、对鸡的影响以及缓解方法见表 3-43。

表 3-43 蛋鸡热应激的调理

项目	因素	特征
常见的应激因素	温度、免疫、饲料变更、营养缺乏、惊吓等	采食量降低，产蛋率下降，死亡率上升等。其中，表现最突出的是热应激对鸡的影响
热应激对鸡的影响	实际生产中，环境温度一般在20～34℃。温度每增加1℃，采食量减少1.0～1.5克/天；从32～36℃，温度每升高1℃，采食量降低4.2克/天	环境温度升高，鸡采食量下降。采食量下降导致进食的能量、蛋白质、微量营养素等都相应减少，而鸡本身对营养素的需要并没有减少，应通过提高日粮的能量和蛋白质来满足需要。同时，还要注意饮水量
缓解热应激的措施	①给鸡群进行喷雾降温，一般喷雾后可降低3℃左右 ②减小鸡群的密度 ③饲料中补充维生素C、维生素 B_2、维生素 B_{12}、泛酸、生物素和钾、钙、磷、镁、钠等，可以帮助应激状态下代谢能正常进行	

4. 蛋鸡啄癖的防制 引发蛋鸡啄癖的原因、预防途经以及发生啄癖后的处理措施见表 3-44。

表 3-44 蛋鸡啄癖的防制

项　目	原 因 或 措 施
引发蛋鸡啄癖的原因	①鸡的嗜红性本能会驱使它去掐啄有外伤鸡的伤口，也会掐啄其他鸡翻脱出的肛门 ②有的鸡因缺镁、锰或缺硫，也会掐啄别的鸡 ③饲料中盐分过低 ④饲养密度太大 ⑤光照强度过强 ⑥舍内温度过高 ⑦鸡舍通风不良 ⑧鸡对掐啄行为有迅速的模仿反应，个别鸡的掐啄很快会被许多鸡所模仿，以致这种现象在鸡群中迅速蔓延
预防啄癖的途径	①断喙。 ②控制光照强度及其均匀度 ③日粮中含有可利用的纤维素和盐分 ④保持舍内良好的环境条件
发生啄癖后的处理措施	①采用间歇式光照制度 ②将普通玻璃灯泡换成红色灯泡

5. 降低鸡蛋破损率的饲养管理方法

（1）破损蛋产生的原因　在蛋鸡生产中，鸡蛋的破损经常发生。破损蛋的产生与鸡只自身状况、饲料营养水平、外界环境、饲养管理技术、仪器设备等多种因素有关（表 3-45）。

表 3-45 母鸡破损蛋产生的原因

因 素		原 因 与 影 响
鸡只自身状况	品种与品系	蛋壳强度受遗传的影响，不同品种、品系之间有一定的差异。一般褐壳蛋破损率低于白壳蛋，高产鸡的破损率高于低产鸡
	周　龄	随着周龄的增长，蛋重也逐渐增加，蛋的表面积增大，蛋壳的相对重减少，因而蛋壳变薄，强度降低，破损率也随之增高
	健康状况	多种疾病对蛋壳的质量都有影响。例如，减蛋综合征、传染性支气管炎、输卵管炎等疾病，都会使蛋壳变薄，甚至产软蛋

（续）

<table>
<tr><th colspan="2">因　素</th><th>原 因 与 影 响</th></tr>
<tr><td colspan="2">饲料营养</td><td>①饲料中钙、磷和维生素 D_3。日粮中钙的含量以3%～4%为宜，总磷含量 0.45%～0.6%，维生素 D_3 不低于 500 国际单位
②饲料中锰的浓度不应低于 20 毫克/千克</td></tr>
<tr><td colspan="2">外界环境</td><td>鸡舍的温度对蛋壳的影响很大，炎热季节蛋壳要比其他季节薄 5%左右</td></tr>
<tr><td rowspan="3">饲养管理水平</td><td>人员责任心</td><td>人员责任心是最主要的因素。在捡蛋、码放、搬运、过秤等操作时的不规范操作，将增加蛋的破损率</td></tr>
<tr><td>操作程序与工具</td><td>饲养密度过大、捡蛋次数少、蛋托蛋箱质量不良等因素，均会增加蛋的破损率</td></tr>
<tr><td>随意变更作业程序</td><td>饲养管理作业程序的突然变更，鸡舍环境不宁静等影响鸡安静产蛋，或改变产蛋姿势等因素都会增加蛋的破损</td></tr>
<tr><td colspan="2">仪器设备</td><td>设备的完好状况对鸡蛋破损率影响很大。例如，滚蛋网坡度过大（大于 10°）时，鸡蛋从笼里滚出的速度过快，撞击力大，将增加蛋的破损率。滚蛋网坡度小于 7°时，蛋在笼里不易滚出来，导致被鸡踩坏或啄破</td></tr>
</table>

（2）降低破损蛋的主要措施　在饲养管理过程中，认真做好各方面的饲养管理工作是降低鸡蛋破损率的基础，同时还要采取以下措施：

第一，选择蛋壳品质好的品种与品系。

第二，自己配料时，要严格按照饲养标准配制日粮，保证饲料的品质，并应搅拌均匀，防止添加剂变质失效。

第三，高温季节要采取有效的防暑降温措施，并适当提高营养物质的浓度，特别是钙、磷、维生素 D_3 等。

第四，老鸡淘汰后，要彻底检修笼具设备，平时则应经常检查笼具设备的情况，损坏、变形时要及时修复。

第五，保持鸡舍环境的安静，防止鸡只惊群。

第六，产蛋高峰期蛋多时，要增加捡蛋次数。

第七，在滚蛋网内侧加一层薄的塑料泡沫垫，有助于降低破损率。

第八，在做捡蛋、码蛋、装箱、过秤、运输等工作时，动作要轻柔。

第九，下午最后一次添料时，添加一些颗粒状贝壳粉或石粉，可使鸡只在夜间保持足够的血钙浓度，有利于蛋壳的形成。

第十，对产蛋后期的鸡采取强制换羽措施，重新开产后蛋壳质量将得到大的改善。

三、蛋种鸡安全饲养管理

（一）种母鸡饲养管理

1. 蛋用种鸡的生产指标 饲养种鸡的目的主要是繁殖尽可能多的合格种蛋，并使这些种蛋的受精率与孵化率提高，孵出的雏鸡体质健壮。现代蛋用种鸡的生产性能见表 3 - 46。

表 3 - 46 蛋用种鸡的性能指标

项　目	轻型蛋用种鸡	中型蛋用种鸡
20 周龄体重（千克）	1.37	1.66
70 周龄体重（千克）	1.78	2.24
入舍母鸡产蛋数（枚）	250	250
入舍母鸡产种蛋数（枚）	210	205
平均入孵蛋孵化率（%）	87	83
入舍母鸡产母雏数（个）	86	85
每天每只耗料量（克）	114	124
存活率（%）	90～94	90～94

注：每天耗料量包括 9%种公鸡在内。

2. 饲养方式和饲养密度 种用母鸡的饲养方式见表 3 - 47；饲养密度与饲养方式和鸡的体形大小等密切相关，表 3 - 48 给出了不同饲养方式下的饲养密度，可供参考。

表 3-47　种用母鸡的饲养方式

饲养方式	饲　养　方　法
全地面垫料平养	①种鸡养在地面垫料上，自然交配繁殖，5 只母鸡配一个产蛋箱 ②饮水设备采用大型吊塔式饮水器或安装在鸡舍两侧的水槽 ③喂料设备采用吊式料桶或料槽，机械喂料可用链式料槽、弹簧式料盘、塞索管式料盘等
离地网上平养	种鸡养在离地约 60 厘米的铝丝网或竹（木）条板上，自然交配繁殖。供水及喂料设备与全地面平养方式相同
网平混合饲养	鸡舍两侧在离地约 60 厘米高处用铝丝网或竹（木）条板，中间为垫料地面，约占 1/3 面积。自然交配繁殖，设备同全地面平养方式
笼养人工授精	种母鸡养在产蛋种鸡笼中，种公鸡养在种公鸡笼里，采用人工授精方式获取种蛋，这是我国多数蛋种鸡场普遍采用的饲养方式
种鸡小群笼养	笼子规格不同，饲养种鸡数也不同。较为常见的笼子规格为：笼长 3.9 米，宽 1.94 米，养 80 只母鸡和 8～9 只公鸡。采用自然交配，种蛋从斜面底网滚到笼外两侧的集蛋处，不用配产蛋箱

表 3-48　不同饲养方式下蛋种鸡产蛋期的饲养密度（米/只）

种鸡类型	地面平养		网上平养		网平混合		笼养（人工授精）	
轻型蛋鸡	0.19	5.3	0.12	8.3	0.16	6.3	0.045	22
中型蛋鸡	0.21	4.8	0.14	7.1	0.19	5.3	0.045～0.050	22～20

3. 饲粮营养标准　表 3-49 给出了海赛克斯褐父母代种鸡产蛋各阶段日粮的营养组成，可供参考。

表 3-49　海赛克斯褐父母代种鸡日粮的建议营养水平

营 养 成 分	17～40 周	40～60 周	60 周以后
粗蛋白质（%）	18	17～18	16～17
代谢能（兆焦/千克）	12.0	12.0	11.6
粗纤维（最小量，%）	2.5	2.5	2.5
粗脂肪（最小量～最大量，%）	3～7	3～7	3～7
亚油酸（最小量，%）	1.4	1.4	1.2

（续）

营养成分	17～40周	40～60周	60周以后
矿物质			
钙（%）	3.4～3.7	3.6～3.9	3.8～4.0
可用磷（最小量，%）	0.40	0.37	0.36
钠（最小量，%）	0.15	0.15	0.15
氯（最小量，%）	0.16	0.16	0.16
氨基酸的总需要量			
蛋氨酸（%）	0.40	0.38	0.35
蛋氨酸＋胱氨酸（%）	0.72	0.70	0.66
赖氨酸（%）	0.85	0.80	0.75
色氨酸（%）	0.18	0.18	0.17

4. 饲喂技术 不同喂料方式的饲喂技术不同，具体见表3-50。产蛋期间应保证种鸡群有充足的清洁饮水。每只鸡对饮水槽位的需要量见表3-51。

表3-50 种用母鸡的饲喂技术

喂料方式	饲喂技术	备注
机械自动喂料	每日喂4～6次，以保证鸡基本吃完当天喂给的饲料	①开产到40周龄的产蛋高峰期不要限饲，保证满足种鸡高产的营养需要 ②喂料及匀料速度要慢，随时捡出料槽中的霉变料块等 ③将鸡的体重尽量稳定在鸡种要求范围内。在产蛋前期，防止体重偏低，在后期要防止体重过大、鸡体过肥
人工喂料	①每天喂2次，下午所喂饲料应在第二天早晨喂料时仍有薄薄的一层；上午喂料时，应在槽中基本无料后进行 ②饲养员每天至少匀料4次，促使鸡多采食，尤其是从开产至产蛋高峰期匀料次数相对较多效果更好，利于提高鸡的产蛋率	

表3-51 蛋种鸡所需的饲槽槽位和饮水槽位

品种	饲槽槽位（厘米）	饮水槽位（厘米）
小型来航鸡	8.2	1.3
普通来航鸡	9.4	1.9
中等体形鸡	10.6	2.2

5. 不同饲养方式的鸡群管理　不同饲养方式鸡群的管理见表3-52。

表3-52　不同饲养方式的鸡群管理

饲养方式	管理措施
全地面垫料饲养	①保持垫料的清洁和干燥，保证种鸡的健康 ②防止地面蛋。地面蛋通常较脏，另外破损率较高，易造成经济损失。破损蛋在幼龄鸡群不可超过2%，在老龄鸡群中不可超过3% ③配备足够数量的产蛋箱，产蛋箱不足可造成母鸡在地面上产蛋。产蛋箱应保持幽暗，在鸡舍中横向放置
条板—垫料地面饲养	①防止地面蛋。在鸡开始产蛋时，饲养员要训练鸡在产蛋箱中产蛋。刚开始不要铺过多的垫料，待日后逐渐增加 ②垫料区通风。在炎热的夏天，不要用板状材料围住垫料区两侧的挡板，应使用金属网，以增加空气的流通 ③预防鸡在条板上产蛋。饲养员在开产前打开产蛋箱，对鸡进行诱导，避免在条板上产蛋
全条板地面饲养	①防止鸡群惊飞。用重量较轻的金属网或尼龙丝网每隔一定距离横向悬挂于鸡舍中，防止鸡在舍内随意飞翔 ②产蛋箱的高度。条板地面鸡舍中产蛋箱的底部离条板近一些，防止母鸡产"地面蛋" ③防止鸡体重超标。鸡的饲养密度大，活动量较小，容易导致体重增加。管理过程中实施限制饲喂显得更为重要
金属网地面饲养	①金属网丝应粗、绷紧并应支撑良好以使其平整，否则影响种鸡的交配而使受精率降低 ②金属网眼大小为2.5厘米×5厘米。网的放置应使网眼的槽径沿鸡舍的纵向。金属网应用12.5#金属丝，方格形金属网用14#金属丝，以保持金属网的平整，使鸡群分布均匀 ③金属网地面的斜度。倾斜金属网地面常采用焊接金属网，一个方向的金属丝总在另一个方向的金属丝之上。网的放置要使上面的金属丝沿鸡舍的横向。金属网有一定斜度，有利于鸡的配种，受精率较高

6. 笼养种鸡的管理　种鸡笼养时有两种交配形式，即自然交配和人工授精（表3-53）。

表 3-53 笼养种鸡的管理

<table>
<tr><th colspan="2">交配方式</th><th>管理方法</th></tr>
<tr><td rowspan="2">自然交配</td><td>鸡笼大小</td><td>①390 厘米×194 厘米
②91 厘米×61 厘米，每笼养 1 只公鸡和 10～15 只母鸡的鸡笼
③122 厘米×91 厘米，每笼养 2 只公鸡和大约 25 只母鸡</td></tr>
<tr><td>笼子放置</td><td>①笼子的长边应向外放置，笼底斜向鸡笼背侧的集蛋处，外侧安装食槽和饮水器
②在鸡笼背侧最好建造一只大产蛋箱，产蛋箱和鸡笼等长。产蛋箱的笼底金属网下方设置一用铰链安装的木板</td></tr>
<tr><td colspan="2">人工授精</td><td>减少种公鸡的饲养量，充分利用种用价值高的优秀公鸡，降低公鸡的饲养成本。对人工授精人员进行技术培训，保证人工授精的质量</td></tr>
</table>

7. 种蛋的管理 饲养种鸡的唯一目的是生产大量能够孵出高质量雏鸡的种蛋，且种蛋的生产应尽可能经济而又不影响雏鸡的质量。种蛋的管理见表 3-54。

表 3-54 种蛋的管理

<table>
<tr><th colspan="2">管理项目</th><th>管理方法或要求</th></tr>
<tr><td colspan="2">种蛋的收集</td><td>一般种鸡场在种鸡日产蛋率达到 5%以后的第 4 周开始收集种蛋。现代蛋种鸡的开产日龄提前，一般在 25 周龄后即开始收集种蛋</td></tr>
<tr><td rowspan="7">种蛋的选择</td><td>基本原则</td><td>通过感官和透视法，将双黄蛋、破壳蛋、脏蛋、皱壳蛋和薄壳蛋全部拣出，单独放置</td></tr>
<tr><td>受精率</td><td>选自正确制种、生产性能和繁殖性能优良，经实施系统疫免程序的健康种鸡，种蛋的受精率应达到 90%以上</td></tr>
<tr><td>新鲜程度</td><td>①种蛋保存时间愈短，对胚胎生活力的影响愈小，孵化率也愈高。一般以产后一周为合适，以 3～5 天为最好
②2 周内的种蛋还可以保持一定的孵化率。超过 2 周时，孵化率降低，孵出的雏鸡软弱</td></tr>
<tr><td>形状和大小</td><td>①种蛋形状以接近卵圆形为佳，过长、过圆、两端或一端尖形的异形蛋均不能作孵化用，双黄蛋不宜作种蛋用
②鸡蛋重量以 55～65 克为宜</td></tr>
<tr><td>蛋壳颜色</td><td>种蛋颜色应符合本品种的要求</td></tr>
<tr><td>蛋壳结构</td><td>致密均匀，厚薄适度。蛋壳厚度在 0.33～0.35 毫米之间孵化率最高。蛋壳表面粗糙，皱纹、裂纹的蛋，孵化率降低，不适合作种蛋</td></tr>
</table>

（续）

管理项目		管理方法或要求
种蛋的选择	蛋的清洁度	蛋壳表面应光洁，无污点
	蛋的透视	凡有裂纹、气室过大、蛋黄上浮、散黄及蛋内有异物（如血斑、肉斑）的蛋，都不能入孵
防止破蛋		①管理人员必须仔细认真，尽量减少蛋的搬动 ②从产蛋箱至孵化器这段时间，种蛋的破蛋率不可超过2% ③搬运种蛋时应特别小心，要尽可能避免震动，以防止种蛋气室松弛
保持蛋的清洁	脏蛋的处理	对脏蛋的处理应在熏蒸之前在鸡舍内进行，用软布在干燥状态下将其擦净
	降低脏蛋率的措施	①频繁收集种蛋。种鸡平养时，每天收集种蛋4～6次；种鸡笼养时，每隔2小时就应拣蛋1次 ②每天产出的种蛋都应及时收集，产出再晚也不能留在产蛋箱中过夜

（二）种公鸡饲养管理

雏鸡的质量是由种用母鸡和公鸡共同决定的，尽管公鸡的数量远远少于母鸡，但在遗传上却担负了50%的作用。特别是在自然交配的情况下，即使一只公鸡不良，也会影响一定比例的母鸡产蛋的种用价值。因此，对种用公鸡的饲养管理绝对不能忽视。

1. 种公鸡的选择和培育

（1）小公鸡的选择　特别适用于人工授精的公鸡群（表3-55）。

表3-55　小公鸡的选择方法

选择次数	选择时间	选择方法
第一次选择	6～8周龄	①选留个体发育好、冠髯大而鲜红的小公鸡 ②淘汰外貌有缺陷，如胸骨、腿部和喙弯曲，嗉囊大而下垂，胸部囊肿者

（续）

选择次数	选择时间	选择方法
第二次选择	17～18周龄	选留发育良好、体重符合品种标准、腹部柔软、按摩时有性反应（翻肛、交配器勃起和排精）的公鸡
第三次选择	20周龄	根据精液品质和体重进行选留。淘汰排精量很少和不排精的公鸡
备注	若全年实行人工授精的种鸡场，应留有15%～20%的后备公鸡和补充新公鸡	

（2）**小公鸡的培育** 小公鸡的培育方法见表3-56。

表3-56 小公鸡的培育方法

周龄	饲养方式	光照时间	备注
6～8周龄前	公母雏混群平养或笼养	—	①笼养时密度要适宜，不能太大 ②严格按照鸡种要求饲养管理，每周称重，及时按体重情况调整饲喂方案 ③可将超重和低重小公鸡分开饲养
9～17周龄	公母分群饲养，有条件者最好平养	恒定在8小时，到育成后期每周增加半小时直至光照为12～14小时	
17～18周龄	单笼饲养	—	

2. 公母鸡比例 繁殖种鸡群中公鸡过多或者过少都会降低受精率。公母鸡适当的比例取决于种鸡类型和饲养方式。不同饲养方式时，公母鸡的适宜比例见表3-57。但开始饲养时，公鸡所占比例应稍高于表中数值，因为在育成过程中部分公鸡将被淘汰。

表3-57 繁殖种鸡群公母比例

蛋鸡类型	每100只母鸡所需公鸡数（只）		
	全垫料平养	条板（网）—垫料平养	笼养（人工授精）
轻型鸡	8	9	3～5
中型鸡	9	10	3～5

3. 种公鸡的营养 目前对种公鸡的营养并没有统一的标准，一般都使用母鸡饲料。因为在平养条件下，公母鸡混群饲养，难

以分别实施公鸡和母鸡的单独饲喂；在笼养条件下也是以母鸡的饲料为基础，在种用期间适当提高日粮蛋白质和维生素的含量（表 3-58）。

表 3-58 种公鸡的营养需要

饲养阶段	营养需要	备注
小公鸡	日粮代谢能为 11.3～12.1 兆焦/千克，蛋白质含量在育雏期为 10%～18%，育成期为 12%～14%	维生素和微量元素可参考母鸡的饲养标准
配种期种公鸡	①代谢能 10.88～12.1 兆焦/千克，蛋白质为 11%～12%的日粮 ②钙的用量为 1.0%～3.7%，磷的用量为 0.65%～0.8%，饲养实践中建议钙的用量为 1.5%	如果种用期间采精频率高，可采用 12%～14%的蛋白质日粮，若氨基酸平衡则无需再加任何动物性蛋白质饲料
说明	各育种公司提出的维生素需要量均高于 NRC 标准，实际生产中适当调整即可。一般情况下，维生素 A 为 2 000 万国际单位/吨饲料，维生素 E 为 30 克/吨饲料，维生素 B_1 为 34 克/吨饲料，维生素 B_2 为 8 克/吨饲料，维生素 C 为 150 克/吨饲料	

4. 种公鸡的管理 种公鸡的管理方法见表 3-59。

表 3-59 种公鸡的管理方法

管理项目	管理方法与要求
单笼饲养	繁殖期间人工授精的公鸡必须单笼饲养，否则由于应激反应而影响精液品质
温 度	成年公鸡在 20～25℃环境下可产生理想的精液。夏季高温天气时必须采取有效的降温措施，以提高公鸡精液品质
湿 度	育雏期湿度为 65%～70%，从第 2 周开始调节为 55%～60%
光 照	①从育成期至育成后期（17 周龄以后），光照时间维持每天 8 小时的恒定光照 ②育成后期以后，每周增加 0.5 小时光照，直至 12～14 小时 ③光照强度 10 勒克斯以上即可维持公鸡正常的繁殖机能
体重控制	每月检查体重一次，以保证繁殖期公鸡的健康和产生优质精液。凡体重降低幅度在 100 克以上的公鸡，应暂停采精和延长采精间隔（5～7 天采精 1 次），并另行饲养

（续）

管理项目	管理方法与要求
断喙、剪冠与断趾	①公鸡与母鸡同时断喙，一般在6～9日龄进行。断喙有助于减少啄癖，并减少育雏和育成期的伤亡 ②自然交配时公鸡必须断趾，即断内趾及后趾第一关节，以免配种时抓伤母鸡 ③为防止鸡冠冻伤或笼养时被鸡笼挂伤或用作标记，公鸡可在1日龄剪冠。但炎热地区不宜剪冠。以便进行散热

5. 提高种蛋受精率的措施 提高种蛋受精率的具体措施见表3-60。

表3-60 提高种蛋受精率的措施

方法	措施
配种期种公鸡的淘汰	在配种期间，任何劣等公鸡都应及时淘汰。一只失去配种能力的公鸡只有被淘汰后，原来与其配种的母鸡才会接受其他公鸡配种
防止公鸡受伤	①管理人员应给公鸡配备充足的料槽和水槽，尽量避免食槽、饮水设备等可能给公鸡带来的损伤 ②食槽和饮水器的放置应便于公鸡由下面钻过或绕过，以免公鸡跳越时挂伤鸡腿 ③捉鸡时，应小心捉握鸡的两腿或两腿一翅，避免只捉一只腿时造成公鸡的永久性伤害 ④垫料和条板上不应有尖锐物，以免刺伤公鸡
圈内公鸡的更换	当某些圈内公鸡淘汰率高时，必须从公鸡多余的圈内另行补充。一般在天黑前1小时放入圈内
加强公鸡运动	①加强公鸡的运动，以防止腿部软弱无力，影响配种 ②平养时，可用食槽促使公鸡大量运动，因为公鸡必须跳起来才能从食槽中吃到饲料 ③每天下午可将粒料撒在垫料上以诱使公鸡扒食，也是一种有益的运动
诱使公鸡配种	为防止母鸡因公鸡不离开条板而得不到交配现象的发生，可于每天下午在垫料上撒些整粒谷物，诱使公鸡离开条板进行觅食，随之在垫料上进行交配
公鸡不宜强制换羽	如果种母鸡因故实行人工强制换羽，要将公鸡隔离饲养，不要实施换羽，否则对公鸡以后的受精能力有不良影响

（三）种鸡群的净化及强化免疫

1. 生物学隔离　种鸡的生物学隔离方法见表 3-61。

表 3-61　种鸡的生物学隔离方法

隔离方法	实 施 要 求
鸡场场址的选择	①种鸡场应完全隔离，远离其他养禽场、城市和乡村 ②祖代鸡场和父母代鸡场均应采用全进全出制，不能与商品代鸡场交换人员和材料 ③谢绝参观，特别是在 48 小时内接触过其他鸡场的人员
进入鸡场人员的消毒	①进入种鸡场的人员必须淋浴（包括药浴），进入鸡舍前必须换鞋和新的工作服，洗手和戴帽 ②离开鸡舍时，要再次洗手和更换衣服。在鸡舍内外所穿工作服的颜色应相同 ③种鸡场的管理人员和工人不得在家饲养家禽或其他玩赏鸟类，不得接触其他家禽
鸡场贮藏室要求	鸡舍和用于存放蛋盘、垫料、饲料等物品的贮藏室应设有防鸟、防鼠、装置。每次应使用新的蛋盘和蛋箱垫料，不可重复使用
车辆的消毒	①进入鸡场的车辆应反复冲洗车体，车轮要过消毒池，按指定路线行使，并停放于指定位置 ②饲料运输车在运输之前 24 小时内不得与其他鸡场接触
物料的消毒	①进入鸡场的物料，可冲洗的应在入口冲洗，并用药液浸泡，净水冲洗晾干后进入 ②不可冲洗的在入口处除去外包装，运往熏蒸室熏蒸消毒 ③饲料中不含沙门氏菌，进入鸡舍前也应进行熏蒸消毒
废弃物处理	妥善处理死鸡和其他废弃物，不得造成污染

2. 种鸡场的检测与疾病净化　种鸡场鸡群的疾病和免疫效果应通过适当方法进行检测和控制，对于一些通过种蛋垂直传播的疾病，更应定期检测，淘汰阳性反应个体甚至鸡群，提高种源的质量（表 3-62）。

表 3-62　种鸡场鸡群的疾病的检测和控制

检测途径	检　测　方　法
眼睛观察	饲养员应注意观察鸡群行为，如果发现精神不振、不爱活动、眼睛流泪、呼吸道声音异常、拉稀、发育不良等异常情况的鸡只，应尽快报告兽医，并对症状进行进一步的观察处理
数据观察	对饲料和饮水量、种鸡增重情况、产蛋和死亡率等指标应进行精确记录，并注意比较分析，以便于尽早发现疾病或其他异常情况
剖　检	鸡场兽医对通过眼睛观察和数据记录认为有发病可能的鸡只进行剖检。既要剖检自然死亡的鸡，又要剖检淘汰鸡
实验室监测	在实验室进行细菌或病毒培养，以找出病原。注意保证样品的干净，防止交叉污染，以免导致诊断错误
血清学监测	①了解雏鸡中母源抗体的种类、水平和均匀度，特别是新城疫和法氏囊炎的抗体情况 ②了解种鸡本身的免疫效果 ③确认种鸡中有无通过种蛋传染到下一代鸡的疾病，达到净化该类疾病的目的

3. 接种疫苗　严格按照免疫程序做好各种疫苗的接种工作，确保种鸡后代具有较高的母源抗体，提高雏鸡的抗病力。

（四）鸡的人工强制换羽技术方案

1. 强制换羽前鸡群的整顿　鸡群的整顿方法见表 3-63。

表 3-63　强制换羽前鸡群的整顿方法

整顿项目		整　顿　方　法
挑选鸡群		淘汰体质虚弱以及有病的低产鸡，只选留第一产蛋周期中生产性能好、体质健壮的鸡只进行换羽。鸡群中已经自然换羽的鸡，也应一并挑出单独饲养，不再施行强制换羽
免疫接种		在实施强制换羽的前1～2周，要根据当地疫病的流行情况，对选留鸡只进行新城疫等免疫接种
整顿鸡群	鸡群的抽样调查	将选留的鸡只随机抽样称重，抽样数量为群体的2%～5%。其目的是调查鸡群体重的分布状况，为下一步的分群做好准备

（续）

整顿项目		整　顿　方　法
整顿鸡群	调整鸡群	①根据鸡群平均体重的分布状况，将鸡只分为若干个小群体，同类鸡安置在同列笼内，以便掌握不同的停料或喂药时间 ②分群数量应根据鸡群体重的均匀度确定，体重均匀度高（大于75%）的鸡群，可将鸡群按体重大小分为大、中、小三个类群；体重均匀度低的鸡群（小于75%），按体重大小分为最大、较大、中等、较小等四个类群。具体分组要根据鸡群的具体情况确定

2. 饥饿法强制换羽　饥饿法强制换羽的具体实施方法见表3-64。

表3-64　饥饿法强制换羽的方法

项　目		方　　法
饥饿期的管理	断水	在饥饿期开始时实施，除炎热的夏季外都可施行。一般断水时间最多为3天，具体使用时间依当时鸡群的情况而定
	停料	在断水的同时停止给料。停料的天数应根据鸡只体重降低的情况而定，要求体重降低25%～30%
恢复供料程序		第一天每只鸡给料30克，以后逐日增加10克左右。当增至100克后，便可任鸡自由采食。所饲喂饲料的蛋白质含量不低17%，且含硫氨基酸应占日粮0.7%，有助于旧羽毛的脱换和新羽毛的生长
光照管理		①在停止水、料的当天，应将光照时数由原来的每天16小时左右减至6～8小时，直至完全恢复饲喂时 ②恢复饲喂后，光照时数以每周2小时的速度递增。一般当增至16小时即可，恒定地维持到第二产蛋期结束之时

3. 化学法强制换羽　在经过挑选和免疫的鸡群日粮中，按2.5%的比例加入氧化锌，或按4.0%的比例加入硫酸锌。当鸡采食高锌日粮后食欲急剧下降，采食量显著减少，2～3天后日采食量降至20克左右。高锌日粮持续饲喂7～8天，鸡的体重大约会降低25%左右。如果体重下降不足25%，可以继续饲喂高锌日粮。当鸡群体重下降25%时，就应停喂含锌日粮，然后改喂蛋鸡高峰料。在饲喂高锌日粮期间不必停水。

化学法强制换羽法恢复供料的程序、饲喂含锌日粮时期的光照程序与饥饿法类似。

4. 几种强制换羽的方法 强制换羽的方法较多，不同的鸡场可根据鸡群和市场的具体情况而采用合理的技术方案。常用的强制换羽方法有普通强制换羽方法（表3-65）、快速强制换羽方法（表3-66）、慢速强制换羽方法（表3-67）、强制换羽综合法（表3-68）以及常规强制换羽方案（表3-69）等，以供参考。

表3-65 普通强制换羽方法

换羽第几天	饲　料	饮水	光　照
1～10	绝食（饲喂贝壳粒）	自由饮水	开放式鸡舍停止人工补充光照；密闭式鸡舍光照时间8小时
11～30	自由采食高粱、小麦、碎玉米	自由饮水	
31天以后	自由采食产蛋鸡料	自由饮水	恢复至原来的14～16小时光照

表3-66 快速强制换羽方法

换羽第几天	饲　料	饮水	光　照
1～10	绝食（饲喂贝壳粒）	自由饮水	开放式鸡舍停止人工补充光照；密闭式鸡舍光照时间8小时
11天以后	自由采食产蛋鸡料	自由饮水	恢复至原来的14～16小时光照

表3-67 慢速强制换羽方法

换羽第几天	饲料	饮水	光　照
1～10	绝食	自由饮水	开放式鸡舍停止人工补充光照；密闭式鸡舍光照时间8小时
11～38	自由采食高粱、小麦、碎玉米	自由饮水	
39天以后	自由采食产蛋鸡料	自由饮水	恢复至原来的14～16小时光照

表3-68 强制换羽综合法

时间（天）	饮水	喂料	光　照	饲料种类	备注
1～3	停	停	停止人工光照		撤去遮光用具
4～12	给	停	停止人工光照		
13	给	30克/鸡/日	停止人工光照		

（续）

时间（天）	饮水	喂料	光　　照	饲料种类	备注
14	给	60 克/鸡/日	停止人工光照		
15	给	90 克/鸡/日	停止人工光照		
16	给	自由采食	恢复人工光照，以每周 1 小时幅度增加至光照时间 17 小时	青年鸡料	撤去遮光用具
38 天后	给	自由采食		蛋鸡料	

表 3-69　常规强制换羽方案

第几天	饲　　养	饮水	光照
1	停喂	停水	8 小时
2	停喂	停水	8 小时
3	4.5 千克/100 只鸡	给水	8 小时
4	停喂	停水	8 小时
5	同第三天	给水	8 小时
6	停喂	停水	8 小时
7	同第三天	给水	8 小时
8	停喂	停水	8 小时
9	同第三天	给水	8 小时
自第 10 天至 55～60 天	恢复限制饲喂，大约为自由采食量的 75%	给水	8 小时
61	自有采食	给水	14～16 小时

第四章

无公害蛋鸡安全生产环境及净化

一、无公害蛋鸡安全生产环境

无公害蛋鸡安全生产的养殖环境条件是从鸡的饲养生态环境入手，通过对鸡场周围及鸡舍内的生态环境因子严格监控，要求具备生产无公害产品的基础条件。

蛋鸡安全生产养殖环境条件总体考虑以下因素：鸡场空气质量、饮水质量和土壤质量等均应符合标准；在规模化、集约化蛋鸡生产基础上，进行场内设计；严格执行《绿色食品　动物卫生准则》，保证蛋鸡健康和蛋鸡生产环境卫生，以及保证蛋鸡及其产品对人体无害的一切措施；产地环境质量必须符合 NY/T391《绿色食品　产地环境技术条件》和《养禽场卫生条件》的要求及其配套法规。

（一）鸡场建设原则与布局

1. 场址选择原则　选择场址时必须认真调查研究，根据经营方式、生产特点、饲养管理方式的具体特点，对鸡场性质、饲养规模、地形地势、水源、土质以及居民点的配置、交通、能源、产品的就近销售，当地的自然、社会条件，鸡场废弃物的处理等条件进行全面综合考虑，在充分论证的基础上做出科学的决策。

无公害蛋鸡安全生产场址选择原则见表 4－1，蛋鸡每天饮用水量可参见表 4-2，无公害家禽饮用水水质标准见表 4-3。

表 4-1　无公害蛋鸡安全生产场址选择原则

原　则	内　　容
场址选择原则	①地形方正，地势要高燥、平坦或稍有一定的坡度有利 ②充分了解当地年平均气温、最高气温、最低气温、土层冻结深度、常年主导风向、月份的日照时数等气候信息资料 ③土质状况良好，未被生物、化学、放射性物质污染过，土壤类型以沙壤土和壤土为最好 ④水量充足、水质优良，满足场内饮用和其他生产、生活用水需要 ⑤一般距居民点 2 千米以上，种鸡场要远离城市 15 千米以上，距其他家禽场 10 千米以上，最少不能少于 5 千米 ⑥交通方便，路基坚固，路面平坦，排水性好，雨后不泥泞；距铁路干线 1 千米以上，距公路干线航运河道 500 米以上，距普通公路 300 米以上 ⑦供电、通信条件充足、稳定

表 4-2　每只鸡每日大约耗水量（毫升）

周　龄	环境温度	
	21℃	32℃
1	30	30
2	60	90
3	90	200
4	130	270
5	170	360
6	220	420
7	250	460
8	290	470

表 4-3　无公害家禽饮用水水质标准

项　目	标准值
色（度）	不超过 30
浑浊度（度）	不超过 20
臭和味	不得有异臭和异味

（续）

项　目	标准值
肉眼可见物	不得含有
总硬度（毫克/升）	≤1 500
酸碱度	6.4～8.0
溶解性总固体（毫克/升）	≤2 000
氯化物（毫克/升）	≤250
硫酸盐（毫克/升）	≤250
总大肠菌群（个/100毫升）	1
氟化物（以F^-计）	2.0
氰化物（毫克/升）	0.05
总砷（毫克/升）	0.2
总汞（毫克/升）	0.001
铅（毫克/升）	0.1
铬（六价）（毫克/升）	0.05
镉（毫克/升）	0.01
硝酸盐（以N计）（毫克/升）	30

2. 鸡场的综合规划和布局　蛋鸡安全生产鸡场的综合规划和布局原则见表4-4。

表4-4　鸡场的综合规划和布局原则

原　则	内容及要求
鸡场综合规划原则	①以人为先，污为后，按人、鸡、污的顺序排列 ②充分利用地形等自然条件，有效地利用原有的道路、供水、供电线路及原有的建筑物 ③从无公害安全生产养殖环境着手，全面考虑粪便污水的处理和利用 ④节约用地，少占耕地 ⑤平面规划中，还应包括绿化内容 ⑥要有长远规划，给今后的发展留有余地
鸡场总体布局原则	①根据蛋鸡生产工艺流程建立最佳生产联系和卫生防疫条件，合理安排各区位置 ②着重解决风向、地形和各建筑物间距 ③考虑人员的工作、生活集中场所和环境保护，并杜绝污染源对生产环境污染的可能性

某蛋鸡场平面布局示意图如图4-1所示。

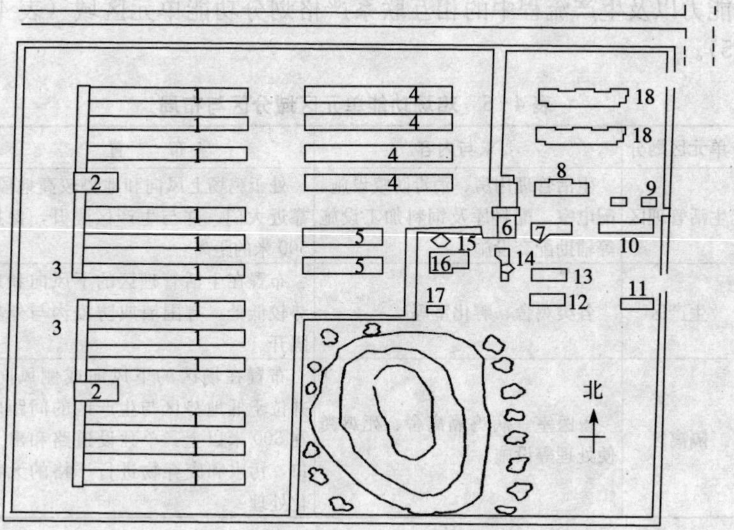

图 4-1 某蛋鸡场平面布局示意图

1. 蛋鸡舍 2. 集蛋间 3. 集蛋走廊 4. 育成鸡舍 5. 育雏舍 6. 消毒间 7. 食堂 8. 办公室 9. 传达室 10. 车库 11. 配电间 12. 病鸡急宰间 13. 机修间 14. 鸡笼消毒间 15. 水塔 16. 锅炉房 17. 水井 18. 职工宿舍

3. 鸡场功能分区与单元区域合理布局 鸡场应按各类建筑物组成的单元功能要求、地形、主导风向（图 4-2）、鸡群防疫

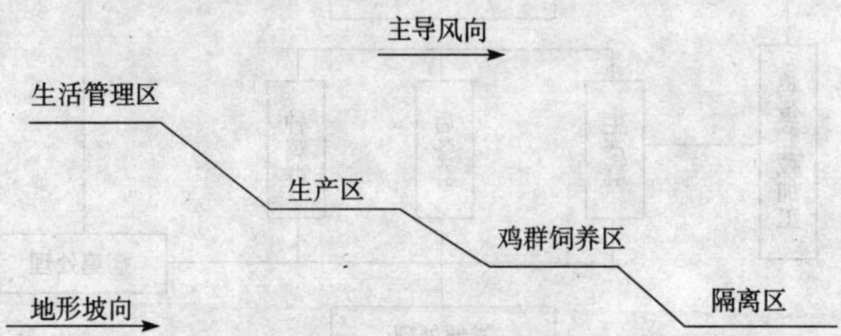

图 4-2 地势、主风向分区配置示意图

注：主导风向与地形坡向相反时，以主导风向为主、地形坡向为辅来进行布局，减少高处场区与鸡舍对低处场区与鸡舍的影响。

能力以及生产流程中的相互联系严格划分功能单元区域（表 4-5）。

表 4-5 鸡场功能单元区域分区与布局

单元区划分	要求与内容	布置
生活管理区	生活管理用房、消毒防疫设施、配电室、配料库及饲料加工设施等辅助配套设施	处于鸡场上风向和地势较高地段，靠近大门，并与生产区隔开，保持500米的距离
生产区	各类鸡舍、孵化室等	布置在生活管理区的下风向和地势较低处，有围墙或防疫沟与外界隔开
隔离区	兽医室、病鸡隔离舍、死鸡粪便处理等设施	布置在场区的下风向或侧风向，并位于低地势区与生产区的间距应在300米以上。单独设道路和出入口，污水和废弃物进行严格的无害化处理

各类建筑物之间的功能关系如图 4-3 所示。

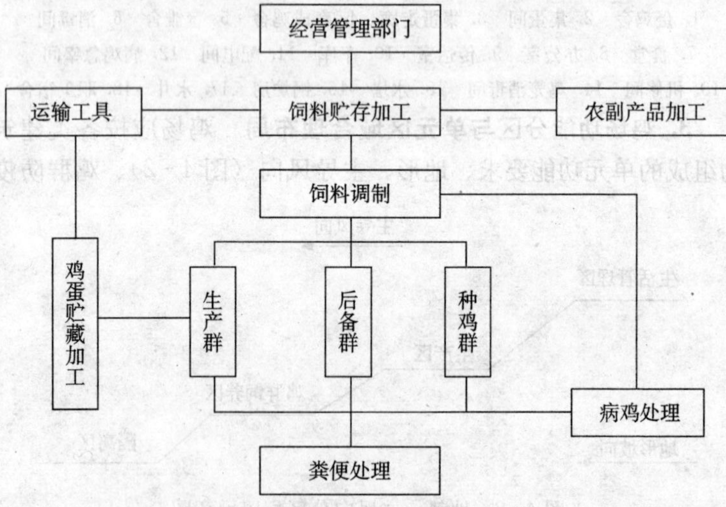

图 4-3 鸡场各类建筑物之间的功能关系

4. 鸡舍布置原则 根据蛋鸡生产工艺流程顺序和管理要求

布置育雏舍、育成舍、成鸡舍。育雏区布置在上风向，产蛋鸡舍布置在偏下风向，育雏、育成区域与蛋鸡饲养区域间距应在150米以上。兽医室、隔离室、死鸡污粪处理设施，必须安排在生产区下风向。同时，还要考虑鸡舍的排列，朝向及间距等因素对蛋鸡生产的影响。鸡舍布置原则见表4-6。

表4-6 鸡舍布置原则

因素	内容与要求
排列	一般横向成排（东西方向），纵向成列（南北方向），左右、前后错开排列，需注意平行的原则，四栋以内一行排列，四栋以上两行排列
朝向	根据当地的地理位置、太阳辐射等来确定，适宜的朝向要满足鸡舍日照、温度和通风的要求。一般采取南北向方位。允许作一些朝向上的调整，以南北向偏东或偏西10°～30°为宜
鸡舍间距	①按蛋鸡生产的采光需要，鸡舍间距以保证在冬至日上午9时至下午3时，达6个小时内 ②按通风要求，采用自然通风，且鸡舍纵墙垂直于夏季主风向，间距取舍高的3～5倍（南排鸡舍高）为适宜 ③按通风要求，采用横向机械通风，其间距因防疫需要，不应小于舍高的3倍 ④若采用纵向机械通风，鸡舍间距可以适当缩小，为舍高的1.5倍即可 ⑤防火角度考虑，按国家规定，采用8～10米的间距

综合几种因素的要求，鸡舍间距为舍高的3～5倍（南排鸡舍高）时，可以基本满足各方面的要求。各类鸡舍防疫间距可参照表4-7。

表4-7 鸡舍防疫间距（米）

种类	同类鸡舍	非同类鸡舍
育雏、育成鸡	15～20	30～40
商品蛋鸡	12～15	20～25

* 连栋鸡舍应以同类鸡群为连舍，无论几连体，按连体为一单位，防疫间距如表中所列。

5. 鸡场占地面积与建筑面积 一般鸡场的场地面积为建筑物面积的3～5倍，每幢鸡舍建筑面积应根据饲养阶段、饲养规模、劳动定额、布局等确定。占地面积与建筑面积指标参照表4-8。

表 4-8 养鸡场占地面积及建筑面积（米²）

饲养规模（万套、万只）	占地面积	总建筑面积	生产建筑面积	辅助生产建筑面积	公用配套建筑面积	管理及生活建筑面积
5	32 000～35 500	7 390～7 970	5 480～5 870	410	750～940	750
10	55 300～60 000	13 320～14 310	10 900～11 640	480	880～1 130	1 060
20	99 000～107 000	24 800～26 400	21 820～23 140	560	960～1 240	1 460

（二）鸡舍与设备配置

1. 鸡舍建筑要求 鸡舍建筑一般考虑以下几个因素：

一是按照无公害蛋鸡安全生产的特点设计建造或改进鸡舍。

二是根据当地具体条件选择鸡舍建筑设计方案。

三是根据控制舍内环境能力的强弱和方便程度决定鸡舍的结构和使用材料。

四是便于冲洗、消毒，便于控制疫病。

鸡舍建筑设计的基本要求见表 4-9。

表 4-9 鸡舍建筑设计的基本要求

因素	要求内容
隔热保温以及防暑降温	建筑上要考虑隔热能力和防止鸡舍散热的能力，特别是屋顶结构，设法减少夏季太阳辐射热的进入和冬季冷风的渗透，克服昼夜温差和季节变动对舍内环境的影响
通风换气	具有良好的通风换气能力，通过自然通风和机械通风将有害气体排至舍外，引入新鲜空气，调节舍内的氧气、温度和湿度，再将污浊的空气排出场区，保证场区内及时补充到洁净空气
清扫、消毒和防疫	①根据蛋鸡饲养全进全出的生产特点，鸡舍必须便于冲刷消毒 ②鸡舍地基应高出自然地面 25 厘米以上，舍内保持 2%～3%的坡度，并铺成水泥地面，房顶和墙壁应该平整 ③舍外四周需要有 25～30 厘米深的排水沟，要求硬化处理
鸡舍位置	鸡舍位置要适当，要求地势较高，雨天不积水，空气、水源无污染

2. 建筑结构与形式　鸡舍宜用单层建筑，育雏舍不应采用开敞式建筑。土地紧张地区，可采用连栋鸡舍或多层鸡舍。如建多层鸡舍，必须防止渗漏和上下层相互污染。蛋鸡安全生产鸡舍建筑参数可参照表 4-10。

表 4-10　蛋鸡安全生产鸡舍建筑参数

建筑参数	内　容
长度	取决于整批转入鸡舍的鸡数，具体长度视鸡场规模而定。对于中小型鸡场而言，最长不宜超过 120 米
跨度	①要根据鸡笼排列的列数，在留有适宜的走道后，方可决定鸡舍的跨度 ②开放式鸡舍一般以 6～9 米为宜；封闭式无窗鸡舍的跨度可达 12～15 米
高度	①根据饲养方式、消毒方法、跨度与气候条件而定。通常鸡舍内中部高度不应低于 4.5 米 ②跨度不大、平养、气候不太热的地区，一般从地面到屋檐的高度为 2.5 米 ③跨度大、夏季气温高的地区，又是多层笼养的鸡舍，高度为 3 米左右 ④高床式鸡舍高度比一般鸡舍要高出 1.5～2 米为宜
屋顶坡度	气温较高、雨量较大的地区，屋顶坡度可加大，但要求具有防水、隔热、负重能力，屋顶两侧的下沿留有适当的檐口
墙壁	在气候温和地区，墙壁的厚度可薄一些，墙外用水泥抹缝，内墙用水泥或石灰盖面
门	考虑所有设施和工作车辆都能顺利进出为度。一般单扇门要求高度 2 米，宽度 1 米；双扇门要求高度 2 米，宽度 1.6 米（2×0.8 米）
窗户	窗与舍内面积比例为 1∶6～8，北窗为南窗的 1/2，南窗设气窗。南北墙的下部留通风窗，尺寸为 30 厘米×30 厘米
通道	宽度大于 9 米的鸡舍，通道设在鸡舍中央，宽度约 1.5 米。跨度小的平养鸡舍，通常将通道设在北侧，其宽度约 1.2 米

3. 鸡舍的类型　鸡舍整体结构类型基本上分为开放式鸡舍、封闭式鸡舍与开放或半开放鸡舍三种。

各类鸡舍类型及优缺点见表 4-11。

表 4-11 各类鸡舍类型及优缺点

类　型	舍内环境控制	优　点	缺　点
开放式鸡舍	依靠自然通风，采光利用自然光照加人工补充光照	①造价低，设计、建材、施工工艺与内部设置等条件要求较为简单 ②鸡经受自然条件的锻炼，适应性较强，对饲料的要求不严格	受外界环境的影响较大，温度调节效果不明显，尤其是光照的影响，不能很好地控制鸡的性成熟，防疫较难控制
封闭式鸡舍	利用人工或微电脑等控制设备调节鸡舍的内部环境，以达到鸡的最佳生长条件需要	①保温隔热性能良好，人为控制光照，利于控制鸡的性成熟、刺激产蛋和限制饲喂、强制换羽等措施的执行 ②鸡活动受到限制，在寒冷季节鸡体热量散发减少，饲料报酬增高	建筑与设备投资高，要求较高的建筑标准和较多的附属设备。饲养密度高，鸡群互相感染疾病的几率大
开放或半开放式鸡舍	鸡舍通过开窗来调节鸡舍内的环境，在气候温和的季节依靠自然通风；在气候不利的情况下，则开启进风口和风机进行纵向通风	兼备了开放与封闭式鸡舍的双重功能，能充分利用自然资源，在恶劣的气候条件下实现人工调控，在通风形式上实现横向、纵向通风相结合	

开放式鸡舍按屋顶结构的不同，通常分为单坡式鸡舍、双坡式鸡舍、钟楼式鸡舍、半钟楼式鸡舍、拱式鸡舍和双坡歧面式鸡舍六种（图 4-4）。

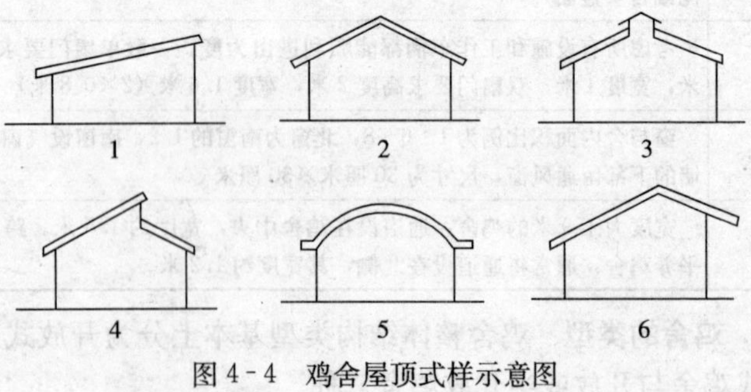

图 4-4 鸡舍屋顶式样示意图

1. 单坡式 2. 双坡式 3. 钟楼式 4. 半钟楼式 5. 拱式 6. 双坡歧面式

4. 鸡舍设备的配置

（1）鸡笼　按鸡笼重叠方式不同，可分为阶梯笼养和重叠笼养两类。阶梯笼养按饲养的层数不同可分为两层阶梯笼养（图 4-5）、三层阶梯笼养（图 4-6）和四层（图 4-7）阶梯笼养。

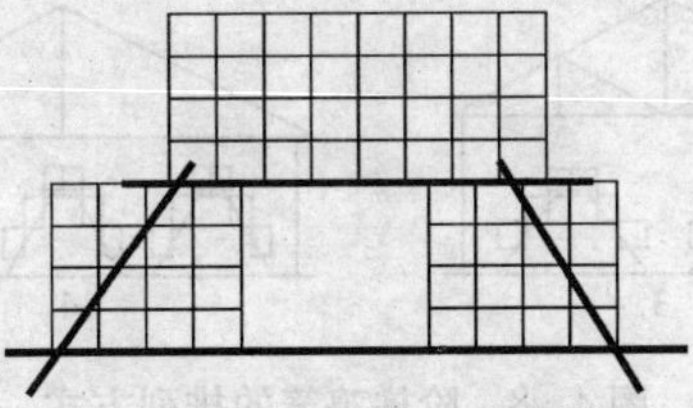

图 4-5　两层阶梯鸡笼

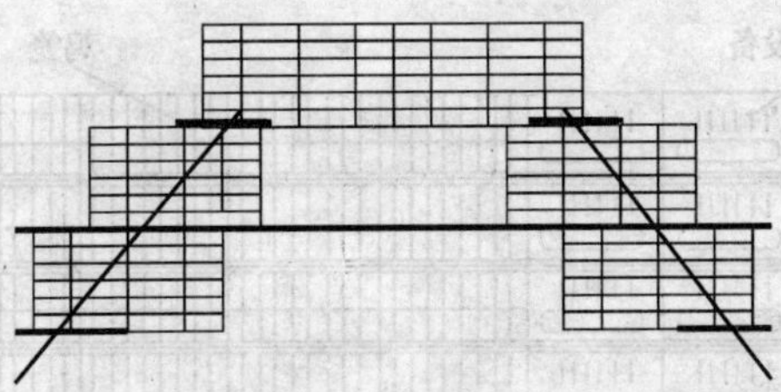

图 4-6　三层阶梯鸡笼

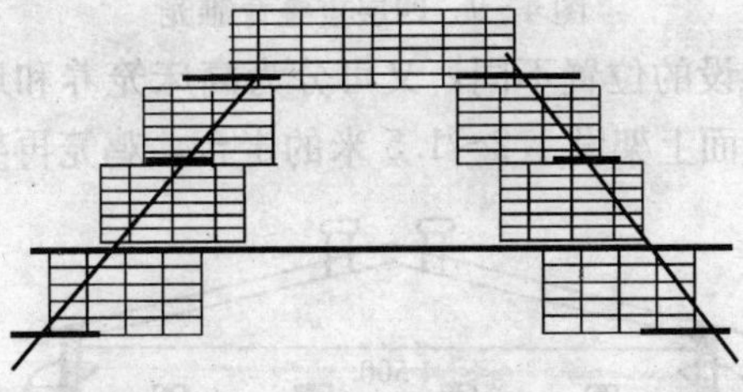

图 4-7　四层阶梯鸡笼

阶梯笼养按在鸡舍内排列方式不同，可分为一列一走道、二列二走道、二列三走道、三列四走道等多种形式（图 4-8）。

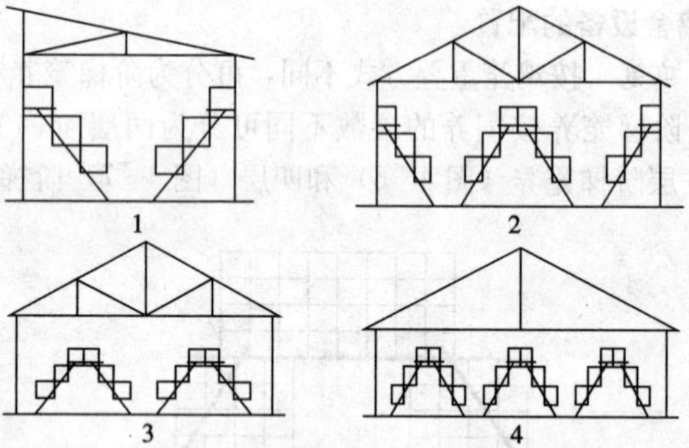

图 4－8　阶梯鸡笼的排列方式

1. 单列单走道　2. 二列二走道　3. 二列三走道　4. 三列四走道

重叠笼养多用于蛋用雏鸡和育成鸡的饲养（图 4－9）。

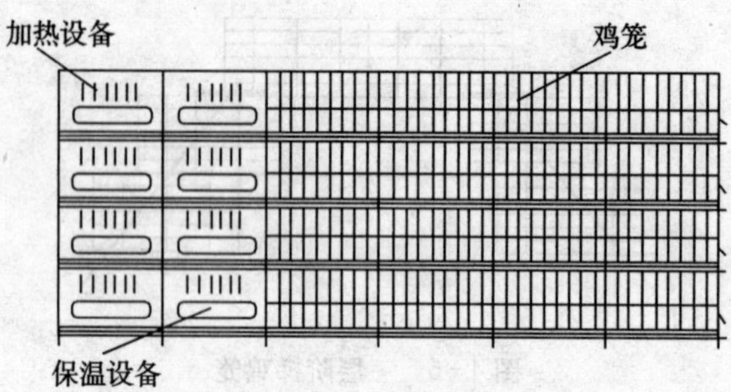

图 4－9　四层重叠育雏笼

按鸡笼架设的位置不同，又可分为高床笼养和地面笼养。高床笼养是在地面上架设 1.2～1.5 米的走台，鸡笼再架设在走台之

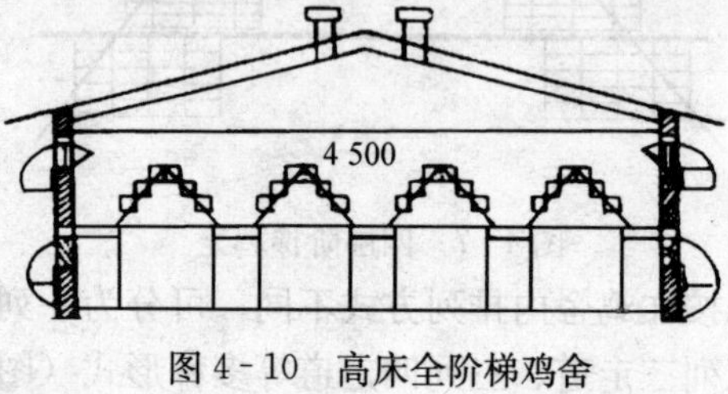

图 4－10　高床全阶梯鸡舍

上（图 4 - 10）。各种鸡笼的规格参数见表 4 - 12。

表 4 - 12　各种鸡笼规格参数

型　号	91JT - 316	9T1Z - 215	91Z - 124	育成鸡笼
用途、特点	轻型蛋鸡 三层全阶梯 机械化作业	中型蛋鸡 三层全阶梯 机械化作业	种鸡 群饲混合式 单层平置	三层、四层叠式
设备尺寸 长×深×高 （毫米）	1 900×2 120× 1 615	2 005×2 135× 1 588	2 000×1 373× 1 170	1 080×1 500× 2 000
每组笼数	24	24	1	12
小笼尺寸 长×深×高 （毫米）	468×325× 400（前） 350（后）	494×350× 400（前） 350（后）	2 000×1 090× 750（前） 700（后）	990×600× 380
每笼饲养数 （只）	4	4	24	18～19
笼饲密度 （只/米^2）	26.2	23.1	12	30.3
采食宽度 （毫米）	117	124		52～55
底网格尺寸 （毫米）	26×48	26×50	26×50	20×40
底网倾斜 角度（度）	10	10	7	

（2）供料设备　鸡的饲喂设备根据饲养方式不同，喂料可分为人工喂料和机械喂料。蛋鸡供料设备及规格见表4 - 13。

表 4 - 13　蛋鸡供料设备及规格参数

供料设备	适用鸡群	参　　数
开食盘	雏　鸡	开食盘面积大小视雏鸡数量而定，一般为 60～80 只/个，圆形开食盘直径为 350 毫米或 450 毫米
圆形食槽	平养育成鸡	材料采用塑料和玻璃钢，容重 3～10 千克，直径 420～450 毫米
料　槽	笼式、平面养鸡	材料选用木板、竹筒、镀锌板及塑料等。有大、中、小 3 种规格，分别用于不同的生长阶段。高度以料槽边缘高度高出鸡背 3～6 厘米为宜

料槽表面应光滑平整，采食方便，不浪费饲料，鸡不能进入料槽，便于拆卸和清洗消毒（图 4-11）。平养时，每只鸡应占有料槽的长度见表 4-14。

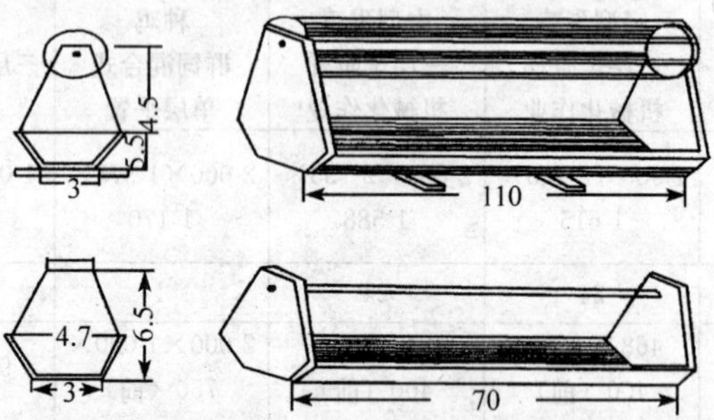

图 4-11　鸡的木制食槽式样（单位：厘米）

表 4-14　每只鸡占料槽的长度

周　龄	每只鸡占有料槽的长度（厘米）
2～4	4
5～10	5～6
11～12	7～8

机械喂料主要包括料塔和上料输送装置、料槽与喂料机三部分。机械喂料有链式（图 4-12）、塞盘式和螺旋式等多种喂料形式。

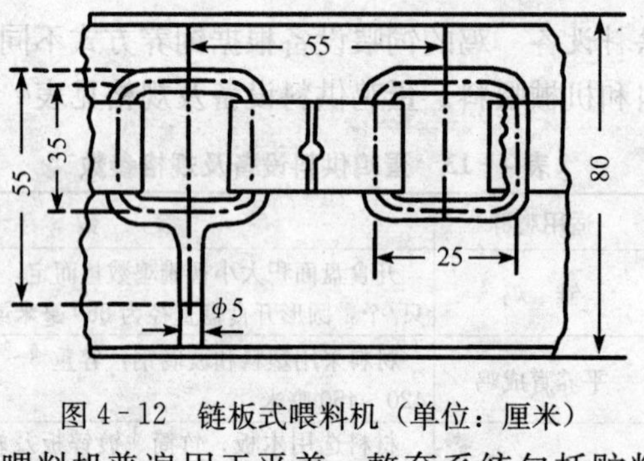

图 4-12　链板式喂料机（单位：厘米）

螺旋式喂料机普遍用于平养，整套系统包括贮料塔、盛料箱、驱动器、圆形料槽和手摇绞车等（图 4-13）。

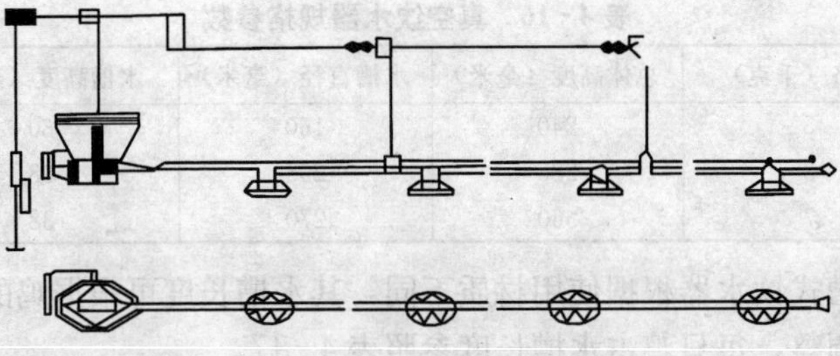

图 4-13　螺旋式喂料机

(3) 供水设备　一个完备的供水系统设备包括过滤、减压、消毒和软化装置，饮水器及其附属的管路等。

表 4-15　蛋鸡各种供水设备规格及技术参数

供水设备	适用鸡群	规格参数
真空饮水器	平面饲养或雏鸡笼养	容量 1～3 升，圆盘直径 140～220 毫米，深度 25～30 毫米。圆桶顶部和侧壁不漏气，小孔位于基部，离底盘 2.5 厘米处
槽式饮水器	笼养	断面一般为 V 形或 U 形，宽度 45～56 毫米，深度 40～48 毫米。可用竹、木、铁皮、塑料、水泥和陶瓷等多种材料制成
乳头饮水器	笼养、平养方式	分为球面、锥面和平面密封型三大类
杯式饮水器	雏鸡、成鸡	雏鸡用的杯体，宽度 29 毫米，长度 168 毫米；成鸡用杯体宽度 42.5 毫米，长度 154 毫米。成鸡的水杯一般离网底 200～250 毫米，雏鸡水杯离网底 50～80 毫米

真空饮水器由尖顶圆桶与圆盘组成（图 4-14），真空饮水器规格参数参照表 4-16。

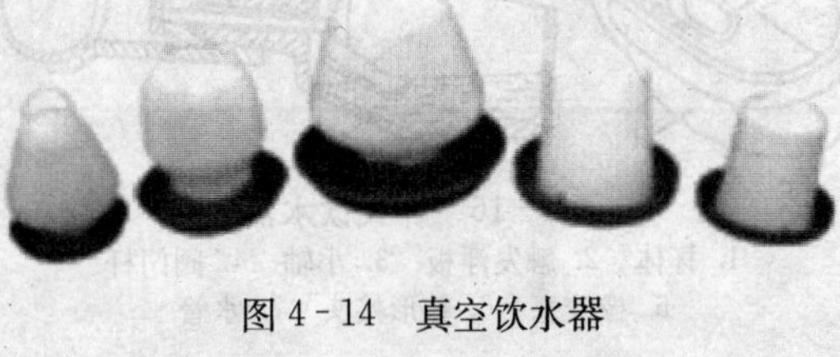

图 4-14　真空饮水器

表 4-16　真空饮水器规格参数

规格（千克）	总体高度（毫米）	水槽直径（毫米）	水槽高度（毫米）
5	240	160	30
3	285	205	38
7	360	270	38

槽式饮水器根据使用材质不同，其水槽长度可根据鸡的饲养阶段调整，每只鸡占水槽长度参照表 4-17。

表 4-17　每只鸡需占水槽的长度

类　别	雏　鸡	育成鸡	成　鸡
每只鸡占水槽长度（厘米）	15	22	30

乳头饮水器水质易保持清洁，可减少疾病传播的机会，常见乳头式饮水器见图 4-15。

1. RT-Ⅰ型乳头式饮水器　2. RT-Ⅲ型乳头式饮水器

图 4-15　乳头式饮水器

杯式饮水器由杯体、杯舌、销轴和密封帽等组成（图 4-16），安装在供水管上。

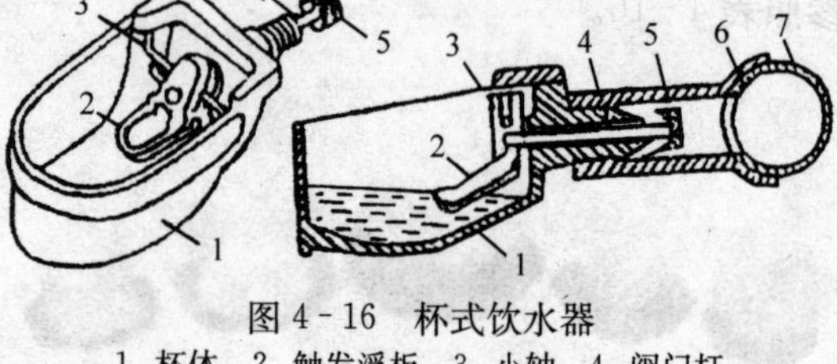

图 4-16　杯式饮水器

1. 杯体　2. 触发浮板　3. 小轴　4. 阀门杆
5. 橡胶塞　6. 鞍形接头　7. 水管

（4）**供温设备** 供温设备主要有火炕或火墙、暖风炉、保温伞和煤炉等。几种常见的供温设备见表 4-18。

表 4-18 几种常见的供温设备

供温设备	优点
火炕或火墙	消耗舍外氧气，减少鸡舍的通风换气量，舍内温度较均匀，卫生状况较好
暖风炉	能自动控温，热效率高，送热快，成本较低，节能效果显著。舍内温度均匀，空气清新
保温伞	结构简单，操作方便，保温效果好
煤炉	经济实用，简便实用，保温性能稳定
家用暖气	供温热量维持时间长，热效率高，卫生状况较好，也是一种较好的供暖方式

暖风炉供暖系统主要由暖风炉、进风管、热交换器、轴流风机、混合箱、供热恒温调节装置等组成（图 4-17）。

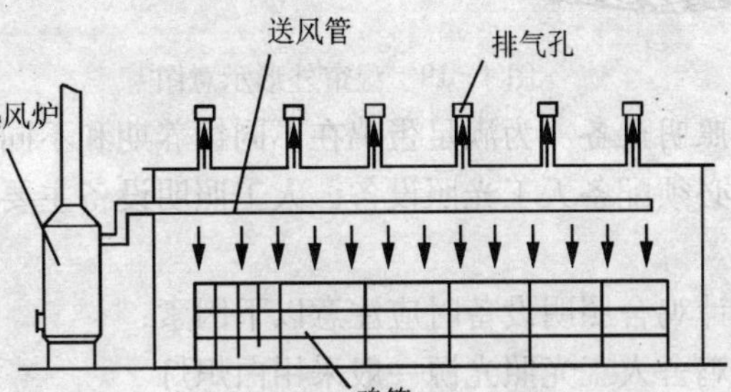

图 4-17 自然通风鸡舍热风炉供暖系统示意图

保温伞是一种局部供暖设备，雏鸡可在伞下、伞外自由活动（图 4-18）。根据所消耗的能源不同，可分为燃气式保温伞和电热式保温伞两种。

（5）**降温设备** 主要有湿帘及风机降温和喷雾降温等。湿帘及风机降温设备是利用水蒸气降温的原理来改善鸡舍内热环境的技术措施，主要由湿帘和风机组成(图 4-19)。喷雾降温系统是将喷嘴安装在舍内或笼内鸡的上方，以不同的压力进行喷雾达到降温的目的。

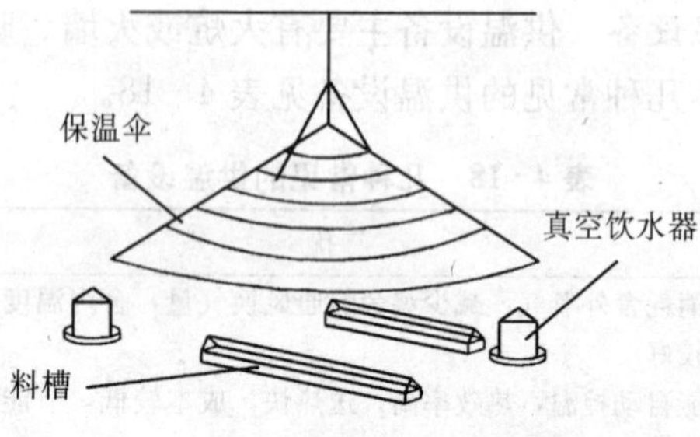

图 4-18　保温伞育雏示意图

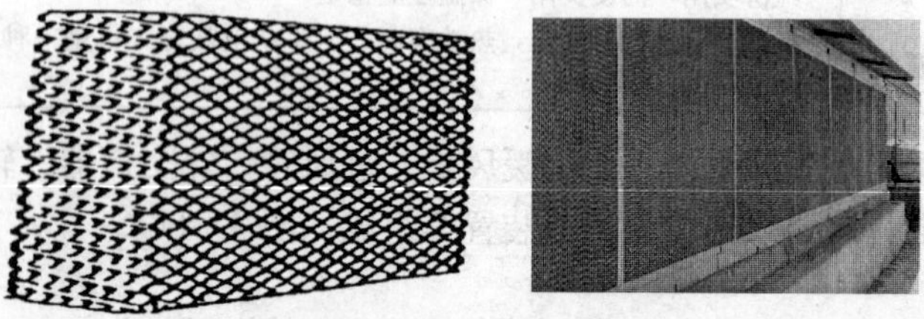

图 4-19　湿帘外形示意图

（6）照明设备　为满足蛋鸡在不同饲养期和不同季节的光照要求，还必须配备人工光照设备。人工照明设备主要包括白炽灯和荧光灯。

在设计鸡舍照明设备时应注意以下因素：

一是鸡舍人工光照光源一般采用白炽灯。

二是在安装设计时应考虑一般光源间距为其高度的 1～1.5 倍。灯安装在走道上方，灯光行数与走道行数相等，行与行之间灯泡应交错排列，不同列灯泡采用梅花状分布（图 4-20）。

三是必须安装灯罩，使用灯罩比无灯罩的光照强度增加约 45%，并且光照更均匀。

四是灯泡和灯罩易脏，需经常擦拭干净，及时更换坏灯泡，以保持足够亮度。

五是同一栋鸡舍如安装多行灯光时，每行应分设开关控制。

六是白炽灯安装的高度参照表 4-19。

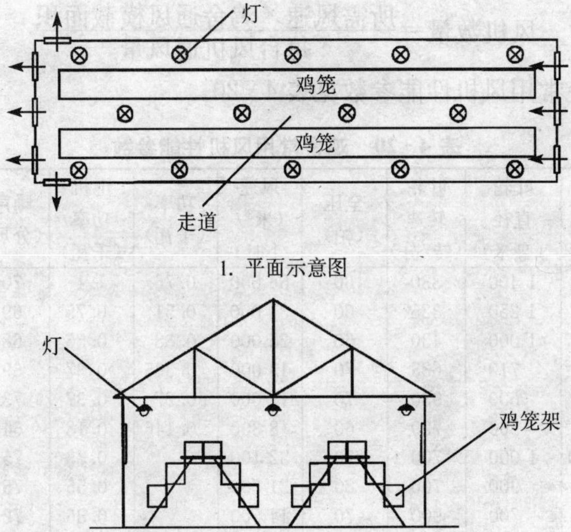

1. 平面示意图

2. 部面示意图

图 4-20　舍内灯泡安装位置示意图

表 4-19　白炽灯安装的高度

白炽灯的大小（瓦）	安装高度（有灯罩）	安装高度（无灯罩）
15	1.1 米	0.7 米
25	1.4 米	0.9 米
40	2.0 米	1.4 米
60	3.1 米	2.1 米

调节光照强度和开启时间的设备一般采用电子光照控制器，光照控制器利用定时器的编程功能，自动调节光的强弱明暗、开启和关闭时间，自动补充光源，实现精确控制舍内光照时间。

（7）通风设备　通风换气是为了补充氧气、排出水分和有害气体，并保持适宜的温度。通风换气是调节鸡舍空气环境状况最主要、最常用的手段。

通风设备一般采用大直径、低转速的轴流风机。各种型号的风机都有额定通风量，选用风机数量时可根据鸡舍的横截面积、要求的通风速度及风机的额定通风量来计算。

$$风机数量=\frac{所需风速\times 鸡舍通风横截面积}{每台风机通风量}$$

鸡舍常用风机性能参数见表 4-20。

表 4-20 鸡舍常用风机性能参数

风机型号	叶轮直径（毫米）	叶轮转速（转/分）	全压（帕）	风速（米³/小时）	功率（千瓦）	电机功率（千瓦）	噪声（分贝）	机重（千克）
9FJ-14	1 400	330	60	56 000	0.76	1.1	70	85
9FJ-12.5	1 250	325	60	31 000	0.51	0.75	69	75
9FJ-10	1 000	430	60	25 000	0.38	0.55	68	65
9FJ-7.1	710	635	70	13 000	0.335	0.37	69	45
9FJ-6	600	930	70	11 000	0.27	0.37	73	22
9FJ-5.6	560	729	60	8 300	0.146	0.18	64	25
SET-N₀10	1 000	700	70	32 100		0.75	75	
SET-N₀9	900	700	80	21 500		0.55	75	
SET-N₀7	700	900	70	14 500		0.36	72	
XT-7	600	930	70	10 000	0.25	0.37	69	52
T35-6.3	630	1 450 960 1 450	176 77 139	15 297 10 128 10 739		1.5 0.55 0.75	>75 >75 >75	
T35-5.6	560	960	61	7 101		0.37	>75	
航空牌-600	600	1 380	60	10 636		0.37	83	

鸡舍通风分自然通风（图 4-21）、机械通风和混合通风三种。机械通风又分为正压通风、负压通风和零压通风三种。根据鸡舍内气体流动的方向，鸡舍通风分为横向通风和纵向通风。

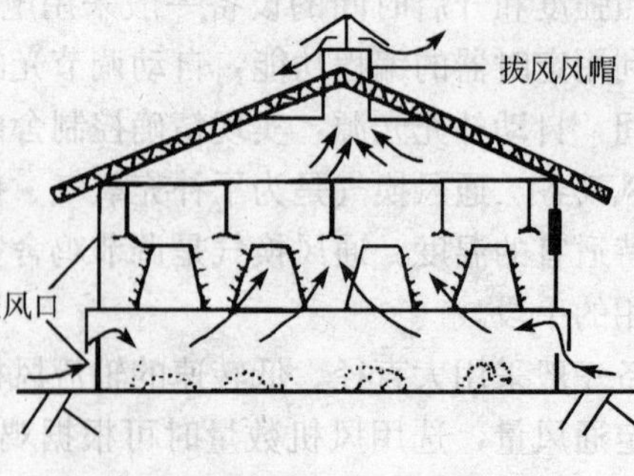

图 4-21 自然通风示意图

负压通风是利用排风机将鸡舍内污浊空气强行排出舍外，在鸡舍内造成负压，使新鲜空气从进风口自行进入鸡舍。

纵向通风是将排风扇全部安装在鸡舍一端的山墙或山墙附近的两侧墙壁上，进风口在另一侧山墙或靠山墙的两侧墙壁上，鸡舍其他部位无门窗或将门窗关闭，空气沿鸡舍的纵轴方向流动。密闭鸡舍为防止透光，进风口设置遮光罩，排风口设置遮光洞。进风窗面积与排风窗面积之比不能低于 1.2∶1，进气口风速一般要求夏季 2.5～5 米/秒，冬季 1.5 米/秒。

负压纵向通风综合了负压通风和纵向通风两者的优点，鸡舍内没有通风死角（图 4－22）。

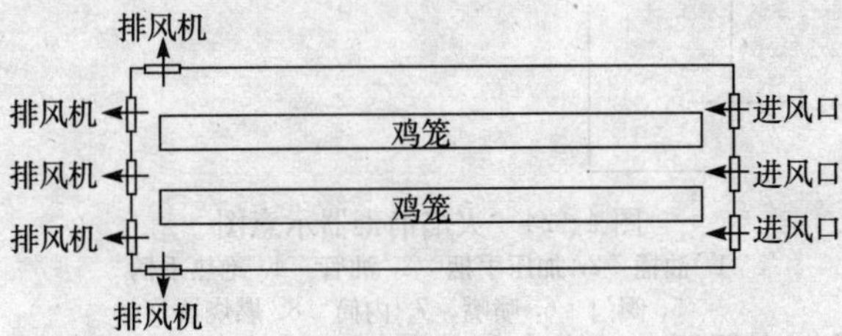

图 4－22　负压纵向通风方式示意图

横向通风的风机和进风口分别均匀布置在鸡舍两侧纵墙上，空气从进风口进入鸡舍后横穿鸡舍，由对侧墙上的排风扇抽出(图4-23)。

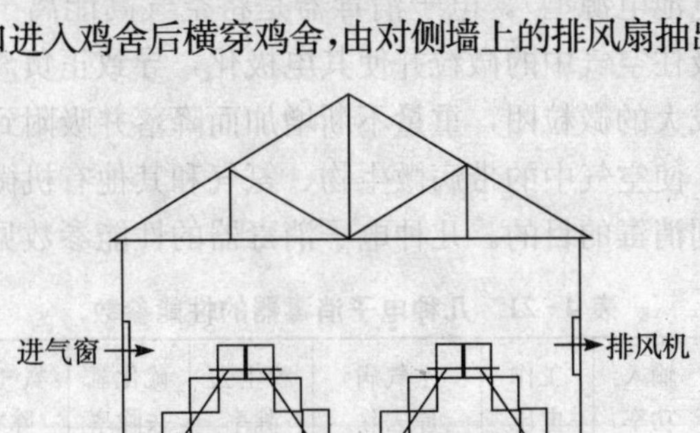

图4-23　负压横向通风方式示意图

（8）清粪设备　清粪设备主要有除粪车、刮板式清粪机、输送带式清粪机等。一般简单的单层笼养，大多采用除粪车；多层笼养和大面积网养则需用机械化除粪装置，除粪装置的形式有刮板式清粪机、螺旋式清粪机和输送带式清粪机等。

（9）消毒设备　消毒设备主要有火焰消毒器、喷雾消毒器和电子消毒器等。火焰消毒器主要用于鸡群淘汰后喷烧舍内笼网和墙壁上的羽毛、鸡粪等残存物，以烧死附着的病原微生物，尤其是羽毛。其简单结构示意如图 4-24。

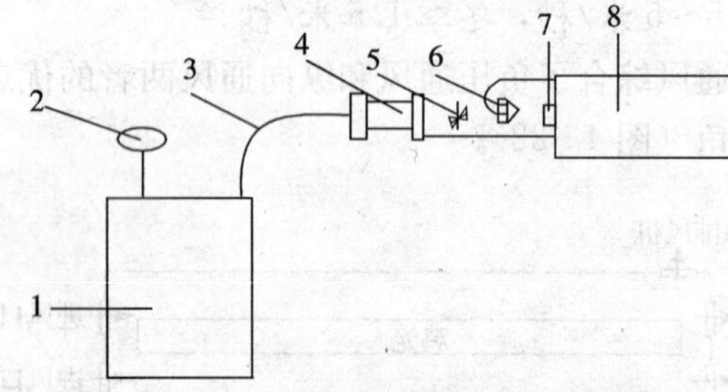

图 4-24　火焰消毒器示意图

1. 油桶　2. 加压手柄　3. 油管　4. 绝热手柄　5. 阀门　6. 喷嘴　7. 内筒　8. 燃烧器

喷雾消毒器用于鸡舍内部的大面积消毒，也可作为生产区人员和车辆的消毒设施，一般分为气动喷雾器和电动喷雾器（交流电源型和电池电源型）。电子消毒器是将空气高能离子化，利用这些离子吸住空气中的微粒并使其电极化，导致正负离子微粒相互吸引形成大的微粒团，重量不断增加而降落并吸附到附近的物体表面上，使空气中的带病微生物、氨气和其他有机微粒显著减少，以达到消毒的目的。几种电子消毒器的性能参数见表 4-21。

表 4-21　几种电子消毒器的性能参数

型　号	输入功率（千瓦）	工作电压（千伏）	空气病原去除率（%）	粉尘去除率（%）	硫化氢去除率（%）	氨气去除率（%）	适用面积（米^2）
3DDF-600	0.18	35	40-99.9	99.4	≥50	≥40	600
3DDF-300	0.1	35	40-99.9	99.4	≥50	≥40	300
3DDF-60	0.015	32	40-99.9	99.4	≥50	≥40	60

（续）

型　号	输入功率（千瓦）	工作电压（千伏）	空气病原去除率（%）	粉尘去除率（%）	硫化氢去除率（%）	氨气去除率（%）	适用面积（米^2）
DM-110	0.003	30	99.9	99.9	41.5	39.7	
DM-300	0.005	42	99.9	99.9	42.0	39.3	

（三）鸡场环境

无公害蛋鸡安全生产要求鸡场具备良好的生产环境，对养殖环境的基本要求是能够从空气、饲料、饮水、粪便四个方面实现病原微生物总量的控制，并能在空气、温度、光照、声音几个方面保障鸡得到良好的舒适感，创造一种最佳的蛋鸡生产环境，促进鸡场生态环境良性循环。

1. 空气质量要求　空气质量主要受有害气体和粉尘的含量影响。有害气体和粉尘共同破坏着鸡体的健康，是鸡场疫情发展助推因子和造成免疫和用药失败的主要环境因素之一。控制好鸡场的空气环境质量是蛋鸡安全生产的关键环节。

不同日龄蛋鸡对空气质量的要求不同，鸡场内空气环境质量控制标准参照表 4-22。

表 4-22　鸡场内空气环境质量

项　　目	缓冲区	场区	雏鸡舍	成鸡舍
氨气（毫克/米^3）	2	5	10	15
硫化氢（毫克/米^3）	1	2	2	10
二氧化碳（毫克/米^3）		380	750	1 500
可吸入颗粒物 PM10（毫克/米^3）		0.5	1	4
总悬浮颗粒物 TSP（毫克/米^3）		1	2	8
恶臭（稀释倍数）		40	50	70

注：缓冲区：指鸡场外周围，沿场院向外小于等于 500 米范围内的鸡场保护区。该区具有保护鸡场免受外界污染的功能，应考虑将生产区和生活区相隔离。

舍区：指鸡所处的半封闭的生活区，即鸡直接的生活环境区。

场区：指规模化鸡场围栏或院墙以内、舍区以外的区域。

2. 鸡舍结构设计的环境要求 蛋鸡安全生产鸡舍的结构设计除一般的结构设计以外，应将鸡笼的布设方式、通风量、温度、光照因素与结构设计统一起来进行，这样才能较全面地解决环境因子的控制问题。

（1）*鸡笼的布设要求* 笼间距与鸡笼高度的比值在1～2之间，建议比值取1.3，尽量避免靠墙摆设鸡笼的方式。

（2）*通风量的要求* 通风换气的要求是不影响蛋鸡所需要的舍内温度，并使舍内有害气体保持在最低限度。

通风量根据热平衡计算或依有害气体浓度的控制要求确定，鸡舍气体交换量的计算可按最终出鸡的总重量计算，即每千克鸡重所需的通风量按0.113米^3/分钟计算，并以此计算所需的空气净化器的数量。不同温度下蛋鸡每千克体重每分钟所需的换气量见表4-23。

表4-23 不同温度下蛋鸡每千克体重每分钟所需的换气量

空气温度（℃）	蛋鸡每千克体重的空气需求量（米^3/分钟）
41	2.7
38	2.6
35	2.5
32	2.4
29	2.2
24	2.0
18	1.7
13	1.4
7	1.1
0	0.8

注：此表适用于60%相对湿度；当相对湿度超过60%，换气量应依比例增加。

一般夏季舍内鸡体周围的气流速度最高限为2.5米/秒，冬季以0.1～0.2米/秒为宜。以风的流速不超过0.3～0.35米/秒为标准计算自然引风排气筒的高度、数量或通风机所需的功率及通风量，根据最小通风量确定冬季需要开多少风机。

鸡舍的最大通风量应按最高气温和最大体重时的通风量计算，并在此基础上再加10%～15%的保险系数较为稳妥。不同环境温度和体重鸡的最大通风量参照表 4-24。

表 4-24　不同环境温度和体重鸡最大通风量（米³/小时/千克）

类　别	活重（千克）	外界可能达到的最高温度下的换气量		
		中温区 27℃	高温区 37℃	低温区 15℃
雏鸡		5.6	7.5	3.75
成鸡	1.35～2.25	7.5	9.35	5.6

雏鸡的通风量和各日龄蛋鸡要求的通风换气量参照表 4-25 和表 4-26。

表 4-25　雏鸡的通风量（米³/只/分）

周龄	体重（千克）	室外温度（℃）					
		10.0	15.6	21.1	26.7	32.2	37.8
2	0.23	0.009	0.010	0.011	0.013	0.015	0.017
4	0.64	0.02	0.03	0.03	0.04	0.04	0.05
6	1.18	0.05	0.05	0.06	0.07	0.08	0.08
8	1.77	0.07	0.08	0.09	0.10	0.12	0.13

注：此表适用于 60%的相对湿度；当湿度较高时，通风量也应按比例加大。

表 4-26　各日龄鸡的通风量（1 000 只）

周龄	平均体重（千克）	最大通气量（米³/分）	最小通气量（米³/分）
8	0.61	79	18
10	0.72	94	22
12	0.86	111	26
14	0.98	127	29
16	1.10	143	33
18	1.20	156	36
20	1.34	174	40
30	1.69	220	51
72	1.88	245	57

（3）*温度要求*　必须保证蛋鸡在不同时期获得适宜的温度或使温度缓慢降低，并降低能源消耗。

一般情况下，鸡舍环境温度每下降 1℃，鸡每天要多吃 1.5%的饲料，少产蛋 5%。如果温度下降到 5℃时，鸡每天要多吃15%的饲料，少产蛋50%以上。鸡舍内平均日间温度下降时，饲料消耗量的增加率见表4-27。

表4-27 鸡舍内平均日间温度下降时饲料消耗量的增加率（%）

温度变化起点（℃）	温度变化终点（℃）					
	32.2	26.7	21.1	15.6	10.0	3.4
37.8	64	82	110	130	143	151
32.2		25	44	58	67	72
26.7			1	26	34	38
21.1				10	16	20
15.6					6	9
10.0						3

鸡舍适宜的环境温度随蛋鸡不同饲养阶段对温度的需求不同而有所变化，雏鸡0～6周龄最佳舍温为18～25℃。一般育雏第一天舍温要求稍高，达33～35℃以内；以后每周下降2～3℃，直至16～21℃范围内即可稳定下来（表4-28）。

表4-28 鸡的育雏温度要求

周 龄	育雏器温度（℃）	室内温度（℃）
0～1	32～35	24
1～2	29～32	21～24
2～3	27～29	18～21
3～4	24～27	16～18
4周龄以后	21	16

蛋鸡的最适宜舍温为13～23℃，最低为5℃，最高为30℃。保持产蛋与饲料效能的最佳温度为13～27℃，最大饲料效率的环境温度为24～27℃。鸡舍温度要求参照表4-29。

表4-29 鸡舍的温度要求

类 别	室温（℃）			使用育雏器
	最佳	最高	最低	
0～4周龄雏鸡	22	27	10	育雏温度32～35℃ 第四周降至21℃
暖室育雏	31	—	—	
育成鸡	18	27	10	

（续）

类　别	室温（℃）			使用育雏器
	最佳	最高	最低	
蛋鸡	13～23	30	4	
种鸡	21	27	4	

（4）光照要求　蛋鸡在各种不同饲养期都必须有合理的光照，在适宜的光照条件下可提高蛋鸡产蛋率。在设计光照时，笼养蛋鸡照度应该提高一些，一般按 3.3～3.5 瓦/米^{2}计算。通常在灯高 2 米，灯距 3 米，每立方米 2.7 瓦，或每 0.37 米^{2}1 瓦，可得到相当于 10 勒克斯的照度。不同饲养期蛋鸡对光照的要求参照表 4-30。

表 4-30　不同饲养期蛋鸡对光照的要求

饲养期	光照颜色	光照时间	光照强度
育雏期（0～6 周龄）	暖色光源	23～18.5 小时	10～30 勒克斯
育成期	暖色光源	8～9 小时	5 勒克斯
产蛋期	冷色光源	14～16 小时	10～12 勒克斯

从雏鸡出壳后的头 3～7 天，每天光照 23.5～24 小时，以后逐渐缩短到 8～9 小时，一直到 18～20 周龄。以后每周增加 0.5～1 小时，直至达到 14～16 小时的光照，其后保持不变。要给鸡群创造良好的生产环境，还应根据季节变化及时调整光照时间，并按光照程序制定好光照制度（表 4-31）。

表 4-31　封闭式鸡舍光照制度

年　龄	光照时间（小时）	光照强度（勒克斯）
1～2 日龄	23	30
3～7 日龄	16	20～30
2～18 周龄	8	5～10
19～20 周龄	9	
21 周龄	10	
22～23 周龄*	13	30
24 周龄	14	
25～26 周龄	15	
27 周龄以后	16	

* 22 周龄第 1 天开始增加 3 小时的光照刺激。

(5) 湿度要求

①蛋鸡最适宜的相对湿度为60%～70%。

②育雏第一周，特别是育雏的头3天，鸡舍内应保持65%～70%的相对湿度。

③2周以后随鸡体重增大，呼吸量增加，应降低湿度，注意通风，避免饮水器漏水，防止垫料潮湿。一般相对湿度高不宜超过75%，低不宜低于40%。

④生产中可采用水盘加水供湿，也可在垫料中加水或地面洒水增加舍内湿度；湿度过高时，则加强通风和在室内放生石灰块等办法降低舍内湿度。

⑤不同饲养期鸡舍内相对湿度参照表4-32。

表4-32 不同饲养期鸡舍内相对湿度

周　　龄	舍内相对湿度(%)
1周龄	65～70
2～3周龄	60～65
4～5周龄	55～60
6～7周龄	55～60
8～17周龄	55～65
18～72周龄	55～65

3. 防止噪音设计要求 各类鸡舍的生产噪音或外界传入的要求控制在85分贝以下。对产生噪音较大的车间，应控制噪音声源选用低噪音设备或采取隔音减噪控制措施。

4. 饲料与饮水的灭菌消毒要求 导致疫病传播的媒介有病鸡、含尘含菌带毒的空气、饲料与饮水等，但通过饲料传播疫病的严重性应当引起重视。

对饲喂前的饲料消毒灭菌应与空气的灭菌消毒同等对待，饲喂前的饲料消毒灭菌要求考虑对维生素的影响。

采用无药物残留的消毒药进行饮水灭菌消毒，也可采用酸碱水发生器将饮水电解为酸性水或碱性水供给鸡。这种水同添加化学酸或碱不同，它不会产生额外的化学物质污染。或采用臭氧水发生设备进行饮水消毒，但此办法不适宜用于乳头饮水系统中，因为在乳头饮水系统中水流速度很低，不适合臭氧的溶入。

5. 鸡场废弃物的处理要求　鸡场废弃物的处理要求按《畜禽养殖污染防治管理办法》规定执行，将污染防治纳入鸡场环境保护规划中。

鸡场废弃物的排放要求符合《集约化畜禽养殖业污染物排放标准》，相关的标准参见表 4 - 33 至表 4 - 36。

表 4 - 33　集约化畜禽养殖业水污染物最高允许日均排放量

控制项目	五日生化需氧量（毫克/升）	化学需氧量（毫克/升）	悬浮物（毫克/升）	氨氮（毫克/升）	总磷（以 P 计）（毫克/升）	粪大肠菌群数（个/毫升）	蛔虫卵（个/升）
标准值	150	400	200	80	8.0	10 000	2.0

表 4 - 34　畜禽养殖业废渣无害化环境标准

控制项目	指　标
蛔虫卵	死亡率≥95%
粪大肠菌群数	≤10^5 个/千克

表 4 - 35　集约化畜禽养殖业恶臭污染物排放标准

控制项目	标准值
臭气浓度（无量纲）	70

表 4 - 36　舍区生态环境质量

项　目	雏鸡舍	成鸡舍
温度（℃）	21～27	10～24
湿度（%）	75	75
风速（米/秒）	0.5	0.8
照度（勒克斯）	50	30
细菌（个/米^3）	25 000	25 000
噪音（分贝）	60	80
粪便含水率（%）	65～75	65～75

（四）绿化与小气候优化

通常把鸡场周围环境分为两大类：一类是鸡生存周围的小环境，鸡舍的空间；另一类是鸡场周围的环境，也称为大环境。一般通过鸡场周围大环境的改善，再影响小环境，从而达到建立良性生态环境的目的。

1. 鸡场绿化 绿化的目的是改善鸡场周围的大环境。

（1）绿化的作用 绿化可以美化场区，减少污染，建立良好的场区环境，降低病原传播的机会，使病原在这种环境下不能繁殖或降低其繁殖速度的一种方法，在一定程度上起到保护环境的作用（表4-37）。

表4-37 绿化对鸡场环境保护的作用

作　用	具 体 内 容
改善鸡场小气候	①吸收有害气体，释放氧气，调节空气中气体浓度 ②吸收太阳辐射热，降低空气透明度，减弱辐射光能，降低周围空气温度 ③树木遮挡减低了气流速度，缓解恶劣气流对鸡舍的袭击
减少尘埃，降低细菌的数量	通过树木及草皮的吸附、过滤，经雨水淋洗不断地被清除，减少了空气中的尘埃和细菌数量，从而抑制了病菌的生存环境
净化鸡场空气	鸡群产生的有害气体被绿化的植物和树叶吸收利用，通过太阳光的作用进行吐故纳新，放出氧气，使鸡场空气清新干净
减弱噪声	阔叶树木树冠能吸收26%的音能。夏季树叶及植物茂密时，可降低噪声7～9分贝，秋季可降低3～4分贝

（2）绿化的要求 绿化也是鸡场环境系统控制中不可缺少的一个方面，鸡场绿化设计具体要求见表4-38。

表 4-38　鸡场环境绿化设计分类及要求

绿化类别	要　　求
防风林	设在冬季主风的上风向，鸡场周边种植乔木和灌木结合林带，最好是落叶树和常绿树搭配，高矮树种搭配，植树密度可稍大些。宽度一般为5～8米，植树3～5行，呈品字型排列。在场界北、东北、西北，加宽这种混合林带要10米以上，至少种5行，以便起到防风阻沙作用
隔离林	设在各场区之间及围墙内外，选择树干高、树冠大的乔木，宽度3～5米，种植2～3行
行道绿化	用于道路两旁和排水沟边的绿化，种植低矮灌木等；场外主干道路旁种植1～3行树冠整齐的乔木，但靠近建筑物的地段，不宜种植叶密、高大的树木，以免影响鸡舍的自然采光
遮阳绿化	一般设于鸡舍南侧和西侧，在不影响鸡舍采光的情况下，在房顶可以架设葡萄、佛手瓜等植物，起到为鸡舍墙、屋顶、门窗遮阳的作用
绿　地	场区内除道路及建筑物之外全部铺种草坪，仍可起到调节场区内小气候、净化环境的作用

2. 鸡舍小气候优化　鸡舍的内环境主要包括温度、湿度、空气质量和光照等方面。鸡舍的建设、鸡舍的开放程度决定了外环境对内环境的影响程度，场内设备情况、绿化、鸡舍的管理情况对小气候的优化也有很大的影响。鸡舍小气候优化的影响因素及优化参见表4-39。

表 4-39　鸡舍小气候优化的影响因素及优化

影响因素	优　化　内　容
温　度	①在鸡群的有效环境里放置感温头，在不同位置有代表性地吊挂温度计，查看鸡舍的温度情况，作为鸡舍风机转停设置的参考依据。使用手动或时间段控制通风量的鸡舍，应选择鸡舍前中后左右有代表性的点吊挂多个温度计。温度计的吊挂高度和鸡背平行，综合评定温度是否符合要求 ②在实际生产中，更重要的标准是鸡群对温度的反应表现为正常，包括饮水量、呼吸、羽毛开展、集结分布情况是否正常来确定鸡舍的温度是否正常 ③加强鸡舍外围护结构的隔热、保温设计，减少太阳辐射及外界气温对鸡舍的影响和防止室内热量的散失 ④搭棚架。在不影响鸡舍采光的情况下，也可在鸡舍周围种植树木 ⑤调整降低饲养密度 ⑥调整控温设备

（续）

影响因素	优 化 内 容
湿 度	①鸡舍湿度通常采用加强通风和限制鸡群饮水量解决，加强饮水线的管理，避免水线漏水。调整水线高度和水线水压，减少鸡只饮水时外渗 ②在潮湿鸡粪中撒布生石灰或草木灰以吸湿，可有效降低鸡舍的湿度。常用的增加湿度的方法是洒水和喷雾。在水溶液中加消毒药对鸡舍进行喷雾，既有效降低鸡舍有害病菌的数量，又减少灰尘增加湿度 ③选场址时，要选择在地势高燥、向阳的地方 ④及时清除粪便、排除舍内的污水 ⑤加强舍内的保温，防止空气中的水分在墙壁和物体表面凝结 ⑥加强通风换气，排除舍内过多的水汽
空气质量	①保证空气质量的主要手段依靠通风，鸡舍通风是鸡的生理基本要求，通风的同时影响鸡舍的温度、湿度、有害气体及有害微生物的排出。通风量增加，鸡舍温度、湿度下降，有害气体、有害微生物减少，所以对通风量的要求很高 ②封闭式鸡舍中，鸡每小时每千克体重通风量为 3.6～4 米^3，成鸡舍风速小于每秒 0.8 米，雏鸡舍风速小于每秒 0.5 米/秒。开放式鸡舍中，在能维持舍内温度处于 21～27℃时，尽量打开通风窗和通气孔，加强通风，以排除鸡舍内有害气体，补充新鲜空气 ③正确处理好通风与保温的关系。在寒冷的冬季，鸡体周围的气流速度以 0.1～0.2 米/秒为宜，最高不超过 0.25 米/秒 ④及时清除粪便，减少有害气体的来源 ⑤鸡舍地面的材料应不渗水，以防粪污储留，腐败分解。舍内鸡粪的湿度控制在 30%以内。供水系统应不漏水，保持舍内空气和四壁的干燥 ⑥铺设垫草保温防潮，吸附有害气体，防止氨和硫化氢溶于舍内的水汽中 ⑦在鸡粪上撒过磷酸钙等吸附剂，降低舍内氨气的浓度 ⑧饲料中添加降氨物，如丝兰属提取物、沸石和 EM 制剂等，减少舍中氨浓度和臭味。此外，商品除臭剂也有较好的作用 ⑨鸡群周转，采用全进全出制 ⑩鸡场周围种植防护林，场内空地多种植树木、牧草、作物或花卉，少见裸露的空地
光照	①雏鸡 2～3 日龄采用全天 24 小时光照，以便雏鸡适应环境。笼育的第一周应给予较强光照，光照强度为 20～25 勒克斯。此后，光照时间一直保持每天 23 小时光照和 1 小时黑暗 ②夜间关灯 1 小时的主要目的是使雏鸡熟悉黑暗环境，以免突然停电造成惊恐 ③对于蛋鸡来说，育成期的光照非常重要，10 周龄以后，要求光照时间应短于刺激母鸡生殖系统发育的最小光照时间 11～12 小时，光照强度要逐渐降低。育成期绝对不能增加光照，补充光照开关灯要准时，切忌频繁变动

二、无公害蛋鸡安全生产环境净化

（一）蛋鸡安全生产与环境的关系

外界环境和环境因素同蛋鸡生产有着密切的关系。养鸡既要防止周围环境对鸡的危害，同时，还要避免鸡场本身对周围环境的污染。

1. 蛋鸡生产对环境的不利影响　无论在哪种饲养方式下，造成环境污染的共同来源之一都是鸡本身。一只鸡就是一个污染源，一个鸡场就是一个污染物排放场（表 4-40）。

表 4-40　蛋鸡生产对环境的污染

途　径	内　　容
粪便污染	鸡有 9 个气囊，造成了鸡的需氧量和排出的废气（二氧化碳）按单位体重计算要比其他家畜高 1～2 倍。鸡的肠道长度仅为其体长的 6～7 倍，加之代谢率高，饲料通过肠道快，粪便中残留的有机物比其他家畜粪便要多，氮、磷流失较大，造成空气、土壤和水质污染
氮污染	蛋鸡对蛋白质饲料利用不充分，饲料中 50%～70% 的氮以粪氮和尿氮的方式排出体外，粪尿中小部分氮以氨气的形式挥发到空气中，增加了大气中的氮含量，严重时导致酸雨物形成，对人、畜和农作物造成危害；另一部分则被氧化成硝酸盐，造成土壤和水的污染
磷污染	蛋鸡对磷利用率低，排出的磷一部分吸附于土壤表面，与土壤中的钙、铜、铝等元素结合成不溶性复合物，造成土壤板结，影响农作物的生长；另一部分与水中的氮一起造成水体营养富化，导致水体缺氧、腐败变质
有害气体污染	养鸡产生的氨气、硫化氢、二氧化碳、一氧化碳和氧化氮等各种有害气体，严重影响鸡的生长发育，排放到大气中加剧空气污染，危害人类健康，强化地球温室效应
病源性微生物污染	鸡场排放的每毫升污水中平均含 33 万个大肠杆菌和 66 万个肠球菌，沉淀池每升污水中球虫卵和毛首线虫卵分别高达 199.3 个和 106 个。患病或隐性带病鸡会排出的致病菌和寄生虫卵如不适当处理，会引起蚊蝇孳生和疫病传播

（续）

途　径	内　容
尘埃污染	鸡舍中的尘埃为各种微生物的载体，约有40%的革兰氏阴性细菌都附着在小于5微米的尘粒上，尘埃随空气流动传播致病菌，危害动物和人类健康
抗生素污染	配合饲料中添加剂的不合理使用，使鸡产品及其粪便中残留大量抗生素、化学合成药物，不仅对蛋鸡产品质量、蛋鸡安全和健康造成影响，且直接影响人类的生命安全和身体健康
重金属污染	高铜、高锌饲料添加剂造成鸡产品中含铜、含锌量增高，人食入后危害健康，且90%以上随粪便排出体外，导致土壤被铜或锌污染。在饲料中添加砷、镉制剂，对人的健康有多方面的危害，增加重金属对环境的污染

2. 环境污染对养鸡的危害　一个地区（区域）环境受到污染，则该地区的畜禽都会受到不同程度的危害，包括蛋鸡。

鸡长时间生活在受污染的环境中，不断接触环境污染物就会持续地对鸡进行危害。环境污染物通过饮水和饲料进入鸡体内，在体内沉积，对神经系统和内分泌系统产生危害，并损害肝、肾、心脏及胃肠机能。如果污染物质性质稳定，污染物一旦进入体内，就很难被排出体外，因而污染物对鸡的危害很难清除。

（1）*急性危害*　环境污染一次或一天内多次作用于鸡体所引起的危害作用称为急性危害。

（2）*蓄积性危害*　有一些污染物被鸡采食后，进入鸡体能够积累，当污染物在体内达到一定量时，就会引起鸡体中毒，这些污染物质的危害被称为蓄积性危害。

（二）环境净化的技术措施

1. 鸡场环境管理　使鸡场环境最佳化的第一步就是对实际的环境条件进行监测，然后将其与标准的或推荐的环境条件进行对比，这样就可以知道应该采取什么步骤来获取最佳的蛋鸡性能。鸡场环境检查清单见表4-41。

表 4-41　鸡场环境检查清单

检查项目	参　数	说　明	目　标
房舍	方向	东-西/北-南/其他	
	尺寸（米）	长/宽/高	
	绝热（单位/米^2,℃）	墙壁/天花板	0.7～0.8
	吸湿性	很高/高/低/无	
通风系统	风扇	台数和直径	
	每台风扇的送风量（米^3/秒）		
	总气流量（米^3/秒）		
	风扇位置	北/南/纵向通风/综合	
	进气口	数量/高度/长度/总面积（米^2）	
环境条件	舍内温度（℃）	测定值/标准值	
	相对湿度（%）	测定值/标准值	
	饮水	温度（℃），pH	
	进气	进气口平均风速（米/秒）/进气口面积（米^2）	
	风量（米^3/秒）	计算值/设计值	
	静压（帕）		12～25
	气流方向	向上/向下	
	二氧化碳（毫克/米^3）	<2 500	
	氨气（毫克/米^3）	<15	
	尘埃水平	高/低/无	
气流的测定和计算	出气口	出气口面积（平方米）/平均风速（米/秒）	
	送风率	每台风扇送风率（米^3/秒）/风扇数量	
	总风量（米^3/秒）		
	风量（米^3/秒）	对该日龄的鸡而言/对该鸡舍的设计值	
鸡群管理信息	日龄		
	体重（克）		
	饲料利用率		
	死亡率（%）		
	饲料类型	开食料/生长料/肥育料	

2. 蛋鸡安全生产养殖环境条件净化的技术措施　见表4-42。

表 4-42　蛋鸡安全生产养殖环境条件净化的技术措施和内容

技术措施	技术内容
合理规划鸡场建设环境设计	根据生产工艺流程要求合理确定各部分建筑群的组成和功能，结合建筑物及各项工程设施相互之间的平面和空间关系，同时考虑自然地形和社会条件，科学布局建筑布置、交通、绿化和环保要求，相互协调形成统一的有机体
通过日粮调控，降低对环境污染	配制氨基酸平衡日粮，使日粮的氨基酸水平与蛋鸡的氨基酸水平相适应，提高日粮蛋白质消化率，减少因日粮中营养物质吸收不全而生成的恶臭物质，降低粪便的气体污染和氮污染
微生物制剂进行生态养殖	①在鸡日粮中添加微生态制剂，维持蛋鸡消化道内的微生物平衡，提高蛋鸡对饲料的利用率，抑制鸡肠道和有害气体排出，改善了养殖环境 ②利用微生态制剂的抗腐败和分解转化有害物质的功能，降低以至消除粪便及鸡舍的恶臭气味，最大限度克服鸡场对周围环境的污染，促进鸡场粪便的无害化和进一步资源化 ③鸡产品的营养成分在有效微生物作用下发生了变化，蛋白质等有效营养成分提高，胆固醇、脂肪等不利于人体健康的成分下降，生产的是无污染、无公害的健康食品
合理安排饲养密度	饲养密度直接影响着鸡舍内的空气卫生状况，应根据鸡舍的结构和鸡舍调节环境的能力，按照季节和蛋鸡的最终体重来调整饲养密度，以减少密度过高造成的污染（蛋鸡安全生产的最大饲养密度参照表 4-43）
重视饲料质量安全	控制饲料成分，重视饲料安全，不变质，进一步完善饲料安全的有关法规、标准化体系与管理机制，保证饲料安全的技术措施实施到位，禁止添加抗生素及铜、锌、砷、氟等危害人体健康的微量元素，应用无毒、无污染、无残留的新型饲料添加剂
加强对病死鸡的处理	①建立病鸡淘汰制度，利用深埋法处理病死鸡，经济合算，需注意地下水被污染的可能性 ②利用焚化法处理死鸡安全彻底，不会对周围环境、兽医防疫安全造成危害，大群焚烧时注意对空气的污染问题 ③将鸡粪与垫料一起进行堆肥处理，经济合算，是小型鸡场现场处理病死鸡的最佳途径
建立粪尿及垫料混合物的无害化处理系统	①利用微生物发酵技术处理后的粪便无臭、无害，是优质的有机肥料，可长期保存，既可净化环境，又可变废为宝，是绿色农业的高效颗粒肥料 ②生产沼气是综合利用鸡粪尿，形成了多层次结构模式和物质多级利用的良性循环，是防止污染环境和开发新能源的有效措施 ③干鸡粪中含干物质 96.4%，其中平均含粗蛋白 27.75%、粗脂肪 2.35%、无氮浸出物 30.96%、钙 7.8%、磷 2.2%及丰富的氨基酸、维生素、微量元素等，经过发酵和日晒，可消灭杂菌，清除臭味等有害物质，使之转化为饲料原料，可作为某些配合饲料的蛋白原料使用

表 4-43　蛋鸡最大饲养密度

平均活重（千克）	封闭式鸡舍（只/米²）	开放式鸡舍（只/米²）
1.0	32	22
1.5	21	15
1.8	18	12
2.0	16	11
2.5	13	9
3.0	11	7

（三）环境消毒

鸡场环境消毒，就是利用物理的、化学的、生物学的方法消灭病原微生物，控制疾病传播，建立良性生态环境的一种方法。消毒对鸡所生存环境周围的病原起作用，消灭其病原微生物，切断传播，防止疾病的蔓延。

1. 鸡场消毒原则与程序

（1）*鸡场消毒原则*　无公害蛋鸡安全生产要建立严格的卫生管理制度，工作人员进入生产区必须消毒、穿戴合适的工作服并遵守有关规定。鸡场消毒原则见表 4-44。

表 4-44　鸡场消毒原则

原　则	具　体　内　容
消毒方法选择原则	①根据病原微生物有针对性地选择消毒方法 ②根据消毒对象选择带鸡消毒，注意对鸡和人体的安全性和效果的稳定性 ③根据消毒现场选择适当消毒方法
环境消毒原则	①鸡舍周围环境每 2～3 周用 2%火碱液消毒或撒生石灰 1 次 ②场周围及场内污水池、排粪坑、下水道出口，每 1～2 个月用漂白粉消毒 1 次 ③在大门口设消毒池，使用 2%火碱或煤酚皂溶液
人员消毒原则	①鸡场工作人员家中不得饲养家禽，家属也不能在家禽交易市场或家禽加工厂内工作 ②进入鸡场的工作人员或临时工作人员（如设备维修人员等）更换消毒服、鞋和帽后，才可以进入生产区。消毒服每周消毒 1 次，也可穿着一次性塑料套服。消毒服限于在生产区内穿着，不能穿着走出生产区外。有条件的鸡场需先洗澡后，再更换消毒服

（续）

原　则	具　体　内　容
人员消毒原则	③鸡场生产区的门口有消毒池，进入生产区时需踏消毒池而过。每栋鸡舍的门外也有消毒池，进入鸡舍时也需踏消毒池而过。消毒池内的消毒液一般用3%来苏儿或3%氢氧化钠，消毒液应定时更换 ④鸡舍门口的内侧放有消毒水盆，进入鸡舍后需先洗手消毒3分钟，再用清水冲洗干净，然后开始工作。消毒水一般用0.1%百毒杀或1%～2%来苏儿，消毒水每1～2天更换1次
鸡舍消毒原则	①进鸡或转群前将鸡舍彻底清扫干净 ②用高压水枪冲洗，再用0.1%的新洁尔灭或4%来苏儿或0.2%过氧乙酸或次氯酸盐、碘伏等消毒液全面喷洒 ③关闭门窗用福尔马林熏蒸消毒

（2）孵化室消毒原则　孵化室是入孵种蛋和出壳雏鸡必经之地，入孵的种蛋受到污染后，则孵化率降低，必须重视孵化室的消毒。蛋鸡安全生产孵化室消毒原则见表4-45。

表4-45　蛋鸡安全生产孵化室消毒原则

原　则	具　体　内　容
孵化室	①孵化室应建在相对独立的地点，同生产区、生活区和化验室保持一定的距离，最少应彼此相隔1千米以上 ②孵化室的周围应建立围墙，无关人员不能入内 ③孵化室内的工作人员应固定，无关人员不得进入孵化室，室内也不能饲养任何宠物 ④工作人员需先更换消毒服、鞋和帽等，然后才可进入孵化室 ⑤孵化室门口有消毒池，内放消毒液，工作人员需双足踏消毒池，然后才可进入室内 ⑥孵化室门内侧放有消毒水盆，工作人员需先洗手消毒后，才可以开始工作。工作期间不允许穿着消毒服走出室外 ⑦孵化室内应保持清洁卫生，无杂物，每周消毒1次
种蛋	①新产下的种蛋收集之后，应立即用甲醛熏蒸消毒，以杀死蛋壳表面上的病原菌。熏蒸消毒时，种蛋不能用纸质托盘装载，因纸质托盘可吸收甲醛气体；熏蒸室内的气体要不断流动，使甲醛气体可以到达每一层的种蛋之间，一般是在熏蒸室内安装风扇，促使气体流动 ②种蛋装入孵化器后，立即在温度32℃、相对湿度65%～75%条件下，用甲醛熏蒸消毒

（续）

原则	具体内容
孵化与出雏	①甲醛气体对入孵24小时后至未出壳的鸡胚都有毒，在孵化过程中不能再做熏蒸消毒 ②出雏时，外来接雏人员不得进入孵化室内，应在室外等候接雏 ③出雏结束后，将病、残、死雏、毛蛋及蛋壳等分装塑料袋，运出孵化室做无害处理。随后，将出雏器、孵化器、出雏室及出雏盒等冲洗干净，然后做熏蒸消毒，时间为2小时以上 ④出雏和有关器具的消毒工作全部结束后，对孵化室地面进行一次消毒

（3）鸡舍消毒程序　蛋鸡安全生产鸡舍消毒程序见表4-46。

表4-46　蛋鸡安全生产鸡舍消毒程序

程　序	具　体　内　容
第一步	鸡的饲养期结束后，将鸡舍内的鸡全部移走，并清除散落在鸡舍内外的鸡
第二步	清除鸡舍内存留的饲料，未用完的饲料不再存留在鸡舍内，也不应挪至另外的鸡舍，可作为垃圾处理
第三步	彻底清洗水槽、料槽和料箱，将其上附着的饲料和污物冲洗干净
第四步	凡可以移动的设备都要移至舍外，经过彻底清洗之后，放在阳光下暴晒，经过消毒之后再搬回鸡舍
第五步	初步清洗鸡舍，冲洗天棚、四周墙壁及门窗等，清除垫料
第六步	移走所有的垫料，转移到远离鸡舍的地方沤制成肥料。在靠近鸡舍的地方，不能有堆集和散落的垫料
第七步	清理鸡舍内外散落的垫料、饲料及各种垃圾，并铲除鸡舍附近的杂草，将其一并送往粪便污物处理区
第八步	彻底洗刷鸡舍墙壁、地面、门窗及设备器具等。必要时，可在水中加洗涤剂。先用洗涤剂水浸泡2小时，然后用清水洗刷，高压水枪冲洗，可获得较好的效果。需要擦拭的部分一定要擦拭干净，消毒效果的好坏往往取决于消毒物体的洁净程度，消毒物体越洁净则消毒效果越好
第九步	鸡舍消毒后，某些消毒剂可能会在鸡舍内残留，应再用清水轻微冲洗
第十步	鸡舍熏蒸消毒。鸡舍清洗干净之后，紧闭门窗和通风口。舍内温度要求在18～25℃，相对湿度在65%～80%，每立方米空间用福尔马林42毫升，高锰酸钾21克，熏蒸时间为24小时。如果鸡舍曾用过3%～4%甲醛消毒或曾做过第二次消毒，则可不做熏蒸消毒
第十一步	在地面与墙壁的夹缝处和柱梁的底部涂抹杀虫剂，以保证能杀死进入鸡舍内的昆虫

2. 鸡场消毒方法 根据消毒对象的不同需采用不同的消毒方法，通常所采用的方法主要有物理方法、化学方法和生物学方法。鸡场消毒方法见表 4-47。

表 4-47 鸡场消毒方法

方法	分类	内容
物理消毒法	机械清除	清扫、冲洗、洗擦等是最常用的一种消毒方法，是采用任何消毒法之前所必须经过的第一步
	阳光照射	鸡场常用的消毒方法，利用紫外线的穿透能力和照射作用消毒。鸡场用 X-射线、井射线、紫外线等射线进行消毒，消毒效果好，能真正达到消毒灭菌的目的。只可用于一些消毒效果要求不太严格的用品的消毒
	干热消毒	用具放置于烘干箱内干热消毒，适用于玻璃制品、金属器械等的消毒
	煮沸消毒	一般细菌在100℃开水中3～5分钟即可被杀死，如同时加入0.5%火碱或1%～2%小苏打，可加速菌体蛋白、脂肪的溶解脱落，并提高沸点，从而增加消毒效果。多用于物品的消毒
	火焰喷射	利用火焰喷射器或喷灯所产生的高温而将鸡舍四壁和金属设备及用具上的病原菌杀死
	焚烧消毒	对鸡场废物或死鸡进行焚烧，以消灭病原菌
	高温高压消毒	利用高热高压杀死金属、玻璃等器具上的病原菌
	高压蒸汽消毒	蒸汽具有较强的渗透力，高温的蒸汽透入菌体，使菌体蛋白变性凝固，微生物因之死亡。饱和蒸汽在100℃时经过5～15分钟，就可以杀死一般芽孢型细菌。主要用于玻璃器皿等兽医防疫器械的消毒
化学消毒法	喷雾消毒	利用喷雾消毒设备将消毒液雾化，均匀喷洒在路面、墙壁、设备及用具上进行喷雾消毒，雾滴的直径最小应在200微米以上。若用于鸡舍内的带鸡消毒，喷雾消毒的最适温度为18～22℃，相对湿度为70%～80%，雾滴直径为50～100微米。若雾滴过小（5～10微米），则雾滴易被鸡吸入呼吸道内而产生不良的作用。喷雾消毒时，至鸡背的羽毛微湿即可。消毒液的用量为15～30毫升/米^3
	洗刷或浸泡消毒	将需要消毒的物品进行洗刷或浸泡以杀死其上的病原菌，应注意消毒液经过多次反复使用后，会降低其消毒效果，要及时更换消毒液
	熏蒸消毒	多用于甲醛溶液对鸡舍和种蛋的消毒
生物学消毒法	对生产中产生的大量粪便、粪污水、垃圾及杂草进行发酵，利用发酵过程所产生热量杀灭其中的无芽孢菌、寄生虫卵、病毒等病原微生物	

3. 常用消毒剂及其使用　消毒剂应符合《中华人民共和国兽药典》的规定，对人和鸡比较安全，对饲养用具和纤维织物没有腐蚀性或破坏性，在空气中稳定，没有残留毒性，对多种病原微生物有效，多次使用某一消毒剂不会在鸡体或鸡产品内产生有害积累或残留。

（1）消毒机制　消毒剂的消毒机制见表4-48，各类消毒剂消毒机制见表4-49。

表4-48　消毒剂的消毒机制

作用方式	消　毒　机　制
对细胞壁的作用	改变细菌细胞壁通透性和结构，阻碍细菌对营养物质的吸收和代谢产物的排出，从而导致细菌的死亡
对细胞膜的作用	①改变细胞膜通透性和使细胞内组分漏出 ②破坏细菌细胞膜的氧化磷酸化过程，降低质子移动力和ATP的合成，导致细菌生物氧化障碍和细菌胞浆内成分的流失 ③破坏细菌膜酶，抑制需氧菌的全部代谢过程，导致细菌细胞膜损伤和细胞内核酸及蛋白质和无机化合物的流出
细菌细胞浆的不可逆凝集作用	凝固细菌胞浆内蛋白质，包括结构蛋白和酶蛋白，同时也可引起核酸的凝固
对细菌代谢酶功能的影响	破坏微生物的酶，从而影响微生物的代谢，发生抑菌和杀菌作用
对细菌核酸的破坏作用	抑制细菌核酸的生物合成和功能，导致微生物的灭活
对细菌核糖体的作用	与细菌的核糖体反应，使核糖体解离或者改变其功能，从而破坏细菌的发育和繁殖

表4-49　各类消霉剂消毒机制

类　别	主要消毒剂	消 毒 作 用 机 制
醛类消毒剂	甲醛戊二醛邻苯二醛	①直接作用于菌体蛋白质和酶分子，影响细菌代谢，使细菌繁殖体死亡 ②阻止细菌芽孢外层释放二烃酸，阻止芽孢出芽。同时，交链作用又可使芽孢壁封闭，使芽孢和真菌孢子死亡 ③直接作用DNA和RNA，使分子结构紊乱，杀死微生物

（续）

类别	主要消毒剂	消毒作用机制
醇类消毒剂	乙醇 苯氧乙醇 异丙醇	①通过脱水作用和对肽链环节的破坏，使蛋白质发生沉淀变性 ②破坏细菌细胞壁，使菌体溶解 ③破坏微生物酶系统，可阻止细菌的代谢，抑制细菌繁殖
酚类消毒剂	苯酚 来苏儿 松节油	①凝固和沉淀微生物的肽类和蛋白质，对脂类的溶解作用 ②对细菌细胞壁肽类的破坏作用 ③对肠道细菌、革兰氏阳性菌、结核杆菌的杀灭作用强，对某些亲脂类病毒的杀灭作用好，对亲水性病毒的杀灭作用差
过氧化物类消毒剂	过氧乙酸 过氧化氢 过氧戊二酸 臭氧 高锰酸钾	①对细菌细胞壁蛋白质的直接氧化作用使细胞壁和细胞膜的通透性改变，破坏微生物的物质交换 ②直接作用于酶系统，干扰微生物的代谢，抑制微生物的繁殖 ③过氧化物分解产物羟基和活性氧等自由基团，可直接与微生物的蛋白质和核酸反应，破坏微生物的物质结构
含氯消毒剂	二氯异氰尿酸钠 次氯酸钠 氯胺类 漂白粉 二氧化氯 氯化磷酸三钠	①在水中分解产生次氯酸是强氧化剂，直接作用细胞壁并进入细胞内氧化细菌体内各种成分 ②氯与细菌或病毒蛋白质形成氮—氯复合物，使蛋白质变性，干扰细胞代谢，导致细胞死亡 ③次氯酸钠在水中分解产生新生态氧，可与菌体成分和病毒核酸发生氧化作用，杀灭微生物
季铵盐类消毒剂	新洁尔灭 双长链季铵盐类消毒剂	①直接吸附到菌体表面，改变细胞通透性，溶解细胞膜和细胞壁造成菌体内容物外流 ②季铵盐类分子靠其表面活性作用在菌体表面凝集，阻碍细菌代谢，使细胞膜结构紊乱 ③渗透到细菌体内，使菌体蛋白质发生变性和沉淀 ④破坏细胞的酶系统，特别是影响脱氧酶和氧化酶类的活性 ⑤季铵盐类有 4 个取代基，都是烷基式杂环基团，其中一个长链是杀菌的活性基团

（续）

类 别	主要消毒剂	消毒作用机制
碘类化合物消毒剂	碘酊 碘伏类 碘仿 碘甘油	①碘使菌体蛋白质发生改变，氨基酸发生卤化，从而失去生物学活性 ②碘伏类既有游离碘的作用，又有表面活性和乳化作用，破坏细菌细胞壁，大量进入细胞内，并使细胞内容物漏出，导致微生物死亡
染料类消毒剂	甲紫 雷佛奴尔	阳离子或阴离子能分别与细菌蛋白质的羧基和氨基相结合，从而影响其代谢，呈现抗菌作用
重金属盐类消毒剂	红汞 硫柳汞 硝酸银	①对蛋白质和多肽、脂蛋白及氨基酸有直接沉淀和凝固作用 ②对微生物有直接脱水作用，使细菌浓缩变性死亡
烷基化合物消毒剂	环氧乙烷 环氧丙烷 β-丙内酯	①使蛋白质分子中的所有功能基团发生烷基化，引起细菌和芽孢、病毒等微生物代谢障碍 ②抑制微生物和多种酶系统的活性，如脱氢酶及胆碱酯酶活性，引起微生物（含芽孢、孢子、病毒等）正常代谢失调，导致死亡
己烷类消毒剂	双盐酸洗必泰 葡萄糖酸洗必泰 双醋酸洗必泰	①能迅速吸附于细菌细胞和细胞膜表面，改变其结构，增大通透性，使菌体内容物漏出，造成细菌死亡 ②抑制脱氢酶和氧化酶系统，发生代谢障碍 ③直接凝固细菌细胞浆内成分（浓度高达 1 000 微克/毫升时），使胞浆浓缩、变性，导致细菌死亡

（2）鸡场常用消毒剂及其用法　鸡场常用消毒剂及其用法见表 4-50。

表 4-50　鸡场常用消毒剂及其用法

类 别	用 量	用 途	注意事项
氢氧化钠（苛性钠或火碱）	2%～3%溶液	用于鸡舍、用具及地面等的消毒	氢氧化钠对人皮肤有腐蚀作用，操作时佩戴防护眼镜、手套和工作服；对金属制品有腐蚀性，铝制品的设备和器具不能用于盛放氢氧化钠消毒剂

（续）

类别	用量	用途	注意事项
氧化钙	10%～20%乳剂	粉刷鸡舍墙壁、地面，或直接于被消毒的液体中，撒在阴湿地面、粪池周围及污水沟等处进行消毒	氧化钙会吸收空气中的二氧化碳气而变成碳酸钙，失去消毒作用，所以应现配现用
		在寒冷地区，常用氧化钙作为消毒剂，撒布于路面和鸡舍与鸡场门口的消毒池内，对往来的人员和车辆进行消毒	
甲醛	20毫升/米^{3}空间	用于孵化室、鸡舍等熏蒸消毒（表4-50、表4-51）	室内温度不低于15℃，相对湿度60%～80%，消毒时间为8～10小时
	2%水溶液，13毫升/100米^3	用于地面消毒	
	3%～4%	用于洗刷和浸泡消毒器具	
来苏儿	1%～2%溶液	常用做工作人员洗手的消毒液	因其有粪臭味，不可用做鸡蛋、鸡体表及鸡蛋产品库房的消毒。经来苏儿消毒的物体，须再用清水冲洗1次
	3%～5%溶液	可用做鸡舍墙壁、地面、鸡舍内用具的洗刷消毒和运料及运鸡车的喷雾消毒；也可用做消毒池内的消毒液	
新洁尔灭	0.1%浓度	用于手臂洗涤和操作器械和用具浸泡消毒，有时也用于种蛋浸泡消毒	浸泡时的水温要求40～43℃，浸泡时间不应超过3分钟。不宜用于饮水、粪便和污水的消毒，不可与碘、碘化钾和过氧化氢等消毒剂配合使用
过氧乙酸	0.5%水溶液	用于鸡舍、料槽、车辆等用具的喷洒消毒	
	0.04%～0.2%溶液	用于塑料、玻璃、搪瓷和橡胶制品的短时间浸泡消毒	
	5%，2.5毫升/米^3	喷雾消毒密闭的实验室、无菌间、仓库等	
	3%，30毫升/米^3	用于10日龄以上鸡的带鸡消毒	

（续）

类　别	用　量	用　途	注意事项
复合酚	0.3%～1%	用于鸡舍、笼具、运动场、路面、运输车辆和病鸡排泄物的消毒。若环境污染特别严重时，可适当增加药液浓度和消毒次数	复合酚禁止与碱性药物或消毒液混用时，药液用水稀释时，水温以10℃左右为佳
漂白粉（含氯石灰）	1%～3%澄清液	用于料槽、饮水器和其他非金属制品的消毒	漂白粉对金属制品有腐蚀性，对棉毛等纺织品有褪色漂白作用
	5%～20%乳剂	用于鸡舍墙壁、地面和运动场的消毒	
	6～10克/米^3	用于饮水消毒，搅拌均匀后30分钟即可饮用	
百毒杀	0.5～1毫升/10升水（10 000～20 000倍）	用于鸡群日常预防性饮水消毒	
	1～2毫升/10升（5 000～10 000倍）	用于有疫情发生时的饮水消毒，连续消毒饮用水7天	
	3毫升/10升（3 000倍）	用于鸡舍、饲养用具喷雾、冲洗消毒，也可用于种蛋消毒	
	3～5毫升	用于孵化室及设备喷雾、冲洗、浸泡消毒	
	10毫升/10升（1 000倍）	用于有疫情发生时的鸡舍、器具和笼具消毒	
高锰酸钾	0.1%低浓度	用于鸡群的饮水消毒	在酸性溶液中可明显提高其杀菌作用，如在0.1%溶液中加入1%盐酸，只需30秒即可杀灭细菌芽孢。高锰酸钾易被有机物分解，还原为无杀毒能力的二氧化锰
	2%～5%高浓度	可在24小时内杀灭细菌芽孢，用于浸泡消毒	
		高锰酸钾同甲醛溶液相混可用于鸡舍、孵化器（室）、化验室、更衣室等的空间消毒（表4-50）	
乳酸	10毫升/米^{3}空间	用于孵化室、化验室或仓库加热熏蒸或喷雾消毒，作用30～60分钟	

用甲醛熏蒸消毒时，需要在一定的温度和湿度条件下进行。对温度的要求是16～25℃，刚出壳雏鸡为32℃；对相对湿度的要求是60%～90%。不同消毒浓度每立方米空间所需的福尔马林和高锰酸钾量见表4-51。不同消毒对象用福尔马林熏蒸消毒的等级和时间见表4-52。

表4-51　不同消毒浓度每立方米空间所需的福尔马林和高锰酸钾

浓　度	福尔马林（毫升）	高锰酸钾（克）
1倍	14	7
2倍	28	14
3倍	42	21
4倍	56	28
5倍	70	35

表4-52　不同消毒对象用福尔马林熏蒸消毒的等级和时间

消毒对象	熏蒸浓度	熏蒸时间	中和
种蛋	3～4倍	30～20分钟	否
入孵24小时内种蛋	2倍	20分钟	否
刚出壳雏鸡	1倍	3分钟	是
出雏器、运雏箱、雏鸡存放室	3倍	30分钟	否
鸡舍	3倍	24小时	否
运鸡车	5倍	30分钟	是

注：熏蒸前要紧闭门窗和通风口，熏蒸后立即打开门窗和通风口，进行通风换气。种蛋立即自熏蒸箱内取出，装种蛋的托盘用塑料托盘。

第五章

蛋品质量安全及鸡场废弃物无害化处理

一、无公害蛋品质量安全

产品的质量是指产品在使用过程中，能成功地适合消费者要求的程度及所必须具备的性能、状态、形状等特性。ISO8402—1994 对质量定义是：反映实体满足明确和隐含需要能力的特性总和，包括产品的最终质量和产品的各个生产过程。质量要求产品不仅必须符合法律、法规、安全能源利用和资源保护等方面的要求，而且应满足消费者和社会的需要。

无公害蛋品生产应具备的条件：

第一，鸡场内外环境和鸡舍环境中空气、水质等符合国家有关标准要求。

第二，蛋鸡的整个饲养过程中严格按照饲料和兽药使用准则、兽医防疫准则以及饲养管理准则等要求、规范。

第三，生产出的蛋品必须经过法定部门检验和认证合格，获得认证证书且允许使用无公害农产品标志的鸡蛋和蛋制品。

（一）无公害蛋品的标准

为了规范无公害农产品的生产及加工，保证农产品的质量和食用安全，农业部在第一批无公害食品的行业标准（NY 5001—2003）基础上，于 2005 年 1 月 19 日颁布了新修订的《无公害食品　鲜禽蛋》产品标准（NY 5039—2005），并于 2005 年 3 月 1

日起实施。

表 5-1 《无公害食品 鲜禽蛋》产品标准（NY5039—2005）

现标准	替代原标准
GB 4789.2 食品卫生微生物学检验 菌落总数测定	NY5039—2001《无公害食品 鲜鸡蛋》
NY5039—2005《无公害食品 鲜禽蛋》	NY5270—2004《无公害食品 鹌鹑蛋》
	NY5259—2004《无公害食品 鲜鸭蛋》

表 5-2 《无公害食品 鲜禽蛋》产品标准（NY5039—2005）与替代原标准的区别

项目	原标准	现标准
适用范围	鸡蛋	鸡蛋、鸽蛋、鹅蛋
六六六、滴滴涕、氯霉素、呋喃唑酮	单独规定	不单独规定
理化指标		补充兽药、农药最高残留限量、有毒有害物质限量应符合国家相关规定
增加指标		恩诺沙星及检测方法
增加删减指标		金黄色葡萄球菌、志贺氏菌、溶血性链球菌

表 5-3 《无公害食品 鲜禽蛋》产品标准（NY5039—2005）

范围	（1）规定了无公害食品鲜禽蛋的定义、技术要求、检验方法、检验规则和标志、包装、运输及贮存要求 （2）适用于个无公害鲜禽蛋（鲜和冷藏鲜鸡蛋、鸭蛋、鹅蛋、鹌鹑蛋和鸽蛋等）的质量安全评价
规范性引用文件	（1）GB 4789.2 食品卫生微生物学检验 菌落总数测定 （2）GB 4789.3 食品卫生微生物学检验 大肠菌群测定 （3）GB 4789.4 食品卫生微生物学检验 沙门氏菌检验 （4）GB/T 5009.11 食品中总砷及无机砷的测定 （5）GB/T 5009.12 食品中铅的测定 （6）GB/T 5009.15 食品中镉的测定 （7）GB/T 5009.17 食品中总汞及有机汞的测定 （8）GB/T 5009.19 食品中六六六、滴滴涕残留量的测定 （9）GB/T 5009.47 蛋和蛋制品卫生标准的分析方法

（续）

规范性 引用文件	（10）GB/T 5009.116 畜禽肉中土霉素、四环素、金霉素残留量的测定（高效液相色谱法） （11）GB/T 5009.123 食品中铬的测定 （12）GB 6543 瓦楞纸箱 （13）GB/T 6682 分析实验室用水规则及实验方法 （14）GB 7718 预包装食品标签通则 （15）GB 8674 鲜蛋贮运包装 塑料包装件的运输、储存、管理 （16）GB 9687 食品包装用聚乙烯成形品卫生标准 （17）GB 9693 食品包装用聚乙烯树脂卫生标准 （18）GB 11680 食品包装用原纸卫生标准 （19）GB/T 18407.3 农产品安全质量无公害畜禽肉产地环境要求 （20）NY 5029 无公害食品　猪肉 （21）农业部第 235 号公告　动物性食品中兽药最高残留限量
术语及定义	无公害食品　鲜禽蛋是指在符合无公害食品鲜禽蛋产地环境评价要求的条件下生产的，并符合本标准要求的鲜禽蛋
技术要求	（1）禽蛋应来自非疫区禽场，蛋禽场应符合 GB/T 18407.3 要求，蛋禽饲养中不应使用国家禁止的兽药/饲料添加剂及违规药品 （2）蛋壳清洁、完整；灯光透视时，整个蛋呈橘黄色至橙红色，蛋黄不见或略见阴影；打开后，蛋黄凸起、完整、有柔性，蛋白澄清、透明，稀稠分明，无异味 （3）理化指标应符合表 5-4 的要求 （4）微生物指标 应符合表 5-5 的要求
检验方法	按照表 5-6 的方法
检验规定	按照表 5-7 的规定
包装、标志、 贮存运输	按照表 5-8 的规定

表 5-4　无公害鲜蛋的理化指标（毫克/千克）

项　目	指　标
汞（以 Hg 计）	≤0.03
铅（以 Pb 计）	≤0.20
砷（以 As 计）	≤0.50
镉（以 Cd 计）	≤0.05
铬（以 Cr 计）	≤1.00
四环素	≤0.20
金霉素	≤0.20

（续）

项　目	指　标
土霉素	≤0.20
磺胺类（以磺胺类总量计）	≤0.10
恩诺沙星	不得检出

注：兽药、农药最高残留限量和其他有毒有害物质限量应符合国家有关规定。

表 5-5　无公害鲜蛋的微生物指标

项　目	指标
菌落总数（菌落单位/克）	$\leqslant 5\times10^4$
大肠菌群（MPN/100 克）	≤100
沙门氏菌	不得检出

注：摘自 NY5039—2005《无公害食品　鸡蛋》。

表 5-6　无公害鲜蛋重金属与药物检测方法

感官检验	按 GB/T 5009.47 规定的方法检验
理化检验	汞按 GB/T 5009.17 规定的方法检验 按 GB/T 5009.12 规定的方法检验 砷按 GB/T 5009.11 规定的方法检验 镉按 GB/T 5009.15 规定的方法检验 铬按 GB/T 5009.123 规定的方法检验 六六六、滴滴涕、土霉素、四环素、金霉素按 GB/T 5009.116 规定的方法检验 磺胺类按 NY 5029 规定的方法检验 恩诺沙星按附录 A 规定的方法检验
微生物学检验	菌落总数按 GB 4789.2 规定的方法检验 大肠菌群按 GB 4789.3 规定的方法检验 沙门氏菌按 GB 4789.4 规定的方法检验

表 5-7　无公害鲜蛋检测的样品与判定规则

组批	以同一产地、同一品种、同一生产周期、同一工艺流程所生产的产品为同一批次
抽样方法	每一批次采取随机多点抽样，抽样量应满足检验需要。将抽取样品至少分为 3 份，一份由被抽样单位保存，其他供检测单位流样和检测分析
判定规则	检验结果应符合本标准要求的则判定该批产品为合格品。检验结果中有任何一项不符合本标准的，则该批产品判为不合格品

表 5-8　无公害鲜蛋的包装、标志、贮存运输

包装	①鲜禽蛋包装用瓦楞纸箱应符合 GB 6543 的规定 ②鲜禽蛋包装用塑料件应符合 GB 8674、GB 9687、GB 9693 的规定
标志	成品外包装应符合 GB 7718 的规定，并有无公害农产品标志
贮存	应符合 GB 8674 的规定，冷库贮存温度 －1～4℃，相对湿度保持在 85%～90%
运输	运输工具应清洁卫生，无异味。运输和搬运过程应轻拿轻放，防潮、防曝晒、防雨淋、防污染、防冻

（二）无公害蛋品质量检测

无公害蛋品在生产加工、储藏、运输和销售等环节中，应进行采样检验（表 5-9、表 5-10）。

表 5-9　无公害蛋品质量检测的主要内容

项　目	内　容	检验目的
感官检验	蛋壳清洁完整，灯光透视时，整个蛋呈橘黄色至橙红色，蛋黄不见或略见阴影，打开后蛋黄凸起、完整、有韧性，蛋白澄清、透明、稀稠分明，无异味	检验其新鲜程度和卫生质量
理化检验	六六六、滴滴涕等有机氯农药 汞、铅、镉、铬和砷等重金属 抗生素、磺胺类、抗寄生虫药等兽药	
微生物检验	细菌总数 大肠菌群数 致病菌	

表 5-10　无公害蛋品质量检测的步骤

名称	要　求
采样	①采样时必须注意所采样品的生产日期、批号、代表性和均匀性，样品数量应能反映被检蛋品的卫生质量，且满足检验项目对试样的需要，一式三份，供检验、复验及备查或仲裁用 ②采样用具必须符合相关检验要求。采集微生物学检验样品时，用具必须经过灭菌处理；存放理化检验样品的容器及用具，不得含有待检物和干扰物。用于微生物学检验的样品，必须严格按照无菌操作进行，太大的样品则需用无菌采样器取样。对于冷冻状态的检样，应保持冷冻状态，样品需在 0～5℃中保存
送检	送检样品应按不同的检验项目进行妥善包装、保管和运输，送达实验室后，应立即检验。样品送检一般不超过 3 小时，路途遥远时，可将样品保存在 1～5℃环境中送检。送检时，应认真填写申请单，供检验人员参考

（续）

名称	要 求
检验	食品检测实验室应在接到送检申请单后，立即进行登记，填写实验序号，并按检验要求，妥善保管送检样品，并积极准备条件进行检验。无采样记录的样品，不得接受检验。对于检验结果阳性的样品，发出报告3天（特殊情况可适当延长）后，样品才可处理。对于进口食品的阳性样品，需保存6个月，方可处理。阴性样品可及时处理。已腐败的样品不予保留
报告	检验结果符合本标准要求的则判定该批产品为合格品。检验结果中有任何一项不符合本标准的，则该批产品判为不合格品。及时填写报告单，签名后，并经主管人员核实签字，加盖单位印章后生效

（三）无公害蛋品的贮运

无公害鸡蛋的包装对保护无公害鲜蛋的质量及减少破损有重要的意义。无公害鲜蛋的破损和腐败往往与包装容器、填充物料、包装方法有直接关系（表5-11）。

表5-11 无公害蛋品的贮运

项目	要 求
包装	①包装容器规格化。包装容器要按照规定的标准规格制作，统一尺寸、形状和容量。无公害鲜禽蛋包装用瓦楞纸箱应符合GB 6543的规定。鲜禽蛋包装塑料件应符合GB 8674、GB 9687、GB 9693的规定 ②操作方法标准化 ③技术人员专业化。担任鲜蛋包装工作的技术人员，必须具有相当的专业知识，并要具备以下几个基本条件：懂得鲜蛋的构造和性能，有一定的感官鉴定的技能；熟悉照蛋技术，能比较准确地鉴别各种类型的次劣蛋，熟悉鲜蛋的包装和贮存技术
标志	成品外包装的标签应符合《食品标签通用标准》（GB 7718）的规定，注明产品名称、产品标准号、商标、生产单位名称、详细地址、规格、净含量、生产日期、保质期、保存条件等，标志应字迹清晰、完整、准确，并有无公害农产品标志
贮存	应符合GB 8674的规定，冷库贮存温度为－1～－4℃，相对湿度保持在85%～90%。贮存时应按品种、规格分别贮存；保持库内清洁、干燥、通风良好，仓库使用前用物理方法或无害的消毒剂进行消毒；包装箱下面应加垫枕木，垛与垛之间应留有通风道，注意空气流通；禁止将优质无公害蛋品与普通蛋品或其他食品同库贮藏

（续）

项目	要求
运输	无公害鲜蛋在运输过程中最易造成破损，运输同样是经营中的重要环节。鲜蛋运输工具的选择以快速、安全为主，并在此前提下尽量节省费用

（四）无公害蛋品生产的质量控制

无公害蛋品洁蛋生产的质量控制流程见表5-12。

表5-12 无公害蛋品洁蛋的生产流程

次序	程序名称	主要内容	备注
1	第一次检验	将异常蛋、血斑蛋、肉斑蛋、异物蛋、过大蛋、过小蛋、粘粪太脏蛋以及破损蛋、裂纹蛋等选出	此过程主要靠机械和人工相结合
2	清洗与消毒	采用洗蛋机，配合一定的洗涤消毒液	洗蛋消毒液要注意一定的水温、pH、清洗剂、消毒剂等来进行洗蛋作业。并根据处理量和气温的变化来调整水温与水量
3	烘水与保鲜处理	采用专用的烘干机烘干水分	保鲜剂必须天然、无毒、安全与卫生
4	第二次检验	选出有破裂或未洗干净的禽蛋	人工挑选、机械检验、人工和机械检验相结合
5	分级	国内主要按国家标准进行分级，出口时按要求进口国的需要分级	机械式和电子式两种
6	包装	根据消费者的习惯和市场的情况进行包装	专门的蛋盒、蛋盘、蛋盆、蛋箱等
7	贮藏、运输与销售	包装后的食用鲜蛋，应及时地送往销售卖场，或者放入冷藏库内冷藏	经过处理的鲜蛋，要在一定的保鲜时间内售完

二、鸡场废弃物的无害化处理

鸡场废弃物的处理是控制鸡场环境卫生的重要环节，也是保持和促进鸡场生态良性循环不可缺少的组成部分。生产无公害鸡蛋，必须对鸡场废弃物进行科学的无害化处理，不但有利于鸡场的卫生防疫，还能减少公害，改善生态环境，增加经济效益（表5-13）。

表5-13　养鸡场废弃物的种类及其危害

废弃物的种类	处理不当的危害
鸡粪 鸡场污水 死胎、蛋壳、羽毛及内脏等残屑 鸡的尸体 废弃的垫料 鸡场和鸡舍散发的有害气体、灰尘 饲料加工厂排出的粉尘	破坏周围的生态环境，破坏养鸡场自身的生态环境（水、土壤、大气），从而丧失生产无公害鸡蛋的生态环境条件。另外，由于环境污染造成的病原微生物的孳生、污染，使养殖场疾病增多，很难控制。严重影响着人类赖以生存的环境，且直接威胁养殖场自身的生死存亡

鸡场废弃物、鸡场环境与鸡之间的生态关系见图5-1。

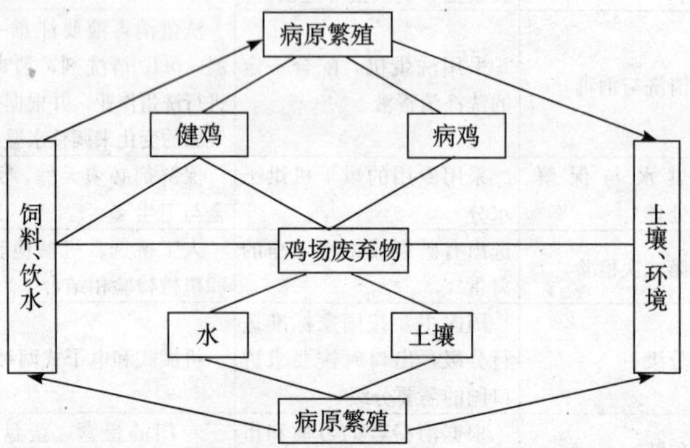

图5-1　鸡场废弃物、鸡场环境与鸡之间的生态关系

（一）鸡粪综合利用

表5-14　鸡粪的危害

项　目	内　容
鸡粪的主要成分	①有机物、氮、磷 ②有毒物质，如硝酸盐、残留的药物及重金属污染物等

（续）

项　目	内　容
处理不当的危害	①蚊蝇泛滥 ②空气浑浊 ③地下水有害菌群超标 ④鸡粪散发的氨和硫化氢等恶臭气体，使产蛋鸡的呼吸道疾病的发病率显著升高，产蛋率显著降低 ⑤影响周围居民的身体健康，也会影响鸡场自身的发展

表 5-15　不同饲养阶段鸡的粪便量

类别	鸡的数量（万只）	鲜粪（吨/天）	鲜粪（吨/年）	干粪（吨/年）
产蛋鸡	3 000	3.0	1 090	364
青年鸡	1 500	0.76	136	32
种鸡	100	0.15	55	14

表 5-16　影响鸡粪利用的因素

类别	主 要 危 害 物
病原体	已从鸡粪中分离出大约 10 种人畜共患病病原体
药物残留	残留物质主要是砷、抗生素、激素、杀虫剂以及铜等其他物质

目前已从鸡粪中分离出大约 10 种人畜共患病病原体。除抗生素外，在鸡饲养中应用的药物在 20 种以上，这些药物有的残留在鸡粪中的浓度比在饲料中的还高。人们比较关注的残留物质主要是砷、抗生素、激素、杀虫剂以及铜等其他物质。

表 5-17　鸡粪中的含砷量

类　别	数值（毫克/千克）
范　围	0.2～76.3
典型值	30
美国环保局和毒物中心制定的砷允许含量标准	1.0

鸡粪利用的关键是保存营养。必须从鸡粪产出到处理完毕，全程考虑营养保存问题。鸡粪的综合利用见图 5-2。

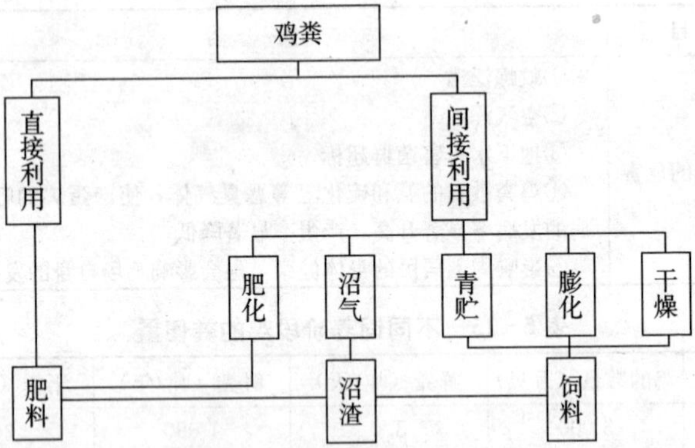

图 5-2　鸡粪的综合利用

1. 鸡粪利用的价值及要求　鸡粪利用的好处见表 5-18。

表 5-18　鸡粪利用的好处

项　　目	内　　容
过量使用化肥的危害	①土壤板结；②地力下降；③水源污染；④生态条件破坏
处理利用鸡粪的意义	①保护环境；②开发资源；③保持生态平衡
处理利用鸡粪的主要问题	①鸡粪原本是鸡场的废弃物，作为再生资源，进行加工处理，其商品价值仍然较低 ②鸡粪的含水量高、黏性大、杂质多、气味恶臭，加工处理难度大
影响鸡粪的养分含量的因素	①品种；②生长期（日龄）；③饲料；④季节；⑤清粪方式

鸡粪的营养价值很高，这是由于鸡无牙齿，不能进行咀嚼，且鸡的消化道很短，对饲料的消化吸收率很低，约有40%～70%的营养物质未能被吸收而随鸡粪排出体外。此外，由于鸡在采食时一些饲料被带出食槽，与鸡粪混在一起。因此，鸡粪可以作为饲料，雏鸡粪更好。不同种类风干鸡粪的营养成分见表 5-19，鸡粪中的各种养分见表 5-19 至表5-24。

表 5-19　不同种类风干鸡粪的营养成分（%）

养　　分	笼养鸡粪	平养垫料鸡粪
水分	11.4	15.5
粗蛋白质	28.7	25.3
尿酸	6.3	8.5
纯蛋白	10.5	16.6
总氨基酸	8.6	
粗脂肪	1.76	2.3
可溶无氮物	33.61	27.1
有效态碳水化合物	6.7	
粗灰分	26.5	14.1
钙	7.8	2.5
磷	2.2	1.6
钠	0.42	0.42
钾	1.37	1.77
铜（毫克/千克）	6.1	2.3
粗纤维	13.04	18.65

表 5-20　不同干燥方式干燥鸡粪的化学成分

化学成分	单　位	脱水蛋鸡粪	干燥肉鸡粪
干物质	%	89.05±7.7	84.7±4.2
粗蛋白	%	28.0±3.2	31.3±2.9
真蛋白	%	11.31±0.4	16.72±0.4
可消化蛋白	%	14.4	23.3
粗纤维	%	12.7±1.9	16.8±1.0
总能	兆焦/千克	1 478 211±979.1	
可消化能（绵羊）	兆焦/千克	7 995.6±715.5	10 209.0
代谢能（绵羊）	兆焦/千克		9 125.3
灰分	%	28.0±1.5	15.0±5.2
钙	%	8.8±1.1	2.37±9.0
磷	%	2.5±0.6	1.80±0.4
镁	%	0.67±0.16	
钠	%	0.94	0.54
钾	%	2.33±0.27	1.78
氯	%	0.94±0.1	0.44
氧化硅	%	3.85	
氯化钠	%	1.36	

（续）

化学成分	单 位	脱水蛋鸡粪	干燥肉鸡粪
铁	%	0.2	451.0
钴	毫克/千克	0.007	
铜	毫克/千克	150.0±45	98.0
锰	毫克/千克	40±69	225.0
锌	毫克/千克	463.0 ±0.93	235.0

表 5-21 鸡粪中的氨基酸组成（占干物质%）

项目	含量	项目	含量	项目	含量
赖氨酸	0.52	脯氨酸	0.78	蛋氨酸	0.18
组氨酸	0.24	天冬氨酸	1.15	异亮氨酸	0.54
精氨酸	0.59	甘氨酸	1.66	亮氨酸	0.95
苏氨酸	0.58	丙氨酸	0.68	酪氨酸	0.44
丝氨酸	0.66	胱氨酸	0.33	苯丙氨酸	0.49
谷氨酸	1.68	缬氨酸	0.68	色氨酸	0.12
				总含量	12.27

表 5-22 鸡粪与大麦、玉米的营养成分比较（干基%）

项 目	粗蛋白	粗脂肪	粗纤维	无氮浸出物	粗灰分
雏鸡粪①	35.75	2.52	10.30	25.03	26.40
雏鸡粪②	30.8	2.8	10.9	37.5	18.5
大麦③	14.8	2.3	8.7	70.6	4.2
玉米③	9.5	5.4	2.2	80.4	2.8

注：①雏鸡粪①据北京市营养源研究所测定；

②雏鸡粪②据华南农业大学动物营养研究所测定；

③大麦、玉米据天津市饲料研究所分析数据由湿基折算为干基。

表 5-23 鸡粪中的矿物元素含量

项 目	含量	项目	含量
钙（%）	6.16	镁（%）	0.86
磷（%）	1.51	钾（%）	1.62
铁（%）	0.20	铜（克/吨）	15
锰（克/吨）	332	锌（克/吨）	202

注：表 5-20、表 5-22 中鸡粪均为北京市峪口养鸡总场雏鸡粪，由北京市营养源研究所测定。

表 5-24　鸡粪的肥料养分（%）

样品来源	氮	五氧化二磷	氧化钾	有机质	水分	腐殖酸
北京郊区鸡粪（风干样）	2.5～3.5	2.5～3.5	1.7～3.0	36.0～52.0	4.0～7.0	
广州笼养蛋鸡粪（干基）	2.88～3.23	3.7～3.95	2.28～2.56			12～15.9

注：北京鸡粪养分据中国农业科学院土壤肥料研究所测定，广州鸡粪养分据华南农业大学测定。

（2）鸡粪处理利用的要求　我国农业部对畜禽粪便的无害化处理进行了严格的规范，制定了畜禽粪便无害化处理规范（NY/T 1168—2006），对畜禽粪便的处理提出了具体要求。

表 5-25　鸡粪处理利用的要求

项　目	内　容
基本要求	①鸡粪产品应当是便于储存和运输的商品化产品，应当加工干燥处理 ②必须经过杀虫灭菌，符合卫生标准，而且没有难闻的气味 ③应当尽可能保存鸡粪的营养成分 ④鸡粪的加工过程不能造成二次污染
场地要求	①新建、扩建和改建养殖场和养殖小区，必须配置畜禽粪便处理设施或畜禽粪便处理场 ②已建的畜禽场没有处理设施或处理场的，应及时补上 ③畜禽养殖场的选址禁止在下列区域内建设畜禽粪便处理场：生活用水水源保护区、风景名胜区、自然保护区的核心区和缓冲区；城市和城镇居民区，包括文教科研区、医疗区、商业区、工业区、游览区等人口密集地区；县级人民政府依法划定的禁养区域；国家或地方法律、法规规定需要特殊保护的其他区域 ④在禁建区域附近建设畜禽粪便处理设施和单独建设的畜禽粪便处理场，应设在上述规定的禁建区域常年主导风向的下风向或侧风向处，场界与禁建区域边界的最小距离不得小于 500 米
处理场地的布局	设置在畜禽养殖区域内的粪便处理设施应按照 NY/T 682 规定设计，设在养殖场的生产区、生活管理区常年主导风向的下风向或侧风向处，与主要生产设施之间保持 100 米以上的距离
粪便的收集	①新建、扩建和改建畜禽养殖场和养殖小区应采用先进的清粪工艺，避免畜禽粪便与冲洗等其他污水混合，减少污染物排放量。已建养殖场和养殖小区要逐步改进清粪工艺 ②畜禽粪便收集、运输过程中必须采取防扬散、防流失、防渗漏等环境污染防止措施

（续）

项 目	内 容
粪便的贮存	①畜禽养殖场产生的畜禽粪便应设置专门的贮存设施 ②畜禽养殖场、养殖小区或畜禽粪便处理场应分别设置液体和固体废弃物贮存设施，畜禽粪便贮存设施位置必须距离地表水体400米以上 ③畜禽粪便贮存设施应设置明显标志和围栏等设施，保证人畜安全 ④贮存设施必须有足够的空间来贮存粪便，一般在能够满足最小容量的前提下将深度或高度增加0.5米。对固体粪便储存设施，其最小容积为贮存期内粪便产生总量和垫料体积总和 ⑤对液体粪便贮存设施最小容积为贮存期内粪便产生量和贮存期内污水排放量总和，对于露天液体粪便贮存时，必须考虑贮存期内降水量 ⑥采取农田利用时，畜禽粪便贮存设施最小容积不能小于当地农业生产使用间隔最长时期内养殖场粪便产生总量 ⑦畜禽粪便贮存设施必须进行防渗处理，防止污染地下水 ⑧畜禽粪便贮存设施应采取防雨（水）措施 ⑨贮存过程中不应产生二次污染，污染物排放应符合GB 18596的规定
粪便的处理	①禁止未经无害化处理的畜禽粪便直接施入农田，畜禽粪便经过堆肥处理后必须达到表5-26的卫生要求 ②畜禽固体粪便宜采用条垛式、机械强化槽式和密闭仓式堆肥等技术进行无害化处理，养殖场、养殖小区和畜禽粪便处理场可根据资金、占地等情况选用适宜的处理方法 ③采用机械强化槽式和密闭仓式堆肥时，保持发酵温度50℃以上的时间不少于7天，或发酵温度45℃以上的时间不少于14天 ④液体畜禽粪便可以选用沼气发酵、高效厌氧、好氧、自然生物处理等技术进行无害化处理。处理后的上清液和沉淀物应实现农业综合利用，避免二次污染（处理后的上清液和沉淀物作为肥料进行农业利用时，其卫生学指标应符合表5-27的要求） ⑤处理后的上清液作为农田灌溉用水时，应符合GB 5084的规定 ⑥处理后的污水直接排放时，应符合GB 18596的规定 ⑦无害化处理后的畜禽粪便农田利用时，应结合当地环境容量和作物需求进行综合利用规划 ⑧利用无害化处理后的畜禽粪便生产商品化有机肥和有机-无机复混肥，须符合NY 525和GB 18877的规定 ⑨利用畜禽粪便制取其他生物质能源或进行其他类型的资源回收利用时，应避免二次污染

（续）

项　目	内　　容
粪便处理场场区	粪便处理场场区臭气浓度应符合 GB 18569 的规定
监督与管理	畜禽养殖场、养殖小区和畜禽粪便处理场按当地农业部门和环境保护行政主管部门要求，定期报告粪便产生量、粪便特性、贮存、处理设施的运行情况，并接受当地和上级农业部门和环境保护机构的监督与检测；排污口标志应按国家环境保护总局有关规定设置

表 5-26　粪便堆肥无害化卫生学要求

项　目	卫　生　标　准
蛔虫卵	死亡率≥95%
粪大肠菌群数	≤10^5个/千克
苍蝇	有效的控制苍蝇孳生，堆体周围没有活的蛆、蛹或新羽化的成蝇

注：摘自 NY/T 1168—2006《畜禽粪便无害化处理技术规范》。

表 5-27　液态粪便厌氧无害化卫生学要求

项　目	卫　生　标　准
寄生虫卵	死亡率≥95%
血吸虫卵	在使用粪液中不得检出活的血吸虫卵
粪大肠菌群数	常温沼气发酵≤10 000 个/升，高温沼气发酵≤100 个/升
蚊子、苍蝇	有效控制蚊蝇孳生，粪液中无孑孓，池的周围无活的蛆、蛹或新羽化的成蝇
沼气池粪渣	达到表 5-26 要求后方可用作农肥

注：摘自 NY/T 1168—2006《畜禽粪便无害化处理技术规范》。

2. 国外鸡粪处理利用的方法　国外对鸡粪利用的科学研究，始于 20 世纪 50 年代，美国首先试验用鸡粪作为羊的补充饲料取得成功。

（1）国外对鸡粪处理利用的方法　国外对鸡粪处理利用的方法主要有干燥法、发酵法、燃烧处理法和组合处理法等（图 5-3）。

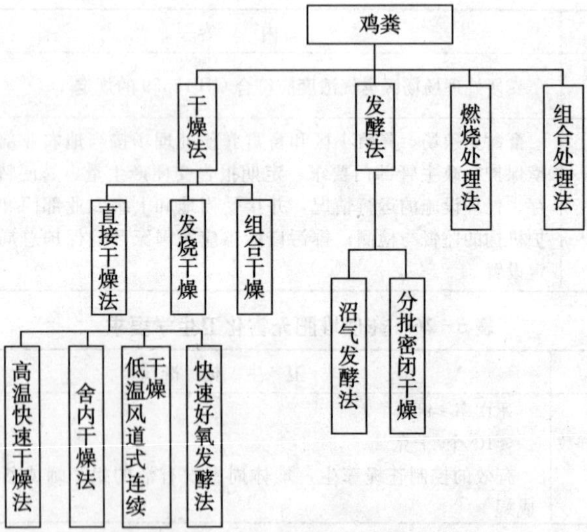

图 5-3　国外对鸡粪处理利用的方法

表 5-28　国外的鸡粪处理方法

名　称	方　　法
直接干燥	对鸡粪不作其他处理，以干燥为唯一加工手段的处理方法。干燥不但可以减少鸡粪的水分，有利于产品的商品化，还能达到灭菌、除臭和保存营养的目的（鲜鸡粪保存 3～4 个月，氮损失 50%～60%，而人工干燥的鸡粪却不超过 4%～6%）
高温快速干燥	利用高温烘干介质迅速提取湿鸡粪中水分的处理方法。一般采用顺流干燥工艺，500～800℃的高温烟气道在干燥设备进料端迅速蒸发鸡粪中的水分，随着物料温度的逐渐升高，热烟气的温度逐渐降低，物料本身的温度控制在不至于损耗营养成分的范围，在干燥的同时，达到杀虫、灭菌、除臭的作用
舍内干燥	在鸡舍内采取一些技术措施，使湿鸡粪尽可能在舍内蒸发干燥的处理方法。在乳头式饮水器下加防滴漏水杯或水槽，不让饮用水混入鸡粪；设置输粪带、风机和管道，从舍外吸进新鲜空气，吸收鸡体散热（或辅助加热）变为暖空气，再强制通风，穿过输粪带小孔，进而干燥，鸡粪脱水幅度可达 40%～50%。高床式鸡舍在鸡笼下设栅格状分层堆粪架，使鸡粪分层堆积也可收到较好的干燥效果。另外，还有低温风道式连续干燥和分批密封干燥等

（续）

名 称	方 法
发酵干燥	将鸡粪发酵，同时去除水分的处理方法，以降低能耗。生产成本低，但产品含水量高并含有调节水分用的辅料，质量不如高温快速干燥
组合干燥	将不同类型的干燥方式组合在一起，取长补短的干燥方法。既可以减少燃料消耗，又可以提高产品品质
发酵法	利用厌氧或好氧菌使鸡粪发酵的处理方法。鸡粪通过厌氧发酵可以生产沼气（如沼气发酵），也可以改良鸡粪品质，提高消化率，还有灭菌除臭等作用（如自然厌氧发酵、青贮发酵）。通过好氧发酵可以使鸡粪熟化，并杀虫灭菌除臭
沼气发酵法	适用于处理含水量很高的水粪。厌氧发酵产生的沼气可作为居民生活用气，沼渣烘干可以生产肥料。沼气发酵一般要经过两个阶段：第一阶段是由各种产酸菌参与酸发酵液化过程，即复杂的高分子有机质分解成分子量小的物质，主要是分解成一些低级脂肪酸；第二阶段是在第一阶段的基础上，再经沼气细菌的作用变换成沼气。沼气细菌是嫌气性细菌，所以在沼气发酵过程中必须在完全密闭的发酵罐中进行，不能有空气进入。沼气发酵所需热量要由外界提供
快速好氧发酵法	通过好氧发酵改变鸡粪品质，使鸡粪熟化并杀虫灭菌除臭。一般有相应的发酵设备，并采用专门筛选出来的发酵菌种，比发酵干燥处理时间短
燃烧处理法	将鸡粪燃烧消除污染并产生一定可用热量的处理方法。含水量小于30%的干鸡粪可作为燃料，含水量20%的干鸡粪热值为12 500千焦/千克。荷兰研制成功的一套专用设备可将鸡粪压缩脱水，制成直径60毫米、长度200～300毫米的粪条，将粪条燃烧，产生的热量用来给鸡舍加温

图5-4为回转圆筒污泥干燥机工作原理图，图5-5为三气筒滚筒干煤机工作原理图，图5-6为太阳能温室槽式发酵干燥设施的横断面示意图。这种设施由自走式搅拌机、通风机、发酵槽（长60～90米、宽6米、深1米，槽两侧壁上部有导轨）和覆盖在整个发酵槽上由玻璃钢或塑料薄膜制成的太阳能温室组成。将水分调节到65%以下的鸡粪，每天按预定生产能力不断送入发酵槽的进料端，在自走式搅拌机翻动作用下，鸡粪缓缓向出料端移动，同时向鸡粪供给足量的氧气，使鸡粪在有氧条件下升温发酵。另

外，由于太阳光的照射，也有利于鸡粪的升温发酵和蒸发水分。经过 40 天左右，在太阳能和发酵时产生的生物能作用下，鸡粪发酵并干燥到含水量 30%以下。图 5-7 为塔式发酵干燥装置示意图。

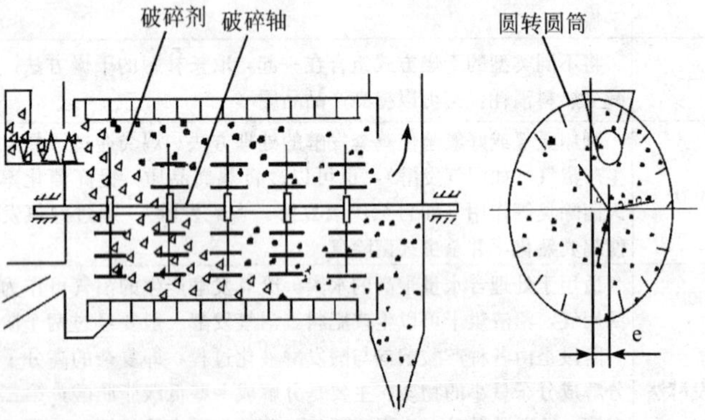

图 5-4　回转圆筒污泥干燥机工作原理图

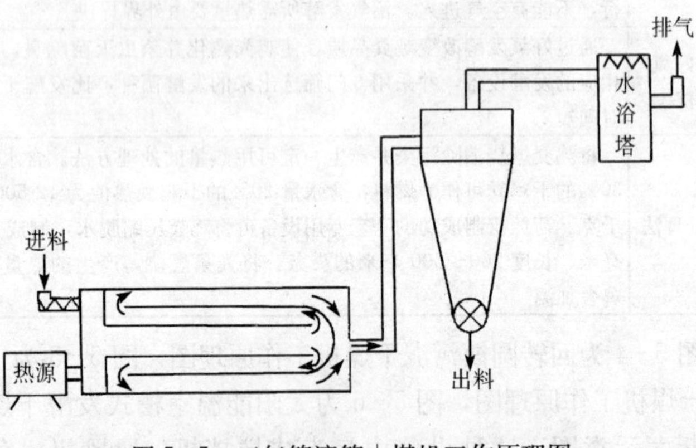

图 5-5　三气筒滚筒+煤机工作原理图

这些鸡粪加工处理技术的确使鸡场环境得到了很大改善，但仍有许多不尽如人意之处，尤其是加工鸡粪造成的空气污染仍未解决。无论是直接干燥法，还是发酵法，都会产生难闻的气味。没有任何一种方法是普遍适用的，必须根据具体情况，因地制宜地采用最合适的方法。

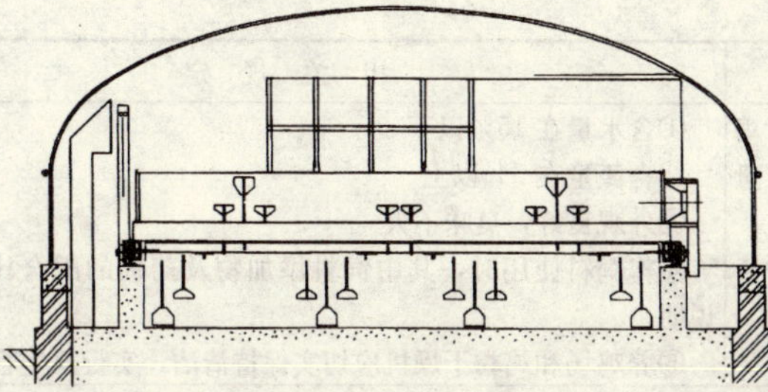

图 5-6　太阳能温室槽式发酵干燥设施横断面示意图

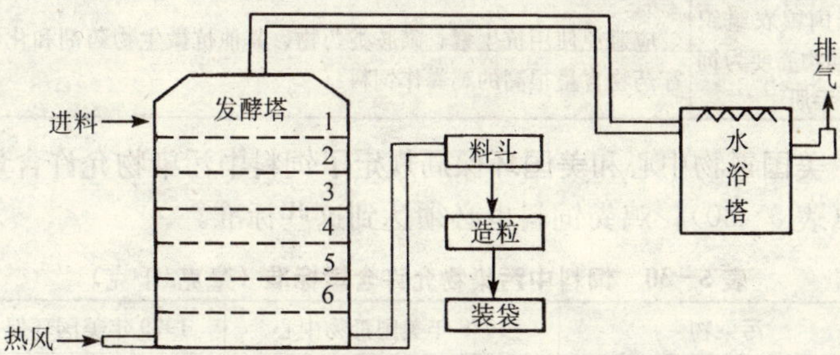

图 5-7　塔式发酵干燥装置示意图

（2）国外关于鸡粪利用的部分标准　见表 5-29。

表 5-29　国外关于鸡粪利用的部分标准

来　源	相　关　规　定
美国饲料管理协会（1973 年 8 月）	①干燥鸡粪指不投喂药物的蛋鸡和肉鸡新鲜鸡粪的加工产物 ②含水率应在 15%以下 ③其中任何物质的含量不能超过有害量 ④不含异物，如铁丝、铁钉和玻璃等 ⑤标明粗蛋白、粗脂肪、粗纤维的含量
美国加利福尼亚州允许的在州内使用鸡粪作饲料（1974 年）	①家禽粪便的生产者必须持有政府颁发的许可证 ②家禽粪便中不能含有杀虫剂和残留药物以及其他有害残留物 ③含水量应在 12%以下 ④作配合饲料时，要注明配比的最高限量 ⑤家畜、家禽屠宰前 15 天内不饲喂干燥鸡粪 ⑥干燥鸡粪应是未经稀释的笼养鸡粪产物，粗蛋白含量应在 25%以上，粗纤维应在 15%以下，灰分应在 30%以下

（续）

来　源	相　关　规　定
英国关于笼养鸡干燥鸡粪质量标准	①含水量在15%以下 ②含氮量在5%以上 ③外观良好，臭味不大 ④作饲料使用时，其中饲料添加物及药剂的配合比例应详细说明 ⑤养鸡场和鸡粪干燥机应切实保持清洁，实行卫生管理
美国规定的鸡粪饲料卫生指标	①沙门氏菌不允许存在 ②大肠杆菌每克不超过10个 ③细菌总数每克不超过2万个
联合国粮农组织《变动物粪便为饲料》手册	应避免使用抗生素、磺胺类药物、其他抗微生物药剂和化学治疗药物含量很高的鸡粪作饲料

美国毒物中心和美国环保局规定了饲料中污染物允许含量标准（表5-30），鸡粪饲料也必须达到这些标准。

表5-30　饲料中污染物允许含量标准（毫克/千克）

污染物	1979年美国毒物中心	1979年美国环保局
铅	1.5	1.5
镉	0.25	0.16
氟	35.0	
汞	0.20	0.10
砷	1.0	1.0
硒	0.05～0.065	0.1～0.6
聚氯联苯残留物	0.05	0.05
七氯	0.02	0.02
狄氏剂	0.02	0.02
DDT残留物	0.01	0.01
马拉硫磷	5.0	2.50
林丹	0.02	0.02
活菌总数（万/克）	10	10
适温菌孢子数（万/克）	3	
真菌孢子数（万/克）	100	
沙门氏菌	不存在	不存在

3. 国内鸡粪的处理方法　我国规模化养鸡始于20世纪70

年代中期，并于70年代末开始鸡粪处理技术的研究。国内应用较多的鸡粪处理技术主要有直接干燥法、发酵干燥法、组合干燥法、发酵法以及其他处理方式。

（1）*直接干燥法*　包括两种方法，即自然风干和人工烘干（表5-31）。

表5-31　鸡粪的直接干燥法

项　目	自然风干	人 工 烘 干
定义	将鲜鸡粪平铺地面上，通过阳光直射，自然通风，从而达到干化鸡粪、灭菌、除虫进行贮存作为饲料的一种方法	把新鲜鸡粪用人为的方法（一定的烘干机械等）进行烘烤，而使其水分丢失却又不损失鸡粪中的营养物质，又可消灭虫卵、病原、蝇蛆的一种方法
方法	一般要设一个塑料大棚，把鸡粪平铺于大棚内地面上，定期翻晾，同时要设通风口或设置鼓风机。设置通风口时要防止蝇蛆进入繁殖，一般在夏季几天时间便可晒干，使含水量降低到70%左右，进行贮存。经晒干的鸡粪，可以制成颗粒饲料、粉料等添加在日粮中。一般添加量不要过高，小于20%为好，饲喂家畜最好有一个适应期	①超高温（500～700℃）阶段，主要使粪表面的水分几乎全部蒸发，此时只有粪内有机质中含有的水分未蒸发掉，再用超高温继续进行烘干，会由于温度长时间过高，破坏粪中的有机质结构而使养分丢失，因而应将温度适当降低 ②中高温阶段（250～300℃），可使粪内水分分层进行蒸发，达到一定的干化程度。但由于新鲜鸡粪突然高温使其水分大部分丢失，从而会使鸡粪产生一定的回潮性 ③第三阶段（250～200℃）的高温环境中再慢慢蒸发，此时温度还不易破坏粪中有机质结构，并且经一段时间粪中水分缓慢蒸发一部分，干燥程度达到60%～90%。收集干化鸡粪，容易贮存，长时间不变质
优缺点	①不需要太多器具，比较经济、实用 ②但不能全部杀死鸡粪中的病原菌、虫卵、蝇蛆等 ③此种方法处理一般在夏季及春秋较热的季节作用比较好，冬季作用慢，只适用于经济比较薄弱的养鸡场及养鸡专业户应用	①可使鸡粪的水分降到最低，而且营养保存完全 ②在这种高温下，全部的杂草种子及病原微生物都已被杀死。用此法干化的鸡粪作为饲料添加到动物日粮中有一个较高的安全度 ③投资较大，需要大的鼓风干燥机。在烘干时，一定要注意超高温作用时间不要过长，以免使粪中营养物质结构被破坏，营养丢失

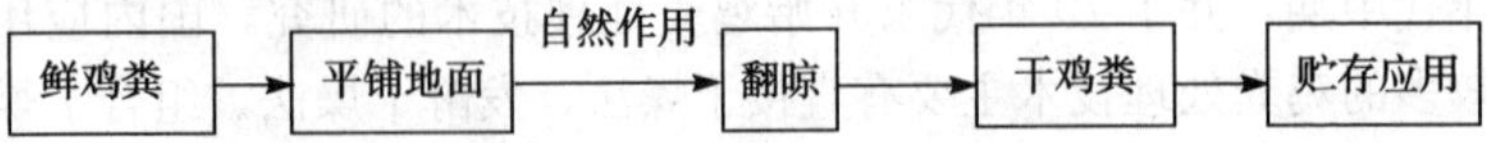

图 5-8　鸡粪自然风干工艺流程图

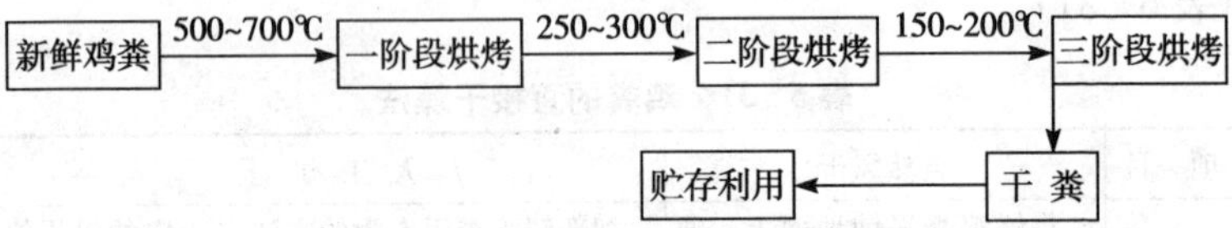

图 5-9　鸡粪人工烘干法的工艺流程图

国内鸡粪快速干燥的主要设备有高温鸡粪烘干机组、TJG 系列高湿物料快速烘干机、鸡粪强性烘干机、鸡粪专用烘干机、鸡粪发酵干燥处理成套设备、JH 系列鸡粪快速烘干成套设备、JFGJ-1 鸡粪干燥加工生产线、9ZS 系列鸡粪再生饲料烘干成套设备等。

高温鸡粪烘干机组适应于大、中、小型养鸡场。采用高湿快速干燥工艺，搅拌预干和气流干燥相结合形成全密封结构，较好地解决了粪便黏附结块，无菌除臭，可将含水 70%～80%的鲜鸡粪直接干燥到含水 15%以下的颗粒状成品。

TJG 系列高湿物料快速烘干机能够将鸡粪、鸭粪、酒糟、药糟等经处理后转换成饲料或肥料。全套设备包括热风炉、进料装置、搅拌预干器、气流烘干机、卸料器以及废气处理装置等。畜禽粪便处理干燥成套设备每班次能处理原料 0.2～8 吨。可用烘干机将鸡粪烘至半干（含水量 40%）时，再拌入特制的发酵专用菌，混合发酵 5～6 天，备用。其注意事项是：首先，应注意消毒，切断传染源，排除臭气。可添加除臭剂、乳酸菌类、沸石吸毒剂等。其次，猪在屠宰前 14 天应停喂鸡粪，烘干机将鸡粪烘至半干（含水量 40%）时，再拌入特制的发酵专用菌，混合发酵 5～6 天，备用。鸡粪以雏鸡粪最佳，既干燥又干净，直接掺入全价料，混合喂猪效果最好。

鸡粪强性烘干机可将含水分 60%的鲜鸡粪经过高温烘干、

消毒灭菌、分解等工序烘干而成的含水分13%以下的纯鸡粪有机肥。配套设备有上料机、热风炉、烘干机、除尘器、电机、风机、操作电柜等。

表 5-32 鸡粪强性烘干机型号及主要技术参数

名 称	鸡粪烘干机							
参数/型号	JH-1800		JH-1400		JH-1200		JH-900	
滚筒直径（毫米）	1 800		1 400		1 200		900	
日成品产量（吨）	A型：16～20	B型：13～17	A型：12～16	B型：10～14	8～12		A型：4～6	B型：3～5
装机容量(kW)	A型:25	B型:22	A型:20	B型:18	18		A型:15	B型:13
使用电压	380V		380V		380V		380V	
耗电量（度/小时）	A型:21	B型:18	A型:16	B型:14	13		A型:10	B型:8
日耗煤量（吨）	3		2		1.5		1	
粪类水分	<65%		<65%		<65%		<65%	
糟渣水分	<85%		<85%		<85%		<85%	
成品含水率	<13%		<13%		<13%		<13%	
适应烘干物料	粪、糟渣		粪、糟渣		粪、糟渣		粪、糟渣	
机器占地面积（米^2）	≥200		≥160		≥140		≥120	
厂房高度（米）	≥6		≥6		≥6		≥5.5	

注：A型烘干机带破碎轴；B型烘干机没有破碎轴。

鸡粪专用烘干机适用于大中小型鸡场、养殖业比较发达的地区。鸡粪专用烘干机把含水量60%鲜鸡粪烘干至含水分13%以下的颗粒状成品，由炉温和机器转速的密切配合，使每2.7立方鲜鸡粪加工1吨干成品，每小时生产量1吨，日产量24吨左右。用于生产无公害有机肥，该纯鸡粪有机肥是以鲜鸡粪为主要原料。生产的有机肥含有农作物所必需的多种营养元素，其主要营养素的含量见表5-33。

表 5-33 鸡粪有机肥中主要营养素的含量

成 分	含 量
氮	2.6%
磷	3.5%
钾	2.5%
粗蛋白	16%～25%
有机质	45%

表 5-34　施用鸡粪有机肥作物增产情况

作物种类（施用量为 100 千克/亩*）	增产情况
小　麦	20%
蔬　菜	30%
果树每棵施肥 25 千克	40%
西　瓜	40%

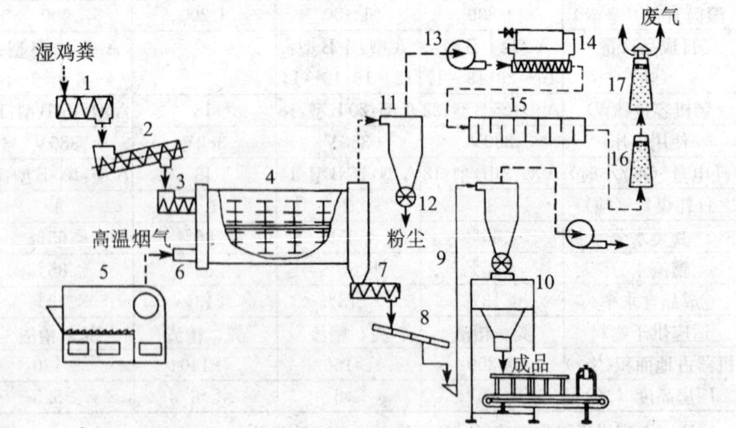

图 5-10　JH 系列鸡粪快速烘干成套设备示意图

1. 定量喂料器　2. 提升机　3. 进料螺旋　4. 滚筒破碎烘干机　5. 燃烧炉　6. 进风管　7. 排料螺旋　8. 除杂筛　9. 冷却输送装置　10. 计量封包机　11. 除尘器　12. 关风器　13. 引风机　14. 余热水箱　15. 吸附槽　16. 一级水浴塔　17. 二级水浴塔

鲜鸡粪经 JH 系列鸡粪快速烘干成套设备处理后，可使出料水分稳定在 13%左右（或所需要的含水量）。

在常温情况下，鸡粪含水量在 46%～93%之间时，会产生不同程度的黏壁现象，鸡粪含水量在 78.1%～84.9%时，黏壁现象最严重，而养鸡场纯鲜粪一般含水量在 70%～85%之间，恰在黏壁最严重的区段。图 5-11 为黏壁系数 K（钢板上黏附的鸡粪与鸡粪原试

* 亩为非法定计量单位，1 公顷=15 亩。

样的重量比）与鸡粪含水量的关系。当壁面温度达到 246℃以上时，不论鸡粪含水量多少，也不会黏壁，此即防黏的临界壁面温度。

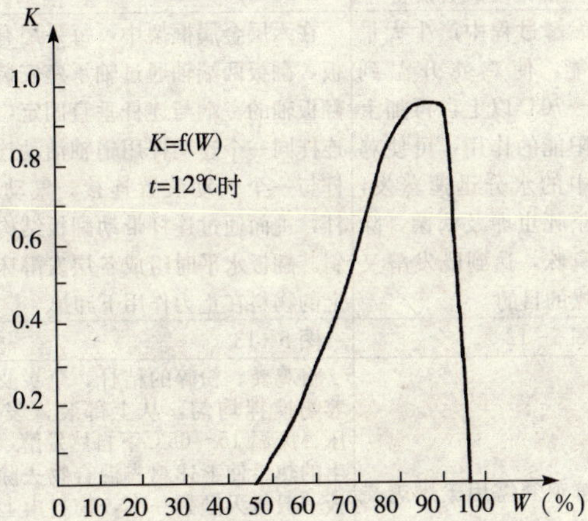

图 5-11　鸡粪含水量与黏结系数关系

鸡粪烘干排出的废气中含有氨氮、硫化氢、丁酸、甲硫醇等，带有难闻的气味。JH 系列鸡粪快速烘干设备采用先初步除尘、降温，然后用多孔材料吸附，再经水浴和化学药剂氧化处理的办法，以比较少的运行成本，使尾气排放达到国家标准。

（2）*发酵干燥法*　利用微生物在有氧条件下生长和繁殖，对鸡粪中的有机和无机物质进行降解和转化，产生热能，进行发酵，使鸡粪容易被动植物吸收和利用。

表 5-35　鸡粪的发酵干燥

装置类别	PJF-86 鸡粪槽式发酵干燥处理成套设备	箱式多层固体发酵装置
主要构成	①FFJ-6 型畜禽粪便发酵搅拌机 ②FSP-8 型发酵塑料棚 ③混凝土发酵槽 ④电缆吊线装置 ⑤排臭、排湿系统构成	①六层金属框架 ②翻板 ③连杆 ④气动装置连接

（续）

装置类别	PJF－86 鸡粪槽式发酵干燥处理成套设备	箱式多层固体发酵装置
工作原理	发酵过程中产生大量热能，使鸡粪升温到60～70℃以上，再加上太阳能的作用，可使鸡粪中的水分迅速蒸发，并杀死虫卵及病菌，除去臭味，达到既发酵又干燥的目的	在六层金属框架中，每一层有多个长条形翻板，翻板两端轴通过轴承座安装在框架上，各翻板轴的一端与连杆垂直固定，每一层所有的连杆同一个连动杆用销轴活动连接，每个连动杆与一个气动装置连接。气动装置驱动连动杆，进而通过连杆带动翻板结构保持水平或倾斜。翻板水平时组成各层发酵床，倾斜时翻板上的物料在重力作用下卸掉
工艺流程	图 5－12	图 5－13
处理过程	鲜鸡粪需用干燥鸡粪调节水分至 65%，经25～35 天发酵干燥后，含水量可降至 20%以下	将鸡粪、粉碎的秸秆、草炭及混合微生物培养物搅拌均匀，从上部装入发酵装置，在常压、床温 15～65℃下自然发酵，并依靠发酵产生的热量使上述鸡粪混合物去除部分水分。翻板一般每天倾翻一次，物料由上一层落入下一层。物料在发酵装置中发酵 5～7 天，从装置底部排出。这种发酵物与无机氮、磷、钾等肥料混合，经粉碎、过筛、挤压造粒、烘干、冷却，生成有机脱臭熟化肥料。如再将此熟化肥料与多种微生物菌制成的混合菌合装，即可制成多效有机生物肥料。使用时将熟化肥料与混合菌搅拌均匀

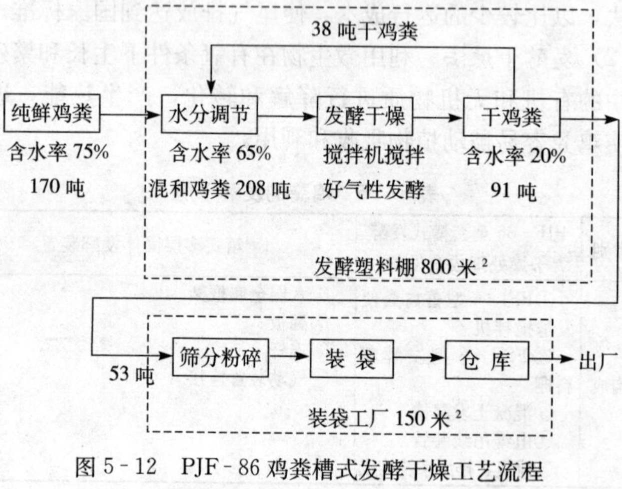

图 5－12　PJF－86 鸡粪槽式发酵干燥工艺流程

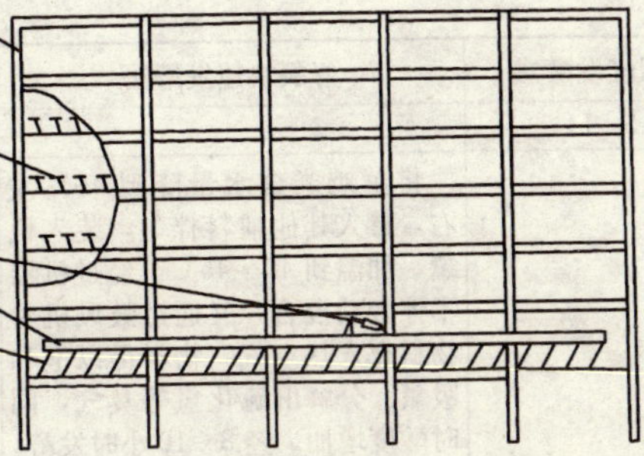

图 5-13　箱式多层固体发酵装置示意

1. 框架　2. 翻板　3. 气动装置　4. 连动杆　5. 连杆

（3）**组合干燥法**　国内应用较多的是太阳能大棚槽式发酵干燥和高温快速干燥组合。

表 5-36　太阳能大棚槽式发酵干燥和高温快速干燥组合

项　目	内　　容
装置组成	①太阳能大棚；②发酵干燥槽；③烟道
处理过程	在发酵干燥槽的下部设置一个烟道，烘干尾气通入这个烟道，尾气余热加热槽底，并将热量传给物料，促进其发酵干燥。烟道前部截面积很大，烟气流速很慢，降尘效果显著。烟道后部装入可更换的吸附材料，可除去烘干机尾气的臭味，比高温快速干燥节煤25%左右
优点	①能耗低；②不受气候条件影响；③产品质量高、商品化性能好的优点；④可使高温快速烘干设备的尾气得到净化（除尘和除臭），余热得到进一步的利用

（4）**发酵法**　包括沼气发酵法、好氧快速发酵法和酸贮化，见表 5-37。

表 5-37　鸡粪的几种发酵法

类　别	沼气发酵法	好氧快速发酵法	酸贮化
组　成	①固液分离 ②厌氧消化 ③沼气输配 ④沼液利用	①机罐 ②搅拌装置 ③加热装置 ④鼓风机	青贮塔或青贮袋、青贮窑等

（续）

类　别	沼气发酵法	好氧快速发酵法	酸贮化
工艺流程	图 5－14		图 5－15
处理过程		将鲜鸡粪含水量降到 40%左右，掺入其他辅料拌匀，装入机罐，加温到 40～45℃。经过机器不停翻动混合，又通过鼓风机对物料充入热空气，物料得以饱和吸氧。分解出硫化氢等臭气，同时酸度增加。经 8～10 小时发酵，再升温到 80℃，灭菌杀虫 10 分钟，筛去鸡毛等杂物，即可制成含水 40%左右、棕黄色、无臭味的再生饲料	将鲜鸡粪与饲草和水果、谷物等副产品混合放到青贮装置中，经厌氧环境，厌氧菌（乳酸菌，醋酸菌）发酵，经过一段时间达到灭虫、灭菌、除异味、改善适口性的目的，来饲喂反刍动物或猪的一种方法

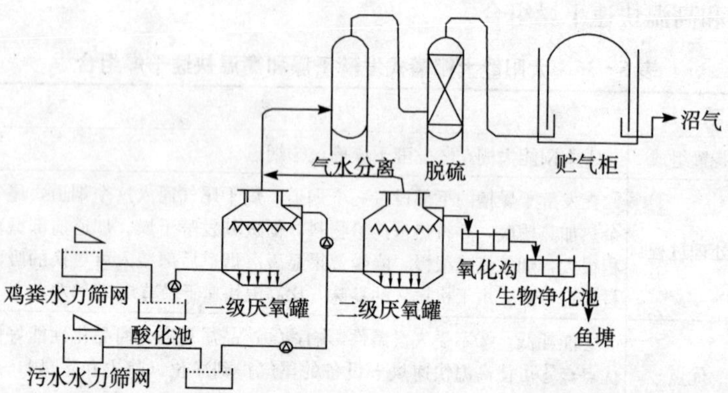

图 5－14　杭州市蛋鸡试验场沼气工程工艺流程

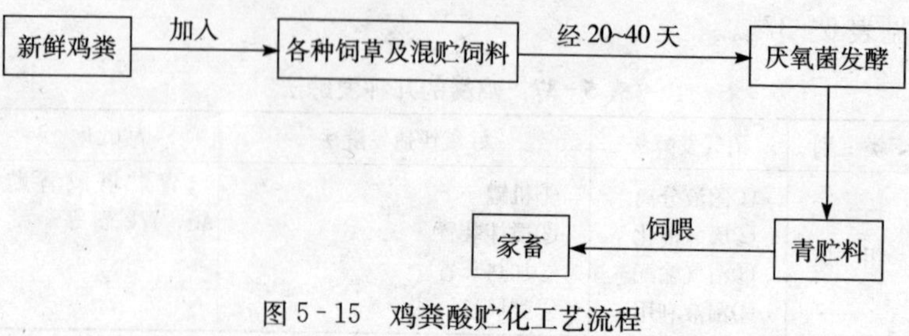

图 5－15　鸡粪酸贮化工艺流程

(5) **鸡粪的其他处理方式** 除上述处理方法之外，应用较多的其他处理方法还有煮化法、热喷法、微波处理法和膨化法等。

表 5-38 鸡粪的其他处理方式

名称	煮化法	热喷法	微波处理法	膨化法
原理	将新鲜鸡粪用煮沸的方法进行消毒、除虫、除臭、灭蝇蛆，晾干后用于制作饲料	可在短时间内除臭、灭菌、杀虫，并提高有机物消化率的鸡粪再生饲料生产方法	在电场作用下，各种高分子的可动性基、极化基和离子等处于急剧振动状态，引起核酸和生理活性物质构成的变性，达到杀虫灭菌效果	采用螺杆膨化机处理鸡粪，利用加工中螺杆的机械挤压，形成对物料的增温、剪拉和加压作用，达到灭菌、熟化、膨化、提高消化率的目的
装置	大锅	①主机（热喷压力罐、蒸汽锅炉） ②辅机（进料罐、排料罐）等组成	①微波发生装置 ②加热装置	膨化装置
工艺流程	图 5-16	图 5-17	图 5-18	图 5-19
处理过程	新鲜鸡粪加热至充分沸腾时，搅拌，经 10～20 分钟后，各种有害病原已被杀灭，再将鸡粪从锅中掏出来，晾干，制作各种饲料，饲喂畜（禽）	将预干至含水量 18%以下的鸡粪装入压力罐内，密封后通入由锅炉提供的压力为 11.76×10^5 帕左右的水蒸气，经 10 分钟左右，然后突然减至常压喷放，即得热喷鸡粪饲料	将含水量 20%左右的鸡粪粉碎或制成颗粒，经微波处理，即可制成含水量 13%以下的鸡粪再生饲料。如果处理前的鸡粪含水量较高，处理后的鸡粪应再干燥才能长期储存	先将鲜鸡粪预摊晒，再掺入谷糠、麦麸等，使含水量在 25%以下，再经膨化处理即可制成膨化鸡粪再生饲料
优缺点	①简单易行 ②一部分营养物质损失 ③适用性广，投入少	热喷鸡粪喷出罐后其水分在 25%以上。如要长期保存，水分应降到 14%以下	微波灭菌比一般加热杀菌可缩短微生物死亡时间，在一定处理时间内，微波杀菌的温度较低	①灭菌彻底，产品可以达到饲料卫生标准 ②膨化后可提高消化率

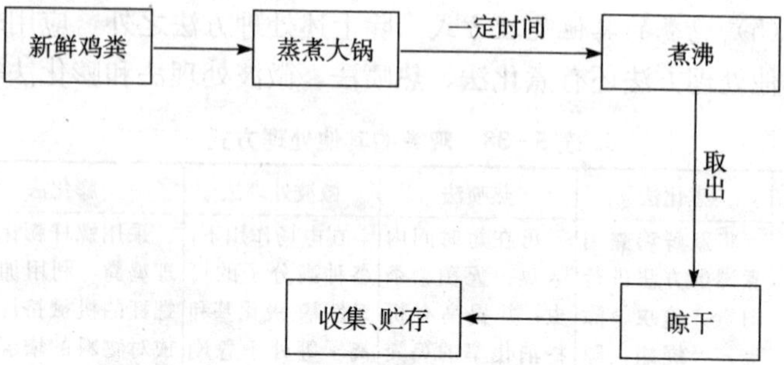

图 5-16　鸡粪煮化工艺流程图

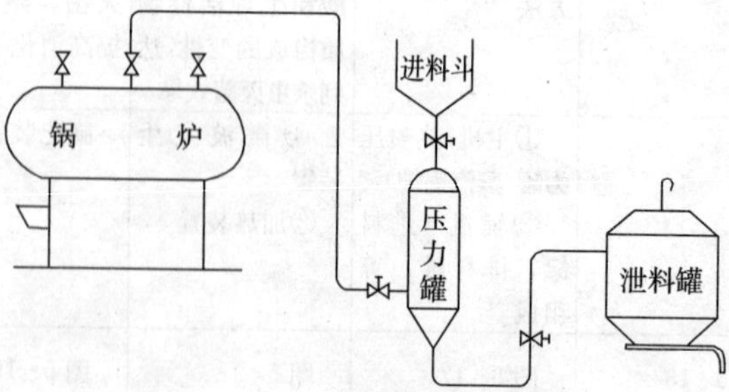

图 5-17　热喷设备示意图

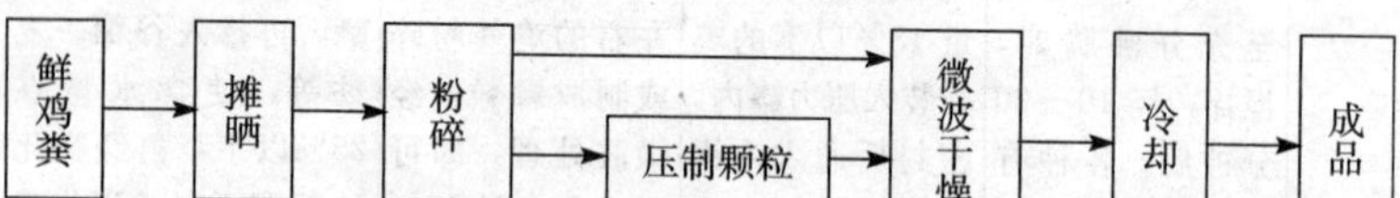

图 5-18　微波干燥鸡粪饲料工艺流程图

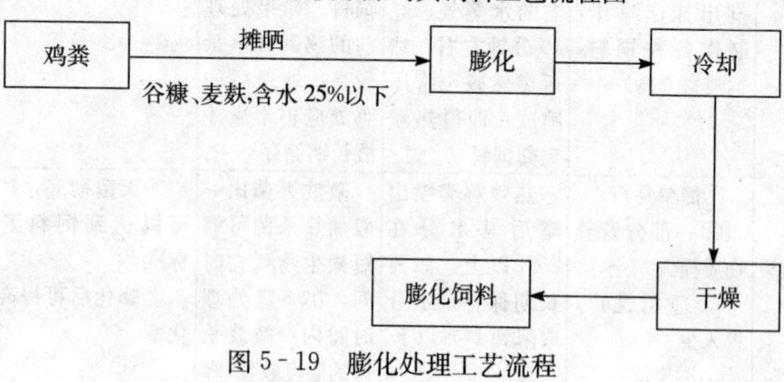

图 5-19　膨化处理工艺流程

浙江省农业科学院在鸡粪混化反应器内，通过管道淋入鸡粪总量4%～6%的浓硫酸，酸化预处理后再进行发酵，明显改变微生物生态环境，生物发酵的启动温度略低于常规处理，但高温持续时间延长，整个发酵期间pH均低于对照常规高温发酵。酸化预处理使鸡粪生物发酵过程中氮素损失率由常规高温发酵的48.4%下降至41.9%和19.4%，下降率达6.5%～29.0%，有机质的含量比对照提高了6.0%～6.5%（表5-39）。

表5-39　酸预处理鸡粪发酵前后物料主要成分变化

处理	发酵时间	含水率（%）	pH	全氮（干基）（克/千克）	有机质（干基）（克/千克）	总腐殖酸（%）
原料	发酵前	53.6	8.2	31.0	468.0	15.7
对照（CK）	发酵后	35.8	8.6	16.0	417.0	14.4
处理2	发酵后	29.2	8.5	14.0	418.0	16.4
处理3	发酵后	36.4	7.6	18.0	444.0	16.7
处理4	发酵后	34.7	7.4	25.0	442.0	16.1

4. 国内对鸡粪的利用

（1）饲料利用　塔里木大学利用发酵干鸡粪对羊进行育肥试验，以0.2千克鸡粪发酵饲料替代0.2千克精料，育肥羊试验组比对照组多增重2.7千克（$P<0.05$），羊肉风味无显著差异，试验组比对照组平均日增重多51克（表5-40）。

表5-40　发酵干鸡粪替代精料育肥羊效果

组别	只数	试验始均重（千克）	试验末均重（千克）	平均日增重（克）
对照组	12	35.1±3.5	44.8±3.2^{a}	162±27.5^{A}
试验组	12	34.7±3.3	47.5±2.6^{b}	213±24.6^{B}

注：同列英文大写字母不同表示差异极显著（$P<0.01$）、小写字母不同表示差异显著（$P<0.05$）。

湖南农业大学选用40头体重约26千克的杜长大三元杂交猪40头，随机分为4组，每组2个重复，试验方法见表5-41，结果见表5-42。

表 5-41 复合微生物发酵鸡粪对生长肥育猪生产性能影响试验方法

组 别	试验1组	试验2组	试验3组	对照组
头数	10	10	10	10
预试期（天）	7	7	7	7
试验1期（天）	60	60	60	60
试验2期（天）	40	40	40	40
试验日粮	基础饲料＋20%干鸡粪	基础饲料＋20%复合微生物发酵干鸡粪	基础饲料＋40%复合微生物发酵干鸡粪	基础饲料

表 5-42 复合微生物发酵鸡粪对生长肥育猪增重的影响

组 别	试验1组	试验2组	试验3组	对照组
始重	26.13±1.17	26.24±1.59	26.05±1.08	26.36±1.42
试验1期体重	63.57±3.54	60.44±3.02	62.37±2.89	59.99±3.45
试验1期体增重	37.44±2.45	34.20±2.86	36.32±2.64	33.63±2.74
试验1期日增重	624.00±45.68	570.02±31.40	605.35±24.35	560.42±35.67
试验2期体重	92.94±3.21	89.40±5.18	91.59±5.08	88.70±4.79
试验2期体增重	29.37±5.02	28.96±4.12	29.22±4.75	28.71±4.47
试验2期日增重	734.15±58.45	724.04±45.76	730.45±49.15	717.86±63.12
全期体增重	66.81±3.18	63.16±3.76	65.54±4.02	62.34±4.53
全期日增重	668.10±38.71	631.60±35.24	655.40±35.17	623.40±45.16

中国农业大学对两种酵母菌热带假丝酵母、白地霉和两种霉菌米曲霉、五通桥毛霉进行纯化培养，将分离纯化后的目标菌在实验室条件下测定其对固体发酵培养基的发酵效果。白地霉和米曲霉能够很好地利用鸡粪中的氮，是对鸡粪进行发酵处理的理想菌种。利用选出的两株优势菌进行扩大发酵生产鸡粪饲料并进行饲养试验，表明在添加鸡粪饲料5%、10%、15%的日粮和对照组之间日增重差异不显著，但15%组日增重比对照组增加10.61%，差异不显著（$P>0.05$）。对一定生长阶段的猪，只要满足其各种营养成分的需要，用15%的发酵鸡粪饲料可以替代部分常规饲料原料（表5-43至表5-47）。

表 5-43　饲养试验饲料配方

原料与组别	饲料配方			
	对照（%）	5%组（%）	10%组（%）	15%组（%）
玉米	64.5	62.5	65.5	64.9
麸皮	17.0	13.7	4.9	0.0
豆粕	10.0	10.2	11.1	11.6
棉粕	3.0	3.0	3.0	3.0
鱼粉	1.5	1.5	1.5	1.5
发酵饲料	0.0	5.0	10.0	15.0
4%预混料	4.0	4.0	4.0	4.0

表 5-44　饲养试验饲料营养成分含量

指　标	营养成分			
	对照（%）	5%组（%）	10%组（%）	15%组（%）
粗蛋白	14.1	14.1	14.0	14.0
钙	1.2	1.25	1.49	1.75
总磷	0.65	0.74	0.82	0.93
有效磷	0.35	0.37	0.37	0.37
代谢能（兆焦/千克）	13.05	12.55	2.95	2.85
赖氨酸	0.7	0.7	0.69	0.67

表 5-45　两株霉菌发酵后真蛋白含量和效果

菌　种	米曲霉 As3.801	五通桥毛霉 As3.25
真蛋白含量（%）	11.28±0.36*	8.73±0.53
长满培养皿时间（小时）	36	48
发酵后臭度	M0	M2

注：表中数据为 3 次实验重复均值，* 表示差异显著（$P<0.05$）。

表 5-46　新鲜鸡粪和发酵鸡粪主要营养成分含量

项　目	粗蛋白（%）	粗纤维（%）	灰分（%）	钙（%）	磷（%）	能量（兆焦/千克）
鸡粪	23.84	25.5	37.4	4.7	2.91	1.42
鸡粪饲料	15.26	25.7	35.2	5.2	2.93	1.26

表 5-47 发酵鸡粪饲料饲喂杜长大三元猪试验结果

组　别	15%对照	10%组	5%组	对照组	P值
初始重（千克）	56.37±3.12	53.01±3.12	53.16±3.12	51.43±3.12	0.73
终末重（千克）	79.53±4.46	72.90±4.46	78.75±4.46	75.79±4.46	0.56
平均日增重（克）	825.9	610.0	795.1	746.7	0.50
平均料肉比	3.47	3.65	3.34	3.16	

（2）肥料利用　将鸡粪便用人工的方式加工处理消毒、灭菌，从而使其在不污染环境的条件下，还原土地的一种方法。堆肥发酵过程如图 5-20。

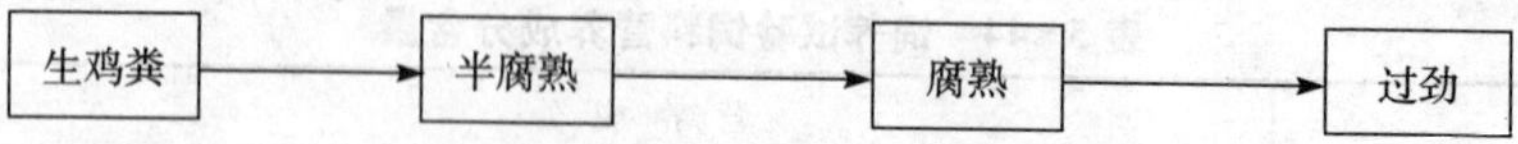

图 5-20　堆肥发酵过程

中国农业大学利用“VT 菌剂”，通过高温好氧堆肥，对接种 VT 菌剂处理与不接种处理的堆肥，分析比较微生物数量及生化指标的变化，研究接种 VT 菌剂对堆肥过程的影响。结果表明，接种处理与不接种处理的最大区别是接种处理降温慢，即延长了堆体的高温持续时间，使堆料中有机物的分解加速；堆肥过程中细菌总数和放线菌总数的变化均呈高低高的变化趋势，接种 VT 菌剂处理的细菌总数和放线菌总数都高于不接种处理，堆肥中真菌的数量明显小于细菌的数量，接种与不接种对真菌数量的影响不大；不同堆肥处理中纤维素酶、脲酶活性的变化趋势均是先增加后减少，接种 VT 菌剂处理比不接种处理的纤维素酶、脲酶活性都高。因此，接种 VT 菌剂有利于堆肥中纤维素和尿素的分解，促进堆肥，提高堆肥产品的质量。

堆肥结束时，2 个处理均符合粪便无害化卫生标准，接种 VT 菌剂比不接种的处理大肠菌数少，提前达到粪便无害化卫生标准。2 个处理的发芽指数均在 20 天左右达到 50%，即达到基本无毒性，接种 VT 菌剂比不接种的处理发芽指数高，提前达到基本无毒性。表明 VT 菌剂在有机废弃物堆制过程中不仅增加了微生物的数量，而且使堆肥中的微生物在质量上发生了变化，微生物活性升高，加速了堆料中有机物的分解，使堆肥温度迅速升到理想温度，并维持比较长的时间，从而加速堆肥反应进程，提高堆肥效率，有效杀灭病原微生物。

延边大学农学院采用适宜本地生态环境条件的微生物菌群对鸡粪接种堆肥，研究了微生物菌群对鸡粪堆肥腐熟中物质变化的影响。通过测定堆肥过程中堆体温度、营养元素动态变化、pH及电导率，对堆肥的腐熟效果进行评价。微生物菌群可有效地促进鸡粪腐熟，提高堆肥质量。当堆肥至第 45 天时，鸡粪加菌剂处理的堆体温度为 22℃，对照处理堆体温度为 25℃；鸡粪加菌剂处理中 NO_3-N、有效磷和速效钾的含量均高于对照，鸡粪加菌剂处理的 NH_4-N 含量为 293 毫克/千克，pH 和电导率分别为 8.95 毫秒/厘米和 2.09 毫秒/厘米，对照处理 NH_4-N 含量为 615 毫克/千克，pH 和电导率分别为 8.86 毫秒/厘米和 2.17 毫秒/厘米。

全碳含量随堆肥进程缓缓下降，有机物在微生物作用下不断分解并释放二氧化碳，可溶性糖、淀粉、木质素、纤维素等不断降解。全氮含量在堆肥结束时较堆制前有所提高，鸡粪加菌剂处理与对照全氮含量在 4～11 天时迅速上升，之后随堆肥进程呈现缓缓上升的趋势，最后趋于稳定。鸡粪加菌剂处理的全氮含量始终高于对照，这与接种的微生物菌群中含有固氮微生物有关。鸡粪加菌剂处理的 C/N 比稳定在 13 左右，对照的 C/N 比稳定在 16 左右。

在鸡粪堆肥过程中，伴随着磷、钾的固定和释放，有效磷和速效钾的含量直接影响堆肥质量和效果。在整个堆肥过程中，有效磷含量逐渐提高，鸡粪加菌剂处理在堆肥至第 45 天时较堆肥前的 3.9 克/千克提高到 6.3 克/千克左右，而对照仅由堆肥前的 4.0 克/千克提高到 4.2 克/千克；速效钾的含量呈逐渐上升的趋势。在堆肥结束时，鸡粪加菌剂处理和对照的速效钾含量分别为

28 克/千克和 25 克/千克，分别为堆制前的 1.75 倍和 1.5 倍。

在堆肥过程中，pH 和电导率的变化分别见表 5-48 和表5-49。

表 5-48　鸡粪堆肥过程中 pH 的变化

天数	0	1	3	5	8	11	14	18	22	25	35	45
鸡粪加菌剂	8.76	8.73	8.82	9.21	9.20	9.03	9.06	9.28	9.06	9.27	8.98	8.95
对照	8.97	8.90	9.00	9.32	9.22	9.19	9.08	9.27	9.14	9.23	8.94	8.86

表 5-49　鸡粪堆肥过程中电导率的变化

天数	0	1	3	5	8	11	14	18	22	25	35	45
鸡粪加菌剂	8.76	8.73	8.82	9.21	9.20	9.03	9.06	9.28	9.06	9.27	8.98	8.95
对照	8.97	8.90	9.00	9.32	9.22	9.19	9.08	9.27	9.14	9.23	8.94	8.86
天数	0	1	3	5	8	11	14	18	22	25	35	45
鸡粪加菌剂	2.75	2.75	3.08	2.64	2.67	2.54	2.47	2.19	2.53	2.39	2.24	2.09
对照	2.73	2.82	3.01	2.79	2.73	2.70	2.61	2.34	2.55	2.46	2.45	2.17

（3）鸡粪的生物能利用　利用微生物将鸡粪中有能量的有机质分解，产生并释放能量。这种能称为生物能。这种生物能的利用过程，称为粪便的生物能利用。

农业部沼气科学研究所利用 2 级厌氧处理实验，为中小型养鸡场的鸡粪处理提供了一种处理工艺和新的一体化装置，特别研究了鸡粪卫生无害化处理方法。在 HRT 为 3.01 天，有机负荷 7.85 千克 COD/米^3/天的条件下，COD 去除率达到了 75.77%，COD 产气率 0.381 米^3/千克 COD/天，出水卫生指标符合国标要求（表 5-50 至表 5-53）。

表 5-50　不同阶段 COD 负荷和 COD 去除率

项　目	阶　段（天）						
	1～17	18～23	24～31	32～43	44～53	54～86	87～120
进料量（升/天）	0.4	0.8	1.2	1.6	3.0	6.0	9.0
原　水	27 299	25 807	25 807	22 168	22 168	21 372	23 641

（续）

项　目	阶　段（天）						
	1～17	18～23	24～31	32～43	44～53	54～86	87～120
1级厌氧出水	7 640	8 717	8 935	10 998	11 862	11 824	11 623
2级厌氧出水	3 127	3 811	3 786	3 684	3 414	4 387	5 729
1级厌氧负荷	1.40	2.65	3.97	4.55	8.53	16.44	27.28
2级厌氧负荷	0.16	0.36	0.56	0.91	1.84	3.68	5.42
总体负荷	0.40	0.76	1.14	1.31	2.45	4.73	7.85
1级厌氧去除率(%)	72.01	66.22	65.38	50.39	46.49	44.68	50.84
2级厌氧去除率(%)	59.07	56.28	57.63	66.50	71.21	62.90	50.71
总体去除率（%）	88.54	85.23	85.33	83.38	84.60	79.47	75.77

注：表中数据均为各阶段平均值，COD浓度单位毫克/升，COD负荷单位千克/米^3/天。

表5-51　不同负荷时进出水氨氮浓度

COD负荷（千克/米^3/天）	原　水	1级厌氧	2级厌氧
0.40	未测试	1 119.1	677.1
1.14	1 905.0	1 882.9	1 109.4
1.31	1 960.2	2 181.2	1 540.2
2.45	1 253.0	1 750.3	1 916.0
4.73	2 052.3	2 177.5	2 306.5
7.85	2 245.8	2 267.0	2 228.3

表5-52　沼气成分

COD负荷（千克/米^3/天）	1级厌氧（%）		2级厌氧（%）	
	CH_4	CO_2	CH_4	CO_2
0.40	57.3	40.8	71.2	26.6
0.76	68.4	30.8	70.4	29.1
1.14	71.9	27.7	73.1	26.6
1.31	76.4	23.2	72.9	26.5
2.45	69.7	29.8	72.1	27.5
4.73	70.2	20.9	66.8	19.0
7.85	69.0	28.1	73.3	25.5

表 5-53　厌氧处理运行结果

阶　段	项　　目						
	进料量（升/天）	HRT（天）	有机负荷（千克/米³/天）	甲烷含量（%）	罐容产气率（米³/米³/天）	COD 产气率（千克/米³/天）	COD 去除率（%）
1 级厌氧	6.0	1.30	16.44	70.2	3.85	0.234	44.68
2 级厌氧		3.22	3.68	66.8	1.35	0.366	62.90
1 级厌氧	9.0	0.87	27.28	69.0	5.13	0.188	50.84
2 级厌氧		2.14	5.42	73.3	2.12	0.392	50.71
总　体	6.0	4.52	4.73	69.6	2.07	0.437	79.47
	9.0	3.01	7.85	70.1	3.00	0.381	75.77

注：总体的甲烷含量按 2 级厌氧的平均值计算。

由于微生物的作用使蛋白质得到了充分降解，合成了微生物蛋白，不但蛋白质能量增加，氨基酸量也有了提高，比处理前达到更好平衡。无论用作肥料还是饲料，此法都比较理想。

（4）生物利用　河南农业大学农业部可再生能源重点开放实验室对“赤子爱胜蚓”处理鸡粪的试验研究表明，蚯蚓在堆肥 7 天以上鸡粪中的生长和繁殖情况均比干鸡粪中好；堆肥 28 天的饵料中，蚯蚓日增重倍数最高达 0.08；堆肥 35 天的饵料中，蚯蚓日繁殖倍数最高达 0.13。与饵料相比，蚓粪 C/N 值降低，NH_4-N 含量显著下降，而 NO_3-N 含量显著升高（表 5-54、表 5-55、表 5-56）。

表 5-54　鸡粪稻草锯末理化性质（克/千克）

物　料	含水率（%）	总 C	总 N	总 P	总 K	C/N 值	pH
鸡粪	61.30	151.4	22.6	13.6	16.2	7.09	9.23
稻草	5.60	432.5	5.7	20.4	24.1	75.35	6.63
锯末	6.30	451.6	1.5	0.6	—	309.29	6.87

表 5-55　不同配方及预处理条件下“赤子爱胜蚓”的增重与繁殖情况

饵料配方	堆肥时间（天）	平均生物量（毫克/条）		日增重倍数	日繁殖倍数	平均产茧量（个/盆）
		开始	结束			
配方 1	0	150.3±0.17[a]	330.7±23.86[c]	0.04±0.005[c]	0.08±0.009[c]	20.3±2.08[c]
配方 2	0	150.8±0.36[a]	331.8±23.94[c]	0.04±0.004[c]	0.05±0.006[d]	12.7±1.53[d]
	7	150.5±0.46[a]	286.0±16.27[c]	0.03±0.004[c]	0.09±0.011[c]	22.3±2.00[c]
	14	150.2±0.27[a]	420.6±35.77[b]	0.06±0.008[b]	0.10±0.008[b]	24.0±2.08[bc]
	21	150.4±0.44[a]	469.2±32.64[ab]	0.07±0.007[ab]	0.11±0.009[b]	26.7±2.08[b]
	28	150.5±0.36[a]	511.7±28.20[a]	0.08±0.006[a]	0.11±0.009[b]	26.3±2.08[b]
	35	150.2±0.26[a]	420.6±23.84[b]	0.06±0.005[b]	0.13±0.009[a]	31.3±2.08[a]

注：表中数字后的字母相同表示无显著性差异，不同表示有显著性差异（$P<0.05$）。

表 5-56　不同处理饵料 C/N 值、NH_4-N、NO_3-N、pH 的变化

饵料配方	堆肥时间（天）	C/N		NH_4-N（毫克/千克）		NO_3-N（毫克/千克）		pH	
		开始	结束	开始	结束	开始	结束	开始	结束
配方 1	0	12.3	9.7	1 029.3±8.1	225.2±6.8	109.1±13.2	205.3±56.3	8.1	7.3
配方 2	0	24.2	15.3	1 521.7±10.1	212.6±5.5	202.0±9.8	3 528.8±76.7	7.9	7.2
	7	22.6	15.2	1 888.0±14.7	161.2±61.7	413.4±15.7	306 412±2 514	8.5	7.6
	14	18.9	14.3	1 012.6±6.5	183.7±3.1	723.1±14.6	3 211.6±28.8	8.3	7.5
	21	17.3	14.2	93.0±10.4	176.3±4.2	1 012.9±21.3	3 577.0±43.4	8.2	7.3
	28	16.1	13.1	568.2±4.6	165.8±3.3	324.2±24.6	3 146.6±32.6	8.0	7.3
	35	15.2	13.4	370.8±5.9	163.1±2.3	267.6±17.4	3 144.7±47.1	7.8	7.1

（二）鸡场其他废弃物的无害化处理

鸡场废弃物的处理是控制鸡场环境卫生的重要环节，也是保持和促进鸡场生态良性循环不可缺少的部分。生产无公害安全鸡蛋，必须对鸡场废弃物进行科学的处理。废弃物的科学处理，不仅直接影响到鸡场的卫生防疫，还能减少公害，改善生态环境，同时也可以收到较好的经济效益。

1. 污水处理 养鸡场污水处理的基本方法和污水处理系统多种多样，有沼气处理法、人工湿地分解法、生态处理系统法等。各场可根据本场具体情况选择应用。图 5-21 和图 5-22 为鸡场污水处理流程图。

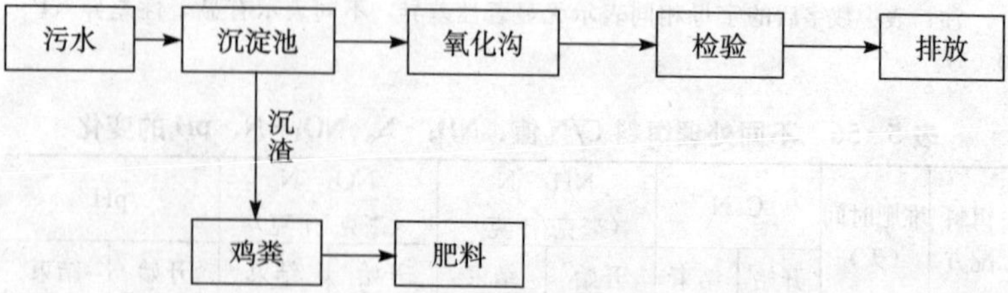

图 5-21 鸡场污水处理流程图

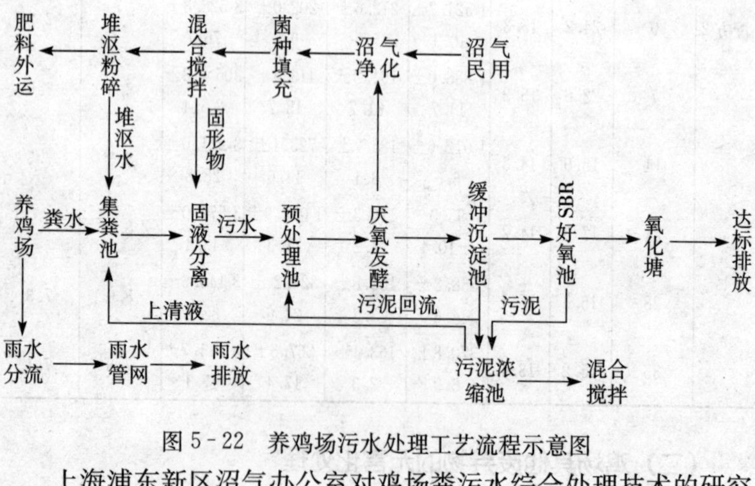

图 5-22 养鸡场污水处理工艺流程示意图

上海浦东新区沼气办公室对鸡场粪污水综合处理技术的研究结果见表 5-57。

表 5-57　鸡粪污水处理效果检测结果

日期	原污水浓度		厌氧发酵出水		SBR 出水		氧化塘出水			
	COD	NH_3-N	COD	pH	COD	NH_3－	COD	NH_3-N	BOD	pH
2002-6-13	7 700.7	315.4	1 600.7	7.0	410.4	51.4	135.4	27.6	47.6	7.0
6-17	7 500.4	271.9	1 557.8	7.2	310.3	37.8	100.6	19.8	33.3	7.0
6-20	7 100.3		1 756.3	7.0	290.7	99.4				
6-24	8 005.6		1 590.7	7.0	278.4		107.8			
6-27	7 760.3	310.3	1 477.8	7.1	255.8		110.4	18.8	22	7.0
7-1	7 070.9		1 300.8	7.0	255.8	47.6	103.3			
7-4	7 835.6		1 470.9	7.1	250.4		77.7			
7-8	6 933.8	387.8	1 440.8	7.1	140.2	34.2	88.3	21.5	24.4	
7-11	7 415.8		1 476.7	7.0	157.6	103.3				
7-14	6 435.9	241.6	1 200.9	7.0	135.0		115.4	22.7	23.9	7.0
7-16	6 944.8		1 350.4	7.0	158.4		105.2			
7-18	7 133.5	287.7	1 460.8	7.0	168.8	28.4	95.3	20.3	17.7	7.0
7-21	7 345.6	265.7	1 578.9	7.0	156.8	30.5	112.5			7.0
检测样平均数	7 244.7	297.2	1 481.9	7.0	217.5	32.7	104.2	21.7	24.1	7.0

2. 尸体处理　在养鸡生产过程中，由于各种原因使鸡死亡的情况时有发生。如果鸡群暴发某种传染病，则死鸡数会成倍增加。这些死鸡若不加处理或处理不当，其病原微生物会污染大气、水源和土壤，造成疾病的传播与蔓延。

表 5-58　无公害养鸡场鸡尸体的处理

名　称	处 理 方 法	优 缺 点
高温处理法	将死鸡放入特设的高温锅（490千帕，150℃）内熬煮，经 100℃以上的高温处理，可达到彻底消毒的目的	简单易行，设备简单
焚　烧	将病死鸡放到焚烧炉中进行火化的一种方法。对于一些危害人、畜健康，患烈性传染病死亡的鸡，应采取焚烧法处理	浪费了死鸡中的营养物质，并未考虑死鸡的用途，但彻底消灭病原微生物、虫卵、蝇蛆，避免了环境污染和社会公害。同时，所需成本较低，设备也较少

（续）

名　称	处理方法	优缺点
深　埋	将死鸡埋到地下1～2米的坑中，盖上厚土并进行消毒处理的一种方式	省工、省力，所需经济成本较低，利用土壤的自净作用使死鸡无害化。采用土埋法必须遵守卫生防疫要求，尸坑应远离鸡场、鸡舍、居民点和水源，掩埋深度不小于2米。必要时，尸体坑内四周应用水泥板等不透水材料砌严，死鸡四周应洒上消毒药剂
堆肥法	利用广泛分布在大自然的细菌、放射菌和真菌等微生物，使废弃物中的有机物经生物化学转换，分解成腐殖质或土壤改良剂的方法，称为堆肥法	死禽的堆肥提供了一种既经济又安全的方法，将死亡的家禽转化为一种无味的腐殖质样的物质，用于改善土壤
提炼动物油	将死鸡在炼油厂进行提炼油质	消灭了传染源，控制了疾病，也获得一定的经济利益。但这种方法比较复杂，投资较大，只有大型鸡场或几个鸡场联合起来才可进行，否则难以实施

表5-59　无公害养鸡场鸡尸体堆肥处理时各种成分的比例

材　料	成分比
死禽	1.0
禽粪	1.5～2.0
锯屑等垫料	0.1
水	0～0.5

3. 孵化废弃物的处理　见表5-60。

表5-60　孵化废弃物的处理

种　类	处理方法
蛋壳	高温消毒，制成蛋壳粉
毛蛋	高温消毒，制成粉状饲料
死胚	高温消毒，制成粉状饲料
未受精蛋	作残次蛋处理

第六章

无公害蛋鸡安全生产经营管理

一、蛋鸡安全生产的经营决策

经营决策的优劣是决定养鸡企业成败的关键因素之一，甚至在某些情况下会成为决定一个企业命运的核心因素。从宏观上讲，一般需考虑如下几方面的因素：

一是当地生态条件是否具备满足蛋鸡无公害安全高效生产的优良环境。

二是产品是否能优先满足市场，特别是区域市场消费者的需求。

三是项目的经营是否有利于企业获得较好的利润和收益。

四是生产需要的饲料资源是否丰富且能稳定持久、成本适宜地供给。

五是经营者或企业是否具备无公害蛋鸡安全高效生产的技术实力。

六是企业是否有较强的市场竞争能力。

七是项目经营过程是否有利于资源保护和生态平衡。

八是产品生产过程的安全、防疫保护措施是否符合国家有关无公害食品安全生产标准。

（一）经营决策的基本原则

蛋鸡安全生产经营决策的基本原则见表 6-1。

表 6-1　无公害蛋鸡安全生产经营的基本原则

因　素	内容与要求
市场导向原则	①根据市场需求确定经营方向和经营项目 ②在市场调查和预测的基础上将市场细化，找准自己的位置 ③在市场中找发展空间，定位产品方向
资源导向原则	①按资源定向：弄清当地有何资源，利用程度如何，哪些资源有待开发，自己有何优势等 ②按资源定模式：做好物质、劳力、生物资源运筹，特别是对“废物”资源如何“变宝”的方式及途径进行分析，确定合理利用方案
技术导向原则	①分析自己掌握的现代饲养技术 ②分析同类生产技术经历和优势 ③分析无公害蛋鸡高效生产的技术成本等

（二）市场调查与分析

1. 市场调查方法　市场调查方法很多，养鸡企业要根据自己的实际，选择一些简便易行的常用方法（表 6-2）。

表 6-2　常用市场调查方法

分　类	方　法	具体内容
按调查方法分类	询问法	通过面谈、书面或电话等，向用户征询拟定调查事项，以搜集市场资料
	观察法	在被调查者不知情时，从侧旁观察记录被调查者的行为或反映，以取得调查资料
	产销见面法	通过产品直销见面来反馈信息、征询意见的方法
	表格调查法	据调查目的和内容，设置调查表，通过问卷形式搜集资料
按调查范围分类	全面调查法	对消费对象或批量营销户或同区域生产企业普遍进行调查，以搜集比较全面、细致、精确的资料
	重点调查法	对重点消费区或营销户或同类企业的信息进行调查，以达到基本了解全局情况的目的
	典型市场调查法	通过具有代表性市场的调查，深入现场，直接取得第一手资料，了解经营过程的优劣，以达到了解某一方面问题的目的

（续）

分　类	方　法	具 体 内 容
按调查范围分类	抽样调查法	从需要了解的整体中，抽出其中的一个组成部分，一般是企业经营过程中的难点问题或技术难度较大的问题进行调查，从而推断出整体的状况

2. 市场分析　市场分析是养鸡生产经营决策的基础。只有通过市场分析，安全养鸡生产才能把握住经营方向，生产的经营规模、经营方式、饲养的品种、产品质量要求等才能找到决策依据。关于市场分析要研究的基本要素及其相互关系见图 6－1。

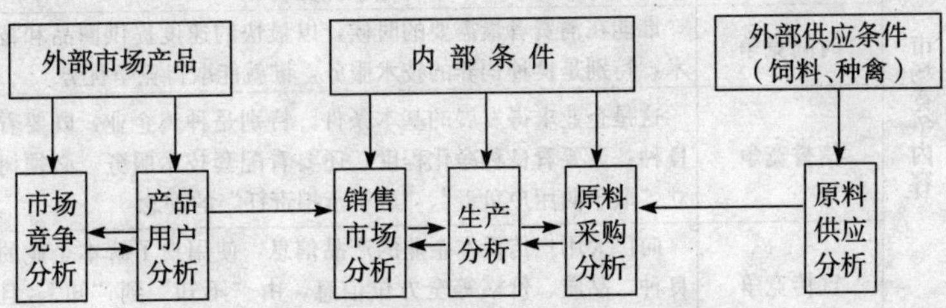

图 6－1　市场分析的基本要素及其互相关系

在养鸡产品区域市场确定情况下，一个养鸡企业的经营决策能否有效对接市场，就必须进行市场竞争对手的分析，以便采取“高人一招”的策略来占领市场。表 6－3 阐述对市场竞争对手分析方法。

表 6－3　蛋鸡安全生产经营市场竞争与策略

方法	内　容	具 体 操 作
掌握竞争对手的实力	资金	比较同行竞争对手与自己投入到产业中的资金实力，调整竞争方向
	生产规模	规模大、易发挥技术。质量、成本等方面是否有优势，定期内生产产品的数量大则优势明显。较小的企业与大企业竞争需务必谨慎
	技术水平	比较技术人才的数量、水平、产品质量

（续）

方法	内 容	具体操作
掌握竞争对手的实力	产品销售	主要比较产品质量的优劣势、产品主销区域及市场占有率。若对手与本企业差距较大，则需考虑转移市场或转移产品
	潜在竞争对手	包括新出现的竞争对手和由弱变强的竞争对手。了解此方面的情况有助于从中吸取经验，改进经营策略，壮大自己实力
市场竞争内容	产品竞争	包括产品的数量、质量、良种、规模等的竞争，其关键是良种质量
	价格竞争	质优价廉的产品，市场竞争优势明显
	时间竞争	谁能在消费者最需要的时候，以最快的速度提供商品和技术，特别是良种饲养的技术服务，谁就能取得竞争优势
	信誉竞争	这是企业求得发展的基本条件。特别是种鸡企业，既要看良种，又要看良种净化程度，还要看配套技术服务。必须树立"敢于向用户负责"、"敢于承担责任"的理念
	宣传竞争	向广大用户传授本企业的产品信息，使用户了解本企业的良种、品质、价格等全方位信息，由"不知"到"知"，且引起其购买欲望
市场竞争对策	靠良种与质量取胜	良种与质量是竞争取胜的核心。只有优质的过硬产品或良种，才具有强大的竞争实力。以质量求生存是一个永恒的经营主题
	靠信誉取胜	信誉是企业的无形资产。企业要树立信誉，除保证产品质量外，还必须严格遵守合同，必须将生物产品等的非人为因素可能导致影响合同履行的部分估计足，一般不能以此作为借口来随便更改合同内容
	靠配套的优质服务取胜	良种只有良法的配套方能取得最佳的经济效果。企业只有提供良好的配套技术，为用户服务、使用户真切感觉到企业优质的"全方位服务"，不仅仅是推销产品，即有最佳的"安全感"，企业才能有可持续发展的内在动力
	靠双赢的经营策略取胜	对用户不仅是认为购买了企业的产品（良种），更要认为是其获得了致富或得益的资源。只有用户获得了效益，企业才有获益的发展潜力
	以德取胜	企业决策者必须有良好的经营道德，对用户不能仅仅看作是买卖关系，要按照先交朋友、后做买卖的原则进行产品营销。在某些情况下要敢于"舍己利益"而为别人着想

（续）

方法	内 容	具体操作
市场竞争对策	靠联合取胜	要打破地区、行业、部门的界限，按市场、资金、技术、设备、场地等不同情况，与其他企业进行联合，通过联合创造出新的生产力
	靠优势取胜	养鸡企业最能体现优势的是良种及其品质和生产优质良种的配套技术，企业要善于利用自己的优势，扬长避短，用最少的代价取得最好的经济效益
	靠快速取胜	谁能在消费者最需要的时候，以最快的速度提供商品或技术，谁就能取得竞争的优势

（三）市场预测

市场预测的方法较多，根据养鸡实践，我们从定性和定量两方面介绍常用的预测方法，详见表 6-4。

表 6-4　养鸡企业常用的市场预测方法

类别	方 法	具体操作
定性预测方法	部门负责人判断法	由企业分管经营的负责人，召集计划、销售、生产、财务等方面负责人，在事先收集和掌握有关数据资料的基础上，进行充分讨论，广泛交换意见，然后从多种意见和方案中，选择最理想的预测方案
	销售人员估计法	即集合企业的营销人员，把他们掌握的市场信息资料和预测估计的数字全部集中起来，并通过表格形式进行汇总整理分析，最后确定预测方案
	专家意见法	即召集有关专家或以信件方式，将他们的意见经过综合、整理、归纳后形成初步意见，再经过多次反复，循环征求意见，使专家的意见逐渐趋向一致，最后作为预测的结果
	经济定额推算法	即按已知的经济定额来推算未来发展的需要量
定量预测方法	百分比率法	即根据过去销售实绩增长百分比，推算下一期预测值的方法。计算公式是：下一期销售预测值＝本期销售实绩×本期销售实绩占上期销售实绩的百分率
	类推法	即根据统计资料或国内外同类产品发展方向，按时间划成曲线，将曲线外延，从而得到未来时间的预测数据
	移动平均法	将预测期以前的若干时间（如月份）销售量相加，求其平均值，在时间上往后推移，作为对下期（如下月）的预测
	加权移动平均法	即将各个时期的历史资料，进行加权求出平均值，即为预测值

（四）经营决策的可行性论证

企业的经营决策是否可行，必须经过较为科学的论证分析，经过分析，择优选择决策方案。

1. 可行性论证的步骤 经营决策可行性论证的步骤见表6-5。

表6-5 经营决策的可行性分析

可行性分析项目	分析内容
一、项目背景与必要性 主要阐述项目提出的理由和主要依据	1. 国家产业政策与行业发展情况概述（即是否符合国家产业政策） 2. 项目提出的背景或理由 3. 国内外同行业发展趋势分析 4. 项目的必要性和意义
二、条件分析 主要阐明立项条件（内部条件、外部条件）是否成熟或具备	1. 项目实施区的自然与社会经济条件：①地理条件；②自然资源；③气候条件；④社会经济条件；⑤地点选择；⑥本区域相关产业发展概述 2. 有利条件：①政策环境；②技术优势；③资源与市场优势；④基础设施条件（交通、电力、水等） 3. 制约因素及解决方案：①资金问题；②技术问题；③管理问题；④市场问题
三、项目实施单位基本情况 主要阐明项目单位是否具备开发或经营的实力	1. 单位概况介绍；2. 研发能力；3. 单位财务状况（附财务经营损益表）
四、市场分析 主要阐明企业经营的产品是否具有良好的市场前景	1. 市场供求现状：需从国内、国际两个市场进行分析，特别要注意本区域市场的分析（包括种鸡、食品蛋、肉鸡的价格与种类和流通渠道） 2. 市场前景分析：主要是市场需求动态、空间和发展方向 3. 市场的竞争优势分析
五、项目实施方案 主要阐明项目内容、规模、工艺等	1. 项目目标与规模 2. 项目规划与布局 3. 生产技术方案与工艺流程 4. 项目的标准与具体内容 5. 项目实施计划安排

（续）

可行性分析项目	分析内容
六、项目投资估算与资金筹措 主要阐明投资是否合理，资金筹措渠道是否可行，比例是否恰当	1. 投资估算的依据：主要是建设过程中所利用的参数来源 2. 投资估算：阐明总投资、固定资产（土建与设备）投资、流动资金等 3. 资金来源：包括国家和地方的有偿投资、无偿投资、银行贷款、自筹等 4. 资金使用管理：包括资金年度使用安排、有偿资金和银行贷款，国家有偿资金的偿还计划等
七、财务评价 主要阐明项目预期的财务指标是否合理、可行 要求： 财务内部收益率＞基准收益率 i_c 财务净现值＞o 投资回收期＜经营期限	1. 财务评价依据：取费标准、财务制度规定、税收政策和财务评价过程中应用的参数［贷款利率、税率、基准收益率（i_c）等］ 2. 销售收入和销售税金 3. 成本分析——单位产品成本、总生产成本和经营成本。编制财务现金流量表 4. 财务效益分析：①投资利润率（R）、投资利税率（R'）——指正常年份的利润（税）占总投资比率。②投资回收期（Pt）——指项目累加净现金流量等于零时所对应的年份。③财务净现值（$FNPV$）——按规定的基准收益率（i_c）将项目计算期各年份（n）的净现值（收减支）折现到项目起点年份的现值之和 $PNPV=\sum_{1}^{n}\frac{（收-支）}{□i1+ic□\eta^{-1}}$ ④财务净现值率$(FNPVR)=\frac{财务净现值□iFNPV□j}{投资现值□iPVI□j}\times100\%$ ⑤财务内部收益率（FIRR）——即财务净现值等于零时的收益率或者称项目实际运营的折现率 常用试算法：设 i_1 则可计算 $FNPV_1$；设 i_2 时则有 $FNPV_2$ 则：$FIRR=i_1+\frac{FNPV_1\cdot(i_2-i_1)}{FNPV+\|FNPV_2\|}$ 5. 不确定分析 ①盈亏平衡分析 a. 生产达到盈亏平衡时的生产负荷率（BEP） $=\frac{固定成本}{销售收入-可变成本-税金}\times100\%$ b. 盈亏平衡点的销售收入＝正常年销售收入×BEP ②敏感性分析。主要分析在市场行情和价格、投资、收入和成本等的变化情况下，项目的财务内部收益率、财务净现值、投资回收期等的变化是否在合理范围之内

（续）

可行性分析项目	分析内容
八、环境影响评估 主要阐明该项目对减少环境污染、维护生态平衡等的影响，要求有环保部门的评估报告	1. 生态环境效益 2. 对生态环境、特别是污染与疾病传播的影响 3. 环境保护与治理措施
九、社会效益评估 主要阐明项目的带动与辐射作用	1. 产品供应对社会带来的影响 2. 有机肥对农业的增收 3. 带动农民致富和辐射作用
十、项目的营销方案 主要阐明项目的营销策略与模式	1. 市场定位、生产规模与预期销售目标 2. 营销策略 3. 营销模式 4. 营销队伍和营销网络建设
十一、项目的组织与管理 主要阐明项目实施的经营管理模式	1. 组织机构与职能划分 2. 项目经营管理模式 3. 经营管理措施 4. 技术培训 5. 劳动保障与安全卫生
十二、可行性分析讨论与建议	1. 结论 2. 尚需解决的关键问题 3. 建议

2. 可行性论证需附设的附表附件 一个完整的项目可行性论证不仅要按上述条款逐项论述，还应附加必要的附表附件，使人一目了然，增加可信度。附表详见表 6-5-1 至 6-5-10。附件主要包括企业资格证件（种畜禽许可证、兽医防疫合格证等），企业信誉等级证、企业荣誉证、企业财务状况审计报告以及土地管理部门、环保部门、金融部门的批复或评估意见等。

表 6-5-1 项目投资估算表

序 号	工程或费用名称	建筑工程费	设备购置费	其他费	合计
1	固定资产投资				
1.1	工程费用				
1.1.1	鸡舍建设				

（续）

序　号	工程或费用名称	建筑工程费	设备购置费	其他费	合计
1.1.2	孵化厅建设				
1.1.3	饲料加工				
1.1.4	兽医室				
1.1.5	办公区				
1.1.6	其他附属建筑				
1.1.7	工程总图				
1.2	土地征租				
1.3	引种费				
1.4	其他费用				
1.5	不可预见费				
2	流动资金				
3	投资总额				

表6-5-2　项目流动资金估算表

序　号	项　目	周转次数	投产期	营运期（*n*年）
1	流动资产			
1.1	应收账款			
1.2	存货			
1.2.1	外购原材料及燃料			
1.2.2	在产品			
1.2.3	产成品			
1.2.4	备品备件			
1.3	现金			
2	流动负债			
2.1	应付账款			
2.2	其他			
3	流动资金（=1－2）			
4	流动资金本年增加额			

表6-5-3　项目投资使用计划与资金筹措

序　号	项　目	合　计	建设期	营运期（*n*年）
1	总投资			
1.1	固定资产投资			
1.2	固定资产投资方向调节税			

（续）

序　号	项　目	合　计	建设期	营运期（*n* 年）
1.3	建设期利息			
1.4	流动资金			
2	资金筹措			
2.1	申请国家财政资金			
2.2	自有资金			
2.3	银行贷款			

表 6-5-4　固定资产折旧费估算表

序　号	项　目	折旧年限	原　值	建设期	营运期（*n* 年）
1	建筑物	20 年			
	原　值				
	折　旧				
	净　值				
2	设备仪器	10 年			
	原　值				
	折　旧				
	净　值				
3	合　计				
	原　值				
	折　旧				
	净　值				

表 6-5-5　资金来源与运用表

序　号	项　目	合　计	建设期	生产营运期（*n* 年）
1	资金来源			
1.1	利润总额			
1.2	折旧费			
1.3	摊销费			
1.4	申请国家财政资金			
1.5	银行贷款			
1.6	自有资金			
1.7	回收固定资产余值			
1.8	回收流动资金余值			
2	资金运用			
2.1	固定资产投资			

（续）

序　号	项　目	合　计	建设期	生产营运期（n年）
2.2	流动资金			
2.3	所得税			
2.4	贷款偿还			
2.5	其他			
3	盈余资金			
	累计盈余资金			

表 6-5-6　项目销售收入、销售税金及附加估算表

序　号	项　目	建设期	生产营运期（n年）
1	产品销售收入		
1.1	雏鸡收入		
1.2	种蛋收入		
1.3	食品蛋收入		
1.4	其他副产品收入		
1.5	饲料销售收入		
1.6	技术服务收入		
2	销售税金及附加		
2.1	城乡建设税		
2.2	教育附加税		
2.3	其他税		
合　计			

表 6-5-7　项目营运成本估算表

序　号	项　目	生产营运期（n年）
1	原材料购置费	
1.1	饲料原料费	
1.2	雏鸡或种蛋购置费	
1.3	兽药疫苗费	
1.4	其他材料购置费	
2	动力、燃料费	
2.1	电	
2.2	煤	
3	工资与福利费	
4	修理费	
5	折旧、摊销费	

（续）

序　号	项　　目	生产营运期（*n*年）
6	营销、宣传费	
7	其他成本	
8	总成本	
8.1	固定成本	
8.2	可变成本	
9	经营成本	

表 6-5-8　项目损益估算表

序　号	项　　目	合　计	经济效益分析年（*n*年）
1	产品销售收入		
2	销售税金及附加		
3	总成本费用		
4	利润总额		
5	所得税		
6	税后利润		
7	可供分配利用		
7.1	公积金（1%）		
7.2	公益金（5%）		
7.3	未分配利润		
8	累计未分配利润		

表 6-5-9　项目财务现金流量估算表

序　号	项　　目	建设期	生产营运期（*n*年）
1	现金流入		
1.1	销售收入		
1.2	回收固定资产余值		
1.3	回收流动资金		
2	现金流出		
2.1	固定资产投资		
2.2	流动资金		
2.3	经营成本		
2.4	所得税		
2.5	其他		
3	净现金流量（1-2）		
累计净现金流量			

（续）

序　号	项　目	建设期	生产营运期（n年）
折现现金流量			
累计折现现金流量			
所得税前净现金流量			
所得税前累计净现金流量			
所得税前折现现金流量			
所得税前累计折现现金流量			

表6-5-10　银行贷款偿还计划表

序　号	项　目	合　计	建设期	贷款偿还年（n年）
1	贷款总额			
1.1	本年贷款			
1.2	本年利息			
1.3	本年还本			
1.4	本年付息			
2	本年偿还本金来源			
2.1	利润			
2.2	折旧			
2.3	摊销			
合　计				
贷款偿还期				

（五）经营决策的评价

企业经营目标，主要看其取得的经济效益和社会效益，并以此为主要限制指标来评价经营决策的优劣。下面介绍几种常用的评价方法。

1. 九象限评价法　此法是用市场引力和单位实力两个方面的指标对产品进行评分（表6-6），然后根据产品的得分多少对其进行分类，再根据每类产品的特性采取各自的对策。具体方法如下：

第一步，给市场引力和企业实力的每个因素确定评分标准（表6-6）；

第二步，按标准产品打分（表6-6）；

第三步，对每个产品分别按市场引力和实力估算总分；

第四步，按市场引力和企业实力将每个产品按分数多少进行归类（表 6-7）；

第五步，作九象限图，并把各产品填入对应的象限中（表 6-8）；

第六步，据评价结果确定对策（表 6-9）。

表 6-6　产品九象限评价方法

市场引力			企业实力		
项目	标准	分数	项目	标准	分数
资金利润率	30%以上 20%以上 20%以下	10 5 1	市场占有率	高 中 低	10 5 1
销售利润率	高 中 低	10 5 1	生产能力	高 中 低	10 5 1
市场容量	大 中 小	10 5 1	技术能力	适应 较适应 难适应	10 5 1
产品重要性	大 中 小	10 5 1	销售能力	大 较大 小	10 5 1

表 6-7　按市场引力和实力对产品划分的类型

市场引力		企业实力	
分数	类别	分数	类别
30 分以上	大	30 分以上	大
15 分以上	中	15 分以上	中
15 分以下	小	15 分以下	小

表 6-8　产品九象限评价结果

市场引力	企业实力		
	大	中	小
大	1	4	7
中	2	5	8
小	3	6	9

表 6-9　根据评价结果确定的对策

积极发展的产品	稳定现状产品	撤退或淘汰产品
1象限：市场引力与企业实力大	2象限：市场引力中等、企业实力大、需做好调研，需求稳定的产品应稳定现状	3象限：实力大、引力小，原则上应淘汰
2象限：市场引力中等，企业实力大，做好调研，有市场潜力者要发展 4.象限：实力中等而引力大的产品，应积极筹资，提高实力加以发展	5象限：实力和引力均中等，原则上维持现状	6象限：实力中等而引力小的产品，原则上应撤退或淘汰
7象限：引力大实力小的产品，应积极筹资，扩大实力，加以发展	8象限：引力中等而实力小的产品，原则上应维持现状	9象限：实力小引力亦小的产品，应收回投资停产

2. 效益系数评价法

（1）财务指标评价法　包括投资利润率（R）、投资回收期（Pt）、财务内部收益率（$FIRR$）等。

（2）经济效益系数评价法

公式：$K=\frac{Y}{M+N+P+V}$

其中：Y——产值；M——劳动成本；N——生产费用；P——销售费用；V——固定成本。K值越大，产品的利润率越大，反之则越低。

二、安全鸡场的经营管理

（一）养鸡场的管理信息系统构成

随着管理科学的建立和电子计算机技术的发展，使用计算机来辅助企业管理应运而生。在养鸡业中，传统的以手工为主的管理方式已很难满足实际工作的需要。根据养鸡业的特点设计管理信息系统，对提高管理水平、实现管理科学化、现代化有重要的现实意义。

1. 生产管理系统 主要包括生产统计报表管理子系统、孵化管理子系统等。

（1）生产报表管理子系统 主要让管理者随时了解和掌握鸡群动态、产蛋情况、饲料与兽药消耗情况等。该系统功能结构见图 6-2。以育雏鸡群管理模块为例，其数据流程如图 6-3。

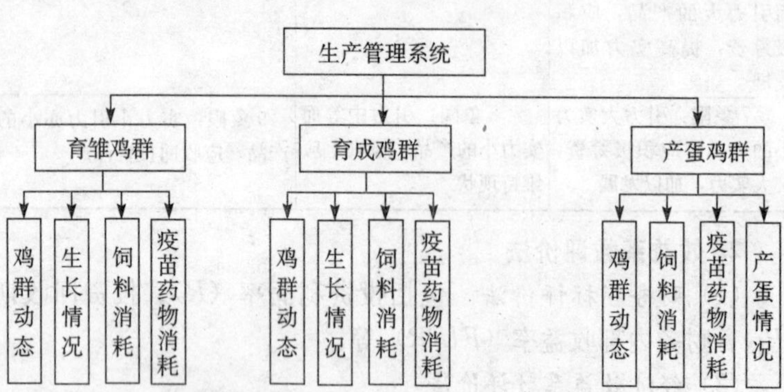

图 6-2 鸡场生产报表管理系统功能结构

（2）孵化管理子系统 孵化管理主要包括种蛋供应情况、入孵情况、照蛋情况、出雏孵化成绩情况等，其系统功能结构见图 6-4，数据流程如图 6-5。

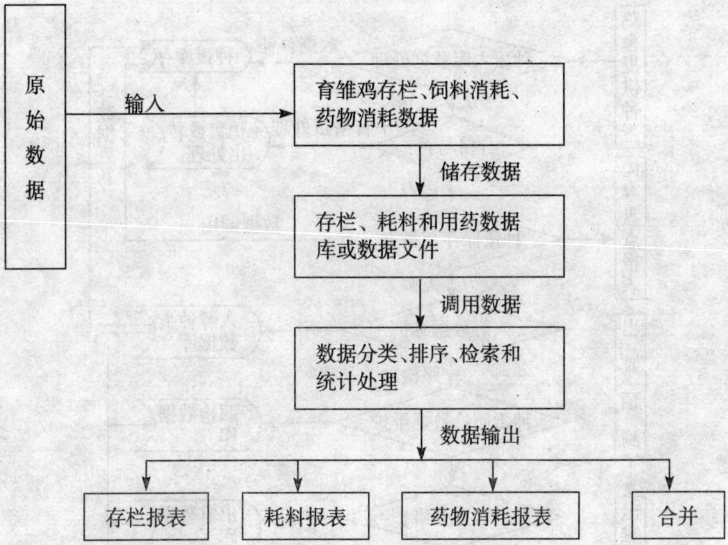

图 6-3　育雏鸡群管理数据流程

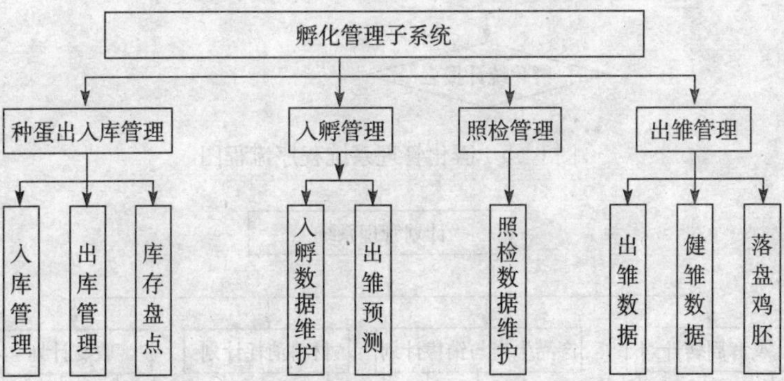

图 6-4　孵化系统功能结构图

2. 计划管理系统　养鸡场的计划从时间上分为长期计划、年度计划和阶段计划；按内容可分为生产计划、销售计划、财务计划等。其中，年度计划是养鸡场最基本的计划，其系统功能结构见图 6-6，数据程序流程见图 6-7。

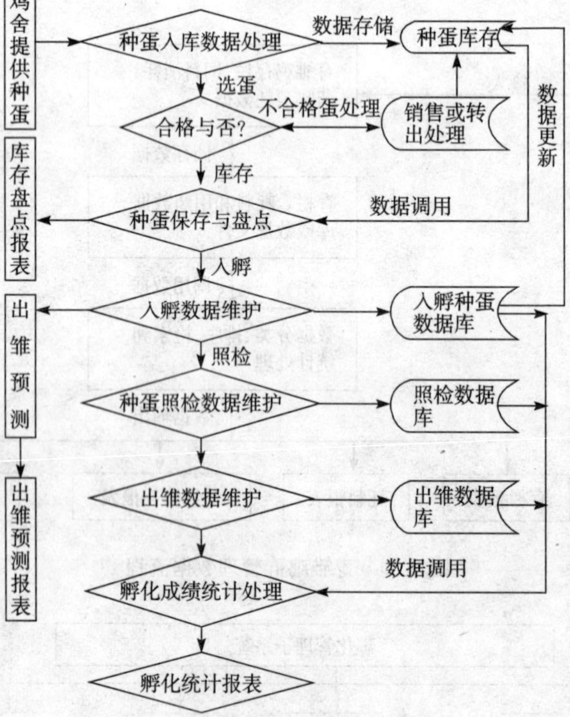

图 6-5　孵化管理系统程序流程图

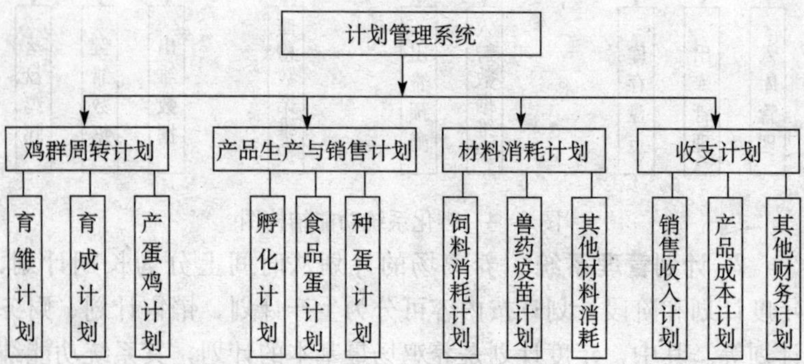

图 6-6　鸡场计划管理功能结构

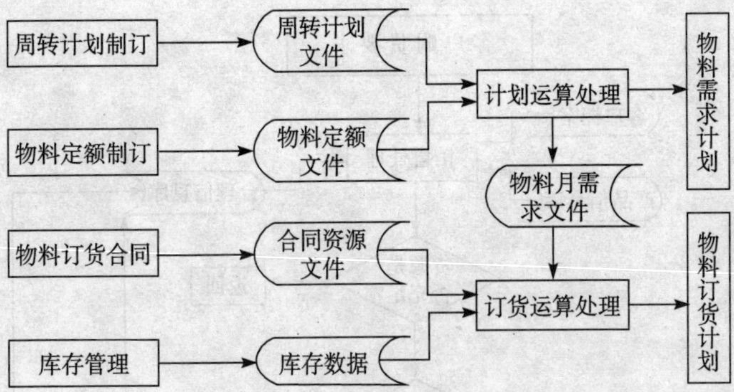

图 6-7　计划管理程序流程

3. 销售管理系统　销售管理系统是为了使管理者掌握完整，并且较为详细的销售档案，为经营决策、发现生产中的问题等提供依据。销售管理系统功能结构如图 6-8，数据流程图为 6-9。

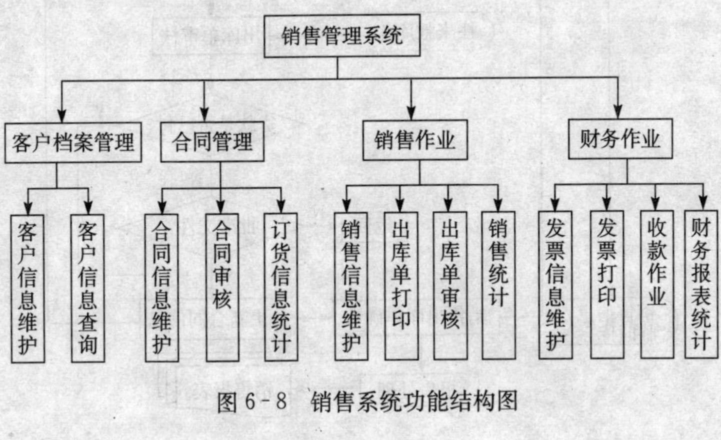

图 6-8　销售系统功能结构图

（二）养鸡场的计划管理

养鸡场的计划管理是通过编制和执行计划来实现。计划包括长期计划、年度计划和阶段计划，三者相互联系和补充。其中，最重要的计划是年度计划。制定计划时必须遵循以市场为导向、

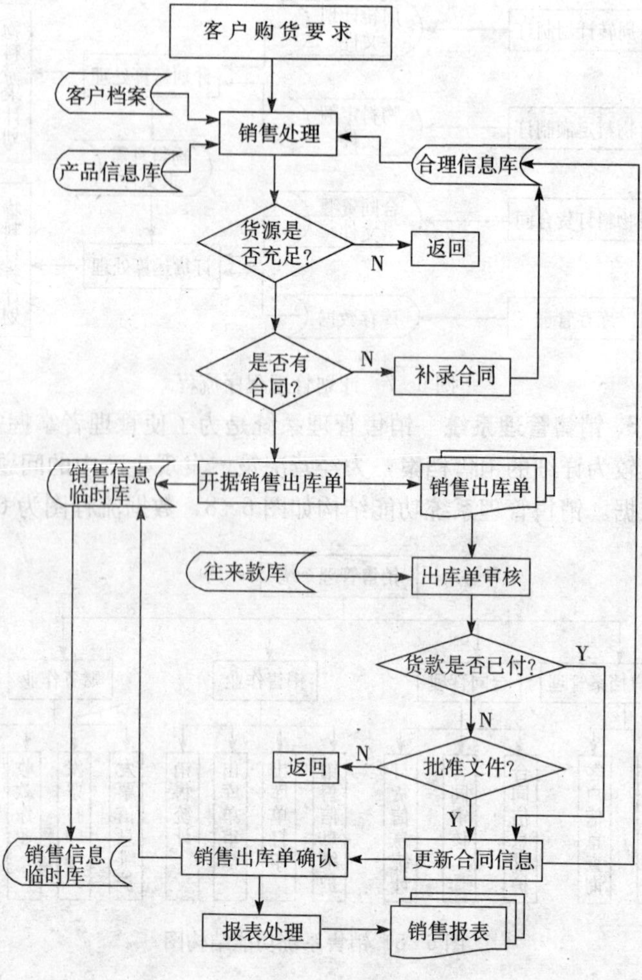

图 6-9　销售出库作业流程图

以销售为前提，实行“以销定产”的原则。同时，应根据饲养品种的生产指标、经营管理水平以及前期生产实际等确定合理的指标体系来制定切合实际的计划并付诸实施。

养鸡场较为完整的计划体系包括鸡群周转计划、产品生产与销售计划、材料消耗计划、财务收支计划以及更新改造建设计划等（详见图 6-6 所示）。

1. 计划编制步骤 蛋鸡场计划的编制步骤见表 6-10。

表 6-10 蛋鸡场计划编制步骤

步 骤	内 容
第一步，确定饲养规模	①成年鸡的规模；②养什么品种；③经营方向：养种鸡还是商品鸡
第二步，鸡群周转计划制定	①育雏、育成鸡饲养计划；②产蛋鸡（含种鸡）计划
第三步，生产与物耗参数的确定	①蛋鸡死淘率；②个体产蛋量；③育雏、育成、产蛋鸡个体耗料量；④水电能源消耗参数；⑤孵化参数；⑥其他低值易耗品消耗参数
第四步，生产与物耗计划制定	①产蛋计划；②孵化计划；③饲料消耗计划；④兽药疫苗计划；⑤水电能耗计划；⑥其他低值易耗品消耗计划；⑦劳动用工计划
第五步，产品销售计划制定	①雏鸡销售计划；②蛋品销售计划；③副产品销售计划（鸡粪、未受精蛋、淘汰鸡等）
第六步，财务计划制定	①收入计划；②支出计划（含更新改造建设计划）；③产品成本计划等

2. 计划编制

(1) 鸡群周转计划 育雏、育成鸡、产蛋鸡三段饲养模式鸡舍配比一般为 1∶2∶4，育雏育成鸡、产蛋鸡两段饲养模式鸡舍配比一般为 1∶2。三段式鸡群周转模式见表 6-11。

表 6-11 三段式鸡群周转模式

项 目	雏鸡	育成鸡	蛋鸡	蛋种鸡
饲养阶段日龄	1～49	50～140	141～532	141～476
饲养天数	49	91	392	336
鸡舍空置天数	14	11	16	14
饲养周期天数	63	102	408	350
鸡舍栋数比	1	2	4	4
鸡饲养期死淘率	5%	5%	10%	10%
蛋鸡 406 天饲养批次	6	3	1	
蛋种鸡 350 天饲养批次	5	3		1

鸡群周转计划必须考虑鸡场合理的鸡群结构和满足饲养需要的足够交替，同时，根据生产实际确定每月的死淘率和存栏数等，见表6-12和表6-13。

表6-12　育雏育成鸡周转计划表

批次	0~42日龄							43~132日龄						
	期初只数	转入		转出		成活率	平均饲养只数	期初只数	转入		转出		成活率	平均饲养数
		日期	数量	日期	数量				日期	数量	日期	数量		
n														
合计														

表6-13　产蛋鸡群周转计划表

（蛋鸡133~532日龄、蛋种鸡133~476日龄）

批次	鸡舍	月份	期初数	转入		死亡数	淘汰数	存活率	总饲养只日数	平均饲养只数
				日期	数量					
n										
合计										

（2）生产与物耗计划　生产与物耗计划主要包括产蛋计划、孵化计划、饲料消耗计划、兽药疫苗计划、水电能源消耗计划等。

产蛋计划包括各月及全年每只鸡平均产蛋量、产蛋率、蛋重、全场总产蛋量等。产蛋指标须根据所饲养品种的性能指标，结合本场实际来确定。

孵化计划则是对种鸡场必须制定的计划，主要根据种蛋数量、孵化机容量、本场孵化水平以及销售情况来确定。

饲料计划主要是根据本场每月饲养各日龄鸡群数、每只鸡耗料标准等来确定。

兽药疫苗计划、水电能源消耗计划等均应根据本场不同月份鸡群兽药防疫及水电能源消耗指标等来确定，详见表6-14至表6-20。

表 6-14　产蛋计划

<table>
<tr><td rowspan="3">月份</td><td colspan="9">各鸡舍产蛋量</td><td colspan="2">合计</td></tr>
<tr><td colspan="3">第Ⅰ栋舍</td><td colspan="3">第Ⅱ栋舍</td><td colspan="3">第Ⅲ栋舍</td><td rowspan="2">产蛋量（枚）</td><td rowspan="2">总蛋重（千克）</td></tr>
<tr><td>饲养量（只）</td><td>产蛋率（%）</td><td>产蛋量（枚）</td><td>饲养量（只）</td><td>产蛋率（%）</td><td>产蛋量（枚）</td><td>饲养量（只）</td><td>产蛋率（%）</td><td>产蛋量（枚）</td></tr>
<tr><td>1</td><td></td><td></td><td></td><td></td><td></td><td></td><td></td><td></td><td></td><td></td><td></td></tr>
<tr><td>2</td><td></td><td></td><td></td><td></td><td></td><td></td><td></td><td></td><td></td><td></td><td></td></tr>
<tr><td>3</td><td></td><td></td><td></td><td></td><td></td><td></td><td></td><td></td><td></td><td></td><td></td></tr>
<tr><td>4</td><td></td><td></td><td></td><td></td><td></td><td></td><td></td><td></td><td></td><td></td><td></td></tr>
<tr><td>5</td><td></td><td></td><td></td><td></td><td></td><td></td><td></td><td></td><td></td><td></td><td></td></tr>
<tr><td>6</td><td></td><td></td><td></td><td></td><td></td><td></td><td></td><td></td><td></td><td></td><td></td></tr>
<tr><td>7</td><td></td><td></td><td></td><td></td><td></td><td></td><td></td><td></td><td></td><td></td><td></td></tr>
<tr><td>8</td><td></td><td></td><td></td><td></td><td></td><td></td><td></td><td></td><td></td><td></td><td></td></tr>
<tr><td>9</td><td></td><td></td><td></td><td></td><td></td><td></td><td></td><td></td><td></td><td></td><td></td></tr>
<tr><td>10</td><td></td><td></td><td></td><td></td><td></td><td></td><td></td><td></td><td></td><td></td><td></td></tr>
<tr><td>11</td><td></td><td></td><td></td><td></td><td></td><td></td><td></td><td></td><td></td><td></td><td></td></tr>
<tr><td>12</td><td></td><td></td><td></td><td></td><td></td><td></td><td></td><td></td><td></td><td></td><td></td></tr>
<tr><td>合计</td><td></td><td></td><td></td><td></td><td></td><td></td><td></td><td></td><td></td><td></td><td></td></tr>
</table>

表 6-15　育雏育成鸡饲料消耗计划

月份	鸡群周龄	饲料类别	月平均饲养鸡数（只）	平均只日耗料（克）	平均只月耗料（千克）	累计只耗料（千克）	全群月耗料（千克）	累计月耗料（千克）
1								
2								
3								
4								
5								
6								
7								
8								
9								
10								
11								
12								
总计								

表 6-16　产蛋鸡饲料消耗计划

月份	鸡群周龄	饲料类别	月平均饲养鸡数（只）	平均只日耗料（克）	平均只月耗料（千克）	累计只耗料（千克）	全群月耗料（千克）	累计月耗料（千克）
1								
2								
3								
4								
5								
6								
7								
8								
9								
10								
11								
12								
总计								

表 6-17　全年饲料消耗计划（千克）

<table>
<tr><th rowspan="3">月份</th><th colspan="4">育雏期</th><th colspan="2">育成期</th><th colspan="8">产蛋期</th><th rowspan="3">累计</th></tr>
<tr><th colspan="2">开食料</th><th colspan="2">育雏料</th><th colspan="2">育成料</th><th colspan="2">产蛋前期料</th><th colspan="2">高峰前期料</th><th colspan="2">高峰期料</th><th colspan="2">高峰后期料</th></tr>
<tr><th>本月数量</th><th>累计数量</th><th>本月数量</th><th>累计数量</th><th>本月数量</th><th>累计数量</th><th>本月数量</th><th>累计数量</th><th>本月数量</th><th>累计数量</th><th>本月数量</th><th>累计数量</th><th>本月数量</th><th>累计数量</th></tr>
<tr><td>1</td><td></td><td></td><td></td><td></td><td></td><td></td><td></td><td></td><td></td><td></td><td></td><td></td><td></td><td></td><td></td></tr>
<tr><td>2</td><td></td><td></td><td></td><td></td><td></td><td></td><td></td><td></td><td></td><td></td><td></td><td></td><td></td><td></td><td></td></tr>
<tr><td>3</td><td></td><td></td><td></td><td></td><td></td><td></td><td></td><td></td><td></td><td></td><td></td><td></td><td></td><td></td><td></td></tr>
<tr><td>4</td><td></td><td></td><td></td><td></td><td></td><td></td><td></td><td></td><td></td><td></td><td></td><td></td><td></td><td></td><td></td></tr>
<tr><td>5</td><td></td><td></td><td></td><td></td><td></td><td></td><td></td><td></td><td></td><td></td><td></td><td></td><td></td><td></td><td></td></tr>
<tr><td>6</td><td></td><td></td><td></td><td></td><td></td><td></td><td></td><td></td><td></td><td></td><td></td><td></td><td></td><td></td><td></td></tr>
<tr><td>7</td><td></td><td></td><td></td><td></td><td></td><td></td><td></td><td></td><td></td><td></td><td></td><td></td><td></td><td></td><td></td></tr>
<tr><td>8</td><td></td><td></td><td></td><td></td><td></td><td></td><td></td><td></td><td></td><td></td><td></td><td></td><td></td><td></td><td></td></tr>
<tr><td>9</td><td></td><td></td><td></td><td></td><td></td><td></td><td></td><td></td><td></td><td></td><td></td><td></td><td></td><td></td><td></td></tr>
<tr><td>10</td><td></td><td></td><td></td><td></td><td></td><td></td><td></td><td></td><td></td><td></td><td></td><td></td><td></td><td></td><td></td></tr>
<tr><td>11</td><td></td><td></td><td></td><td></td><td></td><td></td><td></td><td></td><td></td><td></td><td></td><td></td><td></td><td></td><td></td></tr>
<tr><td>12</td><td></td><td></td><td></td><td></td><td></td><td></td><td></td><td></td><td></td><td></td><td></td><td></td><td></td><td></td><td></td></tr>
<tr><td>总计</td><td></td><td></td><td></td><td></td><td></td><td></td><td></td><td></td><td></td><td></td><td></td><td></td><td></td><td></td><td></td></tr>
</table>

表 6-18　蛋鸡应用兽药计划

月份	不同兽药的预计数量（只份）							
	1	2	3	4	5	6	7	8
1								
2								
3								
4								
5								
6								
7								
8								
9								
10								
11								
12								
总计								

表 6-18 中不同兽药栏中的 1、2、……，是指不同的兽药种类，实际计算时要另加 10%损耗量。

表 6-19　蛋鸡应用疫苗计划

数量(份) 月份	不 同 种 类 疫 苗										
	1	2	3	4	5	6	7	8	9	10	11
1											
2											
3											
4											
5											
6											
7											
8											
9											
10											
11											
12											
合计											

表 6-19 中，疫苗种类较多，可续加。有些疫苗要重复免疫

多次，计算时需加10%～15%的损耗量。

表6-20　孵化计划

月份	品种	批次	入孵日期	入孵蛋数量（枚）	授精蛋数（枚）	出雏日期	出雏数（♀）（只）	合格雏鸡数（♀）（只）	入孵蛋孵化率（%）	受精蛋孵化率（%）	健雏率（%）
1											
2											
3											
4											
5											
6											
7											
8											
9											
10											
11											
12											
合计											

（3）产品销售计划　蛋（种）鸡场的产品销售计划主要指蛋品销售计划和雏鸡销售计划，还包括副产品（鸡粪、孵化副产品等）和淘汰鸡销售计划，这些计划中最重要且实施最困难的是种鸡场的雏鸡销售计划。

种鸡场的孵化应严格按"以产定销"原则进行，即以用户需求的雏鸡数量和日期入孵种蛋，按用户要求的质量标准提供雏鸡，计划编制见表6-21。

表6-21　雏鸡销售计划

月份	品种	出雏日期	出雏数量（只）	用户需求数（只）	用户姓名地址	供雏方式及用户合同要求
1						
2						
3						
4						
5						

（续）

月份	品种	出雏日期	出雏数量（只）	用户需求数（只）	用户姓名地址	供雏方式及用户合同要求
6						
7						
8						
9						
10						
11						
12						
合计						

附：雏鸡供销合同格式

雏鸡供销合同

甲方：某种鸡孵化场

乙方：某农户或蛋鸡场

甲方作为良种雏鸡销售推广单位，乙方作为蛋雏鸡饲养单位，经双方协商，达成如下雏鸡供应协议，共同遵守：

1. 供雏鸡　甲方在××年供给乙方×××××羽雏鸡，分 n 批供给。其中，××月×日供给×××××羽；××月×日供给×××××羽（具体日期、数量）。鸡的品种为×××。

2. 订金　乙方在合同签字生效之日起，××天内一次性预付甲方订金计××（万）元（一般为鸡款的 30%；其余款项双方约定具体付期及金额，如供给第 n 批鸡入孵前付清该批鸡款等）。

3. 雏鸡质量

①母雏率达到××%（一般 95%以上）。

②出壳用××类型马立克疫苗免疫，确保接种密度不低

与98%。

③另加×%的路损鸡数。

④品种纯度100%。

⑤健雏率不低98%。

4. 雏鸡价格及运费

①雏鸡价格为×元/羽。

②甲方负担费用：包装费、运输费协商。

③乙方负担费用：协商。

5. 付款方式　由甲、乙双方协商具体付款方式。

6. 违约责任及赔偿方式

①若确由非人为因素甲方不能按期按数量交付乙方雏鸡，甲方务必在雏鸡交付日期前××日通知乙方并申述理由。若需赔偿乙方损失（双方约定）每推迟×天，甲方赔付乙方××元。

②人为因素甲方不能按期按数量交付乙方雏鸡，每推迟1天，甲方付乙方赔款××元，每少付乙方××只雏鸡，赔偿乙方××元。

③乙方不要第 n 批鸡或推迟接鸡或少要雏鸡，必须提前×天告知甲方，并赔偿甲方经济损失。全部不要赔偿甲方×××元；推迟或少要按本条款中第②项标准赔偿。

④若发现雏鸡品种不纯，经县级及其以上有关部门或科教单位指定的三人以上专家鉴定后，由甲方赔偿乙方损失×××元（具体细节双方商定），鉴定费用由甲方支付。

⑤母雏率达不到标准，每少一只甲方赔偿乙方××元。

⑥雏鸡因马立克疫病免疫失败（确属免疫不当造成），同样经本条款第④项专家鉴定后确认，甲方赔偿乙方损失×××元（具体细节双方商定），鉴定费用由甲方支付。

7. 合同争议及解决办法　合同在实施过程中若有争议，先由甲乙双方协商解决，无效时由××仲裁机构仲裁。

8. 本合同一式×份，双方各执一份。

本合同双方签字盖章后生效。

甲方：（鉴定盖章）

乙方：（鉴定盖章）
（亦可公证）

合同鉴定地点、时间

（4）财务计划　养鸡场的上述计划都是以实物量计算。若把上述计划中能价值量化的部分则成为财务计划。主要包括销售收入计划、主要物耗支出计划、利润计划、现金收支计划、产品成本计划等。其编制办法见表 6－22 至表 6－30。

表 6－22　鸡场销售收入计划

月份	收入类别											合计（万元）
	食品蛋			雏鸡（种鸡场）			淘汰鸡			副产品		
	数量（千克）	单价（元/千克）	金额（万元）	母雏数（只）	单价（元/只）	金额（万元）	数量（只）	单价（元/只）	金额（万元）	鸡粪（万元）	孵化副产品（万元）	
1												
2												
3												
4												
5												
6												
7												
8												
9												
10												
11												
12												
合计												

表 6-23　鸡场饲料消耗费用计划

<table>
<tr><td rowspan="3">月份</td><td colspan="9">饲料支出类别</td><td colspan="2" rowspan="2">合计</td></tr>
<tr><td colspan="3">雏　鸡</td><td colspan="3">育成鸡</td><td colspan="3">产蛋鸡</td></tr>
<tr><td>饲养量（只）</td><td>耗料量（吨）</td><td>金额（万元）</td><td>饲养量（只）</td><td>耗料量（吨）</td><td>金额（万元）</td><td>饲养量（只）</td><td>耗料量（吨）</td><td>金额（万元）</td><td>耗料量（吨）</td><td>金额（万元）</td></tr>
<tr><td>1</td><td></td><td></td><td></td><td></td><td></td><td></td><td></td><td></td><td></td><td></td><td></td></tr>
<tr><td>2</td><td></td><td></td><td></td><td></td><td></td><td></td><td></td><td></td><td></td><td></td><td></td></tr>
<tr><td>3</td><td></td><td></td><td></td><td></td><td></td><td></td><td></td><td></td><td></td><td></td><td></td></tr>
<tr><td>4</td><td></td><td></td><td></td><td></td><td></td><td></td><td></td><td></td><td></td><td></td><td></td></tr>
<tr><td>5</td><td></td><td></td><td></td><td></td><td></td><td></td><td></td><td></td><td></td><td></td><td></td></tr>
<tr><td>6</td><td></td><td></td><td></td><td></td><td></td><td></td><td></td><td></td><td></td><td></td><td></td></tr>
<tr><td>7</td><td></td><td></td><td></td><td></td><td></td><td></td><td></td><td></td><td></td><td></td><td></td></tr>
<tr><td>8</td><td></td><td></td><td></td><td></td><td></td><td></td><td></td><td></td><td></td><td></td><td></td></tr>
<tr><td>9</td><td></td><td></td><td></td><td></td><td></td><td></td><td></td><td></td><td></td><td></td><td></td></tr>
<tr><td>10</td><td></td><td></td><td></td><td></td><td></td><td></td><td></td><td></td><td></td><td></td><td></td></tr>
<tr><td>11</td><td></td><td></td><td></td><td></td><td></td><td></td><td></td><td></td><td></td><td></td><td></td></tr>
<tr><td>12</td><td></td><td></td><td></td><td></td><td></td><td></td><td></td><td></td><td></td><td></td><td></td></tr>
<tr><td>合计</td><td></td><td></td><td></td><td></td><td></td><td></td><td></td><td></td><td></td><td></td><td></td></tr>
</table>

表 6-24　种鸡场孵化费用计划（万元）

<table>
<tr><td rowspan="2">项　目</td><td colspan="4">季　度</td><td rowspan="2">合计</td></tr>
<tr><td>1</td><td>2</td><td>3</td><td>4</td></tr>
<tr><td>外购种蛋（或种蛋成本）（万元）</td><td></td><td></td><td></td><td></td><td></td></tr>
<tr><td>孵化量（出母雏数）（只）</td><td></td><td></td><td></td><td></td><td></td></tr>
<tr><td>电消耗</td><td></td><td></td><td></td><td></td><td></td></tr>
<tr><td>煤或其他消耗</td><td></td><td></td><td></td><td></td><td></td></tr>
<tr><td>包装运费</td><td></td><td></td><td></td><td></td><td></td></tr>
<tr><td>其他低值易耗品费用</td><td></td><td></td><td></td><td></td><td></td></tr>
<tr><td>其他费用</td><td></td><td></td><td></td><td></td><td></td></tr>
<tr><td>合　计</td><td></td><td></td><td></td><td></td><td></td></tr>
</table>

表 6-25　鸡场兽药疫苗费用计划（万元）

项　目		季度 1	季度 2	季度 3	季度 4	合计
期内饲养量（只）	育雏鸡					
	育成鸡					
	产蛋鸡					
期内孵化量（种雏数）（只）						
疫苗费	雏鸡（含孵化出雏）					
	育成鸡					
	产蛋鸡					
兽药费	雏鸡					
	育成鸡					
	产蛋鸡					
消毒用品						
合　计						

表 6-26　鸡场用工费用计划（万元）

部　门		用工数	人均月工资	工资额	职工福利费	其他（含年终奖）	工资及福利合计
生产部门	育雏舍						
	育成舍						
	产蛋舍						
	孵化（种鸡）						
生产辅助	饲料供应						
	辅助用工						
营销部门	营销						
管理部门	技术管理						
	行政管理						
	后勤管理						
合　计							

表 6-27　鸡场制造与非生产费用计划（万元）

项　目	制造费用				非生产共担费用				合计
	育雏鸡	育成鸡	产蛋鸡	孵化	后勤管理	行政管理	营销管理	其他	
水电费									
动力燃料费									
种鸡摊销费									
折旧费									
修理费									
物料消耗费									
其他费用									
合计									

制造费用包括：不属于饲料、药品及直接人工费的部分，按财务核算归口应为制造费用；非生产费用不能直接记入某一生产环节，按分摊办法计入。

表 6-28　鸡场生产成本计划（万元）

项　目	生产期				合计
	育雏鸡	育成鸡	产蛋鸡	孵化（种鸡）	
饲料					
兽药及疫苗					
人工工资					
制造费用					
雏鸡购入价值					
非生产费用摊销费					
小计					
加：期初在产品					
减：期末在产品					
减：副产品收入					
生产成本总额					
鸡蛋产量（万枚）					
单位生产成本					

表 6-29　鸡场现金收支计划（万元）

项　目	季　度				全年合计
	1	2	3	4	
期初现金余额：					
加：现金收入					
其中：产品销售收入					
其他业务利润					
营业外收入					
投资收益					
合计：					
现金减支出：					
饲料及兽药费					
直接工资福利					
制造费用（扣折旧）					
期间费用：					
购买设备					
归还基建借款					
营业外支出					
合计：					
现金节余或不足：					
现金筹集					
向银行借款					
偿还银行借款					
购入有价证券					
合计					
期末现金余额					

表6-30 鸡场利润计划（万元）

项目	季度				全年合计
	1	2	3	4	
产品销售收入 减：产品销售成本 产品销售费用					
产品销售利润 加：其他业务利润 减：管理费用 财务费用					
营业利润 加：投资收益 营业外收入 减：营业外支出					
利润总额					

（三）生产管理

1. 规范的技术操作规程 鸡场技术操作规程是其生产中按照科学原理制订的日常作业的技术规范。鸡群及种鸡孵化管理中的各项技术措施和操作等均通过技术操作规程加以贯彻，同时也是检验生产的依据。不同饲养阶段的鸡群或孵化厅的工作，需按其生产周期制订不同的技术操作规程。例如，育雏（或育成鸡或蛋鸡）技术操作规程、孵化操作规程等，通常包括以下一些内容：对任务提出生产指标，使饲养和工作人员有明确的目标；指出不同饲养阶段鸡群的特点及饲养管理要点；不同品种鸡和孵化条件的技术要求特点，按不同的操作内容分段列条，提出切合实际的要求；要尽可能采用先进的技术和反映本场成功的经验，条文要简明具体。

规程要邀集有关人员共同逐条认真讨论，并结合实际作必要的修改。只有直接生产人员认为切实可行时，各项技术操作才有可能得到贯彻，制订的技术操作规程才有真正的价值。

2. 科学合理的每日工作程序 饲养人员、孵化人员根据其工作特点，特别是家禽生理需要设定每日能最大限度地满足生产要求的“一日工作程序”。既便于技术人员检查，又有利于生产人员合理安排工作。详见表 6-31 示例。

表 6-31　笼养鸡一日工作程序（示例）

饲养阶段	工作时间	工　作　内　容
雏鸡（0～49 日龄）	7：00～8：00	①检查鸡舍环境温度、湿度、通风、换气 ②喂料：喂料为料槽 1/3 高度；喂料要均匀，防止断料、浪费 ③在饲料或饮水中加防病药物，并按要求使鸡在规定时间内采食或饮水
	8：00～9：00	①清除粪便，打扫工作间及舍外门口周围，更换坏灯泡，检查温湿度和通风 ②观察鸡群，及时解脱卡、吊鸡，提出笼内死鸡，抓回笼外鸡 ③疫苗注射
	9：00～10：00	①检修调整笼门 ②检查饮水系统是否漏水或断水，调整温度使之适宜 ③观察鸡采食、饮水、粪便及精神是否正常
	10：00～11：00	①喂料 ②检查鸡舍环境温度、适量通风换气
	11：00～13：30	午饭、午休
	13：30～15：30	①喂料，加药 ②观察鸡群 ③打扫卫生 ④检查温度、适量通风换气
	15：30～16：30	①检查笼门 ②调整鸡群（进鸡后 2 周将大、小、强、弱分别装笼饲养）
	16：30～17：30	①喂料 ②认真做好温、湿度（第一周每 2 小时记录一次）、增重（每周称重一次）、饲料消耗和死亡淘汰鸡数等项目的记录 ③做好交接班安排
	17：30	值白日班饲养员下班，上夜班的饲养员就位

（续）

饲养阶段	工作时间	工 作 内 容
育成鸡（50日龄）上蛋鸡笼	8：00～9：00	①喂料要均匀，防止断水、断料和浪费；严禁喂酸败、发霉变质饲料 ②药物治疗 ③通风换气
	9：00～10：00	①清除粪便，打扫工作间及舍外门口周围 ②观察鸡群采食、饮水、精神和粪便是否正常；及时解脱卡、吊鸡，及时提出笼内死鸡，捉回笼外鸡（包括粪沟或承粪板上的鸡） ③更换坏灯泡，检查照明及通风是否正常 ④疫苗注射
	10：00～11：00	①调整不适笼门 ②检查饮水系统是否漏水 ③个别治疗
	11：00～12：00	①喂料 ②检查鸡群 ③通风换气
	12：00～13：30	午饭午休
	13：30～15：00	①喂料，堵漏料点 ②加药防疫
	15：00～16：30	①观察鸡群 ②打扫卫生 ③整修笼门和笼底 ④调整鸡群（进鸡后半月将大、小、强、弱鸡分开笼饲养，15天分完） ⑤清粪
	16：30～17：00	喂料
	17：00～17：30	认真做好温度、湿度、增重（每两周抽样称重1次）、饲料消耗、死亡淘汰鸡数等项目记录
	17：30	下班

（续）

饲养阶段	工作时间	工　作　内　容
产蛋鸡	6：00	开灯
	7：00～7：30	①喂料 ②通风换气
	7：30～8：00	早餐
	8：00～9：00	①观察鸡群 ②打扫卫生（清水槽、鸡粪等） ③检查设备运转情况
	9：00～10：00	集蛋
	10：00～11：00	①加药或个别鸡协助治疗 ②清理鸡群
	11：00～12：00	①喂料 ②通风换气 ③观察鸡群和设备运转情况
	12：00～14：00	午饭午休
	14：00～15：00	①喂料 ②观察鸡群 ③打扫卫生 ④通风换气
	15：00～16：00	①集蛋 ②擦拭灯泡
	16：00～17：00	①做好记录（产蛋、鸡群动态、环境温度） ②检查设备运转
	17：00～17：30	①喂料 ②检查鸡舍安全
	17：30	下班

3. 严格的管理制度　鸡场应根据不同部门的工作特点，制定相应的管理制度。其中，最重要的是卫生防疫制度，示例见表6－32和表6－33。

表 6-32 鸡场卫生防疫制度

消毒部位	具体方法
鸡场大门口	鸡场大门口设汽车消毒池和人员消毒池。汽车消毒池长、宽、深分别为 3.5 米、2.5 米、0.3 米，两边为缓坡；人员消毒池长、宽、深分别为 1 米、0.5 米、0.08 米。人员、车辆必须消毒后方可进场。消毒液可用 3%火碱水，每周更换 2 次
场区内	第一，场区内要求无杂草、无垃圾，不准堆放杂物，每月用 3%的热火碱水泼洒场区地面 3 次 第二，禁止携带与饲养家禽无关的物品进入场区，尤其禁止家禽及家禽产品进入场内，与生产无关的人员严禁入场 第三，鸡场内禁止饲养其他畜禽
生活区	生活区的各个区域要求整洁卫生，每月消毒 2 次
生产区	非饲养人员不得进入生产区，工作人员需经洗澡、更衣、消毒后方可进入。场区脏、净道分开，鸡苗车、饲料车走净道，毛鸡车、出粪车、死鸡处理走脏道
场区道路	场区道路硬化；道路两旁有排水沟，沟底硬化，不积水；有一定坡度，排水方向从清洁区流向污染区

表 6-33 鸡舍卫生防疫程度

免疫地点	免疫方法
新建鸡场	新建鸡场进鸡前，要求舍内干燥后，对屋顶、四周和地面用消毒液消毒一次。饮水器、料桶、其他用具等充分清洗消毒
老鸡场	进鸡前： ①彻底清除一切物品，包括饮水器、料桶、网架或垫料、支架、粪便、羽毛等 ②彻底清扫鸡舍地面、窗台、屋顶以及每一个角落，然后用高压水枪由上到下，由内向外冲洗。要求无鸡毛、鸡粪和灰尘 ③待鸡舍干燥后，再用消毒液从上到下整个鸡舍喷雾消毒一次 ④撤出的设备，如饮水器、料桶、垫网等用消毒液浸泡 30 分钟，然后用清水冲洗，置阳光下暴晒 2～3 天后，搬入鸡舍 ⑤进鸡前 6 天，封闭门窗，用 3 倍剂量福尔马林（每立方米用高锰酸钾 21 克，福尔马林 42 毫升），熏蒸 24 小时（温度 20～25℃，湿度 80%）后，通风 2 天 此后，人员进鸡舍，必须换工作服、工作鞋，脚踏消毒液
鸡舍门口	鸡舍门口设脚踏消毒池（长宽深分别为 0.6 米、0.4 米、0.08 米）或消毒盆，消毒液每天更换一次。工作人员进入鸡舍，必须洗手、脚踏消毒液、穿工作服和工作鞋。工作服不能穿出鸡舍，饲养期间每周至少清洗消毒一次

（续）

免疫地点	免 疫 方 法
鸡舍	鸡舍坚持每周带鸡喷雾消毒 2～3 次，鸡舍工作间每天清扫一次，每周消毒一次
备注	①饲养人员不得互串鸡舍。鸡舍内工具固定，不得互相串用，进鸡舍的所有用具必须消毒后方可进舍 ②及时捡出死鸡、病鸡、残鸡、弱鸡，死鸡装入饲料内袋密封后焚烧或深埋或定点处理。病鸡、残鸡、弱鸡隔离饲养。严禁死鸡贩子入场，不可因小失大 ③经常灭鼠，注意不让鼠药污染饲料和饮水 ④采取"全进全出"的饲养工艺

4. 合理的劳动定额

（1）影响劳动定额的因素

集约化程度：大型养禽场劳动生产率较高，专业化程度高，有利于提高劳动效率。

机械化程度：机械化主要减轻了饲养员的劳动强度，因而应该提高劳动定额。

管理因素：管理严格，效率高。

所有制因素：私有制大型养禽场、三资企业注重劳动效率。

地区因素：发达地区效率高。

（2）劳动定额　不同工种的劳动定额见表 6-34。

表 6-34　蛋鸡生产的劳动定额

工　种	内　容	定额（只/人）	工作条件
蛋鸡 1～49 日龄	四层笼养，第一周值夜班，注射疫苗	6 000/2	注射疫苗时防疫员尚需帮工
50～140 日龄育成鸡	三层育成笼，饲喂、清粪	6 000	自动饮水，人工饲喂，清粪
一段育成 1～140 日龄	机械化程度高，笼育、平面网上	6 000	自动饮水，机械喂料，刮粪
蛋鸡笼养	全部手工，饲喂、捡蛋	2 500～3 000	粪场位于 200 米以内，自动供水，机械饲喂、刮粪或一次清粪

（续）

工　种	内　容	定额（只/人）	工作条件
蛋种鸡笼养（祖代减半）	饲养与人工授精	2 000～2 500	乳头自动饮水
孵化	孵化操作与雌雄鉴别，注射疫苗	孵化器容量：每 2 万孵化蛋位 1～1.5 人	蛋车式，自动化程度较高
清粪		3 万～4 万只鸡	由笼下人工刮出来再运走，粪场 200 米以内

5. 优化的岗位责任制办法　常用的岗位责任制见表 6－35。

表 6－35　鸡场常见岗位责任制

方　法	具 体 内 容	优缺点及注意事项
部门完全承包法	将总场的利润指标分至每个生产部门，每个部门按市场产品（或种禽）价格相对独立核算。饲养人员按接蛋（种蛋）价格交场，孵化室按雏鸡数售价交场或独立出售。完成任务的超额部分归己	①此办法最彻底、较简单 ②使用的前提是常规条件，异常时，依情况调整指标 ③生产人员风险大 ④此办法适应较长期的承包
超产提成法	首先，根据生产实际制定一个满足生产者基本工资水平的生产指标，超者按量或多收入部分提成，体现“奖勤罚懒”原则	①责任心强，技术优者多得 ②降低了饲养人员承担由于某些客观原因而导致的风险 ③实施过程中利益刺激力度往往不大，也没有真正体现工作量大小
计件工资	按饲养一只鸡，生产 1 千克食品蛋或种蛋或孵化出一只出售的健雏多少给付工资费	①优点：体现“多劳多得”原则 ②缺点：对高于正常生产水平的效益报酬估算不足，但这部分恰恰是企业增效的关键
计件工资与效益指标相结合办法	既按单位生产量计酬，同时对超出正常生产水平部分计奖，超出越多计奖力度越大	①优点：既能体现“多劳多得”原则，又能对责任心强、技术优者多奖励 ②缺点：注意实施过程中制定指标的客观性

（四）养鸡的经济效益核算与评估

1. 养鸡场技术效果指标　技术指标的高低是衡量一个养鸡场实施技术措施、综合管理措施的关键。只有优秀的技术指标，养鸡场才能在有限条件下获得最大经济效益。常用的技术指标与正常生产情况下应达到的指标如表 6-36。生产场户可据此评价本场生产水平。

表 6-36　养鸡场技术指标

项　目	含义或公式
育雏鸡（0～6 周龄）成活率（%）	$\frac{\text{入舍雏鸡数}-\text{育雏期死亡数}}{\text{入舍雏鸡数}}\times100\%$ （正常情况下应不低于 95%）
育成鸡（7～20 周龄）成活率（%）	$\frac{\text{育成期末鸡数}}{\text{育雏期末鸡数}}\times100\%$ （正常情况下应不低于 95%）
产蛋期母鸡（商品鸡：21～72 周龄或 78 周龄，种鸡：21～68 周龄）存活率（%）	$\frac{\text{入舍母鸡数}-\text{死亡淘汰鸡数}}{\text{入舍母鸡数}}\times100\%$ （正常情况下应大于 85%）
日产蛋率（%）	$\frac{\text{总产蛋个数}}{\text{每天实际饲养母鸡数}}\times100\%$
入舍鸡产蛋数（枚/只）	$\frac{\text{产蛋期全群产蛋总数}}{\text{入舍母鸡数}}$ （一般品种 250～280 枚/只，良种可达 300 枚/只以上）
入舍鸡产蛋率（%）	$\frac{\text{产蛋期内群体每天平均产蛋数}}{\text{入舍鸡数}}\times100\%$ （正常情况下应在 75%～80%以上）
平均蛋重	一般以测量 300 日龄左右连续 3 天内蛋重平均数为该鸡的蛋重，单位是克。
总蛋重（千克/只）	（平均蛋重克数×每只鸡产蛋个数）÷1 000
种蛋受精率（%）	$\frac{\text{受精蛋数}}{\text{入孵蛋数}}\times100\%$ （正常情况下应不低于 90%）

（续）

<table>
<tr><th colspan="2">项　　目</th><th>含义或公式</th></tr>
<tr><td colspan="2">入孵蛋（或受精蛋）孵化率（%）</td><td>$\frac{\text{出雏数}}{\text{入孵或受精蛋数}}\times 100\%$
（一般入孵蛋孵化率 85%左右，受精蛋孵化率 90%～95%）</td></tr>
<tr><td colspan="2">健雏率（%）</td><td>$\frac{\text{健雏数}}{\text{出雏数}}\times 100\%$
（正常情况下应不低于 97%）</td></tr>
<tr><td rowspan="2">饲料转化率：即每单位或蛋重或体重所消耗的饲料量</td><td>产蛋期饲料转化率（%）</td><td>$\frac{\text{产蛋期内耗料总量}}{\text{总蛋重}}\times 100\%$
（一般低于 2．3：1）</td></tr>
<tr><td>生长期饲料转化率（%）</td><td>$\frac{\text{生长期内耗料总量}}{\text{总活重}}\times 100\%$</td></tr>
</table>

3. 养鸡场成本分析指标

（1）养鸡场生产成本一般构成比例　在正常情况下，0～20 周龄育雏、育成鸡成本构成比例见表 6－37，产蛋鸡成本构成比例见表 6－38。在正常情况下，可用此表检验本场何种费用的合理性。同时，只要知道一项开支即可推算出总成本额。例如，知道饲料费开支多少，只要将饲料费乘以 67%，即可推算出该蛋鸡养至此时（20 周龄）的总成本。

表 6－37　青年蛋鸡（达 20 周龄）总成本构成

项　　目	每项费用占总成本的%
雏鸡费	20.00
饲料费	67.00
工资福利费	3.00
防疫医药卫生费	2.50
运输费	1.00
折旧费	2.52
维修费	1.23
水电与燃料费	2.00
低值易耗品费	0.35
企业管理费	0.40
合　计	100

表 6-38　鸡蛋的总成本构成

项　　目	每项费用占总成本的%
购 20 周龄青年蛋鸡费用	22.00
饲料费	70.70
工资福利费	2.00
防疫医药卫生费	1.20
运输费	0.50
折旧费	1.00
维修费	1.00
水电费	1.10
低值易耗品费	0.20
企业管理费	0.30
合　计	100

(2) 成本分析指标　详见表 6-39。

表 6-39　鸡场成本分析指标

项　　目	含　　义
每只出雏鸡成本	$\frac{\text{全部孵化费用}-\text{副产品价值}}{\text{一昼夜成活雏鸡数}}$
增重单位（千克）成本	$\frac{\text{增重总成本}}{\text{增重量}}$
活重单位（千克）成本	$\frac{\text{该鸡群活重总成本}}{\text{该鸡群总活重量}}$
鸡蛋单位（千克）成本	$\frac{\text{基本鸡群饲养费用}-\text{副产品价值}}{\text{年内鸡蛋总产量}}$
饲料成本比率	$\frac{\text{饲料成本}}{\text{总生产成本}}\times100\%$
饲养日成本	$\frac{\text{该鸡群本年全部饲养费用}}{\text{该鸡群本年饲养只日数}}$

(3) 保本经营的生产成本指标　为了随时掌握自己经营情况并做出正确的预测，应根据蛋鸡生产中的几个相互制约的因素，研究制定本场生产保本经营的几个指标，以便及时发现问题改进管理。常用的保本经营的几个指标如下：

$$\text{日产蛋重保本界线（克/只·日）}$$

$$\text{生产成本临界线（元/千克）}=\frac{\text{饲料单价}\times\text{饲料消耗量}}{\text{饲料费占生产成本比率}\times\text{蛋价}}$$

$$=\frac{\text{饲料单价}\times\text{饲料消耗量}}{\text{饲料费占生产成本比率}\times\text{日产蛋重}}$$

$$\text{保本产蛋率}=\frac{\text{饲料单价}\times\text{日采食量}}{\text{饲料费占生产成本比率}\times\text{蛋价}\times\text{平均蛋重}}\times100\%$$

每千克鸡蛋饲料消耗成本临界线（元/千克）

$$=\frac{\text{蛋价}\times\text{日产蛋重}\times\text{饲料费占生产成本比率}}{\text{日均饲料消耗量}}$$

计算示例：某鸡场蛋鸡饲料价为1.6元/千克，每只鸡日耗饲料115克，饲料费占成本67%，鸡蛋售价为6.4元/千克，平均每枚蛋重60克，求其保本经营的主要指标。

①日产蛋重保本界线（克/只·日）$=\frac{1.6\times115}{0.67\times6.4}=42.89$（克/只·日）

即：每只鸡每日产蛋42.89克时，该场保本，高于此则盈利，低于此则亏本。

②每千克鸡蛋保本生产成本（元/千克）$=\frac{1.6\times115}{0.67\times42.89}=$ 6.40（元/千克）

即在饲料单价1.6元/千克，日产蛋42.89克/只·日时，鸡蛋售价在6.4元/千克，则保本经营，高、低于此则亏本或盈利。

③保本产蛋率$=\frac{1.6\times115}{0.67\times6.4\times60.0}\times100\%=71.5\%$

即：在饲料单价1.6元/千克，鸡蛋售价6.4元/千克，饲料费率67%，鸡采食115克/只·日情况下的保本产蛋率为71.5%，高、低于此则盈利或亏本。

④每千克鸡蛋饲料消耗成本临界线（元/千克）=

$$\frac{6.4\times42.89\times0.67}{115}=1.60\text{（元/千克）}$$

即在鸡日产42.89克/只蛋，采食115克，饲料费率67%，蛋价6.4元/千克情况下，每千克鸡蛋的饲料保本成本为1.6元/千克，高于此则亏本，低于此则盈利。

（4）利润指标

①产值利润及产值利润率：

产值利润＝产品产值－可变成本－固定成本

产值利润率＝利润总额/产品产值×100%

②销售利润及销售利润率：

销售利润＝销售收入－生产成本－销售费用－税金

销售利润率＝产品销售利润/产品销售收入×100%

③营业利润及营业利润率：

营业利润＝销售利润－推销费用－推销管理费

企业的推销费用包括接待费、推销人员工资及旅差费、广告宣传费等。

营业利润率＝营业利润/产品销售收入×100%

利润反映了生产与流通合计所得的利润。

（5）经营利润及经营利润率　经营利润＝营业利润±营业外损益。营业外损益指与企业的生产活动没有直接联系的各种收入或支出。例如，罚金、由于汇率变化影响到的收入或支出、企业内事故损失、积压物资削价损失、呆账损失等。

经营利润率＝经营利润/产品销售收入×100%

（6）成本利润率$=\dfrac{\text{销售利润}}{\text{销售产品收入}}\times100\%$

（7）资金利润率$=\dfrac{\text{总利润}}{\text{占用资金额}}\times100\%$

（8）投资利润率$=\dfrac{\text{年利润额}}{\text{基本建设投资额}}\times100\%$

（9）衡量一个企业的赢利能力　养鸡生产是以流动资金购入

饲料、雏鸡、医药、燃料等，在人的劳动作用下转化成鸡蛋产品，通过销售又回收了资金，这个过程叫资金周转一次。利润就是资金周转一次或使用一次的结果。既然资金在周转中获得利润，周转越快、次数越多，企业获利就越多。

①流动资金周转次数$=\frac{\text{全年产品销售收入}}{\text{全年平均流动资金占用额}}$

②流动资金周转天数$=\frac{360}{\text{全年流动资金周转次数}}$

③流动资金产值率$=\frac{\text{总产值}}{\text{全年平均流动资金占用额}}\times100\%$

④流动资金利润率$=\frac{\text{总利润额}}{\text{全年平均流动资金占用额}}\times100\%$

固定资产的使用效率亦是企业资金使用的重要指标，常见有如下两个指标：

⑤固定资金产值率$=\frac{\text{总产值}}{\text{固定资产平均原值}}\times100\%$

⑥固定资金利润率$=\frac{\text{全年利润总额}}{\text{全年平均占用固定资金总额}}\times100\%$

（10）劳动生产指标　该指标反映养鸡企业的劳动效率，常见有如下指标：

①人均年生产产品数量$=\frac{\text{鸡产品数量}}{\text{职工总数}}$

②单位产品耗工时数$=\frac{\text{消耗的劳动时间}}{\text{鸡产品数量}}$

③人年创产值数$=\frac{\text{总产值}}{\text{职工总数}}$

④人年创利润数$=\frac{\text{总利润额}}{\text{职工总数}}$

第七章

无公害鸡健康安全控制

蛋鸡场的疾病防控工作对于无公害鸡蛋的生产具有非常重要的意义。一方面，为了治疗和预防疾病，人们不得不使用药物，造成药物残留；另一方面，动物疫病不仅危害动物的健康，而且人兽共患病还常由动物传染给人，严重地危害人类的健康。

一般来说，药物残留对人类的危害作用，并不表现为急性毒性作用，主要表现为：①变态反应与过敏反应。②细菌耐药性。③致畸作用。④致突变作用和致癌作用。⑤激素样作用。

一、疾病防治技术

做好疾病防控是无公害鸡蛋生产中最重要的工作之一。生产无公害鸡蛋，要求在现代养鸡生产的过程中必须采取无公害防疫技术。①杜绝使用一切对人体健康、社会环境和鸡体本身安全有影响的生物制剂、药品和技术；②重点通过控制鸡的饲料、饮水和环境卫生质量，从而保证生产出的鸡蛋符合无公害食品的要求；③尽量不用药物或少用药物，以减少药物残留，并注重效益。

无公害鸡蛋生产中疾病防控工作的方针：①坚持预防为主；②防治结合；③防重于治。

无公害蛋鸡养殖场综合性的防治措施：①场址的选择；②鸡场的布局；③设备的安装；④雏鸡和饲料的选择；⑤饲养管理；⑥消毒隔离；⑦疫苗接种；⑧药物应用；⑨动物保健检测。

蛋鸡健康安全控制措施见图 7－1。

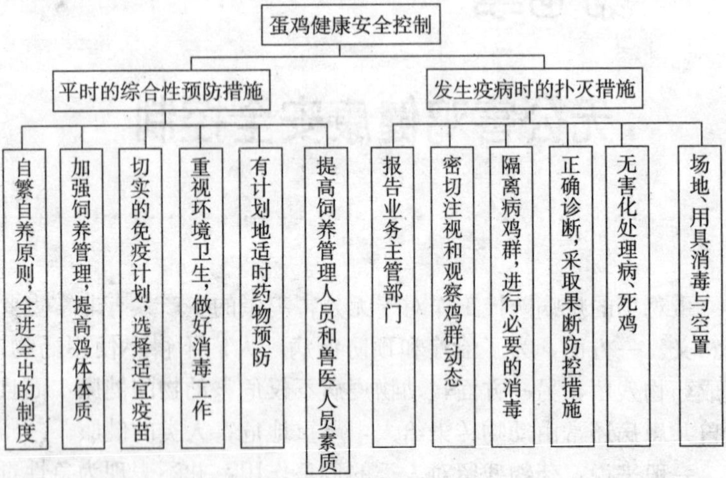

图 7－1　蛋鸡健康安全控制

确诊发生高致病性禽流感等疫病时，蛋鸡场应配合当地兽医部门，对鸡群进行隔离扑杀；发生禽白血病、禽结核病等病时，应对鸡群实施清群、净化，全场进行彻底的消毒，病死或淘汰鸡的尸体要进行无害化处理。

（一）无公害蛋鸡生产中疾病防治基本原则

一是实行全进全出制，建立良好的生物安全体系；

二是重视鸡场的环境卫生；

三是加强饲养管理，提高鸡体体质，增强鸡群抗病力；

四是坚持做好消毒工作；

五是做好免疫预防与接种工作；

六是有计划地用药物预防鸡病的发生；

七是做好疫病检测工作；

八是做好鸡场废弃物的无害化处理。

无公害蛋鸡安全养殖疾病防治的基本措施见表 7－1。

表 7-1　无公害蛋鸡养殖疾病防治的基本措施

项　目	主　要　措　施
场址的选择和鸡场建设	①保证场地无病原污染，不能在原有的鸡场上建场或扩建 ②远离传染源，具有隔离条件 ③养鸡场应由小规模分散饲养过渡到大规模集约化饲养，压缩饲养场的数量，扩大单个饲养场（户）的规模 ④鸡舍布局要合理，鸡舍间距要合乎卫生防疫要求 ⑤鸡舍的结构力求合理，地面、天棚、墙壁耐冲刷、耐酸、耐碱 ⑥鸡场必须有良好的排污条件，粪便及污水必须能够及时进行发酵处理和排除，严防鸡场周围粪便及污水污染
严格人员与车辆管理，切实做到隔离饲养	①本场人员管理。应具备一定的文化素质，经过专门培训；饲养员实行封闭式管理；人员、动物和物品运转应采取单一流向 ②外来人员管理。不允许随意参观；所有出入生产区的人员一律实行登记制度；严禁卖药、收鸡、买鸡粪的人员入内 ③车辆管理。进出的车辆一定要经过消毒池消毒
从可靠的种鸡场购买雏鸡	①来自健康鸡群。不得从疫区购买雏鸡；雏鸡应来自有种鸡生产许可证，且无鸡白痢、鸡伤寒、新城疫、禽流感、支原体病、禽结核和白血病的种鸡场， ②来自合格的孵化场。孵化场建立严格的消毒制度，从捡蛋到出雏，严格按消毒规程消毒 ③严格雏鸡检疫。抽检雏鸡的垂直传染性疾病、胚胎感染性疾病和母源抗体水平（新城疫、流感、法氏囊病）的情况 ④严把雏鸡外表质量关。保证雏鸡孵化良好、健康活泼、大小均匀和无明显病症
严格控制其他传染源	①最好从同一种鸡场购进雏鸡 ②同一生产小区严格实行全进全出，即同时进鸡苗、同时全部出栏 ③做好空舍的清理、消毒和管理工作。一般鸡舍清理完毕到进鸡前，空舍至少需要 2 周。关闭并密封鸡舍，防止野鸟和鼠类进入 ④严防村庄散养鸡、鸭、鹅、犬、猫等畜、禽进入生产区。同时注意，同一养禽场不能饲养其他禽类，更不能养鸟或其他野禽，以免交叉感染 ⑤禁止携带家禽及家禽产品进入场内
实行全进全出制	①成年鸡和育成鸡、雏鸡分开饲养 ②孵化场一定要远离鸡场 ③绝对禁止把不同日龄的鸡放在一栋鸡舍里饲养，最好做到全场的全进全出；养完一批鸡全部淘汰，全场进行彻底清扫、清洗、消毒，空舍 2～4 周，再进新鸡

（续）

项　目	主　要　措　施
重视鸡场的环境卫生	①鸡舍的环境包括鸡舍内的温度、湿度、风速、粉尘、有害气体的含量和病原微生物的含量等 ②定期对鸡舍进行带鸡消毒，夏季带鸡消毒还可降温。鸡场内应分设净道和脏道 ③场区内要定期清扫消毒，每周至少一次 ④死鸡不能乱扔，要及时收集，并进行无害化处理 ⑤从鸡舍清出的鸡粪要及时运走，可进行发酵或烘干处理 ⑥鸡舍排出的废水也应进行无害化处理
加强饲养管理，提高鸡体体质，增强鸡群抗病力	①满足鸡体生长、发育、产蛋所需要的营养 ②根据不同的品种、生长阶段和季节，调整营养成分 ③微量元素硒和维生素 E 对鸡体的免疫有重要作用，要注意保证供给 ④当鸡进行断喙、转群、免疫、饲养条件发生较大变化时，鸡群会发生应激反应。应激情况下鸡群对维生素 A、维生素 K 和维生素 C 需求量增加，应及时予以补充
坚持做好消毒工作	①消毒工作要制度化、经常化 ②保持养鸡场、鸡舍门口消毒池消毒液的新鲜度，各种用具必须定期进行消毒 ③消毒剂的选择必须对人和鸡安全、对设备没有破坏性、没有残留毒性，消毒剂的任一成分都不会在肉或蛋里产生有害积累 ④鸡舍周围环境每 2～3 周用 2%火碱液消毒或撒生石灰 1 次；场周围及场内污水池、排粪坑、下水道出口每 1～2 个月用漂白粉消毒 1 次。进鸡或转群前将鸡舍彻底清扫干净，然后用高压水枪冲洗，进行彻底消毒 ⑤定期对蛋箱、蛋盘、料槽、饮水器等用具进行消毒，首先可用 0.1%新洁尔灭或 0.2%～0.5%过氧乙酸消毒，然后在密闭的室内用福尔马林熏蒸消毒 30 分钟以上
做好免疫预防与接种工作	①制订合理的免疫计划 ②有计划地对鸡群进行抗体监测，确定最佳免疫时机，检查免疫效果 ③使用的疫苗要确保质量，免疫的剂量准确，方法得当 ④免疫前后要保护好鸡群，避免各种应激。免疫期间对鸡群增加一些维生素 E 和维生素 C 等，以提高免疫效果

（续）

项 目	主 要 措 施
有计划地用药物预防鸡病的发生	①根据本场发病情况，有计划地在一定日龄对鸡群投药，可以做到预防在先，防止或减少疾病的发生 ②为了提高用药的针对性，应作药敏试验，选用敏感药物 ③为避免抗药性的产生，可常变换给药的种类 ④鸡场一旦发生病情，要及时诊断和采取有效措施，将疾病控制和扑灭 ⑤遇到复杂的重大疫病，应及时向当地兽医部门报告，请求帮助诊治
做好疫病检测工作	①制定详细的疫病监测和控制方案，并接受当地畜牧兽医管理部门的监督，获得当地畜牧兽医管理部门的批准和认可 ②养殖场必须向当地畜牧兽医管理部门和官方兽医提供连续性的疫情监测信息 ③养鸡场每年都要定期对本场的鸡进行疫病的监测。养鸡场常规监测疫病的种类至少应该包括新城疫、禽流感、鸡败血支原体、鸡沙门氏菌、雏白痢沙门氏菌、亚利桑那沙门氏菌、鸡传染性法氏囊病、鸡马立克病、鸡传染性喉气管炎、鸡传染性支气管炎、鸡产蛋下降综合征和鸡白血病等
做好鸡场废弃物的无害化处理	①鸡粪的无害化处理 ②鸡场污水的无害化处理 ③死胎、蛋壳、羽毛及内脏等残屑的无害化处理 ④鸡尸体的无害化处理 ⑤废弃垫料的无害化处理 ⑥鸡场和鸡舍散发的有害气体、灰尘饲料加工厂排出的粉尘的无害化处理

（二）疾病诊断与防治技术

疾病的诊断与防治技术主要包括以下八大方面：询问、观察、听、病理剖检、实验室检查等方式分析、诊断、治疗与预防。

表7-2 无公害蛋鸡养殖疾病诊断的病史调查

调查项目	主要内容
基本情况的调查	①鸡主姓名、鸡场地址、联系电话，与养鸡户建立联系，掌握病情的发展与治疗情况，检查、验证诊断是否准确及防治措施是否有效 ②调查饲养量，统计发病群体的发病率、死亡率，为判断病情的缓急提供依据
发病日龄的调查	①调查群体鸡的发病日龄，为鸡病的治疗和合理免疫计划的制定提供依据 ②提高鸡病的防治水平，有助于临床诊断 ③快速排除其他疾病发生的可能，提高临床诊断的速度和准确率
发病率与死亡率的调查	①不同的疾病，其病程、发病率和死亡率会有一些差别 ②通过对发病鸡群每日发病数量、死亡数量的增减情况的调查、统计、分析，计算出就诊时的发病率和死亡率，为诊断提供数据 ③在治疗过程中通过每日死亡数量的统计分析，判断治疗效果好坏及防治措施是否正确，以便及时调整治疗方案，迅速控制鸡病
采食量与饮水情况调查	①病情较重时，鸡的采食、饮水变化就非常明显 ②病情较轻时，其采食、饮水变化不明显 ③为全群投药提供参考数据
饲养管理与环境情况的调查	①改善饲养环境，减少或避免疾病的发生，为鸡病的防治创造良好的条件 ②调查的内容主要有饲养密度、育雏室温度、饲养方法、光照、通风情况、湿度、饮水质量、环境卫生和消毒、防疫措施等 ③调查的方法主要是养殖现场观察和询问场主或饲养员 ④在临床上，饲养管理不当可诱发许多疾病。育雏温度低，易诱发雏鸡白痢，雏鸡挤堆，造成成批死亡；光照过强，易诱发啄癖；光线过弱或光照时间不够，引起产蛋鸡开产推迟或产蛋率不高；饲养密度过大，影响鸡的生长发育，出现生长迟缓；湿度过大，易发生球虫病、大肠杆菌病；氨气含量过高，易诱发禽的角膜炎；地面平养、散养，寄生虫感染严重，盲肠肝炎的发病率高；秋季鸡舍周围有水塘或稻田，易发生住白细胞原虫病；孵化厂种蛋消毒不严格，雏鸡易发生大肠杆菌性脐炎、弯杆菌病、沙门氏菌病；孵化器霉菌污染严重及消毒不严格、育雏室消毒不严格、垫料有被霉菌污染的鸡场，易发生曲霉菌病；绿脓杆菌污染的种鸡场，注射马立克苗时消毒不严格，雏鸡易暴发绿脓杆菌病；秋冬季节天气寒冷，鸡舍门窗关闭不严时，鸡群易发生禽流感、传染性支气管炎、传染性鼻炎、传染性喉炎等呼吸道疾病；饮用水大肠杆菌指数超标，易发生大肠杆菌病

（续）

调查项目	主 要 内 容
饲料情况的调查	①鸡对饲料的要求很高，尤其是生长速度快、产蛋率高的鸡群所需营养特别高 ②饲料配方是否科学、合理，直接影响生长和生产性能 ③饲料的单一营养成分不足，使用劣质或变质原料，饲料使用不当，均可引起鸡群发病 ④调查、分析饲料中的各种营养成分，检验原料质量，将有助于诊断饲养过程中出现的各种饲料因素引起的疾病
药物使用情况的调查	①病毒性传染病的预防主要依靠疫苗，而细菌性疾病、寄生虫病的预防和治疗主要依靠药物 ②发病前、就诊前使用过何种药物、使用剂量、使用时间，用药后是否出现发病或出现新的临床症状或死亡突然增加的现象 ③用药后，鸡群病情是否好转，有无康复的迹象 ④包括药物添加剂和治疗药物两方面
免疫情况的调查	①免疫程序是否按照疫病的流行规律制定 ②免疫程序是否适合本地区、本场 ③疫苗的种类是否符合并确保能防治疫病的要求 ④疫苗的保管、运输是否按照要求的执行 ⑤免疫方法是否正确，操作过程是否符合免疫要求 ⑥免疫后有无不良反应 ⑦在实际免疫工作中，接种疫苗会出现免疫应激反应，应与疾病相区别

2. 群体检查 通过看、听和询问，对鸡群的精神、生长、产蛋、呼吸、行为与姿势、鸡粪等情况进行全面的了解，掌握鸡群发病的基本情况，为建立诊断收集一切有价值的证据，丰富临床经验，同时为个体检查寻找典型病鸡。

表 7-3 无公害蛋鸡养殖疾病诊断中的群体检查

检查项目	内 容
精神状态的检查	①在鸡群中，健康鸡精神饱满，眼有神，行走有力，鸡冠鲜红挺立，面部红润，两翅紧贴，采食敏捷，尾羽上翘，羽毛光亮，叫声响亮 ②病鸡精神不振，低头呆立，两翅、尾羽下垂，闭眼打盹，反应迟钝，头插入一翅内，羽毛蓬乱、无光泽，鸡冠肉垂发紫或侧倒，萎缩的鸡冠无光泽、干涸，采食少或拒食

（续）

检查项目	内　　容
生长情况与体况的检查	①生长状况良好的鸡，羽毛整齐有光泽，紧贴躯体，胸肌比较丰满，能达到或接近其生长标准 ②体质健壮是产蛋鸡以后高产的基础，营养过高，蛋鸡超重或肥胖，会出现早产、产蛋高峰期短，整个饲养周期产蛋率低 ③营养不足，鸡体消瘦，开产推迟，产蛋率低 ④消瘦严重的或过于肥胖的鸡不会产蛋 ⑤检查全群生长情况是判断鸡群生产性能的重要标志之一，同时也是分析鸡群疾病或饲养管理、营养方面问题的重要依据 ⑥检查的内容主要包括鸡的生长发育、体重、羽毛、胸部肌肉、鸡冠发育等
行为与姿势的检查	①正常情况下，鸡的行走、饮食、呼吸都非常自然，动作协调 ②发生疾病、管理不当、营养不合理时，会出现行为和姿势异常 ③常见的行为异常有啄肛、啄羽、啄蛋、啄爪、挤堆等；姿势异常常见的有呼吸姿势异常、饮水姿势异常、体态异常（扭头、斜颈、步态异常等）
呼吸状况的检查	①在正常情况下，鸡的呼吸非常自然，呼吸音为十分均匀细小的“嘶嘶”声，不易听出，呼吸次数为25～35次/分 ②当鸡发生呼吸道传染病时，呼吸频率加快，呼吸音粗厉，可听到“呼噜”、“咔咔”、“嘎嘎”的异常呼吸音 ③细听鸡的呼吸音，仔细分辨呼吸音的性质，观察呼吸姿势与呼吸频率，了解引起呼吸道疾病的传播速度，为建立呼吸道疾病的诊断收集有价值的依据 ④检查方法。在夜深人静鸡群安静休息时，将灯关闭，检查者或饲养员轻轻进入鸡舍，尽可能不惊扰鸡群，仔细听诊鸡群发出的呼吸音；然后打开灯，观察病鸡的呼吸姿势是否正常。挑选症状比较典型的病鸡做进一步的检查
鸡粪的检查	①正常鸡粪呈圆锥形，尖头朝上，上面覆盖一层白色的尿酸盐，占鸡粪的上1/3 ②饲料中蛋白质含量高时排出的尿酸盐相对较多，蛋白质低时排出的尿酸盐相对较少 ③雏鸡的粪便含水量少，比较干硬 ④而成年鸡、蛋鸡饮水量比较多，粪便比较松软 ⑤在发病的鸡群中，粪便的色泽、形状会产生明显的变化 ⑥粪便由正常转为异常，说明鸡群开始发病 ⑦变化的数量越大，说明鸡群感染率、发病率越高；变化的数量少，说明感染率、发病率低 ⑧粪便由异常转为正常，说明发病的鸡群正逐渐康复，同时也证明诊断及防治措施正确

（续）

检查项目	内　　容
产蛋情况的检查	①检查蛋鸡的产蛋率、蛋白质量和品质的变化，可以帮助分析推断蛋鸡中存在的问题，以便采取有效措施，维持或恢复较高的产蛋水平 ②影响产蛋的因素主要有疾病因素、应激因素、饲养管理与药物使用不当、饲料因素等

表 7-4　不同鸡龄疾病发生的特点

发育阶段	多发日龄	病　　名
各年龄阶段	30 日龄以后	禽流感
	20 日龄以后	新城疫
		大肠杆菌病
	20～60 日龄	葡萄球菌病
雏鸡阶段	8 日龄以内	贫血因子感染
	2～5 日龄	绿脓杆菌感染
	20 日龄以内	副伤寒
	7～30 日龄	鸡白痢
	20 日龄以内	曲霉菌病
	2～30 日龄	传染性支气管炎
	1～20 日龄	雏鸡传染性脑脊髓炎
	11～26 日龄	鸡蓝翅病
	15～60 日龄	球虫病
	25～50 日龄	病毒性关节炎
	20 日龄以内	弯杆菌病（弧菌性肝炎）
	20 日龄以上	营养缺乏症
	20 日龄以上	住白细胞原虫病
	20～50 日龄	传染性法氏囊病
	21～100 日龄	包涵体肝炎
青年期	60～120 日龄	盲肠肝炎
	90～150 日龄	马立克病
	30～150 日龄	肌胃糜烂
	30～120 日龄	滑液囊支原体感染
		鸡伤寒

（续）

发育阶段	多发日龄	病　名
产蛋期	100 日龄以上	传染性鼻炎
	120～150 日龄	鸡白血病 传染性喉气管炎
	150～210 日龄	禽单核细胞增多症 败血性支原体病
	150～220 日龄	产蛋下降综合征 鸡传染性脑脊髓炎 脂肪肝综合征 笼养蛋鸡疲劳症 传染性支气管炎
	较老的鸡群（2 年以上的鸡）	鸡结核病

3. 个体检查　个体检查是指在病史调查和群体检查之后，对鸡群的发病情况有了全面、详细的了解之后，对多只症状典型的病鸡进行系统的检查，为建立临床诊断收集真实、客观的临床资料。个体检查的内容包括体表检查和病理解剖两个方面（表 7-5、表 7-6）。

表 7-5　无公害蛋鸡养殖疾病诊断的个体检查

项　目	检 查 部 位
体表检查	①鸡冠；②肉垂；③眼睛；④鼻孔；⑤口腔；⑥皮肤和羽毛；⑦腿部和脚掌；⑧肛门
鸡的剖检	①剖检是通过有序的系统检查，辨别体内各个组织器官的病理变化，以确定发生疾病和生产性能不良的原因，并从尸体中取得最好的病料，以便进行微生物学、血清学、病理组织学等方面的检查和试验 ②在剖检时，应根据鸡的解剖结构、器官和组织之间的联系、疾病的规律及剖检方式的简便、实用等因素确定剖检的顺序，其目的是提高剖检的效率 ③一般剖检由体表到体内。体内剖检顺序是从胸部开始，其次是腹部，最后是其他器官和组织。先分离皮肤，检查皮下组织和胸、腹、腿部肌肉；打开体腔，先查看各部位的气囊变化情况，其次查看胸部各器官、组织变化情况，再查看腹部各器官、组织变化情况，采集病料，先采心，再采肝、脾，最后采肌胃、腺胃、胰、肠、生殖器官、肾、法氏囊等；颈部检查，先用剪刀将下颌骨、食道、嗉囊剪开，查看食道黏膜

（续）

项 目	检查部位
鸡的剖检	变化情况和嗉囊内容物的数量、性状及黏膜变化情况，其次剪开喉头、气管，查看黏膜变化及分泌物变化，根据疾病诊断需要采集病料；最后检查脑、脊髓、外周神经、骨及骨髓 ④剖检最好选择濒死期的病鸡或刚死的病鸡 ⑤在剖检前，如果怀疑被检病鸡感染鸟疫、类丹毒等人兽共患病，必须采取严格的防护和防疫措施，避免操作者感染和病原扩散。剖检前，应先用消毒药品将尸体和剖检台面完全浸湿。操作者在剖检前应带一副完好无损的优质橡皮手套，谨慎剖检，避免皮肤损伤或刺破；同时，要戴好口罩，防止吸入污染的空气和尘埃。剖检结束后，应将尸体经无害化处理后深埋，所有用具、剖检场所进行消毒

表7-6 体表检查一览表

部位	症状与病变	发生原因与疾病
鸡冠	严重发紫	强毒型新城疫、高致病性禽流感
	冠尖发紫、变薄歪倒	低致病性禽流感
	苍白	住白细胞原虫病、脂肪肝、大肠杆菌病等引起的内出血及寄生虫、白血病
	黑色坏死性结痂	皮肤型鸡痘
	萎缩、干涸	新城疫、禽流感、传支等引起
	到达性成熟日龄鸡冠不发育	青年鸡在青年期发生盲肠肝炎、弧菌性肝炎、内脏型马立克、大肠杆菌以及其他原因引起的慢性消耗性疾病
肉垂	严重发紫	强毒型新城疫、高致病性禽流感
	坏死性黑色结痂	皮肤型鸡痘
	肿胀、内有干酪样渗出物	低致病性禽流感、传染性鼻炎、慢性鸡霍乱
眼睛	眼睑肿胀	禽流感、传染性鼻炎
	眼结膜充血、出血	高致病性禽流感
	眼结膜溃疡	黏膜型鸡痘
	眼睑、眼球肿胀化脓，呈牛眼状	大肠杆菌
	眼角流泪、角膜炎	鸡舍通风不良、鸡舍氨气蓄积
	虹膜变灰、瞳孔边缘呈锯齿状	眼型马立克病
鼻孔	流鼻、甩鼻	传染性鼻炎、传支、禽流感
	鼻涕带血凝块	传染性喉气管炎

（续）

部位	症状与病变	发生原因与疾病
口腔	上下喙、舌、口腔黏膜有坏死性溃疡和结痂，不易剥离	黏膜型鸡痘
	口腔黏膜有小米大小黄白色隆起的小结节或干酪样物	维生素A缺乏
	喉头表面有易剥离的假膜	传染性喉炎
羽毛	无光泽、污浊	蛋白质、多维素、氨基酸缺乏
	蓬松、无光泽	鸡白痢、弯杆菌病、马立克病、盲肠肝炎、支原体病、蠕虫感染
	断羽	鸡虱
	啄羽	蛋氨酸、硫、镁缺乏
皮肤	肿瘤结节	皮肤型马立克病
	面部肿胀	禽流感、传染性鼻炎
	颈部肿胀	禽流感
	皮肤溃烂、坏死、脱落，似水泡样囊状突起，似气泡	坏死性皮炎气囊破裂，气逸皮下
	黑紫色积液，胸腹部皮下水肿	维生素E缺乏
	大腿、胸部、翅下、泄殖腔周围有结痂样红色病变	六足红色螨感染
	小腿鳞片突起易脱落，形成白色痂皮	膝螨虫寄生
	皮肤有紫斑，胸部、腹部、腿部肌肉严重出血	类丹毒
腿部	关节肿大，关节腔内有尿酸盐沉积	痛风
	关节肿大，关节腔内有黄色干酪样渗出物	滑液支原体感染
	关节肿胀，关节腔内有脓性物质	葡萄球菌性关节炎
	跗关节着地，跛行，腓肠肌腱肿胀、趾曲肌腱肿胀，腱鞘水肿	病毒性关节炎
	骨质疏松、软腿	饲料钙、磷不足，维生素D、光照不足
	骨增生、形成骨瘤	骨髓细胞瘤（白血病）
	腿骨短粗、弯曲、骨质坚硬、跗关节粗大	烟酸缺乏、锰缺乏
	小腿骨侧向转动，鸡爪外展	锰缺乏
脚部	背侧、腹侧有黑色结痂	鸡痘
	肿胀、化脓、坏死性溃疡	机械性损伤后，化脓杆菌、葡萄球菌感染
	趾及趾关节肿胀，脚掌肿胀，有尿酸盐	痛风

（续）

部位	症状与病变	发生原因与疾病
肛门	粪便异常	见粪便检查
	肛门周围肿胀、充血、红肿	慢性泄殖腔炎
	脱肛、啄肛	初产蛋鸡的饲料中蛋白过高
	肛门肿胀，周围覆盖黏液性白色蛋白样分泌物	前腔吸虫病

4. 鸡病的类症鉴别诊断

（1）不同病因引起疾病的鉴别　引起鸡群发病的因素有传染性因素和非传染性因素。传染性因素又分细菌性、病毒性和真菌性，非传染性因素包括环境因素和营养物质的缺乏与过剩。表7-7为鸡非传染病的分类，表7-8为鸡的细菌性疾病分类，表7-9为鸡的主要病毒病，表7-10为真菌引起的鸡病（霉菌病和霉菌中毒病），表7-11为鸡的维生素和微量元素缺乏症。

表7-7　鸡非传染病的分类

日粮某些成分缺乏或过多	消化吸收障碍及动物卫生制度失调引起的疾病	中毒病和卵形成器官疾病
维生素缺乏（维生素A、维生素D、维生素B、维生素E、维生素K、维生素C缺乏）	消化不良，嗉囊、胃、泄殖腔堵塞，胃肠炎，泄殖腔炎，表皮炎	毒物中毒：植物、动物、矿物
维生素过多（维生素A、维生素D、维生素E过多）矿物质缺乏（钙、磷、镁、硫、钠、钾、氯）	持续和强烈照明（同类残食，裸躯病，卵黄腹膜炎）	卵形成异常输卵管腹膜炎
微量元素缺乏（铁、铜、锌、钴、碘、锰、钼、硒）	体温过低（肺炎，气囊炎，支气管炎）	产蛋困难
蛋白质和氨基酸缺乏	体温过高（蛋壳形成不全）	
饮食性营养不良，卵巢和输卵管发育不全，产蛋困难，裸躯病，脱羽，同类残食	运动不足（笼养麻痹，同类残食，产蛋停止），通风不良（角膜结膜炎，慢性窒息）	
蛋白质过多（痛风，肝脂卵营养不良，卵黄腹膜炎，同类残食）	空气尘埃（鼻炎，气囊炎）	

表 7-8 鸡的细菌性疾病分类

病名	病原性	传染途径		年龄易感性	病的经过类型，免疫程度	诊断方法和血清学方法	混合感染
		垂直传染	水平传染				
衣原体病	800 种以上家禽和野禽、人	未证实	空气，接触	无明显作用	常呈潜伏型和非典型经过感染	血清学，变态试验	常并发副伤寒、巴氏杆菌病、大肠杆菌病
呼吸道支原体病	鸡，火鸡，雉	有决定性作用	空气	幼禽常发生	慢性，具有免疫性的轻感染	血清凝集试验	常与大肠杆菌病、传染性支气管炎、喉气管炎混合感染
鸡传染性鼻炎	鸡	未证实	空气，接触	幼鸡	慢性	沉淀试验	常并发大肠杆菌病、呼吸道支原体病、巴氏杆菌病
巴氏杆菌病	各种家禽	未证实	空气，接触，经口	各种年龄，成禽发生较多	急性，亚急性，慢性，非典型	凝集试验	常并发大肠杆菌病、呼吸道支原体病
O_1，O_2 和 O_{78} 型大肠杆菌病	各种家禽	实验证实	接触，空气	幼禽，成禽	可能	凝集试验	常与呼吸道支原体病、传染性支气管炎、喉气管炎、鸡新城疫并发
葡萄球菌病	各种家禽	可能垂直传染	经口	幼禽较多	急性，亚急性，慢性，局部的	未研究成功	常并发大肠杆菌病、呼吸道支原体病
链球菌病	各种家禽	未研究	经口，经损伤的皮肤	幼禽，成禽	急性，亚急性，慢性，局部的	未研究成功	常并发大肠杆菌病、呼吸道支原体病
丹毒性败血症	各种家禽	未研究	经口，经损伤的皮肤	幼禽，成禽	急性，亚急性，慢性，局部的	凝集试验	未研究
李氏杆菌病	各种家禽	未研究	经口，经损伤的皮肤	幼禽，成禽	常呈无症状传染	凝集试验	常并发巴氏杆菌病

（续）

病名	病原性	传染途径		年龄易感性	病的经过类型，免疫程度	诊断方法和血清学方法	混合感染
		垂直传染	水平传染				
溃疡性肠炎	鸡，火鸡，鸽，雷鸟	未研究	未研究	幼禽，成禽较少	亚急性，慢性，带菌现象	未研究	常并发大肠杆菌病
肉毒中毒	各种家禽和野禽	未研究	经口	无年龄差别	急性，亚急性	未研究	常并发大肠杆菌病
破伤风	各种家禽和野禽	未研究	损伤的皮肤	无年龄差别	急性，亚急性	未研究	常并发大肠杆菌病
弧菌性肝炎	鸡，鸭	未研究	经口	雏鸡，雏鸭，成禽较少	未研究	未研究	未研究
亚利桑那菌病	未研究	常垂直感染	接触，空气	幼禽，成年带菌家禽	未研究	未研究	未研究
大肠杆菌性肉芽肿 O_8 及 O_9 型	鸡，火鸡	未研究	未研究	幼禽，成禽较少	亚急性，慢性	未研究	未研究
副伤寒	鸭，鹅，鸽，鹦鹉目，鸥	常垂直传染	经口	幼禽	常呈急性经过	未研究	有时并发大肠杆菌病
鸡白痢	鸡，火鸡	内源性蛋传染	经口，空气	雏鸡	未研究	凝集试验，变态试验	能并发大肠杆菌病
伪结核	鸡，火鸡，雉，鸽，鹊，雷鸟，金丝雀	未研究	经口	幼禽	未研究	凝集试验，变态试验	能并发巴氏杆菌病、沙门氏杆菌病
结核病	各种家禽	已证实，较多为外源性感染	经口，空气	幼禽，成禽	慢性较多	未研究	少见

表 7-9　鸡的主要病毒病

病名	病原性	传染途径		年龄易感性	病的经过类型，免疫程度	诊断方法和血清学方法	混合感染
		垂直传染	水平传染				
禽脑脊髓炎	鸡，少见于雉、火鸡	有决定性作用	空气，经口	雏鸡、成鸡	未研究	中和试验	很少
呼肠病毒感染	鸡	未证实	空气	雏鸡，产蛋鸡	未研究	中和试验	很少，常与呼吸道支原体混合感染
传染性法氏囊病（刚布罗病）	鸡	未证实	空气	雏鸡	急性，亚急性	沉淀试验	很少
单核细胞增多症	鸡，火鸡	未证实	未研究	产蛋鸡较多，雏鸡很少	未研究	未研究	未研究
古典鸡瘟（Ⅰ型禽流感）	鸡，雀，鸽，鸭，人	未研究	经口，空气	成鸡	急性，亚急性，非典型少见	血凝试验 中和试验 琼脂凝胶沉淀试验	很少
新城疫	鸡，火鸡，鸽，鹦鹉	可能	经口，空气	雏鸡，鸡	存在经卵免疫时常呈非典型经过	血凝试验 中和试验 免疫荧光试验	常与巴氏杆菌病、大肠杆菌病、呼吸道支原体病混合感染
传染性支气管炎	鸡	已证实	经口、空气	雏鸡，鸡	急性，亚急性，慢性	琼脂凝胶群特异性沉淀试验中和试验	常与沙门氏菌、大肠杆菌、呼吸道支原体混合感染

（续）

病名	病原性	传染途径		年龄易感性	病的经过类型，免疫程度	诊断方法和血清学方法	混合感染
		垂直传染	水平传染				
传染性肾炎—肾病	鸡	已证实	经口、空气	20～70日龄雏鸡	未研究	琼脂凝胶群特异性沉淀试验中和试验	未研究
白血病征候群	鸡，火鸡	已证实	接触	雏鸡，成鸡	在研究中	免疫扩散试验和鸡白血病补体结合试验阳性	未研究
马立克病	鸡	常垂直传染	空气，外寄生虫	雏鸡，成鸡	未研究	免疫扩散试验	未研究
疱疹病毒感染	火鸡	常垂直传染	未研究	火鸡雏	未研究	未研究	未研究
禽腺病毒感染	火鸡，鹅，雉，鹑	常垂直传染	接触，空气	雏鸡，雏鹅，雏雉	带毒免疫	组织学诊断中和试验	常有条件性致病微生物并发
传染性喉气管炎	鸡，火鸡	未证实	空气	雏鸡，成鸡	非典型经过，常带毒免疫	中和试验 沉淀试验 免疫荧光 发现包涵体	常并发大肠杆菌病、呼吸道支原体病
禽痘	鸡，火鸡，鸽，雉，鹑，金丝雀	未证实	接触	幼禽和成禽	急性，亚急性非典型(卡他型)	琼脂凝胶沉淀	常并发大肠杆菌病、呼吸道支原体病
病毒性关节炎	鸡	未证实	接触	70日龄前雏鸡	未研究	血凝试验 免疫荧光	未研究

表 7-10 真菌引起的鸡病

病 名	家禽种类和年龄易感性	感染媒介	诱发因素	病的经过类型
曲霉病	各种家禽，幼禽较常发生	饲料，铺垫物，外源性传染	密集饲养，禽舍湿度高	急性，常呈亚急性和慢性
念珠菌病	各种家禽，幼禽较常发生	污染的饲料，铺垫物	单一的不全价的饲养	急性，常呈亚急性和慢性
黄癣	鸡，火鸡	病禽，被污染的物体	密集的，违反家禽卫生的管理	慢性
新月孢子菌中毒病	各种家禽	饲料	饲喂含有毒素的饲料	慢性
黄曲霉中毒	各种家禽	饲料	饲喂含有毒素的饲料	慢性

表 7-11 鸡的维生素和微量元素缺乏症

名 称	生理功能	缺乏症状	天然来源
维生素 A	参与视觉过程，维护黏膜和上皮细胞的完整性。提高机体免疫反应，抗感染和抗寄生虫	增重减慢，羽毛生长不良；肾小管和输尿管尿酸盐沉积；上皮组织角化，下痢；共济失调。产蛋减少，胚胎早死。严重时出现干眼病和夜盲	胡萝卜、甜菜、植物绿叶和青草（以上以胡萝卜素状态存在）、鱼肝油、蛋黄
维生素 D_3	以 1，25-羟基 D_3 的形式促进肠黏膜细胞钙结合蛋白的合成，促进钙磷吸收与骨骼的钙化，对色素沉着也有影响	在缺乏直射阳光和维生素 D 时，生长鸡骨发育不良，关节肿大，佝偻病，喙变软易弯曲。羽毛异常变色（变黑），产蛋鸡出现薄壳蛋，继而产蛋下降。出现软壳蛋。腿骨变软。孵化率下降，胚骼 18～19 日龄死亡	鱼肝油、干草、紫外线直射可使体内分泌的 7-脱氢胆固醇转化为维生素 D
维生素 E	为生物抗氧化剂，与微量元素硒一起能保护细胞膜的完整性，促进细胞内呼吸。提高机体免疫反应，抗毒、抗感染，抑制亚硝基化物形成	毛细血管的渗透性增加而引起渗出性素质和脑软化，主要症状为突然虚脱，腿外伸，爪屈曲，一侧性角弓反张。在某些情况下，引起皮下、心脏和心包水肿，营养性肌肉萎缩。孵化 4 天以后胚胎死亡	植物油、绿色植物、谷物种子

（续）

名　称	生理功能	缺乏症状	天然来源
维生素K	参与血凝过程，促进肝脏合成凝血酶原和凝血因子Ⅲ、Ⅸ、Ⅹ	血凝时间延长，皮下、肌肉和胃肠道出血，使用磺胺类药物会抑制肠道微生物合成维生素K，出现缺乏症状	绿色植物，肠内细菌可合成
维生素B_1	促进碳水化合物代谢，以焦磷酸硫胺素的形式作为脱氢酶的辅酶参与酮酸的氧化脱羧反应，抑制胆碱酯酶，减少乙酰胆碱的水解	多发性神经炎，初期嗜睡，头部震颤，急性阶段角弓反张，厌食，衰弱，常惊厥	谷物外皮及胚芽、酵母、青绿饲料、干草
维生素B_2	作为黄酶类的辅基参与生物氧化，促进新陈代谢	下痢，生长迟滞，爪弯曲，腿麻痹，严重缺乏时坐骨神经节增大，变软。种蛋孵化率低，胚胎水肿	谷物外皮、油饼类，酵母、青贮饲料、青绿饲料、发酵饲料
维生素B_6	促进蛋白质代谢，为氨基酸转氨酶及脱羧酶辅酶的组成成分；为含硫氨基酸和色氨酸代谢所必需。促进氨基酸进入细胞，能提高机体免疫反应	厌食，生长减慢。有神经症状，异常兴奋，不随意运动并伴有不断地吱吱鸣叫，惊厥，以胸着地，脚抬起，扑动翅膀或翅膀下垂，做翻滚动作，腿呈快速划水状，头向后仰。在临界缺乏时，可出现严重麻痹。成年鸡厌食，体重迅速下降，产蛋减少，孵化率降低	谷物、酵母、豆类、种子外皮、禾本科植物
维生素B_{12}	与蛋白质代谢有关。以辅酶形式参与一碳基团代谢，参与核酸、蛋白质合成以及其他中间代谢	心、肝、肾出现脂肪变性，肌胃糜烂，鸡胚出血，水肿而死	肝、肉、蛋
尼克酸（尼克酰氨）	为脱氢辅酶Ⅰ和辅酶Ⅱ的组成成分，参与体内的生物氧花过程，抗过敏	舌与口腔炎症，生长迟滞。鸡胚出血，水肿而死	谷物种皮、胚芽、花生饼、苜蓿草

（续）

名　称	生理功能	缺乏症状	天然来源
泛　酸	为辅酶A的组成成分，参与体内酰基转移反应，在糖、脂肪、蛋白质的代谢中有重要作用，能提高机体免疫反应	生长迟滞，羽毛蓬松，黏性渗出液可使眼皮粘在一起，口角出现硬痂。有时看到脚有皮炎，稍低时种鸡产蛋正常，但新生雏弱得不能吃食，孵化后期死亡或雏鸡不能破壳	麸皮、米糠、油饼类、胡萝卜、苜蓿
叶　酸	以四氢叶酸形式参与一碳基团代谢，与核酸和蛋白质的合成以及红细胞、白细胞的成熟有关，抗霉菌毒素，能提高机体免疫反应	生长迟滞，羽毛生长不良，羽毛色素缺乏，红细胞变形，数量减少，血红蛋白水平下降，种鸡产蛋下降，孵化率低	植物的绿叶
生物素	以辅酶形式促进脂肪、碳水化合物和蛋白质代谢，参与固定CO_2和转移羧化作用	雏鸡有时出现皮炎，脚底粗糙起茧，龟裂出血，下颌损害，先在口角然后扩散至喙周围，眼皮肿胀而粘在一起，种鸡产蛋不受影响，但孵化率低	广泛分布于动植物界
胆　碱	作为甲基供体，参与乙酰胆碱、部分磷脂、脂肪的代谢，提高机体免疫反应	雏鸡生长迟滞，脂肪肝，产蛋下降	大豆饼、花生饼、谷物种子
镁	大多数酶需Mg^{++}激活，缺镁心肌线粒体氧化磷酸化不能偶联，ATP合成过程受阻，导致机体功能紊乱	雏鸡生长缓慢、昏睡，常气喘、惊厥和进入短暂昏迷状态。在临界缺乏时，虽然生长似正常但死亡高，血镁水平低，产蛋鸡产蛋下降，低血镁，骨镁枯竭，高钙日粮可加剧缺镁症状	碳酸镁，6 000毫克/千克

（续）

名 称	生理功能	缺乏症状	天然来源
锰	锰与骨的基质（主要为粒多糖）形成有关，缺锰骨骼软骨的硫酸软骨素含量显著减少，锰能激活某些酶，并参与线粒体的氧化磷酸化和脂肪酸的合成，能与氨基酸形成整合物而参与其代谢	雏鸡出现滑腱症，胫趾关节增大变形，腿骨增厚变短，腓肠肌腱从踝状突滑出，产蛋鸡产蛋下降，孵化率降低、产软壳蛋、薄壳蛋，鸡胚表现营养性软骨生成障碍，下喙变短，常在第一颈椎上部出现水肿，卵黄吸收不良	$MnSO_4 \cdot H_2O$ 4 800 毫克/千克
锌	为碳酸酐酶的组成部分，在机体酸碱平衡中起重要作用。该酶还参与骨的钙化和蛋壳形成，锌还是几种 DPN（辅酶Ⅰ）的组成成分	雏鸡生长迟滞，腿骨变短增厚，跗关节增大，皮脱屑，特别是脚，羽毛生长严重不良，种蛋孵化率下降，产生弱雏，不能站立吃喝，鸡胚羽毛发育不好，骨骼发育受阻	$ZnSO_4$ $ZnSO_3$ 1 500 毫克/千克 ZnO 2 000 毫克/千克
铁	血红蛋白、肌红蛋白和细胞色素及其他呼吸酶类的必需组成成分，可运输氧和在细胞氧化过程中转运电子，亚铁盐可与棉酚 1∶1 反应形成铁棉酚复合物，可降低棉酚对生长鸡的毒性	出现小红细胞性、低色素性贫血，鸡的红色、黑色羽毛缺乏色素	$FeSO_4$ 4 500 毫克/千克
铜	促进血红蛋白的形成，还可促进几种氧化酶如过氧化氢酶、细胞色素 C 和细胞色素氧化酶的形成	贫血，生长抑制，骨变形，雏鸡跛行，易骨折，羽毛褪色	CuO 880 毫克/千克 $CuSO_4$ 300 毫克/千克 $CuSO_4 \cdot 5H_2O$ 500 毫克/千克

（续）

名　称	生理功能	缺乏症状	天然来源
硒	谷胱甘肽过氧化物酶的组成成分，能将还原型谷胱甘肽转化为氧化型谷胱甘肽。同时，将过氧化物转化为无害的醇，防止过氧化物对细胞脂膜上多种不饱和脂肪酸的破坏，部分代替维生素E的作用。硒能保护胰酶的整体性，促进脂肪消化和脂胆盐微粒形成，也促进维生素E的吸收，帮助维生素E在血浆中的滞留	雏鸡血浆谷胱甘肽过氧化物酶水平降低，从而出现渗出性素质，蛋鸡产蛋下降，孵化率极低	$NaSeO_2$ 10毫克/千克
碘	甲状腺素的组成成分，控制所有细胞的能量代谢速率和氧化水平，影响生理和智力上的生长以及组织的分化和成熟，影响其他内分泌腺体，影响神经肌肉的功能，影响羽毛生长	缺碘引起甲状腺代偿性增大，母鸡产蛋中止，过肥，鸡蛋中碘含量低，种蛋孵化率降低，出雏时间延长，卵黄吸收不良	KI 600毫克/千克

（2）临床症状相似的疾病鉴别　不同的鸡病有其不同的临床症状，有时相同的鸡病，其临床症状会有些不同，必须进行综合判断，才能对鸡病做出准确诊断。根据症状进行鸡病诊断见表7-12。

表7-12　根据症状诊断鸡病一览表

症　状	疑似疾病	确定诊断的参考项目
产蛋量急剧下降	传染性支气管炎	喘鸣音、下痢，死亡率低
	新城疫	消化道特定部位出血，死亡率高
	减蛋综合征	无壳卵、破裂卵、异常卵，常发生于褐壳蛋鸡，无其他症状

（续）

症　状	疑似疾病	确定诊断的参考项目
血便	盲肠球虫病	1～2 月龄多发，急性衰竭死亡，盲肠出血
	急性小肠球虫病	小肠游离部出血
	鸡白痢	多发生于 20 日龄前雏鸡，肝有坏死灶，心、肺、胃、肠浆膜面有白色结节
白色稀便	传染性法氏囊病	粪便呈米汤样，多发生于 15～45 日龄鸡，以法氏囊肿大、出血为特征
	肾型传染性支气管炎	花斑肾，多发生于雏鸡
	痛风	肾脏、输尿管有尿酸盐沉积，心、肝表面有白色尿酸盐沉积
姿势异常（头、颈、脚麻痹）有神经症状	维生素 B_1 缺乏症	呆立、腰下塌，呈企鹅样姿势，颈后转呈观星状，有横卧症状，治疗后症状减轻或消失
	维生素 B_2 缺乏症	爪向内蜷曲，用治疗法诊断
	叶酸缺乏症	颈软、嘴触地，用治疗法诊断
	新城疫	头向一侧歪，死亡率高，胃肠特定部位出血，治疗无效
	马立克病	翅下垂，两腿不全麻痹，剖检外周神经肿大
	锰缺乏症	骨变粗，稍弯曲，有弹力，关节脱臼
	病毒性关节炎	腓肠肌腱肿胀、断裂，周围组织出血
	关节膜炎（支原体感染、沙门氏菌病、葡萄球菌病等）	趾关节、跗关节肿胀，有波动感，内含有油样或干酪样炎性渗出物
	关节痛风	跗关节、趾关节肿胀，内含白色粉末状尿酸盐
	脑软化症（维生素E缺乏）	初生至 2 月龄，尤其 20～40 日龄多发，病鸡脚麻痹、曲颈、横卧、飞舞等，剖检可见小脑出血、坏死
	脑脊髓炎	多发生于 7～18 日龄雏鸡，病鸡表现头颈振颤，运动失调，呈犬坐势，倒地，成年鸡不表现明显症状

（续）

症　状	疑似疾病	确定诊断的参考项目
鼻汁漏出，面颊肿胀，鸡冠肉髯苍白	传染性鼻炎	鸡群内传播迅速，面部肿胀
	支原体病	发病较慢，呼吸困难，眶下窦肿胀，有气囊炎
	住白细胞原虫病	多发生于夏季、秋初，全身器官组织出血
	慢性结核	鸡消瘦，鸡冠萎缩，肝、脾等有结核结节
	内脏出血	肝脏肿大，破裂
鸡冠出血、坏死，肉垂浮肿	禽流感	死亡率高，脚鳞紫变，重点分离病毒
肉冠等少毛无毛部位痘疹	皮肤型鸡痘	肉眼即可判定，可疑时需实验室诊断
呼吸困难	热射病	无喘鸣音，两翼张开，日照下容易发生，有时急性死亡
	黏膜型鸡痘	无喘鸣音，吸气时伸颈，单发或散发，有时急性窒息，剖检可见喉头、气管黏膜有白色隆起的痘斑
	新城疫	急性经过，死亡率高，胃肠特定部位出血，有时有神经症状
	传染性支气管炎	喘鸣、奇鸣、下痢，下部气管、支气管有黄、白色栓子
	喉气管炎	剧烈伸颈，张口呼吸，奇鸣，咯出血痰，气管黏膜肿胀、出血
	传染性鼻炎	面部浮肿，有鼻汁流出，鼻黏膜肿胀、潮红，鼻腔狭窄
	支原体病	面部，尤其是眶下窦肿胀。剖检时，气囊炎、气管出血，传播较慢
皮肤出现大小不等的肿瘤	马立克病	切面呈白色或桃色，用力按压时，即发生破裂，有时内脏也有肿瘤

（续）

症　状	疑似疾病	确定诊断的参考项目
眼瞳孔缩小虹膜褪色	马立克病	病鸡瞳孔边缘不整。虹膜灰白色，有时内脏也有肿瘤
嗜眠	曲霉菌病	发生于雏鸡，病鸡衰弱，呼吸困难，昏睡，站立困难。剖检可见肺、气囊等有黄白色干酪样结节
流泪	传染性鼻炎	颜面浮肿，鼻汁增多，下痢，传播迅速
	支原体病	传播较慢，眶下窦肿胀，剖检有气囊炎

（3）剖检病变相似的类症疾病鉴别　不同的鸡病，其剖检病变会有所不同。有时相同的鸡病，因病程不同，其剖检病变也会有所不同。不同的鸡病，也会出现相同的剖检病变。因此，必须进行综合判断，必要时需进行实验室诊断，才能对鸡病做出准确判断。表 7-13 为根据剖检病变诊断鸡病。

表 7-13　根据剖检病变诊断鸡病一览表

器官	主要表现	可能的疾病	其他有助于诊断的资料
上部气管	鼻腔、眶下窦渗出物增多	传染性鼻炎	颜面部肿胀，鼻腔内充满透明渗出物，鼻腔黏膜肿胀
		鸡支原体病	黏液和干酪样渗出物增多，有气囊炎
	喉气管上部有痘斑	黏膜型鸡痘	黏膜上的痘斑不易剥离
	气管黏膜有含血的或干酪样渗出物	喉气管炎	渗出物中混有血液，大部分呈红色；慢性时，渗出物呈干酪样
		新城疫	呼吸道症状严重者有此病变，应注意胃肠特定部位的出血及溃疡
	气管内黏液增多，管壁肥厚	新城疫	部分病鸡有神经症状
		传染性支气管炎	喘鸣，有啰音，下痢，产蛋率下降
		支原体病	面部特别是眶下窦肿胀，有气囊炎
		传染性鼻炎	面部肿胀，鼻汁多，卵巢、睾丸发育异常

（续）

器官	主要表现	可能的疾病	其他有助于诊断的资料
下部气管及肺脏	支气管肥厚，管腔被渗出物阻塞，有支气管周围炎	喉气管炎	气管内奶油样物和干酪样渗出物较多
		传染性支气管炎	喘鸣，啰音，气管轻度肥厚，黏液增多
		黏膜型鸡痘	喉气管内有痘斑
		支原体病	面部肿胀，有气囊炎
	肺有直径1～3毫米的白色病灶	真菌性肺炎	肺、气囊有黄绿色、灰白色结节，病灶中心呈豆腐渣样，多见于雏鸡
		雏白痢	2周至2月龄雏鸡出现此病灶，切面均匀一致，心、胃、小肠浆膜面有白色隆起，肝有坏死灶
	肺有大小不同的透明病灶	雏白痢	2周至2月龄雏鸡出现此病灶，切面均匀一致，心、胃、小肠浆膜面有白色隆起，肝有坏死灶
		马立克病	2月龄以上鸡可出现此病灶，其他内脏器官有明显白色肿瘤
	肺出血	住白细胞原虫病	肺、肾严重出血，其他如肌肉、肝、心、肠、脾等均有出血点，有时有白色结节，多发生于夏季、秋初
	淤血	窒息成堆	寒冷时或夜间损失重
气囊	增硬，有黄白、黄绿色结节	真菌性肺炎	肺及其他浆膜面也有同样的结节，常发生于雏鸡，在潮湿环境中多发
	增厚，浑浊，有干酪样附着物	支原体病	发病缓慢，有持续呼吸道症状
		大肠杆菌病	肝周炎，肝包膜炎，有时二者混合感染
	增厚，含泡沫样渗出物	传染性支气管炎	突然发病，有呼吸道症状，雏鸡死亡率高
	轻微渗出	传染性鼻炎	面部肿胀，鼻腔分泌物增多
	增厚，含泡沫样渗出物	传染性支气管炎	突然发病，有呼吸道症状，雏鸡死亡率高，成年鸡产蛋率严重下降
	增厚浑浊且有干酪样物	支原体病	缓慢持续的呼吸道症状，淘汰率高
	黄色、黄绿结节	曲霉菌病	雏鸡死亡率高，常嗜睡，发霉垫料，饲料可加重
	轻微渗出	传染性鼻炎	面部肿胀，鼻腔分泌物增多

（续）

器官	主要表现	可能的疾病	其他有助于诊断的资料
肺	灰白色小结节	鸡白痢	雏鸡死亡率高，卵黄吸收不良，呼吸困难
		支原体病	传播慢，气囊有明显病变
	黄绿色小结节	曲霉菌病	死亡率高，饲料或垫料发霉
	灰白色实变	马立克病	其他组织器官均有肿瘤形成
	出血	住白虫病	发生于夏季、秋初，肾及其他组织出血
	淤血	窒息	寒冷时或夜间损失重
肝脏	黄、灰白色坏死灶，小结节	鸡白痢	雏鸡死亡率高，白色稀粪
	煮熟样，有细小结节	鸡霍乱	死亡率高，发病快，心外膜出血
	红褐或青铜色	鸡伤寒	突然死亡，较大鸡脾、肾红肿
	肿大、硬、大小不一的白色结节	马立克病	其他组织有肿瘤，神经肿大，法氏囊萎缩
		淋巴细胞白血病	脾、肾、法氏囊肿瘤，日龄大
	肿大，有坚硬、轮廓明显的小结节	结核病	极度消瘦，脾、肠有同样结节
	明显凹陷或溃疡	盲肠肝炎	盲肠增粗，内有干酪样物
	有坏死点	葡萄球菌病	突然死亡，关节炎，皮炎
	肿大褪色，有血泡及坏死	包涵体肝炎	年轻鸡群中发生，骨髓苍白，胸肌出血
	肿大，褪色，有星状坏死灶	弧菌性肝炎	肝严重坏死，被膜下出血，有血样囊泡
	表面有灰白色渗出物，且肝包膜增厚	大肠杆菌病	腹水及气囊炎
	苍白，土黄，变软，破裂	脂肪肝综合征	产蛋率低，可突然死亡，腹腔内有血液，过多脂肪

（续）

器官	主要表现	可能的疾病	其他有助于诊断的资料
嘴	嘴内有斑块	维生素A缺乏症	肾内和心、肝表面有尿酸盐
嗉囊	嗉囊变厚，有酸味，干酪样渗出	霉菌病	肠炎，产蛋率低
	有酸味，干酪样物及溃疡	毛滴虫病	口腔内小干酪样病灶，肝有硬的黄白色圆形或球形病灶
腺胃	胃壁肥厚，呈气球状	马立克病	内脏器官肿瘤，外周神经肿胀
	腺胃内充满血液	劣质鱼粉中毒	检查肌胃有明显出血
	腺胃黏膜乳头出血溃疡	新城疫	传播迅速，死亡率高，肠管特定部位出血，溃疡，脾有白色点状坏死
		禽流感	传播迅速，死亡率高，心、肾、脾出血，颜面肿胀，肉冠出血，坏死
肌胃	糜烂或出血	刚孵出的雏鸡滞食，鱼粉变质	腺胃有血液，有时口内流出黑色血
	出血、溃疡	新城疫	消化道其他部位出血、溃疡
	浆膜面有结节	马立克病	其他器官肿瘤
		鸡白痢	胃肠浆膜面有白痢结节，心肺有结节
小肠	小肠特定部位出血、溃疡	新城疫	腺胃乳头出血，盲肠扁桃体出血溃疡，呼吸道出血
	小肠内密集出血点，肠腔内有血液	急性小肠球虫病	严重感染时，小肠游离部前半部出血，刮取黏膜，可检出球虫卵囊
	小肠黏膜有密集小白点及红点	慢性小肠球虫病	小肠前半段增厚，灰白色，刮取黏膜镜检可检出球虫卵囊
	出血、溃疡	溃疡性肠炎	肝有坏死灶，盲肠溃疡
	十二指肠严重出血	急性霍乱	心外膜出血，肝有坏死灶
	浆膜面有白色隆起	雏白痢	主要见于2周～2月龄雏鸡，肝有坏死
		马立克病及白血病	2～8月龄鸡，其他器官均有肿瘤出现

（续）

器官	主要表现	可能的疾病	其他有助于诊断的资料
盲肠	盲肠显著出血	急性盲肠球虫病	盲肠内有暗红色血样内容物，有时凝固，黏膜刮取物镜检，可查到卵囊
	有灰白、黄白色内容物	盲肠肝炎	盲肠不规则肿大，内容物似白粉笔，肝有菊花样坏死灶
		鸡白痢	肠浆膜面、心脏有结节，肝有坏死灶
	黏膜面溃疡	溃疡性肠炎	小肠溃疡，肝有坏死灶
	盲肠扁桃体出血及溃疡	新城疫	消化道其他部位出血溃疡，呼吸道出血，有时不显独立的疾病，只表明免疫系统很活跃
直肠	黏膜面有密集的小点状出血	新城疫	其他肠段及腺胃出血
胰腺	有肿瘤	马立克病、白血病	其他器官有肿瘤
	有黄白色坏死灶	硒缺乏症	多见于雏鸡，皮下有胶冻样渗出液
心脏	包膜肥厚、浑浊，心包液增量	大肠杆菌病	肝周炎，腹膜炎
		支原体病	心包周围锁骨间气囊炎，各部气囊肥厚，有干酪样渗出物
		尿酸盐沉着	心脏、肝脏表面有微细尿酸盐颗粒，肾小管明显，输尿管增粗
	心冠脂肪点状出血	新城疫	消化道特定部位出血，溃疡，脾有白色小点
		禽霍乱	肝有小坏死灶，小肠前段出血
		禽流感	心肌有黄白色坏死条纹，面部水肿，鸡冠出血，坏死
	心表面有白色隆起	马立克病	其他内脏器官有肿瘤
		白血病	内脏器官肿瘤，法氏囊肿大
		雏鸡白痢	肝坏死，消化道浆膜面有隆起结节
	变形扩张	腹水症	心包、腹腔积液，心脏变形、变软，多发生于冬季

（续）

器官	主要表现	可能的疾病	其他有助于诊断的资料
肾脏	肾显著肿大	马立克病	2～5月龄多发，有明显白色肿瘤结节
		淋巴性白血病	5月龄以上多发，法氏囊亦肿大
	白色微细的结晶沉着	痛风	心、肝均有类似的白色结晶，输尿管肿胀，内有尿酸盐。中毒，维生素A缺乏及代谢障碍均可出现
		肾型传支	可根据流行病学呼吸道变化诊断
		传染性法氏囊病	常由脱水引起，在此病后期出现，且法氏囊肿胀、出血等
	明显出血	住白细胞原虫病	各种组织出血，特别是肺脏，常发生于夏季和秋季
卵巢	卵泡变性、变形、变色	鸡白痢	沙门氏菌在卵巢上增殖，引起卵泡变性、坏死、变形等
	卵巢水样半透明、肿大	鸡白痢、鸡副伤寒	沙门氏菌在卵巢上增殖，引起卵泡变性、坏死、变形等
	卵巢肿大，变硬	马立克病、淋巴性白血病	再看其他内脏器官有无肿瘤
	卵泡疏松、出血、破裂等	鸡霍乱	急性时卵泡血管模糊不清，且有心外膜出血，肝坏死，十二指肠出血
		新城疫	卵泡破裂，产蛋急剧减少，消化道特定部位出血、溃疡
输卵管	凝结、腐败、渗出物	大肠杆菌病	输卵管内腐败恶臭，伴有其他脏器炎症
	输卵管内有熟卵状物质	各种烈性传染病	各种烈性传染病的恢复期可出现此种变化
	输卵管内有囊泡	各种传染病	各种传染病恢复期，由于输卵管被分泌物堵塞而形成
	输卵管黏膜水肿	产蛋下降综合征	产蛋急剧减少，出现畸形蛋，其他器官很少有变化
小脑	出血，切面有坏死	脑软化症	初生2个月龄，20～40日龄多发，伴有神经症状
外周神经	肿胀	马立克病	左右脚和颈、翼不对称性麻痹，迷走神经、翼神经、管神经等肿胀变粗，有时内脏有肿瘤
		维生素 B_1 缺乏	雏鸡多为突发性，有观星状姿势，胃肠壁明显萎缩

（续）

器官	主要表现	可能的疾病	其他有助于诊断的资料
脾	肿大	马立克病	肝、肾、心、卵巢等有肿瘤
		白血病	肝、肾、心、卵巢等有肿瘤，法氏囊显著肿大
		结核病	肝、肠浆膜的结节
	有较大白色结节	马立克病	其他器官有肿瘤
		白血病	其他器官肿瘤，法氏囊肿大
		结核病	肝、肠浆膜有结节
	有微小白点	新城疫	胃、肠特定部位有出血及溃疡
		鸡白痢	泄殖腔有白色污粪，肠浆膜面有白色隆起，肝脏小坏死灶
法氏囊	肿大，周围有水肿	传染性法氏囊病	法氏囊肿大、出血，胸肌出血，肾有尿酸盐沉积，多发生于20～50日龄
	出血	传染性法氏囊病	见于20～50日龄雏鸡，肾不出血
		白血病	发生于夏季、秋初，各日龄鸡均易感，全身出血，特别是肺、肾
	显著肿大且有肿瘤	淋巴性白血病	发生于性成熟后，内脏器官有肿瘤
	萎缩	传染性法氏囊病后期	肌肉出血，肾有尿酸盐，多见于20～50日龄鸡
		马立克病	内脏器官有肿瘤，多见于2～4月龄鸡
胸腺	萎缩	马立克病	法氏囊萎缩，其他内脏器官有肿瘤
皮下	积有大量渗出液	葡萄球菌感染	皮肤脱毛，红肿，水肿液呈黄红或紫红色
		硒缺乏症	多发生于雏鸡，皮下有蓝绿色液体，胸肌可见出血
		绿脓杆菌病	多发生于雏鸡，卵黄吸收不良，头、颈部、胸部有渗出

（续）

器官	主要表现	可能的疾病	其他有助于诊断的资料
肌肉	发暗、干燥	脱水	剧烈腹泻或长期饮水不足，肾脏可能有尿酸盐沉着
	出血点或斑	传染性法氏囊病	法氏囊肿胀（萎缩）、出血和坏死，多发生于20～50日龄雏鸡
		住白细胞原虫病	发生于夏季、秋初，全身各处出血，特别是肺和肾
		磺胺药物中毒	皮肤、肌肉出血，消化道（腺胃、肌胃、小肠、盲肠）出血或溃疡，骨髓变粉红色或黄色，肝肿大、色淡
骨髓	褪色或有肿瘤	淋巴细胞白血病	骨髓由深红色变黄色白色，或有结节形成，内脏器官有肿瘤
		磺胺类药物中毒	骨髓变粉红色（轻症）或黄白色（重症），消化道及冠、皮下出血，肝变黄

5. 鸡病的实验室诊断 通过病因、病史调查，临床症状观察、病理剖检，加上科学的分析推断，对鸡病基本可以做出准确的判断。但对于一些疾病的确诊，却需要进行实验室检查诊断，尤其是一些烈性传染病的确诊，如禽流感和新城疫等，必须进行实验室检查诊断。常见鸡病的实验室诊断方法见表 7－14。

表 7－14 常见鸡病的实验室诊断方法

病 名	被检材料	诊断方法
传染性法氏囊病	法氏囊、脾脏	琼扩试验、中和试验
新城疫	脑和脾等实质器官、呼吸道分泌物	血凝及血凝抑制试验、中和试验
马立克病	肿瘤组织、白细胞、毛囊	琼扩试验
禽白血病肉瘤复合症	血浆和肿瘤组织	补体结合试验
传染性支气管炎	肺和气管	中和试验、琼扩试验
传染性喉气管炎	气管渗出物、气管、肺	包涵体检查、中和试验、琼扩试验
禽痘	痘病变部	包涵体检查、琼扩试验
禽流感	气管、肺、气囊、窦渗出物	血凝及血凝抑融试验、琼扩试验
禽脑脊髓炎	脑组织	中和试验

（续）

病　名	被检材料	诊断方法
病毒性关节炎	胫跗关节或胫股关节滑液、水肿的滑膜（腱鞘）	琼扩试验、中和试验、免疫荧光
减蛋综合征	输卵管黏液	血凝及血凝抑制试验、琼扩试验
包涵体肝炎	肝、肾等病变组织	琼扩试验、中和试验
传染性贫血	肝脏	红细胞压积测定、中和试验
禽霍乱	肝脏、脾脏	瑞氏染色、镜检、凝集反应
传染性鼻炎	窦腔拭子、气管和气囊拭子	生化试验、凝集试验
葡萄球菌病	皮下渗出液、肝、脾、关节肿胀部液体	镜检、生化试验、致病性试验
鸡白痢	肝脏、变性卵泡、血液或血清	全血平板凝集、生化试验、琼扩试验
鸡伤寒	肝脏、变性卵泡、血液或血清	全血平板凝集、生化试验、琼扩试验
大肠杆菌病	肝脏、心包囊、雏鸡卵黄囊、其他病变部位	生化试验、致病力试验、凝集试验
绿脓杆菌病	肝脏、脾脏、血液或气囊	生化试验、培养特性
结核病	肺、气囊	生化试验、变态反应
慢性滑膜炎	关节渗出液、肝或脾	凝集试验、琼扩试验
曲霉菌病	肺脏和气囊上的病灶	镜检、培养特性
禽念珠菌病	病变部拭子或刮屑、痰液、渗出物	镜检、培养特性
营养缺乏或过多	饲料	蛋白质测定、气相、液相色谱
球虫病	粪便、肠黏膜、病灶	镜检、卵囊计数
蠕虫病	粪便、血液	镜检、虫卵计数
中毒病	饲料、饮水	毒物检验

（三）蛋鸡免疫及主要疫苗简介

1. 无公害蛋鸡的免疫

（1）*无公害蛋鸡免疫的基本要求*　无公害蛋鸡的免疫必须严格执行 NY/T 5339—2006《无公害食品　畜禽饲养兽医防疫准则》。

表 7-15 无公害蛋鸡高效免疫的基本要求

项 目	主 要 内 容
环境条件	①饲养场环境卫生，大气环境应符合 NY/T 388 的要求 ②畜禽饮用水水质应符合 NY 5027 的要求 ③污水、污物处理后应符合国家环保要求 ④饲养场的选址应选择地势高燥、背风、向阳、水源充足、排水方便、无污染、排废方便、供电和交通方便的地方，远离铁路、公路、城镇、居民区和公共场所 500 米以上，离开屠宰场、畜产品加工厂、垃圾及污水处理场、风景旅游区 2 000 米以上 ⑤根据防疫需求，应在场内设有独立的隔离饲养区 ⑥畜禽饲养场应设有进行排泄物、污染物等无害化处理的设施 ⑦“自繁自养”的饲养场，种畜禽场、孵化场和商品畜禽场应相对独立，防止疫病传播
饲养管理	①坚持“全进全出”的原则，引进的畜禽应来自经县级以上的兽医行政管理部门核准合格的种畜禽场，并持有动物检疫合格证明 ②运输畜禽所用车辆和器具应彻底清洗消毒，并持有动物及产品运载工具消毒证明 ③新引进畜禽后，应进行隔离，确认健康后，方可进场饲养 ④禁止饲喂不清洁、发霉或变质饲料，不得使用泔水及含畜禽源性副产品的饲料 ⑤兽药使用应符合 NY/T 5030 的要求 ⑥畜禽饲养场应接受当地动物防疫监督机构的监督检查
免疫接种	①畜禽饲养场应根据《中华人民共和国动物防疫法》及其配套法规的要求，结合当地疫病流行的实际情况，制定免疫计划，有选择地进行疫病的预防接种工作 ②对国家兽医行政管理部门不同时期规定需强制免疫的疫病，疫苗的免疫密度应达到 100%，选用的疫苗应符合《中华人民共和国 兽用生物制品质量标准》，并注意选择科学的免疫程序和免疫方法
监测与无害化处理	①疫病监测应依照《中华人民共和国动物防疫法》及其配套法规，以及当地兽医行政管理部门有关要求，并结合当地疫病流行实际情况，制定疫病监测方案并实施，并应及时将监测结果报告当地兽医行政管理部门 ②根据国家规定和当地及周边地区疫病流行状况，选择高致病性禽流感、鸡新城疫、鸡马立克病、禽白血病、禽结核、鸡白痢、鸡伤寒等疫病进行常规监测

（续）

项　目	主　要　内　容
监测与无害化处理	③饲养场应接受并配合当地动物防疫监督机构进行定期或不定期的疫病监督抽查、普查、监测等工作 ④疫病扑灭与净化应根据监测结果，制定场内疫病控制计划，隔离并淘汰病鸡，逐步消灭疫病 ⑤饲养场发生疫病或怀疑发生疫病时，应依据《中华人民共和国动物防疫法》，立即向当地兽医行政管理部门报告疫情 ⑥确诊发生国家或地方政府规定应采取扑杀措施的疾病时，畜禽饲养场必须配合当地兽医行政管理部门，对发病畜禽群实施严格的隔离、扑杀措施 ⑦发生动物传染病时，畜禽饲养场应对发病畜禽群及饲养场所实施净化措施，对全场进行彻底的清洗消毒，病死或淘汰畜禽的尸体按 GB 16548 进行无害化处理，消毒按 GB/T 16569 进行

（2）免疫的功能　免疫是指机体对“自己”或“非己”的识别并排除非己的功能。免疫是机体的一种生理反应，当抗原性异物进入机体后，机体能识别“自己”或“非己”，并发生特异性的免疫应答，排除抗原性的非己物质，称为正免疫应答，或被诱导而处于对这种抗原性物质呈不活化状态，称为免疫耐受或负免疫应答。免疫的功能如图 7-2 所示。

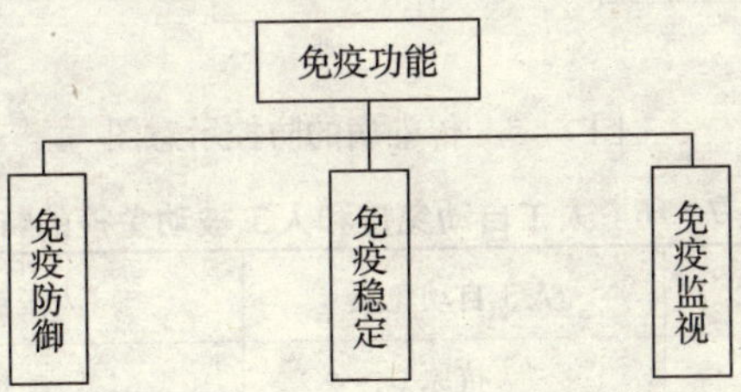

图 7-2　免疫的功能

传染病的防控是一项系统工程（图 7-3）。人工自动和被动免疫特点见表 7-16。

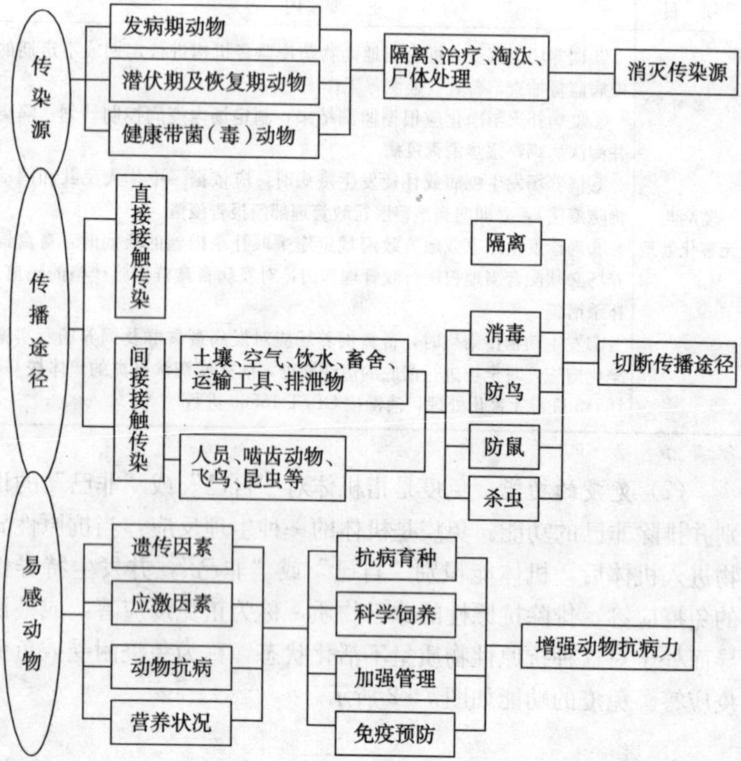

图 7-3　传染病的防控示意图

表 7-16　人工自动免疫和人工被动免疫的特点

项　目	人工自动免疫	人工被动免疫
接种物质	抗原	抗体
接种次数	1～3 次	1 次
生效时间	2～3 周	立即
维持时间	数月至数年	2～3 周
主要用途	预防	治疗和紧急预防

(3) 常用免疫接种的方法　鸡群免疫接种除要求免疫程序合理、疫苗质量合格、首免时间理想、剂量准确、饲养管理合理等条件外，免疫途径至关重要。免疫途径的选择应以能刺激机体产生良好的免疫应答为原则，应该注射的不能改为饮水，皮下注射的最好不肌肉注射。

表 7-17　常用免疫接种的方法

疫苗种类	免疫接种的方法
活疫苗	①饮水；②滴鼻；③点眼；④喷雾；⑤注射；⑥刺种法等。
灭活疫苗	注射

(4) 免疫失败　免疫失败的原因如图 7-4 所示。

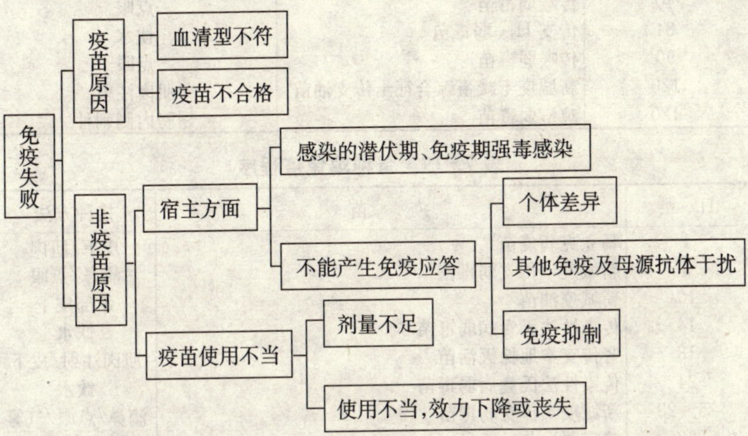

图 7-4　免疫失败的原因

(5) 无公害蛋鸡生产的免疫程序　免疫接种必须按照合理的免疫程序进行。一个地区、一个鸡场可能发生的传染病不止一种，而可以用来预防这些传染病的疫（菌）苗的性质又不尽相同，免疫期长短不一。因此，养鸡场往往需用多种疫（菌）苗预防不同疾病，更需要根据其免疫特性合理制订预防接种的次数和间隔时间，这就是所谓的免疫程序。目前国际上没有可供统一使用的疫（菌）苗免疫程序，养鸡场在生产实践中，应根据本鸡场具体情况制定科学合理的免疫程序。表 7－18 为商品蛋鸡免疫程序，表 7－19 是一种蛋种鸡免疫程序。

表 7－18　商品蛋鸡免疫程序

日　龄	疫　　苗	接种方法
1	马立克病疫苗	皮下/肌肉
5	新城疫＋传支弱毒苗	滴鼻/点眼
10	新城疫油苗	颈部皮下
14	传染性法氏囊病弱毒苗	饮水
18	肾传支本地株灭活苗	肌肉注射/皮下
24	传染性法氏囊病弱毒苗	饮水
25～28	新城疫＋传支弱毒苗	滴鼻/点眼/气雾
32	鸡痘弱毒苗	翅膀内侧刺种
40	传喉弱毒苗	点眼
84	传支 H_{120}弱毒苗	饮水
90	传喉弱毒苗	点眼
120	新城疫＋减蛋综合征＋传支油苗	肌肉注射
120	鸡痘弱毒苗	翅膀内侧刺种

表 7－19　蛋种鸡免疫程序

日　龄	疫　　苗	接种方法
1	马立克病疫苗	皮下/肌肉
5	新城疫＋传支弱毒菌	滴鼻/点眼
10	新城疫油苗	颈部皮下
14	传染性法氏囊病弱毒苗	饮水
18	肾传支本地株灭活苗	肌肉注射/皮下
24	传染性法氏囊病弱毒苗	饮水
15～28	新城疫＋传支弱毒苗	滴鼻/点眼/气雾
32	鸡痘弱毒苗	翅膀内侧刺种
40	传喉弱毒苗	点眼
84	传支 H_{120}弱毒苗	饮水
90	传喉弱毒苗	点眼
100	传染性脑脊髓炎弱毒苗	饮水
120	新城疫＋减蛋综合征＋传支＋传染性法氏囊病油苗	肌肉注射
120	鸡痘弱毒苗	翅膀内侧刺种
280	传染性法氏囊病油苗	肌肉注射

2. 无公害蛋鸡用主要疫苗简介　疫苗是病原微生物、寄生虫以及其组分或代谢产物制成的用于人工自动免疫的生物制品，

可以用来给动物接种，刺激机体产生免疫应答，抵抗特定病原微生物（或寄生虫）的感染，从而预防疾病。凡具有良好免疫原性的微生物，经繁殖和处理后制成的制品，接种动物后能产生相应免疫力或者能够预防疾病的一类生物制剂均称为疫苗，包括细菌性疫苗、病毒性疫苗以及寄生虫疫苗。

（1）*无公害蛋鸡常用疫苗的分类*　蛋鸡常用疫苗按照其性质、所含抗原的种类、来源、制备方式等分为许多种类，如图7-5所示。弱毒（活）疫苗与灭活疫苗的优缺点见表7-20。

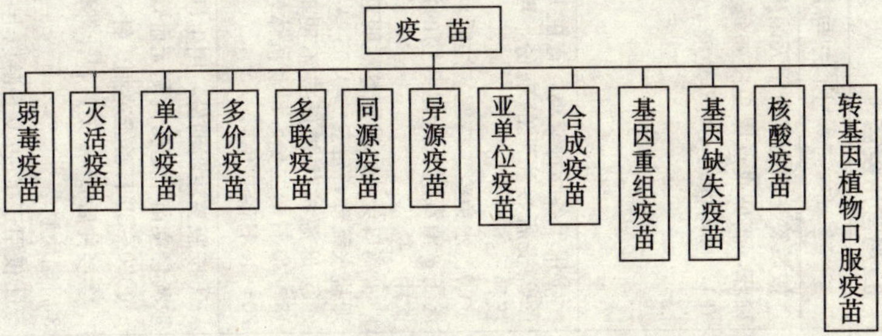

图7-5　无公害蛋鸡常用疫苗的分类

表7-20　弱毒（活）疫苗与灭活疫苗的优缺点

优　点	缺　点
弱毒（活）疫苗： ①用量小，接种次数少 ②引起坚强、持久的免疫力 ③导致局部免疫和全身免疫，体液免疫和细胞免疫 ④除注射外，经常可用自然感染途径，如经口、喷（滴）鼻等接种途径	弱毒（活）疫苗： ①毒力不稳时，可能返祖 ②毒株可能不纯，存在残余毒力 ③可能有其他病毒的污染 ④因病毒干扰现象，影响免疫力 ⑤高温季节较易失效
灭活疫苗： ①安全 ②稳定	灭活疫苗： ①需要大剂量接种或者应用浓缩抗原 ②常需强化接种，甚至反复接种 ③不能引起局部免疫——IgA，引起的细胞免疫作用弱 ④只能作皮下或肌肉注射

表 7-21 蛋鸡常用疫苗

产品名称	作用与用途	用法与用量	贮藏
鸡新城疫低毒力（RE株）活疫苗	用预防任何日龄鸡新城疫，与Ⅱ系和Ⅰ系比较，能一定程度减少母源抗体对免疫的干扰。无母源抗体的鸡，免疫期可保持3～4个月。受母源抗体干扰小，1～3日龄可首免，18～21日龄二免。RE株为新城疫弱毒，具有呼吸道和消化道双嗜性	按瓶签注明的羽份用灭菌生理盐水或适宜的稀释液稀释，滴鼻或点眼免疫，每只1～2滴（约0.05毫升），也可饮水或喷雾免疫	2～8℃保存，有效期为2年
鸡传染性法氏囊病（Hot株）活疫苗	用于预防由超强毒引起的鸡传染性法氏囊病。Hot株为鸡传染性法氏囊病残毒株，免疫原性好，突破母源抗体能力较中等毒力株更强，免疫效果更确实。在鸡传染性法氏囊病疫区和受威胁区，根据实际情况，首次免疫时间可稍作提前	①用于各品种雏鸡，宜在12日龄后使用 ②按瓶签注明的羽份，可采用饮水、滴口途径接种 ③饮水免疫。按瓶签注明羽份，将疫苗加入不含氯离子、消毒剂及其他药物的清洁水中充分溶解搅匀饮用 ④滴口免疫。按瓶签注明羽份，用适宜稀释液或生理盐水稀释，每只鸡0.05毫升 ⑤母源抗体较低或不明时，12～14日龄首免，18～20日龄二免。母源抗体较高时，14～16日首免，20～24日龄二免	2～8℃保存，有效期为1年半
鸡痘、鸡传染性喉气管炎二联基因工程活疫苗	用于预防鸡痘和鸡传染性喉气管炎	①按瓶签注明羽份，用生理盐水稀释，用刺种针蘸取稀释疫苗于翅膀内侧无血管处皮下刺种 ②20～30日龄雏鸡刺1针，1月龄以上鸡刺2针 ③接种后3～4天，刺针部位出现红肿、结痂，2～3周痂块脱落 ④仅用于接种20日龄以上的健康鸡	2～8℃保存，有效期为1年半

（续）

产品名称	作用与用途	用法与用量	贮藏
鸡新城疫（RE株）、鸡传染性支气管炎（H_{120}）肾型传染性支气管炎（IBn）二联三价活疫苗	用于预防鸡新城疫、呼吸型及肾型传染性支气管炎，适用于各种日龄的鸡	①按瓶签标明羽份用生理盐水或稀释液稀释疫苗 ②点眼或滴鼻免疫。每只鸡点眼、滴鼻1滴（约0.05毫升） ③饮水免疫。饮水量根据鸡龄大小而定，一般5～10日龄每只5～10毫升；20～30日龄每只10～20毫升；成鸡每只20～30毫升	2～8℃保存，有效期为1年半
鸡毒支原体活疫苗（F_{36}株）	用于预防鸡毒支原体引起的慢性呼吸道病	①采用点眼免疫。按标签注明羽份，用生理盐水或其他稀释液稀释疫苗，用滴管吸取疫苗，每只鸡点眼1滴（约0.03毫升） ②用于接种各种日龄健康鸡，最早可在8～60日龄接种效果最佳。对鸡毒支原体发病鸡群也有明显的缓解作用 ③不要同新城疫、传染性支气管炎弱毒苗一起使用，两者使用应间隔5天左右。但可和死苗一起接种 ④免疫前2～3天、接种后至少5天应停用除青霉素以外的各种用于治疗鸡毒支原体的药物	2～8℃保存，有效期为1年
禽脑脊髓炎油乳剂灭活疫苗	用于接种16～18周龄种鸡和蛋鸡。种鸡接种后能通过母源抗体使子代获得被动免疫力。免疫产生期为14天。种鸡和蛋鸡的免疫持续期为1年；子代通过母源抗体获得被动保护的免疫持续期为28天。也可用于无母源抗体的2日龄以上雏鸡主动免疫接种，免疫期为6个月	颈部后1/3处皮下或胸部浅层肌肉注射。1月龄以内鸡0.25毫升/只，1月龄以上鸡0.5毫升/只	在2～8℃下避光保存，严禁冻结

（续）

产品名称	作用与用途	用法与用量	贮藏
鸡新城疫、禽流感（H_9亚型）二联灭活疫苗	用于预防鸡新城疫和H_9亚型禽流感。不健康鸡群及表面健康但处于禽流感潜伏期的鸡群不宜使用本品	颈部后1/3处皮下或胸部浅层肌肉注射。20日龄以内鸡0.3毫升/只，20日龄以上鸡0.5毫升/只	在2～8℃下避光保存，严禁冻结
鸡新城疫、病毒性关节炎二联灭活疫苗	用于预防鸡新城疫和病毒性关节炎	颈部皮下注射。20日龄以内雏鸡0.2毫升/只，免疫期3个月；20日龄以上鸡0.5毫升/只，免疫期6个月；种鸡开产前接种0.5毫升/只，免疫期4个月，其子代的被动免疫期为14天	在2～8℃下避光保存，严禁冻结
禽流感H_5、H_9亚型二价灭活疫苗	用于预防H_5和H_9亚型禽流感病毒引起的禽流感。接种后14天产生免疫力	肌肉或颈部皮下注射。7～21日龄鸡，每只0.3毫升，免疫期为2个月；21日龄以上鸡，每只0.5毫升，免疫期为4个月	在2～8℃下避光保存，严禁冻结。有效期1年
禽流感灭活疫苗（H_5亚型，N_{28}株）	用于预防H_5亚型禽流感病毒引起的禽流感。接种后14天产生免疫力，免疫期为4个月。屠宰前28天内禁止使用	颈部皮下或胸部肌肉注射。2～5周龄鸡，每只0.3毫升；5周龄以上鸡，每只0.5毫升	2～8℃下避光保存，严禁冻结。有效期1年
禽流感（H_9亚型）灭活疫苗	用于预防H_9亚型禽流感	颈部后1/3处皮下或胸部浅层肌肉注射。20日龄以内鸡0.3毫升/只，20日龄以上鸡0.5毫升/只	在2～8℃下避光保存，严禁冻结

（续）

产品名称	作用与用途	用法与用量	贮藏
鸡新城疫中等毒力（Ⅰ系）活疫苗	预防鸡新城疫。用于经鸡新城疫低毒力疫苗免疫过的2月龄以上的健康鸡，3～4天产生免疫力，免疫持续期为1年	按瓶签注明羽份，用灭菌生理盐水或适宜的稀释液稀释。每只鸡皮下或肌肉注射1毫升或点眼0.05～0.1毫升，也可刺种和饮水免疫	−15℃以下，不超过2年；2～8℃，不超过6个月；10～15℃，不超过3个月；25～30℃，不超过10天
鸡新城疫低毒力（Ⅱ、F、lasota系，克隆 C_{30}）活疫苗	预防鸡新城疫。健康鸡7～9天产生免疫力，免疫持续期根据免疫状态而定	按瓶签注明羽份，用生理盐水或适宜的稀释液稀释。每只鸡滴鼻或点眼0.05毫升；也可饮水或喷雾免疫，剂量加倍	同上
鸡传染性支气管炎 H_{120} 活疫苗	预防鸡传染性支气管炎。用于初生雏鸡，5～8天产生免疫力，免疫持续期为2个月	按瓶签注明羽份，用生理盐水、蒸馏水或水质良好的冷开水做适当稀释。每只鸡滴鼻0.03毫升；也可饮水免疫，饮用水量根据鸡龄大小而定	在−15℃以下，保存期为1年；0～4℃，保存期为6个月
鸡传染性支气管炎 H_{52} 活疫苗	预防鸡传染性支气管炎。用于经鸡传染性支气管炎（H_{120}）活疫苗免疫的1月龄以上的鸡，5～8天产生免疫力，免疫持续期为6个月	按瓶签注明羽份，用生理盐水、蒸馏水或冷开水适当稀释。每只鸡滴鼻0.03毫升；也可饮水免疫，饮用水量根据鸡龄大小而定	在−15℃以下，保存期为1年；在0～4℃，保存期为6个月

（续）

产品名称	作用与用途	用法与用量	贮藏
鸡传染性肾型支气管炎（W）活疫苗	预防鸡传染性肾型支气管炎。用于各种日龄健康鸡，5～8天产生免疫力，首次免疫后免疫持续期为4个月；二次免疫后免疫持续期为6个月	按瓶签注明羽份，用生理盐水、蒸馏水或冷开水稀释。每只鸡滴鼻0.03毫升；也可饮水免疫，饮用水量根据鸡龄大小而定。雏鸡首次免疫后至1～2月龄时，需进行加强免疫	在－15℃以下，保存期为1年；在0～4℃，保存期为6个月
鸡传染性支气管炎（H_{120}、W）二价活疫苗	预防鸡传染性支气管炎。用于初生雏鸡，5～8天产生免疫力，免疫持续期为2个月	按瓶签注明羽份，用生理盐水、蒸馏水或水质良好的冷开水稀释。每只鸡滴鼻0.03毫升；也可饮水免疫，饮用水量根据鸡龄大小而定	在－15℃以下，保存期为1年；在0～4℃，保存期为6个月
鸡传染性支气管炎（H_{52}、W）二价活疫苗	预防鸡传染性支气管炎。用于经鸡传染性支气管炎（H_{120}、W）二价活疫苗免疫过的1月龄以上的鸡，5～8天产生免疫力，免疫持续期为6个月	同上	在－15℃下，保存期为1年；在0～4℃，保存期为6个月
鸡新城疫（la-sota、鸡传染性支气管炎（H_{120}）二联活疫苗	预防鸡新城疫、鸡传染性支气管炎。用于7日龄以上鸡	按瓶签注明羽份，用生理盐水、蒸馏水或水质良好的冷开水稀释。每只鸡滴鼻0.03毫升；也可饮水免疫，剂量加倍，饮用水量根据鸡龄大小而定	在－15℃以下，不超过1年；在0～4℃，不超过6个月

（续）

产品名称	作用与用途	用法与用量	贮藏
鸡新城疫(HB_1)鸡传染性支气管炎(H_{120})二联活疫苗	预防鸡新城疫、鸡传染性支气管炎。用于1日龄以上鸡	同上	在－15℃以下，不超过1年；在0～4℃，不超过6个月
鸡新城疫（la-sota）、鸡传染性支气管炎(H_{52})二联活疫苗	预防鸡新城疫、鸡传染性支气管炎。用于21日龄以上的鸡	同上	在－15℃以下，不超过1年；在0～4℃，不超过6个月
鸡传染性法氏囊病中等毒力(B_{87})活疫苗	预防鸡传染性法氏囊病。用于有母源抗体的雏鸡，首免日龄根据母源抗体阳性率而定	按瓶签注明羽份，用生理盐水、蒸馏水或水质良好的冷开水稀释。每只鸡滴鼻0.05毫升或注射0.2毫升；也可饮水免疫，剂量加倍，饮用水（加0.1%～0.2%脱脂奶粉）量根据鸡龄大小而定。首次免疫后7～14天，需再次加强免疫	在－15℃以下，保存1年；在4℃保存30天；在22～25℃保存7天
鸡传染性法氏囊病（Ⅰ型标准株B_{87}、变异株E_3）二价活疫苗	预防鸡传染性法氏囊病。用于有母源抗体的雏鸡。首免适龄根据母源抗体阳性率而定	同上	在－15℃以下，保存1年；在4℃保存30天；在22～25℃保存7天

（续）

产品名称	作用与用途	用法与用量	贮藏
鸡新城疫（la-sota）、鸡传染性法氏囊病中等毒力（B_{87}株）二联活疫苗	预防鸡新城疫和鸡传染性法氏囊病。蛋鸡2～20周龄雏鸡	按瓶签注明羽份，用生理盐水稀释，每羽滴鼻0.05毫升（约2滴）；饮水免疫，按瓶签注明的羽份用生理盐水、蒸馏水或冷开水溶解并稀释。蛋用雏鸡2～4周龄1毫升，5～8周龄2毫升，11～13周龄3毫升，14～16周龄4毫升，18～20周龄5毫升	－15℃保存18个月；0～4℃不超过8个月
鸡马立克病火鸡疱疹病毒（Fe_{126}株）活疫苗	预防鸡马立克病。用于1日龄雏鸡	按瓶签注明羽份，用鸡马立克氏病疫苗稀释液（SPG）适当稀释。每只鸡皮下或肌肉注射0.2毫升	在－15℃以下，保存期为1年；在2～8℃，保存期为6个月
鸡痘（鹌鹑系）活疫苗	预防鸡痘。用于6日龄以上鸡。免疫持续期初生雏鸡为2个月，成鸡为5个月。后备种鸡可于雏鸡免疫后60天再免疫一次	按瓶签注明羽份，用生理盐水稀释。在翅膀内侧无血管处皮下刺种。20～30日龄的鸡，每只刺一针；1月龄以上的鸡，每只刺二针；6～20日龄的鸡，用稀释1倍的疫苗刺1针	在－15℃以下，保存期为18个月；在0～4℃，保存期为12个月；在25℃，保存期为1个月
鸡传染性喉气管炎（K_{317}株）活疫苗	预防鸡传染性喉气管炎。用于5周龄以上的鸡	按瓶签注明羽份，用生理盐水做适当稀释。每只鸡点眼和滴鼻0.1毫升	

（续）

产品名称	作用与用途	用法与用量	贮藏
鸡新城疫（lasota）油乳剂灭活疫苗	预防鸡新城疫。用于2周龄以内的鸡，免疫期可达120天；用于2月龄以上鸡，免疫期可达10个月；经新城疫弱毒活疫苗免疫过的母鸡，在开产前注射本苗后，可保持整个产蛋期	2周龄以内的鸡，每只鸡颈部皮下注射0.2毫升，同时以lasota或Ⅱ系弱毒活疫苗按瓶签注明羽份稀释滴鼻或点眼，2月龄以上鸡注射0.5毫升	在4℃保存，有效期为1年；在20℃保存，有效期为6个月
鸡产蛋下降综合征（EDS_{76}）油乳剂灭活疫苗	预防鸡EDS_{76}。用于开产前母鸡	每只鸡皮下或肌肉注射0.5毫升	4～10℃避光保存（避免结冻），有效期为1年
鸡新城疫（lasota）、EDS_{76}二联油乳剂灭活疫苗	预防鸡新城疫和鸡EDS_{76}。用于开产前母鸡	每只鸡皮下或肌肉注射0.5毫升	
禽巴氏杆菌病（G_{190} E_{40}）活疫苗	预防禽巴氏杆菌病。用于3月龄以上鸡。免疫期为105天	按瓶签注明羽份，用20%铝胶生理盐水做适当稀释。每只鸡注射0.5毫升含2000万活菌（即1羽份）	在2～8℃保存，有效期为1年
鸡大肠杆菌多价蜂胶佐剂灭活疫苗	预防鸡大肠杆菌病。用于各种日龄鸡，免疫持续期为6个月	每只鸡颈背皮下注射0.5毫升	在4℃保存，有效期为18个月；在常温保存，有效期为4个月（需避光）
鸡马立克病疫苗稀释液（SPG）	稀释鸡马立克病疫苗	肌肉或皮下注射，每只鸡0.2毫升	常温保存

（续）

产品名称	作用与用途	用法与用量	贮藏
鸡马立克病疫苗免疫增强剂	促进细胞免疫	按瓶签注明加入鸡马立克疫苗稀释液（SPG）中，同时注射	－15℃保存二年，2～8℃保存1年
20%铝胶生理盐水	稀释禽巴氏杆菌病活疫苗	鸡每只注射0.5毫升	在4～10℃保存（避免结冻），有效期2年
鸡球虫病三价活疫苗（DIV疫苗），附免疫激活剂	用于鸡球虫病的免疫预防	拌料免疫：DIV疫苗需两次口服免疫。免疫日龄及次数：蛋鸡、种鸡第一次3日龄，第二次10日龄。免疫激活剂每次取二分之一量使用 ①按鸡只数计算采食量，按每千克饲料添加200毫升计算水量，计算所需用水量 ②将DIV疫苗先倒入水中，再将免疫激活剂倒入混合液中，然后将混合液搅拌数分钟后边摇边加入饲料中，使混合液与饲料充分混匀。湿度以手捏不出水、放手即松散为宜 ③一般用料量蛋鸡每千只首免1.2千克，二免2.5千克（可根据品种等增减）。用水量为料量的1/5左右 ④将拌有该疫苗和免疫激活剂的饲料均匀放置于一块或多块大塑料膜上，饲喂前应使鸡只断食2～3小时，争取在1～1.5小时内服完，且应保证没只鸡均有足够的采食机会 ⑤拌料必须均匀，并严格掌握食料的数量及湿度。 ⑥使用疫苗期间停止服用一切抗球虫药物，第二次用苗一周后可服用药物 ⑦服苗后部分鸡出现少量血便，属正常现象，较重时连用两天预防量抗球虫药	通常4℃左右冷藏保存，9个月内有效。夏、秋常温下3个月内有效。疫苗不可冻结

(2) 无公害蛋鸡常用疫苗　蛋鸡生产中需要使用的疫苗种类很多，不同地区、不同鸡场，可根据本地和本场鸡病发生与流行的具体情况，选择合适的疫苗进行免疫预防接种。鸡的常用疫苗见表 7－21。

(3) 无公害蛋鸡免疫时的需水量　无公害蛋鸡免疫时的需水量是指疫苗稀释时的需水量和饮水免疫时的需水量，对于保证免疫效果具有重要意义。疫苗稀释时的需水量见表 7－22，饮水免疫时不同日龄鸡的饮水量见表 7－23。

表 7－22　疫苗稀释时的需水量（毫升）

用苗方法	鸡数（只）	鸡龄			
		1 周	2～4 周	5～10 周	10 周以上
皮下或肌肉	1 000	200	200	200～500	200～500
滴鼻或滴眼	1 000	25～30	25～30	25～30	25～30
浸喙	1 000	250	—	—	—
饮水	1 000	5 000	10 000	20 000	40 000
喷雾	1 000	300	500	1 000	2 000

表 7－23　饮水免疫时不同日龄鸡的饮水量

鸡的日龄	饮水量（毫升/羽）
5～15	5～10
16～30	10～20
31～60	20～30
61～120	30～40
120 日龄以上	40～45

二、常用兽药使用安全

兽药是指用于预防、治疗、诊断动物疾病或者有目的地调节动物生理机能的物质（含药物饲料添加剂）。主要包括血清制品、疫苗、诊断制品、微生态制品、中药材、中成药、化学药品、抗生素、生化药品、放射性药品、外用杀虫剂、消毒剂。

表 7-24　兽药的作用

类　别	作　　用
有益作用	①调节鸡的生理机能，促进新陈代谢，改善消化吸收，增强抗病能力，预防疾病 ②直接杀灭或抑制病原体，治疗疾病 ③提高饲料报酬，促进动物生长
有害作用	①副作用 ②毒性作用 ③过敏反应 ④继发感染 ⑤药物残留

（一）常用兽药简介

兽药按其作用可以分为抗微生物药物、抗寄生虫药物、消毒防腐药物、营养类药物以及药物添加剂等。

1. 抗微生物类药物　养鸡生产中常用的抗微生物药物见表 7-25，常用的复方抗微生物药物见表 7-26，常用抗生素的主要理化性质见表 7-27。

表 7-25　鸡的常用抗微生物药物

药　名	用　途	用 法 与 用 量
青霉素 G	葡萄球菌病、链球菌病、坏死性肠炎、禽霍乱、李氏杆菌病、丹毒病及各种并发或继发感染	肌肉或皮下注射：雏鸡 2 000～5 000单位/只，成鸡 5 000～10 000 单位/只，每天 2～3 次 饮水：雏鸡 2 000～5 000 单位/只，成鸡 5 000～10 000 单位/只，每天 2～3 次，或每千克水中加药50 000～100 000 单位
链霉素	禽霍乱、传染性鼻炎、白痢、伤寒、副伤寒、大肠杆菌病、溃疡性肠炎、慢性呼吸道病、弧菌性肝炎	肌肉或皮下注射：雏鸡 5 000 单位/只，成鸡 10 000～20 000 单位/只，每天 2～3 次 饮水：雏鸡 5000 单位/只，成鸡 10 000～20 000 单位/只，每天 2～3 次，或每千克水中加药 8 000～10 000 单位。 气雾：每立方米 20 万单位，雏鸡 30～40 分钟

（续）

药　名	用　途	用 法 与 用 量
庆大霉素	大肠杆菌病、鸡白痢，伤寒、副伤寒、葡萄球菌病、慢性呼吸道病、绿脓杆菌病	皮下或肌肉注射：3 000～5 000单位/只，每天1次；混饮：3 000～5 000单位/只，每天1次，连续3～5天
卡那霉素	大肠杆菌病、鸡白痢、伤寒、副伤寒、霍乱、坏死性肠炎、慢性呼吸道病	肌肉或皮下注射：10～15毫克/千克体重，每天2次 混饲：400～500毫克/千克饲料；混饮：250～350毫克/升
新霉素	大肠杆菌病、鸡白痢、伤寒、副伤寒、肠杆菌科细菌引起的呼吸道感染	混饲：70～140毫克/千克饲料 混饮：40～80毫克/升 气雾：1克/米^3，吸入1小时
四环素 金霉素 土霉素	鸡白痢、伤寒、副伤寒、禽霍乱、鸡传染性鼻炎、传染性滑膜炎、慢性呼吸道病、葡萄球菌病、链球菌病、大肠杆菌病、李氏杆菌病、溃疡性肠炎、坏疽性皮炎、球虫病	肌肉或皮下注射：10～25毫克/千克体重，每天2次 混饲：治疗量200～600毫克/千克饲料；预防量100～300毫克/千克饲料 混饮：治疗量150～400毫克/升；预防量80～200毫克/升
强力霉素	鸡白痢、伤寒、副伤寒、禽霍乱、鸡传染性鼻炎、传染性滑膜炎、慢性呼吸道病、葡萄球菌病、链球菌病、大肠杆菌病、李氏杆菌病、溃疡性肠炎、坏疽性皮炎、球虫病	注射：20毫克/千克重，每天1次 混饲：100～200毫克/千克饲料；混饮：60～120毫克/升
红霉素	慢性呼吸道病、传染性滑膜炎、传染性鼻炎、葡萄球菌病、链球菌病、弧菌性肝炎、坏死性肠炎、丹毒病。	肌肉或皮下注射：4～8毫克/千克体重，每天2次 内服：7.5～10毫克/千克体重，每天2次 混饲：180～220毫克/千克饲料 混饮：105～130毫克/升
泰乐菌素	慢性呼吸道病、传染性关节炎、坏死性肠炎、坏疽性皮炎，促进生长，提高饲料报酬	肌肉或皮下注射：25毫克/千克体重，每天1次 内服：25～50毫克/千克体重，每天1次 混饲：250～500毫克/千克饲料 混饮：140～300毫克/升 促生长添加剂量：5～10毫克/千克饲料

（续）

药 名	用 途	用 法 与 用 量
北里霉素	慢性呼吸道病，促进生长，提高饲料报酬	肌肉或皮下注射：25～50 毫克/千克体重，每天 1 次 混饲：500 毫克/千克饲料，连用 5 天 混饮：300 毫克/升，连用 5 天 促生长饲料添加量：5.5～11 毫克/千克饲料
支原净	慢性呼吸道病、传染性滑膜炎、气囊炎、葡萄球菌病	肌肉或皮下注射：25 毫克/千克体重，每天 1 次 混饲：治疗量为 335 毫克/千克饲料，预防量减半 混饮：治疗量为 250 毫克/升，预防量减半
新生霉素	葡萄球菌病、禽霍乱、溃疡性肠炎、坏死性肠炎	内服：15～25 毫克/千克体重，每天 1～2 次 混饲：260～350 毫克/千克饲料，连用 5～7 天 混饮：130～210 毫克/升，连用5～7天
林可霉素	慢性呼吸道病、葡萄球菌病、坏死性肠炎	内服或皮下注射：10～20 毫克/千克体重，每天 1 次，口服 15～20 毫克/千克体重，每天 1 次 混饲：300～400 毫克/千克饲料 混饮：130～240 毫克/升 促生长饲料添加剂量：2～4 毫克/千克饲料
制霉菌素	曲霉菌病、念珠菌病、鸡冠癣	内服：10～15 毫克/千克体重 混饲：100～130 毫克/千克饲料，连用 7～10 天 气雾：50 万单位/米^3，吸入 30～40 分钟 预防混饲：50～65 毫克/千克饲料，每月喂 1 周
磺胺二甲嘧啶 磺胺异噁唑	禽霍乱、白痢、伤寒、副伤寒、传染性鼻炎、大肠杆菌病、葡萄球菌病、链球菌病、李氏杆菌病、球虫病	0.01～0.13 克/千克体重，每天2～3 次，首次量加倍 混饲：0.5%～1%，连用 3～4 天

（续）

药 名	用 途	用 法 与 用 量
磺胺嘧啶	禽霍乱、白痢、伤寒、副伤寒、大肠杆菌病、李氏杆菌病、卡氏白细胞原虫病	0.01～0.13 克/千克体重，每天2～3次，首次量加倍 混饲：0.5%～1%，连用 3～4 天
磺胺喹噁啉	禽霍乱、白痢、伤寒、大肠杆菌病、卡氏白细胞原虫病、球虫病等	内服：0.05～0.15 克/千克体重，每天 2 次，首次量加倍 肌肉或皮下注射：0.05～0.15 克/千克体重，每天 2 次，首次量加倍 混饲：0.1%～0.3% 混饮：0.05%～0.15%
磺胺甲基异噁唑	禽霍乱、慢性呼吸道病、葡萄球菌病、链球菌病、鸡白痢、伤寒、副伤寒、大肠杆菌病	
磺胺-5-甲氧嘧啶	禽霍乱、慢性呼吸道病、鸡白痢、鸡伤寒、副伤寒、球虫病	
磺胺-6-甲氧嘧啶	大肠杆菌病、白痢、伤寒、副伤寒、球虫病	
磺胺-2，6-二甲氧嘧啶磺胺邻二甲氧嘧啶	禽霍乱、传染性鼻炎、卡氏白细胞原虫病、球虫病、链球菌病、葡萄球菌病、轻症的呼吸道消化道感染	内服：0.05～0.15 克/千克体重，每天 1 次，首次量加倍 皮下或肌肉注射：0.05～0.15 克/千克体重，每天 1 次 混饲：0.05%～1% 混饮：0.03%～0.06%
三甲氧苄胺嘧啶	链球菌病、葡萄球菌病、大肠杆菌病、白痢、伤寒、副伤寒、坏死性肠炎，多与磺胺药配成复方制剂	肌肉或皮下注射：20～25 毫克/千克体重，每天 2 次 口服：10 毫克/千克体重，每天 2 次 混饲：200 毫克/千克饲料
二甲氧苄胺嘧啶（敌菌净）复方敌菌净（包括 DVD+SMD）	大肠杆菌病、白痢、伤寒、副伤寒等	口服：10 毫克/千克体重，每天 2 次 混饲：200～300 毫克/千克饲料；口服：20～25 毫克/千克体重 混饲：200～500 毫克/千克饲料

（续）

药　名	用　途	用法与用量
氟哌酸	禽霍乱、鸡白痢、伤寒、副伤寒、葡萄球菌病、链球菌病、大肠杆菌病	混饲：50～100毫克/千克饲料
增效磺胺药（包括TMP、SMZ、SMD、SMM、SQ、SMP、SDM等）	禽霍乱、伤寒、白痢、葡萄球菌病、李氏杆菌病、链球菌病、丹毒、大肠杆菌病、球虫病、卡氏白细胞原虫病	肌肉或皮下注射：20～25毫克/千克体重，每天1～2次 口服：20～25毫克/千克体重，每天1～2次 混饲：200～500毫克/千克饲料

表7-26　养鸡常用的复方抗微生物药物

药　名	主要成分	用　途	用法与用量
复方泰乐菌素（泰乐加）	酒石酸泰乐菌素、硫氰酸红霉素、呋喃唑酮、维生素A、维生素D_3、维生素E	大肠杆菌病、鸡白痢、伤寒、副伤寒、慢性呼吸道病及其他呼吸道感染、鼻炎	治疗量：饮水0.2% 预防量：饮水0.1%
新得米先	土霉素、新霉素、维生素A、维生素D_3、维生素K、维生素B_2、维生素E、维生素B_{12}、泛酸、烟酰胺	鸡白痢、鸡伤寒、副伤寒、禽霍乱、鸡传染性鼻炎、慢性呼吸道病、大肠杆菌病、葡萄球菌病、链球菌病、溃疡性肠炎、坏疽性皮炎、球虫病，促进生长，缓解应激	预防量：每千克饮水中加入本品0.9～1.8克，连续用药5～7天
地灵霉素合剂	土霉素、盐酸苯松宁	鸡白痢、鸡伤寒、副伤寒、禽霍乱、鸡传染性鼻炎、慢性呼吸道病、大肠杆菌病、葡萄球菌病、链球菌病、溃疡性肠炎、坏疽性皮炎、球虫病	混饮：预防量为每千克饮水加入本品0.625～2.5克，治疗量加倍
威霸先	含强力霉素1.25%的饲料预混剂	慢性呼吸道病、传染性滑液囊炎、大肠杆菌病、禽霍乱、沙门氏菌病、葡萄球菌病	

（续）

药 名	主要成分	用 途	用法与用量
竹桃-四环素	四环素、磷酸竹桃霉素	葡萄球菌病、链球菌病、慢性呼吸道病、关节炎，雏鸡的促生长添加剂	治疗量：混饲 200～400 毫克/千克饲料 促生长添加量：3 毫克/千克饲料
万能肥素	杆菌肽锌、维生素E	葡萄球菌病、链球菌病、坏疽性皮炎、溃疡性畅炎、其他非特异性肠炎，促生长添加剂	治疗量：混饲每千克饲料加入本品 5 克；混饮每千克加入本品 3 克 预防量减半
施得福	磺胺-5-甲氧嘧啶、三甲氧苄胺嘧啶、二甲硝基咪唑	禽霍乱、大肠杆菌病、白痢、伤寒、副伤寒、葡萄球菌病、坏死性皮炎、溃疡性肠炎、呼吸道继发感染、球虫病、盲肠肝炎	治疗量：混饲每千克饲料加入本品 5 克；混饮每千克饮水加入本品 3 克 预防量减半

表 7-27 常用抗生素的主要理化性质

抗生素	溶解度及稳定性	保 存 期
青霉素	易溶于水，在水溶液中较稳定，尤以 pH6～6.5 的磷酸盐缓冲液中最稳定	4℃保存 2～3 周；－10℃可延长 1 倍时间
链霉素	易溶于水，水溶液中较稳定	4℃保存 2 周
盐酸四环素	易溶于水，溶解度 132 毫克/毫升，pH6. 3 缓冲液中溶解 1 000 微克/毫升	4℃有效期 2 周
盐酸金霉素	易溶于水，溶解度 0.5～0.6 毫克/毫升，pH2～5 之间较稳定，高浓度 pH12～2.9 范围更稳定	4℃有效期 60 天
氯化四环素和氧化四环素	溶于水，酸性溶液较稳定	4℃有效期 6 周
新霉素	易溶于水	4℃，1 年
卡那霉素硫酸盐	溶于水，溶解度 250 毫克/毫升，pH2～9 的范围稳定 pH3～5 的溶液中最稳定	4℃，有效期半年

（续）

抗生素	溶解度及稳定性	保 存 期
多黏菌素	易溶于甲醇、乙醇，也能溶于水，在酸性环境中稳定	4℃，1周
杆菌肽	易溶于有机溶媒中，水中溶解度仅为2毫克/毫升。pH7最稳定	4℃，1周
红霉素	易溶于0.1摩尔/升氢氧化钠溶液，在乙醇、乙醚中溶解度1%，耐热。蛋白胨、血清成分能阻止其抑制作用	4℃，2月

2. 常用抗球虫药物 鸡球虫病是一种常见的急性流行性原虫病，分布广，发生普遍，对雏鸡危害最大。养鸡常用抗球虫药物见表7-28。

表7-28 养鸡常用抗球虫药物

药 名	作用机制	抗球虫谱	剂量和用法	宰前停药期	备 注
二硝基甲苯酰胺（球痢灵）、二硝苯酰胺	控制球虫的第二代裂殖体，作用峰期为感染后第三天	除堆型和巨型艾美耳球虫外，对其余7种均敏感	0.012 5%连续混饲；0.05%混饲，连用10天，停2天后再用10天	5天	使用本药不影响雏鸡产生对球虫病的免疫力
尼卡巴嗪（球虫净）	杀死第一代或第二代裂殖体，作用峰期为感染后第四天	对堆型、毒害、布氏、柔嫩、巨型艾美耳球虫均有效	0.012 5%连续混饲	4天	不影响雏鸡产生免疫力，产蛋鸡禁浓度稍高时使用，以免引起死亡率升高
氨丙啉	抑制球虫吸收维生素B_3，抑制第一代裂殖体，作用峰期为感染后第三天	对柔嫩、堆型艾美耳球虫作用强，对毒害、布氏和巨型艾美耳球虫作用较弱	0.012 5%～0.025%混饲；0.06%～0.024%混饮	0	常与乙氧酰胺苯甲酯、磺胺喹噁啉组成复方制剂

（续）

药　名	作用机制	抗球虫谱	剂量和用法	宰前停药期	备　注
氯羟吡啶（克球多、可爱丹、广虫灵等）	抑制球虫的能量代谢，作用于子孢子和第一代裂殖体，作用峰期感染后第二天	对鸡9种球虫均有效	0.012 5%～0.025%混入饲料中连续饲喂，治疗量加倍	0.01205%，停药期10天；0.025%，停药期5天	与苄氧喹甲酯合用，效果更好
氯苯胍（罗本尼丁）	对第一代、第二代裂殖体、配子体、卵囊均有效，作用峰期为感染后第二三天	急、慢均有效	0.003 3%连续混饲；治疗浓度加倍，连用3～7天后改用预防量	5天	产蛋鸡禁用。我国各地均有抗药虫株
丁喹酸酯	抑制球虫能量代谢，抑制第一代孢子体，感染后第一天为作用峰期		预防量：0.005 25%连续混饲 0.002%连续混饲 治疗量加倍，连用1周后用预防量控制	0	丁喹酸酯效力较丁喹酸强10倍，球虫易产生抗药性
常山酮（速丹、海乐福精）	作用于第一二代裂殖体	各种球虫	预防量：0.000 3%连续饲喂 治疗量加倍，连用1周	5天	

（续）

药　名	作用机制	抗球虫谱	剂量和用法	宰前停药期	备　注
磺胺喹噁啉、磺胺氯吡嗪、磺胺二甲氧嘧啶	抑制球虫的叶酸代谢，主要作用于第二代裂殖体，对第一代裂殖体亦有效。作用峰期为感染后第四天	对巨型、布氏、堆型艾美耳球虫有效	预防量：0.015%～0.025%连续饲喂；0.03%连续饲喂，0.0125%连续饲喂 治疗量加倍，连用3天停药2天，再用药3天	预防量10天；治疗量5天	磺胺类药主要用于治疗，治疗量为预防量倍量，磺胺二甲嘧啶常与二甲氧甲基胺嘧啶合用
莫能菌素、拉沙洛菌素、盐霉素、甲基盐菌素、马杜拉霉素	影响球虫细胞膜对碱金属离子的通透性，对第一代裂殖体有效。作用峰期为感染后第二天		用量分别为0.01%～0.0121%、0.0075%～0.125%、0.004%～0.0066%、0.0054%～0.0072%、0.00005%～0.0006%，连续饲喂	0	本类药物毒性强，稍过量即引起短暂的麻痹，严重时会造成永久性麻痹和死亡，可能也会造成羽毛生长迟缓

3. 常用维生素和微量元素　表7-29为鸡常用维生素的需要量，表7-30为鸡常用微量元素需要量。

表7-29　蛋鸡常用的维生素

种　类	日需要量				
	蛋鸡周龄			种　鸡	单　位
	0～6周龄	7～20周龄	产蛋鸡		
维生素A	1 500		4 000	1 000	国际单位
维生素D	200		500	500	国际单位
维生素E	10	5	5	10	国际单位
维生素K	0.5	0.5	0.5	0.5	毫克

（续）

种类	日需要量				
	蛋鸡周龄			种鸡	单位
	0～6周龄	7～20周龄	产蛋鸡		
维生素 B_1（硫胺素）	1.8	1.3	0.8	0.8	毫克
维生素 B_2（核黄素）	3.6	1.8	2.2	3.8	毫克
维生素 B_3（泛酸）	10	10	2.2	10	毫克
维生素 B_6（吡哆醇）	3	3	3	3.5	毫克
维生素 B_{11}（叶酸、维生素BC、维生素M）	0.55	0.25	0.25	0.35	毫克
维生素 B_{12}（氰钴胺）	0.009	0.003	0.004	0.004	毫克
维生素PP（烟酸、酰胺）	27	11	10	10	毫克
维生素H（生物素）	0.15	0.10	0.10	0.15	毫克

表7-30 蛋鸡常用的微量元素

种类	需要量（毫克/日·只）			
	蛋鸡周龄			种鸡
	0～6周龄	7～20周龄	产蛋鸡	
铁	80	60	50	60
铜	8	6	6	8
锰	60	30	30	60
锌	40	35	50	65
硒	0.15	0.10	0.10	0.10
碘	0.35	0.35	0.30	0.30

（二）药物使用及药物残留控制方法

1. 无公害蛋鸡饲养管理中兽药使用

表 7-31　无公害蛋鸡饲养管理中兽药使用的相关准则

准　则	名　称	主 要 内 容
农牧发［2001］20号	《饲料药物添加剂使用规范》	①饲料药物的商品名称；②有效成分；③有效含量；④适用动物；⑤作用与用途；⑥用法与用量；⑦注意事项
农业部公告第176号	《禁止在饲料和动物饮用水中使用的药物品种目录》	①肾上腺素受体激动剂类；②性激素类；③蛋白同化激素类；④精神药品类；⑤抗生素类
NY 5030—2006	《无公害食品　畜禽饲养兽药使用准则》	①蛋鸡预防和治疗用药必须选用无公害蛋鸡饲养兽药使用准则中规定的药物 ②要注意药物产生的不良影响，优先选择药效好、毒性小的药物，治疗用药应在兽医的指导下进行 ③育成后期至产蛋期间，在正常情况下，禁止使用任何药物，包括中草药和抗生素 ④产蛋期间发生疾病必须用药时，应选择无公害食品蛋鸡饲养兽药使用准则中规定的可用药物，在用药及用药结束后的一段期间，所产鸡蛋不得作为食品蛋出售

表 7-32　无公害蛋鸡饲养管理中兽药使用

项　目	主 要 内 容
无公害蛋鸡饲养管理中兽药使用要求	①临床兽医和畜禽饲养者应遵守《兽药管理条例》的有关规定使用兽药，凭专业兽医开具的经国务院兽医行政管理部门规定的兽医处方药 ②禁止使用国务院兽医行政管理部门规定的禁用药品 ③临床兽医和畜禽饲养者进行预防、治疗和诊断畜禽疾病所用的兽药应是来自具有《兽药生产许可证》，并获得农业部颁发《中华人民共和国兽药 GMP 证书》的兽药生产企业或农业部批准注册进口的兽药，其质量均应符合相关的兽药国家质量标准 ④临床兽医应严格按《中华人民共和国动物防疫法》的规定对畜禽进行免疫，防止畜禽发病和死亡

（续）

项　目	主 要 内 容
无公害蛋鸡饲养管理中兽药使用要求	⑤临床兽医使用拟肾上腺素药、平喘药、抗胆碱药与拟胆碱药、肾上腺皮质激素类药和解热镇痛药，应严格按国务院兽医行政管理部门规定的作用用途和用法用量使用 ⑥畜禽饲养者使用饲料药物添加剂应符合农业部《饲料药物添加剂使用规范》的规定。禁止将原料药直接添加到饲料及动物饮用水中或直接饲喂动物 ⑦临床兽医应慎用经农业部批准的拟肾上腺素药、平喘药、抗胆碱药与拟胆碱药、糖肾上腺皮质激素类药和解热镇痛药 ⑧非临床医疗需要，禁止使用麻醉药、镇痛药、镇静药、中枢兴奋药、雄性激素、雌性激素、化学保定药及骨骼肌松弛药。必须使用该类药物时，应凭专业兽医开具的处方用药
无公害蛋鸡饲养管理中兽药使用记录	①临床兽医和畜禽饲养者使用兽药，应认真做好用药记录 ②用药记录至少应包括用药的名称（商品名和通用名）、剂型、剂量、给药途径、疗程、药物的生产企业、产品的批准文号、生产日期、批号等 ③使用兽药的单位或个人均应建立用药记录档案，并保存1年（含1年）以上 ④临床兽医和饲养者应严格执行国务院兽医行政管理部门规定的兽药休药期，并向购买者或屠宰者提供准确、真实的用药记录 ⑤应记录休药期内，其废弃产品的处理方式 ⑥临床兽医和畜禽饲养者使用兽药，应对兽药的治疗效果、不良反应观察记录 ⑦发生动物死亡时，应请专业兽医进行解剖，分析是药物原因或疾病原因。发现可能与兽药使用有关的严重不良反应时，应当立即向所在地人民政府兽医行政管理部门报告 ⑧食品动物禁用的兽药及其他化合物名单见表7-23
无公害安全鸡蛋生产中允许使用的药品及疫苗	①用于蛋鸡预防和治疗的兽药应来自具有兽药生产许可证并具有产品批准文号的生产企业，或具有《进口兽药登记许可证》供应商 ②允许使用消毒防腐剂对饲养环境、畜舍和器具进行消毒，但必须符合有关标准和规定 ③应使用疫苗以及允许使用的中药或中药成方制剂进行疫病的防治 ④允许使用符合国家规定的疫苗、中药材、微生态制剂、微量及常量元素补充药、营养药、维生素类药等药物

（续）

项　目	主 要 内 容
无公害安全鸡蛋生产中禁止和限制使用的药品	①禁止使用具有致畸、致癌、致突变作用的兽药 ②禁止使用含对环境造成严重污染的兽药 ③限制使用某些人、畜共用药，主要是青霉素类和喹诺酮类药物 ④禁止使用未经国家畜牧兽药行业管理部门批准，用基因工程方法生产的兽药

表 7-33　食品动物禁用的兽药及其他化合物清单

序号	兽药及其他化合物名称	禁止用途	禁用动物
1	β-兴奋剂类：克仑特罗 Clenbuterol、沙丁胺醇 Salbuta mol、西马特罗 Cimaterol 及其盐、酯及制剂	所有用途	所有食品动物
2	性激素类：己烯雌酚 Diethylstilbestrol 及其盐、酯及制剂	所有用途	所有食品动物
3	具有雌激素样作用的物质：玉米赤霉醇 Zeranol、去甲雄三烯醇酮 Trenbolone、醋酸甲孕酮 Mengestrol Acetate 及制剂	所有用途	所有食品动物
4	氯霉素 Chloramphenicol 及其盐、酯（包括：琥珀氯霉素 Chloramphenicol Succinate 及制剂）	所有用途	所有食品动物
5	氨苯砜 Dapsone 及制剂	所有用途	所有食品动物
6	硝基呋喃类：呋喃唑酮 Furazolidone、呋喃它酮 Furahadone、呋喃苯烯酸钠 Nifurstyrenate sod iu m 及制剂	所有用途	所有食品动物
7	硝基化合物：硝基酚钠 Sodium nitrophenolate、硝呋烯腙 Nitrovin 及制剂	所有用途	所有食品动物
8	催眠、镇静类：安眠酮 Methaqualone 及制剂	所有用途	所有食品动物
9	林丹（丙体六六六）Lindane	杀虫剂	水生食品动物
10	毒杀芬（氯化烯）(Camahechlor	杀虫剂、清塘剂	水生食品动物
11	呋喃丹（克百威）Carbofuran	杀虫剂	水生食品动物
12	杀虫脒（克死螨）Chlordimeform	杀虫剂	水生食品动物
13	双甲脒 Amitraz	杀虫剂	水生食品动物
14	酒石酸锑钾 Antimonypotass iu mtartrate	杀虫剂	水生食品动物
15	锥虫胂胺 Tryparsamide	杀虫剂	水生食品动物

（续）

序号	兽药及其他化合物名称	禁止用途	禁用动物
16	孔雀石绿 Malachite green	抗菌 杀虫剂	水生食品动物
17	五氯酚酸钠 Pentachlorophenolsodium	杀螺剂	水生食品动物
18	各种汞制剂：氯化亚汞（甘汞）Calomel、硝酸亚汞 Mercurous nitrate、醋酸汞 Mercurous acetate、吡啶基醋酸汞 Pyridyl mercurous acetate	杀虫剂	动物
19	性激素类：甲基睾丸酮 Methyltestosterone、丙酸睾酮 Testosterone Propionate、苯丙酸诺龙 Nandrolone Phenylpropionate、苯甲酸雌二醇 Estradiol Benzoate 及其盐、酯及制剂	促生长	所有食品动物
20	催眠、镇静类：氯丙嗪 Chlorpromazine、地西泮（安定）Diazepam 及其盐、酯及制剂	促生长	所有食品动物
21	硝基咪唑类：甲硝唑 Metronidazole、地美硝唑 Dimetronidazole 及其盐、酯及制剂	促生长	所有食品动物

注：食品动物是指各种供人食用或其产品供人食用的动物。

表 7-34　无公害食品蛋鸡饲养中允许使用的预防用药

类别	药品名称	剂型	用法与用量（以有效成分计）	休药期（天）	用途	注意事项
抗菌药	亚甲基水杨酸杆菌肽	可溶性粉剂	混饮：25 毫克/升（预防量）	0	治疗慢性呼吸道病，提高产蛋率，提高产蛋期饲料效率	每天新配
	杆菌肽锌	预混剂	混饲：4～40 克/吨	7	促生长	16 周龄以下使用
	杆菌肽锌＋硫酸黏杆菌素	预混剂	混饲：2～20 克/吨	7	预防革兰氏阳性菌与革兰氏阴性菌感染	
	金霉素（饲料级）	预混剂	混饲：20～50 克/吨	7	促进畜禽生长	10 周龄以内

（续）

类别	药品名称	剂型	用法与用量（以有效成分计）	休药期（天）	用途	注意事项
抗菌药	硫酸黏杆菌素	可溶性粉剂、预混剂	混饮：20～60毫克/升 混饲：2～20克/吨	7	治疗革兰氏阴性菌感染引起的肠道疾病，促生长	避免连用药1周以上
	恩拉霉素	预混剂	混饲：1～10克/吨	7	促进生长	
	黄霉素	预混剂	混饲：5克/吨	0	促生长	
	吉他霉素	预混剂	混饲：5～11克/吨	7	治疗革兰氏阳性菌感染，支原体感染，促生长	
	那西肽	预混剂	混饲：2.5克/吨	3	促进生长。	
	牛至油	预混剂	促生长：1.25～12.5克/吨 预防：11.25克/吨	0	治疗大肠杆菌、沙门氏菌所致下痢	
	土霉素钙	粉剂	混饲：10～50克/吨，10周龄以下用	5	促生长	添加低钙饲料时，连续用药不超过5天
	酒石酸泰乐菌素	可溶性粉剂	混饮：0.5克/升，连用3～5天	1	治疗革兰氏阳性菌感染，支原体感染，促生长	
	维吉尼亚霉素	预混剂	混饲：5～20克/吨	1	治疗革兰氏阳性菌感染，支原体感染，促生长	

（续）

类别	药品名称	剂　型	用法与用量（以有效成分计）	休药期（天）	用　途	注意事项
抗球虫药	盐酸氨丙啉＋乙氧酰胺苯甲酯	预混剂	混饲：125 克/吨＋8 克/吨	3	抗球虫病	
	盐酸氨丙啉＋磺胺喹噁啉	可溶性粉剂	混饮：0.5 克/升，连用 2～4 天	7	抗球虫病	
	盐酸氨丙啉＋乙氧酰胺苯甲酯＋磺胺喹噁啉	预混剂	混饲：100 克/吨＋5 克/吨＋60 克/吨	7	抗球虫病	
	氯羟吡啶	预混剂	混饲：125 克/吨	5	抗球虫病	
	地克珠利	预混剂 溶液	混饲：1 克/吨。 混饮：0.5～1 毫克/升		抗球虫病	
	二硝托胺	预混剂	混饲：125 克/吨	3	抗球虫病	
	氢溴酸常山酮	预混剂	混饲：3 克/吨	5	抗球虫病	
	拉沙洛西钠	预混剂	混饲：75～125 克/吨	3	抗球虫病	
	马杜霉素铵盐	预混剂	混饲：5 克/吨	5	抗球虫病	
	莫能菌素钠	预混剂	混饲：90～110 克/吨	5	抗球虫病	禁与泰妙菌素、竹桃霉素并用。
	甲基盐霉素	预混剂	混饲：6～8 克/吨	5	抗球虫病	禁与泰妙菌素、竹桃霉素及其他抗球虫药并用。
	甲基盐霉素＋尼卡巴嗪	预混剂	混饲：24.8～44.8 克/吨＋24.8～44.8 克/吨	5	抗球虫病	

（续）

类别	药品名称	剂 型	用法与用量（以有效成分计）	休药期（天）	用 途	注意事项
抗球虫药	尼卡巴嗪	预混剂	混饲：20～50克/吨	4	抗球虫病	
	尼卡巴嗪＋乙氧酰胺苯甲酯	预混剂	混饲：125克/吨＋8克/吨	9	抗球虫病	
	盐霉素钠	预混剂	混饲：60克/吨	5	抗球虫病及促生长	禁与泰妙菌素、竹桃霉素并用
	赛杜霉素钠	预混剂	混饲：25克/吨	5	抗球虫病	
	磺胺氯吡嗪钠	可溶性粉剂	混饮：0.3克/升 混饲：600克/吨饲料，连用5～10天	1	抗球虫病、鸡霍乱、伤寒病	不得作为饲料添加剂长期使用，凭兽医处方购买
	磺胺喹噁啉＋二甲氧苄氨嘧啶	预混剂	混饲：100克/吨饲料＋20克/吨饲料	10	抗球虫病	凭兽医处方购买

表7-35　无公害食品蛋鸡饲养中允许使用的治疗用药

类别	药品名称	剂 型	用法与用量	休药期（天）	用 途	注意事项
抗寄生虫药	盐酸氨丙啉	可溶性粉剂	混饮：240毫克/升水，连用5～10天	1	抗球虫病	饲料中维生素 B_1 含量在10毫克/千克以上时明显颉颃
	盐酸氨丙啉＋磺胺喹噁啉钠	可溶性粉剂	混饮：240毫克/升＋180毫克/升，连用3天，停2～3天，再用2～3天	7	抗球虫病	

（续）

类别	药品名称	剂　型	用法与用量	休药期（天）	用　途	注意事项
抗寄生虫药	二硝托胺	预混剂	混饲：125克/吨饲料	3	抗球虫病	
	越霉素A	预混剂	混饲：5～10克/吨饲料，连用8周	3	抗蛔虫病	
	潮霉素B	预混剂	混饲：8～12克/吨饲料，连用8周	3	抗蛔虫病	
	芬苯哒唑	粉剂	口服：10～50毫克/千克体重		抗线虫和绦虫病	
	氟苯咪唑	预混剂	混饲：30克/吨饲料，连用4～7天	14	抗驱除胃肠道线虫及绦虫	
	甲基盐霉素＋尼卡巴嗪	预混剂	混饲：(24.8＋24.8）克或(44.8＋44.8）克/吨饲料	5	抗球虫病	禁与泰妙菌素、竹桃霉素并用，高温季节慎用
	盐酸氯苯胍	片剂预混剂	口服：10～15毫克/千克体重。混饲：(3～6）克/吨饲料	5	抗球虫病	影响肉品质
	磺胺喹噁啉钠＋二甲氧苄氨嘧啶	预混剂	混饲：(100＋20）克/吨饲料	10	抗球虫病	
	磺胺喹噁啉钠	可溶性粉剂	混饮：300～500毫克/升水，连续饮用不超过5天	10	抗球虫病	
	妥曲珠利	溶液	混饮：7毫克/千克体重，连用2天	21	抗球虫病	

（续）

类别	药品名称	剂型	用法与用量	休药期（天）	用途	注意事项
抗生素类	硫酸安普霉素	可溶性粉剂	混饮：0.25～0.5克/升，连饮5天	7	治疗大肠杆菌、沙门氏菌及部分支原体感染	
	亚甲基水杨酸杆菌肽	可溶性粉剂	混饮：50～100毫克/升，连用5～7天	0	治疗慢性呼吸道病，提高产蛋量，提高产蛋期饲料效率	每日新配
	甲磺酸达氟沙星	溶液	混饮：20～50毫克/升，1次/天，连用3天		抗细菌与支原体感染	
	盐酸二氟沙星	粉剂、溶液	内服：5～10毫克/千克体重，2次/天，连用3～5天		抗细菌与支原体感染	
	恩诺沙星	粉剂、溶液	混饮：25～75毫克/千克，连用3～5天	2	抗细菌性疾病与支原体感染	避免与四环素、大环内酯类合用，避免与含铁、镁、铝药物或全价配合饲料同服
	硫酸红霉素	可溶性粉剂	混饮：125毫克/千克，连用3～5天	3	抗革兰氏阳性菌与支原体感染	
	氟苯尼考	粉剂	内服：20～30毫克/千克体重，连用3～5天	30	抗敏感细菌所致细菌性疾病	
	氟甲喹	可溶性粉剂	内服：3～6毫克/千克体重，2次/天，连用3～4天，首次量加倍		抗革兰氏阴性菌与支原体感染，促生长	

2. 无公害蛋鸡饲养管理中兽药残留的控　动物用药以后，药物以原形或代谢产物的形式随粪、尿等排出体外，残留于环中。同时，少部分残留于机体内，对人类健康构成威胁。绝大多数兽药排入环境后，仍然具有活性，会对土壤微生物、水生生物及昆虫等造成影响。

表 7-36　控制药物残留的主要方法

名　称	方　法
科学用药	①适时应用无休药期的药物 ②改变终身用药的方法为阶段适时用药 ③选用与人类用药无交叉抗药性的禽类专用药物 ④不随意加大药物用量
切实执行休药期标准	①休药期随药物的种类、制剂的形式、用药的剂量、给药的途径等不同而有差异。一般约为几小时、几天到几周，与药物在动物体内的消除率和残留量有关 ②禁止食用在弃蛋期内生产的鸡蛋
研制和推广使用抗生素替代品，减少抗生素和合成药的使用	①益生素（微生态制剂） ②低聚糖 ③酶制剂 ④酸化剂 ⑤中草药添加剂
严禁使用禁用药物	①严格执法，加强兽药、饲料的监管力度 ②完善各级监控体系，严格管理和监测，对氯羟吡啶、氯霉素等明令禁止使用的药物进行重点监管 ③完善具体残留数据标准和违规的相应处罚手段的制定工作，加大对有关禁用药物的生产、销售行为的打击力度，依法追究法律责任，真正有效地控制兽药残留
其他方面	①正确地选择药物 ②使用合适的给药途径 ③注意鸡体状态

表 7-37 鸡常用药物的休药期、应用限制和允许残留量（FDA）

药 名	休药期（天）	应用限制	允许残留量（毫克/千克）
对氨基苯胂酸或钠盐	5	仅作有机砷来源	砷：肌肉、蛋 0.5；脏器 2
金霉素	2	混饲浓度为 556 毫克/千克时，不能用于产蛋鸡	肾 4；肌肉、肝、脂肪和皮肤 1；蛋 0
氯羟吡啶	0～5	禁用于 16 周龄以上鸡群；以 250 毫克/千克浓度饲喂时，需于屠宰前 5 天停药或降低药量至 125 毫克/千克	肝和肾 15；肌肉 5
红霉素	1～2	饲料中药物浓度超过 206 毫克/千克时禁用于产蛋鸡	蛋 0.025；食用组织 0.125
莫能菌素钠	3～5	禁用于产蛋鸡	肌肉 1.5；皮、脂肪 3；肝 4.5
尼卡巴嗪	4	禁用于产蛋鸡	食用组织 4
呋喃西林	5	禁用于 14 周龄以上的后备鸡群	未公布
新生霉素	4	禁用于产蛋鸡	食用组织 1
盐酸氯苯胍	6	禁用于产蛋鸡	皮和脂肪 0.2；其他食用组织 0.1
磺胺间二甲氧嘧啶加二甲氧甲基苄氨嘧啶	5	禁用于 16 周龄以上的鸡群	均为 0.1
磺胺喹噁啉	10	禁用于蛋供食用的产蛋鸡	未公布
氯硝苯酰胺加羟间硝苯胂酸	5	仅作有机砷来源，禁用于产蛋鸡	氯硝苯酰胺：肝和肌肉 4.5；皮和脂肪 3 砷：肌肉和蛋 0.5；脏器 2
氨丙啉	0	仅用于防治几种艾美耳球虫	肝和肾 1；肌肉 0.5；全蛋 4；蛋黄 8
杆菌肽	0		肉和蛋 0.05
丁喹酸酯	0	仅作有机砷来源	肝、肾和皮 0.4；肌肉 0.1；蛋 0.2；蛋黄 0.5
碳霉素	1	禁用于产蛋鸡	0
癸喹酸酯	5	禁用于产蛋鸡	肌肉 1；脏器 2

（续）

药　名	休药期（天）	应 用 限 制	允许残留量（毫克/千克）
雌二醇单棕榈酸酯	42	用于5周龄以上的鸡，皮下注入颅骨基部	0
硫酸庆大霉素注射剂	35	仅用于1日龄仔鸡	未公布
潮霉素B	3	混饲浓度为8～12毫克/千克	0
拉沙里菌素	5		食用组织、肉1.2；皮、脂肪2.4；肝7.2
林可霉素	5		食用组织0.1
对硝苯胂酸	5	仅作有机砷来源	未公布
羟间硝苯胂酸	5	仅作有机砷来源	肌肉和蛋0.5；脏器2
二硝苯酰胺以及乙酰对硝苯磺酸	5	禁用于产蛋鸡	二硝苯酰胺：未公布；乙酰对硝苯磺酸：0
四环素	5		0.25
制霉菌素	0	混饲浓度为56～111毫克/千克	0
竹桃霉素		禁用于产蛋鸡	食用组织0.15
二甲氧甲基苄氨嘧啶	5	禁用于16周龄以上鸡群	食用组织0.1
土霉素	0	混饲浓度为56～222毫克/千克	肾3；肌肉、肝、脂肪和皮1
青霉素	0	混饲浓度为2.7～139毫克/千克	食用组织和蛋0
青霉素粉剂	1	禁用于产蛋鸡	0
壮观霉素	5		食用组织0.1
硫酸链霉素	4	用药不超过4天，禁用于产蛋鸡	食用组织和蛋0
磺胺氯吡嗪钠一水合物	4	禁用于蛋供食用的产蛋鸡	0
乙酰对硝苯磺胺	5	禁用于产蛋鸡	0
甲磺酸多黏菌素B	5	禁用于产蛋鸡	0

（续）

药　名	休药期（天）	应 用 限 制	允许残留量（毫克/千克）
磷酸泰乐菌素	5	于0～5日龄饲喂；第二次于3～5周龄饲喂24～48小时	食用组织和蛋0.2
二硝苯酰胺			食用组织0
磺胺二甲嘧啶			食用组织0.1
维吉尼亚霉素			肉0.1；皮、脂肪0.2；肝0.3；肾0.5；食用组织2
二硝托胺（球痢灵）	0	产蛋鸡禁用	食用组织2

主要参考文献

[1] The National Research Council. Nutrient Requirement of Poultry, 9th edition, Washington D. C. 1994

[2] 中国农科院饲料研究所．中国饲料原料采购指南［M］．北京：企业管理出版社，2002

[3] 中国饲料数据库情报中心．中国饲料成分及营养价值表 2006 年第 17 版［J］．中国饲料，2006（21）：34～39

[4] 中国饲料数据库情报中心．中国饲料成分及营养价值表 2006 年第 17 版［J］．中国饲料，2006（22）：28～37

[5] 王卫平，马军伟，符建荣等．酸化预处理对鸡粪生物发酵特性的影响［J］．浙江农业学报，2005，17（5）：300～302

[6] 王志跃主编．放心禽产品生产配套技术．南京：江苏科学技术出版社，2004

[7] 王秀娟，关连珠，颜丽．鸡粪堆腐过程中有机态氮形态的动态变化［J］．土壤肥料科学，2007，23（2）：302～306

[8] 王建中．浅谈无公害化鸡场建设［J］．中国禽业导刊，2004，21（22）：35

[9] 王俊平．如何建立鸡场的生物安全体系［J］．农村养殖技术，2007（5）：23～24

[10] 王海荣主编．蛋鸡无公害高效养殖［M］北京：金盾出版社，2004

[11] 王新玲，王均，刘红民等．笼养种鸡人工授精操作技术要点［J］．中国禽业导刊，2007，24（4）：29

[12] 王慧萍，韩文格．蛋鸡育成期的饲养管理［J］．科学种养，2007，8：20～21

[13] 布仁，红华．环境因子对蛋鸡生产性能的影响［J］．家畜生态，

2001，22（2）：39～42

[14] 田立亚．从鸡场建设与设计入手增强养鸡场的整体防御功能［J］．中国家禽，2004，26（10）：8～12

[15] 石星群，殷培杰，何随成等．鸡粪高温蛋白分解菌的鉴定及发酵条件研究［J］．土壤通报，2006，37（1）：134～136

[16] 辽宁省畜牧技术推广站．养禽常用数据手册［M］．沈阳：辽宁科学技术出版社，1998

[17] 全国三绿工程工作办公室组．安全优质蛋鸡生产与蛋品加工［M］．北京：中国农业出版社，2005

[18] 全国三绿工程工作办公室组．安全优质蛋品的选购与消费［M］．北京：中国农业出版社，2005

[19] 乔忠．畜禽传染病免疫手册［M］．北京：金盾出版社，2003

[20] 刘忠琛，王秀珍．蛋鸡养殖的环境控制［J］．湖北畜牧兽医，2001，（4）：21～22

[21] 刘滨疆，肖华．环境安全型鸡舍的建设要求及配套技术［J］．当代畜牧，2002，（10）：18～20

[22] 刘福柱，张彦明，牛竹叶主编．最新鸡鸭鹅饲养管理技术大全［M］．北京：中国农业出版社，2002

[23] 孙建宏，曹殿军．常用畜禽疫苗使用指南［M］．北京：金盾出版社，2004

[24] 朴仁哲，姜成，金玉姬等．微生物菌群对鸡粪堆肥腐熟中物质变化的影响［J］．湖北农业科学，2006，45（1）：110～113

[25] 齐广海，霍启光．家禽产品品质调控的研究（下）［J］．国外畜牧科技，1997，24（2）：41～43

[26] 佘锋．鸡舍环境及其控制技术［J］．中国家禽，2001，23（14）：26～29

[27] 佘锐萍．安全优质蛋鸡与蛋品加工［M］．北京：中国农业出版社，2005

[28] 佟建明主编．蛋鸡无公害综合饲养技术［M］．北京：中国农业出版社，2003

[29] 呙于明．家禽营养与饲料［M］．北京：中国农业大学出版社，1997

[30] 张春江．蛋鸡各阶段饲养管理要点［J］．养殖技术顾问，2007，7：

12～13
[31] 张振涛主编．绿色养鸡新技术［M］．北京：中国农业出版社，2002
[32] 张浩吉，王双同．规模化安全养鸡综合新技术［M］．北京：中国农业出版社，2005
[33] 张海兰，刘志华．鸡场如何建立健全生物安全体系［J］．中国禽业导刊，2006，23（22）：25～26
[34] 张敏，邓宇，胡国全等．鸡粪卫生无害化处理技术研究［J］．环境污染治理技术与设备，2006，7（5）：114～118
[35] 张淑娟，吕文发，董娜．鸡精液低温保存稀释液筛选研究［J］．黑龙江畜牧兽医，2007，3：47
[36] 李吉进，邹国元，徐秋明等．鸡粪堆肥腐熟度参数及波谱的形状研究［J］．植物营养与肥料学报，2006，12（2）：219～226
[37] 李向忠，陆臻．规模鸡场消毒防疫尤为重要［J］．上海畜牧兽医通讯，2005（4）：44
[38] 李志强．提高鸡蛋品质的饲养技术［J］．四川畜牧兽医，2007，2：38～40
[39] 李美同，李玲，张子仪．饲料添加剂［M］．北京：北京大学出版社，1991
[40] 李峰．畜禽主要疾病诊治手册［M］．北京：中国农业出版社，2004
[41] 李辉．现代养鸡［M］．北京：中国农业出版社，2004
[42] 李蒙平，刘滨疆．低能耗环境安全型畜禽舍及用途［J］．山东家禽，2002（12）：41～44
[43] 杨山．现代养鸡［M］．北京：中国农业出版社，2001
[44] 杨世关，刘亚纳，张百良．赤子爱胜蚓处理鸡粪的试验研究［J］．中国生态农业学报，2007，15（1）：55～57
[45] 杨宁主编．现代养鸡生产［M］．北京：北京农业大学出版社，1994
[46] 肖远金．鸡舍的环境控制与设备应用［J］．家禽科学，2005，（9）：18～19
[47] 苏宁．鸡蛋品质的营养调控［J］．四川畜牧兽医，2007，27：90～93，95
[48] 邵洪侠，罗守冬．人工强制换羽技术［J］．畜牧兽医科技信息，2007，4：75

[49] 陈书安，黄为一，赵兵．除臭微生物分离和筛选方法的改进与应用[J]．2006，(5)：126～129
[50] 陈吕华．提高鸡人工输精受精率应注意的事项［J］．中国家禽，2006，28（8）：27
[51] 陈国宏，王克华，王金玉等主编．中国禽类遗传资源［M］．上海：上海科学技术出版社，2004
[52] 陈昭辉，付渊，孟庆翔等．鸡粪发酵优势菌的筛选及其发酵效果的研究［J］．中国家禽，2006，28（20）：9～12
[53] 陈斌．庭院养鸡［M］．北京：中国农业出版社，1998
[54] 陈静，陈世举，李卫平．浅析普通鸡舍设计五忌［J］．贵州畜牧兽医，2004，28（1）：38
[55] 周伏忠，张世军，郭国民．耐高温微生物菌剂在鸡粪有机肥制作中的应用效果［J］．河南农业科学，2007，(1)：66～68
[56] 庞融，杨晓梅．绿色植物在环境保护中的作用［J］．环境研究与监测，2006，19（4）：57～59
[57] 易学武，张石蕊，谭新等．复合微生物发酵鸡粪对生长肥育猪生产性能的影响［J］．饲料世界杂志，2006，(2)：5～8
[58] 范厚君．规模化养殖场的消毒程序初探［J］．畜牧兽医杂志，2006，25（4）：72～73
[59] 洪学．蛋鸡高效饲养管理新技术［J］．山西农业，2007，4：19～20
[60] 胡菊，秦莉，吕振宇等．VT 菌剂对鸡粪堆肥的微生物指标变化的影响［J］．农业环境科学学报，2006，25（增刊）：214～218
[61] 胡肄农，窦少春，王立方等．蛋鸡规模化养殖场的自动监控系统[J]．江苏农业学报，2002，18（3）：176～182
[62] 赵永国主编．蛋鸡标准化饲养新技术［M］．北京：中国农业出版社，2005
[63] 唐辉，杜立新主编．简明蛋鸡饲养手册［M］．北京：中国农业大学出版社，2002
[64] 徐建芬．雏鸡不同日龄的饲养管理［J］．现代农业科技，2007，12：134～136
[65] 聂青平．HACCP 与饲料危害物控制的参考限值［J］．广东饲料，2001，10（4）：6～8

[66] 郭强编著．现代蛋鸡生产新技术［M］．北京：中国农业出版社，2001

[67] 高玉鹏编著．现代孵化与育雏新技术［M］．北京：中国农业出版社，2001

[68] 崔书文，陈必芳．饲料标准汇编（1）［M］．北京：中国标准出版社，1993

[69] 崔书文，陈必芳．饲料标准汇编（2）［M］．北京：中国标准出版社，1993

[70] 康相涛，崔保安，赖银生主编．实用养鸡大全［M］．郑州：河南科学技术出版社，2001

[71] 章红兵．如何对鸡场进行消毒［J］．中国禽业导刊，2002，19（6）：21～22

[72] 逯岩，曹顶国，韩海霞．鸡场建设与设计（上）［J］．农业知识，2006（5）：34

[73] 黄炎坤主编．新编科学养鸡手册［M］．郑州：中原农民出版社，2002

[74] 谢仕荣．鸡舍环境监督［J］．山东家禽，2002，（4）：49～50

[75] 谢仲权，牛树琦主编．天然植物饲料添加剂生产技术与质量标准［M］．北京：中国农业科学技术出版社，2004

[76] 韩宁．鸡粪生化处理及用途［J］．固原师专学报，2004，25（3）：78～79

[77] 翟峰，张勇，高燕妮．鸡粪再生饲料资源的开发与利用［J］．畜禽业，2007，（3）：12～15

[78] 蔡志清，吴振中，徐林昌等．鸡场粪污水综合处理技术及效益分析［J］．中国沼气，2003，21（2）：20～22

[79] 蔡常勇．浅谈鸡场消毒中的几大问题［J］．广东畜牧兽医科技，2004，29（1）：50～52

[80] 穆巍，阎宏，李静等．微生态制剂的作用机理及其畜禽生产中的应用［J］．现代畜牧兽医，2007，5：70～72

[81] 戴四发，张水柱，张军．鸡舍内有害气体的来源、危害及控制［J］．安徽技术师范学院学报，2003，17（1）：8～9

图书在版编目（CIP）数据

无公害蛋鸡安全生产手册/高玉鹏，胡建宏主编；农业部市场与经济信息司组编．—北京：中国农业出版社，2007.12

（无公害农产品安全生产手册丛书）

ISBN 978-7-109-12255-0

Ⅰ．无…　Ⅱ．①高…②胡…③农…　Ⅲ．卵用鸡—饲养管理—无污染技术—技术手册　Ⅳ．S831.4-62

中国版本图书馆 CIP 数据核字（2007）第 175157 号

中国农业出版社出版

（北京市朝阳区农展馆北路 2 号）

（邮政编码 100125）

责任编辑　刘　炜

中国农业出版社印刷厂印刷　　新华书店北京发行所发行

2008 年 1 月第 1 版　　2008 年 8 月北京第 2 次印刷

开本：850mm×1168mm　1/32　　印张：14

字数：352 千字　　印数：8 001～16 000 册

定价：19.80 元